浙江省普通本科高校"十四五"重点立项建设教材

新型工业化·新计算·数据科学技术与应用系列

DATA SCIENCE

大数据分析与挖掘

云本胜　张良均◎主　编
钱亚冠　郭羽含◎副主编

電子工業出版社
Publishing House of Electronics Industry
北京·BEIJING

内 容 简 介

本书以大数据分析与挖掘的常用技术与真实案例相结合的方式，按照“概念和原理讲解、案例分析、能力拓展——Python 软件应用”的层次进行阐述，深入浅出地介绍大数据分析与挖掘的重要内容。

全书共 11 章，第 1 章作为全书的绪论，介绍了大数据分析与挖掘的基本概念、行业应用等；第 2 章介绍了 Python 的安装、编程基础以及常用的数据分析工具；第 3 章介绍了数据的类型、质量和相似度与相异度；第 4 章介绍了数据探索的常用方法，包括质量分析、描述性统计分析、可视化分析和多维数据分析；第 5 章介绍了数据预处理的常用方法，包括数据清洗、数据集成、数据归约和数据变换与离散化；第 6 章介绍了回归与分类的方法，包括多元线性回归、逻辑回归、决策树分类、朴素贝叶斯分类等；第 7 章介绍了聚类的方法，包括 K-Means 算法、DBSCAN 算法等；第 8 章介绍了关联规则，包括 Apriori 算法和 FP-Growth 算法等；第 9 章介绍了时间序列，包括平稳时间序列分析和非平稳时间序列分析等；第 10 章介绍了离群点检测，包括基于统计学、邻近性、聚类、分类的离群点检测方法；第 11 章介绍了大数据分析与挖掘的前沿知识。

本书大部分章节包含真实案例和课后习题，通过练习和操作实践，帮助读者巩固所学的内容。

本书可作为高校数据科学与大数据技术或人工智能相关专业教材，也可作为数据挖掘爱好者的自学用书。

图书在版编目（CIP）数据

大数据分析与挖掘/云本胜，张良均主编. —北京：电子工业出版社，2024.2

ISBN 978-7-121-47364-7

Ⅰ. ① 大…　Ⅱ. ① 云…　② 张…　Ⅲ. ① 数据处理–高等学校–教材　Ⅳ. ① TP274

中国国家版本馆 CIP 数据核字（2024）第 040129 号

责任编辑：章海涛　　　　文字编辑：孟泓辰
印　　刷：泰安易捷数字印刷有限公司
装　　订：泰安易捷数字印刷有限公司
出版发行：电子工业出版社
　　　　　北京市海淀区万寿路 173 信箱　　邮编：100036
开　　本：787×1092　1/16　　印张：22.75　　字数：481.5 千字
版　　次：2024 年 2 月第 1 版
印　　次：2025 年 4 月第 3 次印刷
定　　价：64.00 元

凡所购买电子工业出版社图书有缺损问题，请向购买书店调换。若书店售缺，请与本社发行部联系，联系及邮购电话：（010）88254888，88258888。

质量投诉请发邮件至 zlts@phei.com.cn，盗版侵权举报请发邮件至 dbqq@phei.com.cn。

本书咨询联系方式：menghc@phei.com.cn。

前 言

随着大数据时代的到来，大数据已经渗透到政治、经济、社会、文化等各个领域，使我们的生产和生活发生了巨大变化。如何从海量数据中挖掘出有价值的信息和知识并作出明智的决策是相关从业者当前面临的机遇和挑战。例如，在商业领域，大数据分析与挖掘技术可以帮助企业了解市场趋势、客户偏好和竞争情况，从而制定出更有效的商业策略。为了满足社会对大数据分析人才日益增长的需求，很多高校开设了不同层次的大数据分析课程。

本书根据教育部“四新”（新工科、新医科、新农科、新文科）建设的基本要求，结合应用型本科高等院校的实际特点编写，以培养具有持续竞争力的应用创新型人才为目标。本书对传统教学内容进行优化，以应用意识和能力培养为主线，淡化理论推导，突出大数据分析与挖掘基本思想方法。本书还建设了立体化新形态教材，实现了纸质教材与数字资源有机融合。

本书特色

本书全面贯彻党的二十大精神，坚持立德树人，以社会主义核心价值观为引领，加强基础研究，发扬斗争精神，为建设社会主义文化强国、数字强国添砖加瓦。本书力图深化产教融合，以知识点为导向，从知识点的介绍到算法运作过程的讲解采用大数据分析与挖掘常用技术和真实案例相结合的方式，介绍使用 Python 进行大数据分析与挖掘的主要方法，帮助读者了解如何利用所学知识来解决实际问题，最后通过课后习题巩固所学知识，使读者能够真正掌握并应用所学知识。

本书适用对象

- 开设有数据分析与挖掘课程的高校学生。
- 数据挖掘开发人员。
- 从事数据挖掘研究的科研人员。
- 关注高级数据分析的人员。

分工与致谢

本书由云本胜、张良均任主编，钱亚冠、郭羽含任副主编。第 1、2 章由张良均编写，第 3～7 章由云本胜编写，第 8、9 章由郭羽含编写，第 10、11 章由钱亚冠编写。全书由云本胜统稿。

感谢浙江科技大学教务处对本书编写所给予的关怀与支持。感谢广东泰迪智能科技股份有限公司的参与，为本书提供了真实案例及其代码实现。

勘误与支持

为了帮助读者更好地使用本书，配套有原始数据文件、Python 程序代码、教学课件等资源，读者可以扫描下方二维码免费获取。

大数据分析与挖掘是一个新兴的交叉学科领域，内容广、更新快，鉴于编者水平有限，书中难免存在一些疏漏和不足之处，敬请读者不吝赐教，以改进本书，建议和意见请发至编者邮箱：yunbsh@126.com。

编　者

2023 年 8 月于杭州

目　录

第1章 绪论

当今社会正在悄无声息地进行智能化和数字化的改革，数据规模也随之不断扩大。智能生活、数字经济和大数据的融合，揭示了一个智能化、数据驱动的世界。在这个世界里，将面临更多的机遇和挑战，需要从海量数据中提取有价值的信息，以全新的视角和方法来理解和解决问题。本章主要介绍大数据分析与挖掘的基本概念、行业应用、基本任务、建模过程和建模工具。

学习目标

（1）了解大数据分析与挖掘的基本概念。

（2）了解大数据分析与挖掘的行业应用。

（3）熟悉大数据分析与挖掘的基本任务。

（4）熟悉大数据分析与挖掘的建模过程。

（5）了解大数据分析与挖掘的建模工具。

1.1 大数据分析与挖掘的基本概念

大约在2009年，“大数据”成为互联网信息技术行业的流行词汇。大数据（Big Data），是指所涉及的信息量规模巨大到无法通过主流软件工具，在合理时间内实现撷取、管理、处理并整理的数据。

维克托·迈尔·舍恩伯格（Viktor Mayer Schönberger）在《大数据时代》中提出了大数据的4V特征，即大量（Volume）、多样（Variety）、高速（Velocity）、价值（Value）。大数据的特征及其概述如表1-1所示。

表1-1 大数据的特征及其概述

特征	概述
大量（Volume）	大数据的“大”首先体现在数据量上，例如，网页或移动应用的点击流、设备传感器所捕获的数据等每时每刻都在产生数据。根据相关统计报告，2020年创建、捕获、复制和消耗的数据总量已达到59ZB
多样（Variety）	多样化是指数据类型众多。传统数据属于结构化数据，能够被整齐地纳入关系数据库。随着大数据的兴起，各种新的非结构化数据类型不断涌现，如文本、音频和视频等
高速（Velocity）	数据增长速度快、处理速度快、时效性要求高，某些联网的智能产品需要实时或近乎实时地运行，要求基于数据实时进行评估和操作
价值（Value）	大数据中隐藏着巨大价值，但是价值的密度较低，往往需要对庞大的数据进行挖掘与分析处理，才能获得真正需要的信息

随着大数据的发展，其特征在原本的4V基础上扩充了第5V：真实性（Veracity）。真实性是指数据的准确性和可信赖度高，即数据的质量高。

当前，数字经济成为社会经济的一个重要内涵，数据成为关键生产要素，大数据处理技术越来越深刻地影响着世界的运行状态。随着越来越多的数据被记录、收集和存储，如何深刻洞察数据分布规律、高效挖掘数据价值，成为智能化时代需要解决的关键问题。

大数据分析是指对规模巨大、海量的数据进行分析，包含大数据和数据分析双重含义。大数据分析的本质是依托大数据进行数据分析，进而挖掘数据中蕴含的价值和知识，将数据的深层价值体现出来并加以有效利用。而数据挖掘可以理解为从大量的、不完全的、有噪声的、模糊的、随机的实际应用数据中提取隐含在其中的、潜在有用的信息和知识的过程。

1.2 大数据分析与挖掘的行业应用

大数据分析与挖掘已经渗透到当今每一个行业和业务职能领域，成为重要的生产要素。

人们对于大数据的挖掘和运用，预示着新一波生产力增长。本节将从三大产业举例说明大数据分析与挖掘在行业中的应用。

1. 农业大数据应用

随着农业技术的不断发展，农业数据越来越丰富，传统的经验决策已经无法满足现代农业的需求。因此，利用大数据挖掘技术对农业数据进行挖掘和分析，可以为农民提供更加科学、准确的决策支持。通过分析土壤湿度、光照强度和植物生长速度等数据，可以预测农作物的产量和品质，并据此优化农业生产过程。

在种植水稻的过程中，通过分析水稻的生长数据和环境数据，可以得出最佳的灌溉时间、施肥量和农药使用量等参数，从而提高水稻的产量和质量。

在土地施肥时，通过收集土壤样本数据和相关的土壤特征参数，可以了解土壤的肥力、排水性和适宜作物类型，从而更好地制订土壤管理策略和合理的作物轮作计划。

2. 制造业大数据应用

随着制造业市场竞争的日益激烈，企业需要不断提高产品质量和生产效率，以应对市场的挑战。而大数据分析技术可以帮助企业更好地掌握产品特性和生产过程，提高企业的竞争力。利用大数据分析技术对产品故障数据进行挖掘和分析，可以预测产品故障发生的概率和时间，并据此优化维修和保养计划。

在汽车制造领域，通过对汽车发动机的故障数据进行挖掘和分析，可以得出发动机的使用寿命、故障类型和维修方案等参数，从而为汽车制造商提供更加科学、准确的维修和保养计划。

在生产过程中，对生成数据进行挖掘，可以找出生产过程中存在的问题和瓶颈，并对生产过程进行优化和控制，从而提高生产效率、降低能源消耗，并实现更可持续的制造。

3. 服务业大数据应用

随着服务业市场竞争的日益激烈，企业需要不断提高服务质量和客户体验，以吸引更多的客户。而大数据分析技术可以帮助企业更好地了解客户需求和市场趋势，提高企业的竞争力。利用大数据分析技术对客户行为数据进行挖掘和分析，可以了解客户的需求和偏好，优化产品和服务设计。

在电商平台上，通过对用户浏览、搜索和购买等行为数据进行挖掘和分析，可以得出用户的消费习惯和偏好，从而为用户提供更加精准的商品推荐和广告投放。同时，还可以优化电商平台的页面设计和商品排序算法，提高用户购物体验和满意度。

在政府公共服务中，可以对政府历史税收数据进行挖掘，预测未来的税收收入趋势，有助于政府进行税收规划和财政预算，制定合理的税收政策，优化资源配置。

1.3　大数据分析与挖掘的基本任务

大数据分析与挖掘的基本任务包括利用分类与回归、聚类、关联规则、时间序列、离群点检测等方法，帮助企业提取数据中蕴含的商业价值，提高企业的竞争力。具体的方法介绍如下。

（1）分类与回归。分类是一种对离散型随机变量建模或预测的方法，反映的是如何找出同类事物之间具有共同性质的特征和不同事物之间的差异特征，用于将数据集中的每个对象归结到某个已知的对象类中。回归是通过建立模型来研究变量之间相互关系的密切程度、结构状态及进行模型预测的一种有效工具。分类与回归广泛应用于医疗诊断、信用卡的信用分级、图像模式识别、风险评估等领域。

（2）聚类。聚类是在预先不知道类别标签的情况下，根据信息相似度原则进行信息集聚的一种方法。聚类的目的是使得属于同一类别的个体之间的差别尽可能小，而不同类别上的个体之间的差别尽可能大。因此，聚类的意义在于将观察到的内容组织成类分层结构，将类似的事物组织在一起。通过聚类，人们能够识别密集的和稀疏的区域，从而发现全局的分布模式，以及数据属性之间的有趣的关系。聚类分析广泛应用于商业、生物、地理、网络服务等多个领域。

（3）关联规则。关联规则是一种使用较为广泛的模式识别方法，旨在从大量的数据当中发现特征之间或数据之间在一定程度上的依赖或关联关系。关联分析广泛用于市场营销、事务分析等应用领域。

（4）时间序列。时间序列是对在不同时间下取得的样本数据进行挖掘，用于分析样本数据之间的变化趋势。时间序列广泛用于股指预测、销售额预测等应用领域。

（5）离群点检测，也称为异常检测。离群点检测的目标是发现与大部分其他对象不同的对象，即异常对象，也称为离群点。离群点检测广泛用于网络安全、金融、电商领域和安全关键系统的故障检测。值得一提的是，离群点检测在网络安全领域的应用为构建和谐社会提供了助力。

1.4　大数据分析与挖掘的建模过程

目前，大数据分析与挖掘的建模过程包含明确任务、数据采集、数据探索、数据预处理、挖掘建模、模型评价，如图 1-1 所示。需要注意的是，这 6 个流程的顺序并不是严格不变的，可根据实际项目的情况进行不同程度的调整。

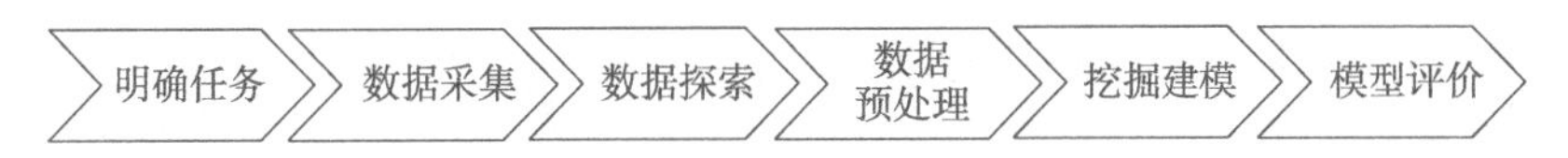

图 1-1　大数据分析与挖掘的建模过程

1.4.1　明确任务

针对具体的应用需求，先要明确本次任务的分析和挖掘目标，以及系统完成数据挖掘后能达到的效果。因此必须分析应用领域，包括应用领域中的各种知识和应用目标，了解相关领域的有关情况，熟悉背景知识，确认用户需求。要想充分发挥数据挖掘的价值，必须对目标有一个清晰明确的定义，即确定到底想干什么。

1.4.2　数据采集

大数据挖掘的数据采集是整个分析过程的基础，其目的是从不同的数据源获取所需的数据，为后续的建模和分析提供基础数据。随着数据来源的多样化和数据量的快速增长，数据采集在大数据挖掘中的地位越来越重要。

数据采集是大数据挖掘的重要前提，其质量的优劣直接影响到后续建模和分析的准确性和有效性。因此，在实际应用中，需要根据具体的问题和需求选择合适的采集方法和技术，对数据进行有效的采集和处理，为后续的建模和分析提供可靠的基础数据。

在大数据环境下，采集到的数据可能数据量过于庞大，导致难以对数据进行分析，因此可以对数据进行抽样，通过对部分数据的分析来推断总体的特征。常见的抽样方式如下。

（1）随机抽样。在采用随机抽样方式时，数据集中的每一组观测值都有相同的被抽中概率。例如，按 10%的比例对一个数据集进行随机抽样，则每一组观测值都有 10%的概率被抽取到。

（2）等距抽样。如果按 5%的比例对一个有 100 组观测值的数据集进行等距抽样，有 $\frac{100}{5}=20$，那么抽取的就是第 20、40、60、80、100 组这 5 组观测值。

（3）分层抽样。在进行分层抽样操作时，需要先将样本总体分成若干层（或分成若干个子集）。每层中的观测值都具有相同的被选中概率，但对不同的层可设定不同的概率。这样的抽样结果通常具有更好的代表性，进而使模型具有更好的拟合精度。

（4）按起始顺序抽样。这种抽样方式从输入数据集的起始处开始抽样，对于抽样的数量，可以给定一个百分比，或直接给定要选取观测值的组数。

（5）分类抽样。前述几种抽样方式并不考虑抽取样本的具体取值，分类抽样则依据某种属性的取值来选择数据子集，如按客户名称分类、按地址区域分类等。分类抽样的方式就是前面所述几种方式的扩展，只是抽样时以类为单位。

1.4.3 数据探索

1.4.2 节所叙述的数据采集，或多或少是人们带着对如何实现数据挖掘目的的主观认识进行操作的。当拿到一个样本数据集后，它是否达到设想的要求、其中有没有什么明显的规律和趋势、有没有出现从未设想过的数据状态、属性之间有什么相关性、它可分成哪些类别等，这些都是需要先进行探索的内容。

对所抽取的样本数据进行探索、审核和必要的加工处理，是保证最终挖掘模型的质量所必需的操作。可以说，挖掘模型的质量不会优于抽取的样本的质量。数据探索和预处理的目的是保证样本数据的质量，从而为保证模型质量打下基础。

数据探索主要包括数据的质量分析、描述性统计分析、可视化分析。

1.4.4 数据预处理

由于采样数据中常常包含许多含有噪声，以及不完整甚至不一致的数据，因此需要对数据进行预处理以改善数据质量，并最终达到完善数据挖掘结果的目的。

1. 数据预处理的必要性

数据的不正确、不完整和不一致是许多大型数据库和数据仓库存在的问题。不正确的数据可能是由于收集数据的设备出现故障、人或计算机的错误输入等情况导致的；同时，数据的错误也可能在数据传输中出现；也可能是由于命名约定或所用的数据代码不一致，或输入字段的格式不一致而导致的。

不完整数据的出现同样存在多种原因。例如，销售数据中顾客的信息并非总是可以得到的；某些字段在输入时认为是不重要的并允许缺少的；历史存在或修改的数据在转移过程中也可能造成数据缺失。

数据预处理技术可以改进数据的质量，从而有助于提高其后的挖掘过程的准确率和效率。由于高质量的决策必然依赖于高质量的数据，因此数据预处理是知识发现过程的重要步骤。

2. 数据预处理的主要任务

数据预处理的主要任务包括数据清洗、数据集成、数据归约、数据变换与离散化。数据清洗主要任务是删除原始数据集中的重复数据、平滑噪声数据、筛选掉与分析主题无关的数据。数据集成主要任务是分析来自多个数据源的数据，涉及集成多个数据库、数据立方体或文件。

通常，在为数据仓库准备数据时，数据清理和集成将作为预处理步骤进行。还可以再次进行数据清理，检测并删去可能由集成导致的冗余。数据归约则可以降低数据集的规模，得到数据集的简化表示，但能够产生几乎同样的分析结果。

对于数据挖掘而言，离散化是强有力的工具，因为其能使数据的挖掘可以在多个抽象层上进行。数据规范化、离散化和概念分层产生都是某种形式的数据变换。数据变换操作是引导挖掘过程成功的附加的预处理过程。

1.4.5 挖掘建模

样本抽取和预处理都完成后，需要考虑本次建模属于数据挖掘应用中的哪类问题（分类与回归、聚类、关联规则、智能推荐还是时间序列），还需考虑选用哪种算法进行模型构建更为合适。不同挖掘问题对应的常用算法如表 1-2 所示。

表 1-2 不同挖掘问题对应的常用算法

挖掘问题	常用算法
分类与回归	线性模型、决策树、K 最近邻分类、支持向量机、神经网络、集成算法等
聚类	K-Means 聚类、密度聚类、层次聚类等
关联规则	Apriori、FP–Growth 等算法
时间序列	AR 模型、MA 模型、ARMA 模型、ARIMA 模型等
离群点检测	基于统计学、邻近性、聚类、分类的方法，以及高维数据中的离群点检测

1.4.6 模型评价

在建模过程中会得出一系列的分析结果，模型评价的目的之一就是依据这些分析结果，从训练好的模型中寻找出一个表现最佳的模型，并结合业务场景对模型进行解释和应用。

适用于分类与回归模型、聚类模型、关联规则的评价方法是不同的，具体评价方法见各章节的评价部分。

1.5 大数据分析与挖掘的建模工具

大数据分析与挖掘是一个反复探索的过程，只有将大数据分析与挖掘工具提供的技术和实施经验与企业的业务逻辑和需求紧密结合，并在实施过程中不断地磨合，才能取得好的效果。常用的几种大数据分析与挖掘建模工具如下。

（1）Python

Python 是一种面向对象的解释型计算机程序设计语言，拥有高效的高级数据结构，并且能够用简单而高效的方式进行面向对象编程。但是 Python 并不提供一个专门的数据挖掘环境，而是提供众多的扩展库。例如，NumPy、SciPy 和 Matplotlib 这 3 个十分经典的科学计算扩展库，它们分别为 Python 提供了快速数组处理、数值运算和绘图功能，scikit-learn 库中包含很多分类器的实现以及聚类相关的算法。得益于丰富的扩展库，Python 成为数据挖掘常用的语言。

（2）IBM SPSS Modeler

IBM SPSS Modeler 原名 Clementine，2009 年被 IBM 收购后，对产品的性能和功能进行了大幅度改进和提升。它封装了先进的统计学和数据挖掘技术来获得预测知识，并将相应的决策方案部署到现有的业务系统和业务过程中，从而提高企业的效益。IBM SPSS Modeler 拥有直观的操作界面、自动化的数据准备和成熟的预测分析模型，结合商业技术可以快速建立预测性模型。

（3）Apache Spark

Apache Spark 是一种用于大数据工作负载的分布式开源处理系统，使用内存中缓存和优化的查询执行方式，可针对大规模的数据进行快速分析查询。Apache Spark 提供使用 Java、Python 和 R 语言的开发接口，支持跨多个工作负载重用代码的批处理、交互式查询、实时分析、图形处理等。Apache Spark 已经成为较为常用的大数据分布式处理框架之一。

（4）RapidMiner

RapidMiner 也叫 YALE（Yet Another Learning Environment），提供图形化界面，采用类似 Windows 资源管理器中的树状结构来组织分析组件，树上每个节点表示不同的运算符（Operator）。YALE 中提供了大量的运算符，包括数据处理、变换、探索、建模、评估等各个环节。YALE 是用 Java 开发的，基于 Weka 来构建，可以调用 Weka 中的各种分析组件。RapidMiner 有拓展的套件 Radoop，可以和 Hadoop 集成起来，在 Hadoop 集群上运行任务。

（5）TipDM 大数据挖掘建模平台

TipDM 大数据挖掘建模平台使用 Java 语言开发，采用 B/S（Browser/Server，浏览器/服务器）结构，用户不需要下载客户端，可通过浏览器进行访问。平台算法基于 Python、R 语言以及 Spark 分布式引擎，用于数据分析与挖掘。平台支持数据挖掘流程所需的主要过程：数据探索（相关性分析、主成分分析、周期性分析等）、数据预处理（特征构造、记录选择、缺失值处理等）、构建模型（聚类模型、分类模型、回归模型等）、模型评价（R-Squared、混淆矩阵、ROC 曲线等）。用户可在没有 Python、R 或 Spark 编程基础的情况下，通过拖拽的方式进行操作，将数据输入/输出、数据预处理、挖掘建模、模型评价等环节通过流程化的方式进行连接，以达到数据分析挖掘的目的。

小结

本章主要介绍了大数据分析与挖掘的基础知识，包括大数据分析与挖掘的基本概念、行业应用、基本任务、建模过程和建模工具。其中，大数据分析与挖掘的建模过程包括明确任务、数据采集、数据探索、数据预处理、挖掘建模、模型评价；常用的数据挖掘工具包括 Python、IBM SPSS Modeler、Apache Spark、RapidMiner、TipDM 开源数据挖掘建模平台。

习题

1. 选择题

第 1 章选择题答案

（1）以下属于数据挖掘的基本任务的是（　　）。

A. 迁移学习　　B. 统计分析　　C. 关联规则　　D. 卡方检验

（2）关于数据预处理，下列叙述错误的是（　　）。

A. 数据预处理可以改善数据质量

B. 数据预处理中包括重复值处理、函数变换、独热编码

C. 数据预处理中包括异常值处理、数据标准化、数据合并

D. 数据预处理中不包括数据离散化

（3）下列不属于数据挖掘工具的是（　　）。

A. Word　　B. Python　　C. RapidMiner　　D. SPSS

（4）关于数据挖掘的通用流程，下列叙述中正确的是（　　）。

A. 数据挖掘的通用流程主要包含明确任务、数据采集、数据探索、数据预处理、挖掘建模、模型评价

B. 分类与回归模型、聚类模型的评价方法是相同的

C. 数据挖掘的通用流程中目标分析是不存在意义的，可以去除

D. 抽取数据的标准中不包含有效性

（5）关于 Python，下列叙述错误是（　　）。

A. Python 是一种结合解释性、编译性、互动性和面向对象的高层次计算机程序语言

B. Python 拥有高效的高级数据结构

C. Python 提供一个专门的数据挖掘环境

D. Python 是一种面向对象的解释型计算机程序设计语言

（6）数据增长快，处理速度快，时效性要求高是大数据的（　　）特征。

A. 大量　　B. 多样　　C. 高速　　D. 价值

（7）下列抽样方式是“随机抽样”的是（　　）。

A. 在采用随机抽样方式时，数据集中的每一组观测值都有相同的被抽中概率

B. 按照特定的顺序，从数据集中选择固定的比例进行抽样

C. 将数据集分成若干层，每层中的观测值都具有相同的被选中概率

D. 根据某种分类属性，选择数据子集进行抽样

（8）下列算法不是聚类的是（　　）。

A. K-Means 聚类　B. 密度聚类　C. 决策树　D. 层次聚类

（9）关于 IBM SPSS Modeler 描述正确的是（　　）。

A. 提供使用 Java、Python、Go 和 R 语言的开发接口

B. 可以与 Hadoop 集成

C. 具有 NumPy、SciPy 和 Matplotlib 等拓展库

D. 封装了先进的统计学和数据挖掘技术

（10）时间序列模型不包括（　　）。

A. AR　B. MA　C. SVM　D. ARMA

第 2 章 Python 简介

在 Python 中，数据挖掘编程是进行数据分析和数据挖掘的重要组成部分。要掌握数据挖掘编程，需要对其基础知识有一定的了解及使用能力。如同建造高楼必须夯实基础一样，只有掌握了 Python 基础知识，才能够将其用于解决实际问题。

学习目标

（1）掌握 Python 安装的方法。

（2）掌握 Python 基本命令的使用方法。

（3）掌握 Python 各数据结构的使用方法。

（4）掌握 Python 运算符的使用方法。

（5）掌握 Python 函数的使用方法。

（6）了解 Python 数据分析与挖掘的常用库。

2.1　Python 安装

在大数据时代，数据来源多样化，数据量也急剧增长，Python 的简洁性和易读性使复杂的数据处理变得容易。同时，Python 的语法简单、优雅，因此代码易于维护和调试。Python 作为一种灵活且强大的编程语言，在大数据挖掘中发挥着至关重要的作用。

首先，Python 提供了许多用于大数据处理的库和工具，如 pandas、NumPy 和 SciPy 等，这些库可以帮助处理大规模的数据集并进行高级计算；其次，Python 还拥有许多深度学习库，如 Keras 和 TensorFlow 等，这些库为大数据挖掘提供了强大的支持；最后，Python 可以与其他编程语言（如 Java、C++等）无缝集成。因此，在处理需要多种编程语言完成的大数据项目时，Python 是一个理想的选择。

Anaconda 是一个 Python 的集成开发环境，可以便捷地获取库，且提供对库的管理功能，同时可以对环境进行统一管理。读者可以进入 Anaconda 发行版官方网站，下载 Windows 系统的 Anaconda 安装包，选择 Python 3.9.13 版本。安装 Anaconda 的具体步骤如下。

（1）运行安装包文件，单击图 2-1 所示的“Next”按钮进入下一步。

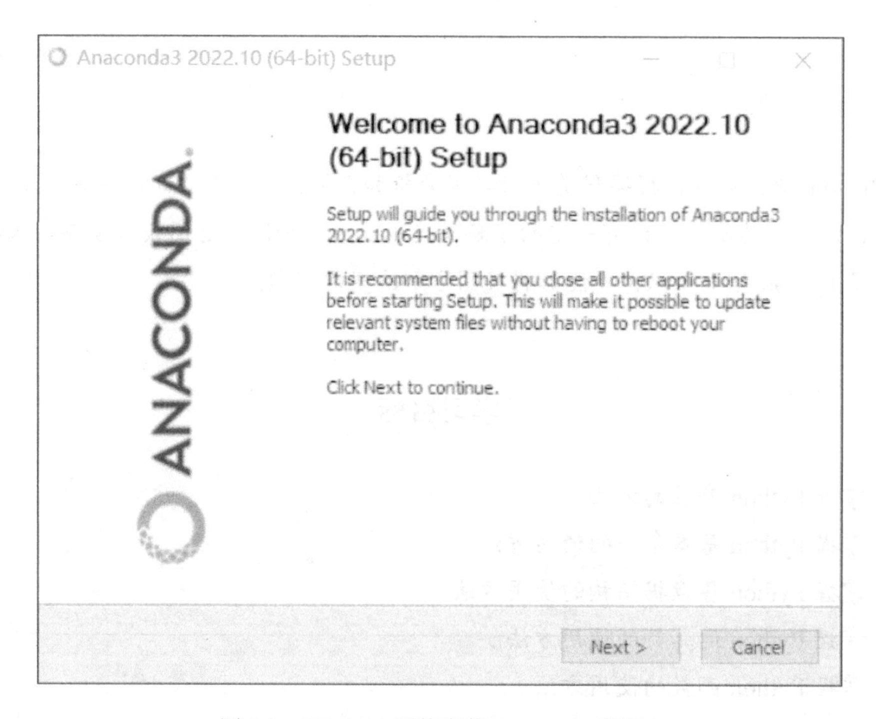

图 2-1　Windows 系统安装 Anaconda 步骤 1

（2）单击图 2-2 所示的“I Agree”按钮，同意上述协议进入下一步。

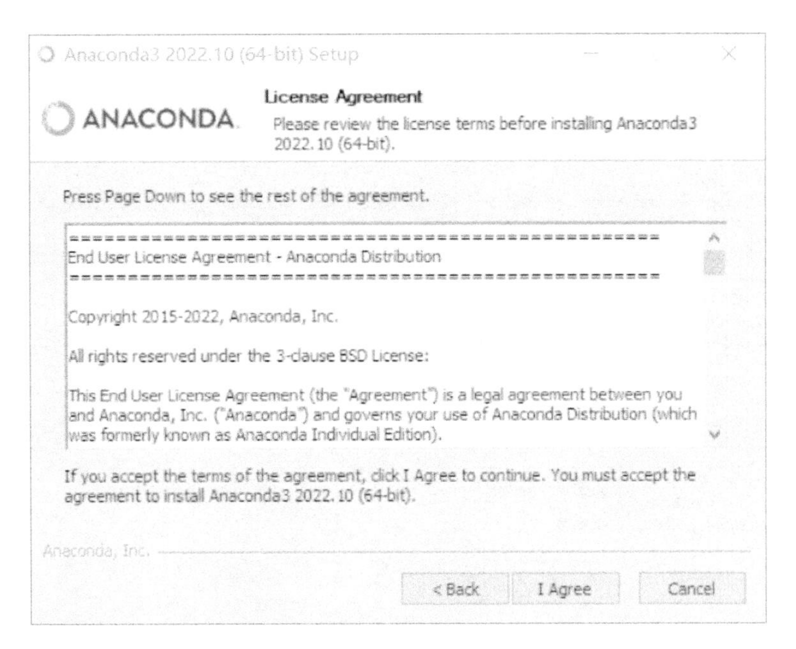

图 2-2　Windows 系统安装 Anaconda 步骤 2

（3）选择图 2-3 所示的“Just Me(recommended)”选项，然后单击“Next”按钮，进入下一步。

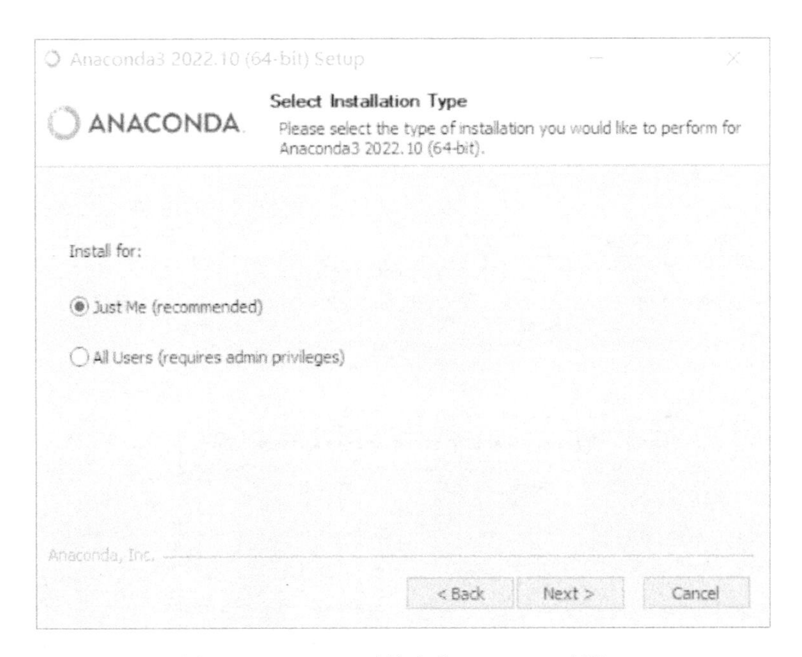

图 2-3　Windows 系统安装 Anaconda 步骤 3

（4）单击图 2-4 所示的“Browse...”按钮，选择在指定的路径安装 Anaconda，选择完成后单击“Next”按钮，进入下一步。

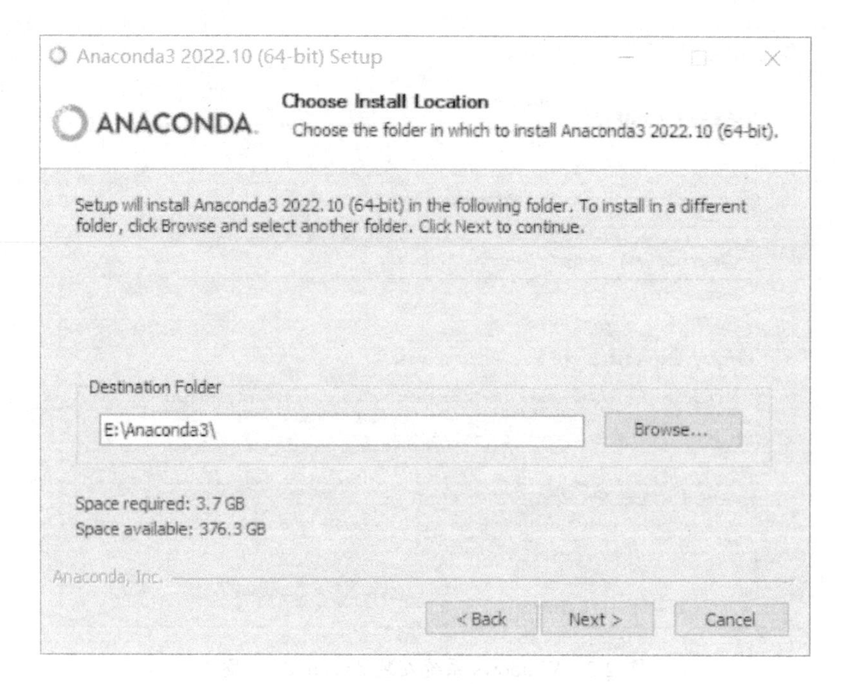

图 2-4　Windows 系统安装 Anaconda 步骤 4

（5）图 2-5 所示的两个选框分别代表允许将 Anaconda 添加到系统路径环境变量中，以及 Anaconda 使用的 Python 版本为 3.9。勾选后，单击“Install”按钮，开始安装。

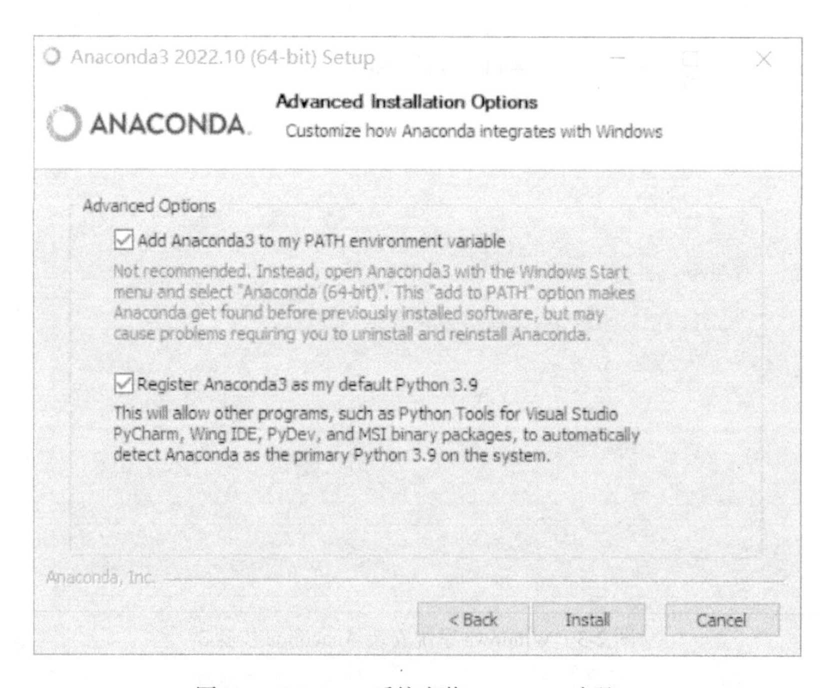

图 2-5　Windows 系统安装 Anaconda 步骤 5

（6）当安装进度条满格时，安装结束，如图 2-6 所示。然后一直单击“Next”按钮。

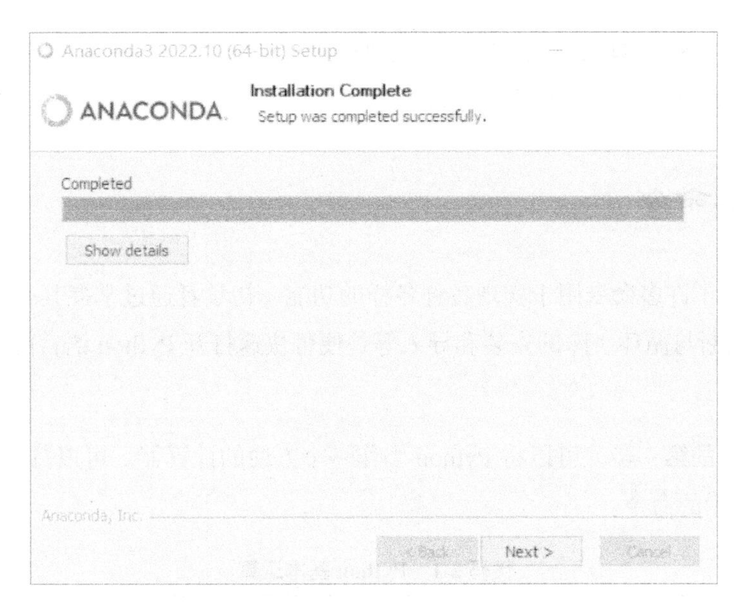

图 2-6　Windows 系统安装 Anaconda 步骤 6

（7）当出现图 2-7 所示的对话框时，可取消勾选界面上的“Anaconda Distribution Tutorial”“Getting Started with Anaconda”选项，单击“Finish”按钮，即可完成 Anaconda 安装。

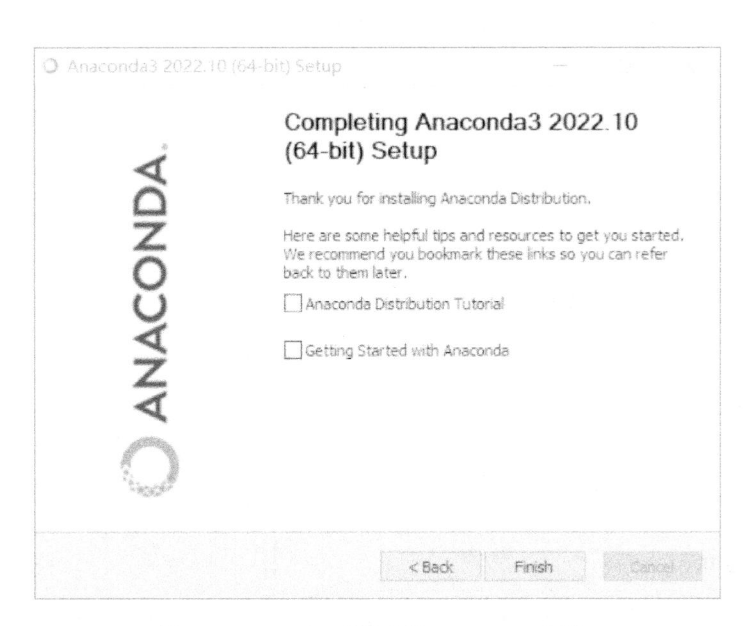

图 2-7　Windows 系统安装 Anaconda 步骤 7

2.2　Python 编程基础

在 Python 编程语言中，基本命令、数据类型、运算符、函数是编程的基础。这些基本概念对于 Python 初学习者至关重要。只有掌握这些基础知识，才能编写出简洁、可读性高的代码，实现各种复杂的数据处理和计算操作。

2.2.1 基本命令

Python 包含了许多命令用于实现各种各样的功能。初学者通过掌握其基本命令的使用，如基本运算、判断与循环、库的安装和导入等，便可快速打开 Python 语言的大门。

1. 基本运算

认识 Python 的第一步，可以将 Python 当作一个方便的计算器。可以打开 Python，试着输入代码 2-1 所示的命令。

代码 2-1 Python 基本运算

```
a = 3
a * 3
a ** 3
```

代码 2-1 所示的命令是 Python 几个基本的运算，第一行是赋值运算，第二行是乘法运算，最后一行是幂运算（即 a^3），这些基本上是所有编程语言通用的。不过 Python 支持多重赋值，方法如下。

```
a, b, c = 1, 2, 3
```

这句多重赋值命令相当于如下命令。

```
a = 1
b = 2
c = 3
```

Python 支持对字符串的灵活操作，如代码 2-2 所示。

代码 2-2 Python 字符串操作

```
a = 'This is the Python world'
a + ' Welcome!'  # 将 a 与' Welcome!'拼接，得到'This is the Python world Welcome!'
a.split(' ')  # 将 a 以空格分割，得到列表['This', 'is', 'the', 'Python', 'world']
```

2. 判断与循环

判断和循环是所有编程语言的基本命令，Python 的判断语句格式如下。

```
if 条件 1:
    语句 2
elif 条件 3:
    语句 4
else:
    语句 5
```

需要特别指出的是，Python 一般不使用花括号{}，也没有 end 语句，可使用缩进对齐作为语句的层次标记。同一层次的缩进量要一一对应，否则会报错。一个错误的缩进示例如代码 2-3 所示。

代码 2-3　错误的缩进

```
if a == 0:
  print('a 为 0')  # 缩进了 2 个空格
else:
   print('a 不为 0')  # 缩进了 3 个空格
```

不管是哪种语言，使用正确的缩进都是一个优雅的编程习惯。

Python 的循环对应有 for 循环和 while 循环，如代码 2-4 所示。

代码 2-4　for 循环和 while 循环

```
# for 循环
i = 0
for j in range(51):  # 该循环求 1+2+3+...+50
    i = i + j
print(i)

# while 循环
i = 0
j = 0
while j < 51:  # 该循环也是求 1+2+3+...+50
    i = i + j
    j = j + 1
print(i)
```

在代码 2-4 中，for 循环含有 in 和 range 语法。in 是一个非常方便、直观的语法，用于判断一个元素是否在列表或元组中。range 用于生成连续的序列，一般语法为 range(a, b, c)，表示以 a 为首项、c 为公差且不超过 b–1 的等差数列，如代码 2-5 所示。

代码 2-5　使用 range 生成等差数列

```
for i in range(1, 5, 1):
    print(i)
```

使用 range 生成等差数列的输出结果如下。

```
1
2
3
4
```

3. 库的安装和导入

在 Python 的默认环境中，并不会将所有的功能加载进来，因此需要手动加载更多的库（或模块、包等），甚至需要额外安装第三方的扩展库，以丰富 Python 的功能，达到所需的目的。

（1）安装第三方库

虽然 Python 自带了很多库，但是不一定可以满足所有的需求。就数据分析和数据挖掘而言，还需要安装一些第三方库用于拓展 Python 的功能。

安装第三方库有多种方法，如表 2-1 所示。

表 2-1　常见的安装第三方库的方法

思路	特点
下载源代码自行安装	安装灵活，但需要自行解决上级依赖问题
用 pip 命令安装	比较方便，自动解决上级依赖问题
用 conda 命令安装	比较方便，自动解决上级依赖问题
下载编译好的文件包	一般 Windows 系统才提供现成的可执行文件包
系统自带的安装方式	Linux 或 mac OS 系统的软件管理器自带某些库的安装方式

使用 pip 命令来安装 Numpy 如代码 2-6 所示。

代码 2-6　使用 pip 命令来安装 Numpy

```
pip install numpy
pip install numpy==1.19.5  # 安装指定版本的库
```

（2）库的导入

Python 本身内置了很多强大的库，如数学相关的 math 库，可以提供更加丰富复杂的数学运算，如代码 2-7 所示。

代码 2-7　使用 math 库进行数学运算

```
import math
math.sin(2)  # 计算正弦
math.exp(2)  # 计算指数
math.pi  # 内置的圆周率常数
```

导入库的方法，除了直接“import 库名”命令，还可以为库起一个别名，如代码 2-8 所示。

代码 2-8　使用别名导入库

```
import math as m
m.sin(2)  # 计算正弦
```

此外，如果不需要导入库中的所有函数，那么可以特别指定要导入函数的名字，如代码2-9所示。

代码 2-9　通过名称导入指定函数

```
from math import exp as e  # 只导入math库中的exp函数，并起别名e
e(2)  # 计算指数
math.sin(2)  # 此时math.sin(2)会出错，因为没被导入
```

直接导入库中的所有函数，如代码2-10所示。

代码 2-10　导入库中所有函数

```
# 直接导入math库中的所有函数，若大量地这样引入第三库，可能会容易引起命名冲突
from math import *
exp(2)
sin(2)
```

读者可以通过help('modules')命令获得已经安装的所有模块名。

2.2.2　数据类型

Python支持的数据类型比较多,这里本节主要介绍常用的6种数据类型:数字(Number)、字符串（String）、列表（List）、元组（Tuple）、字典（Dictionary）和集合（Set）。Python对数据类型有着特定的优化，这意味着在遇到不同的数据类型时有着特定的处理方式，可以以更高效的方式处理该类型的数据，同时，数据类型的声明能让变量充分利用内存资源。

1. 数字

在Python中数字（Number）类型用于存储数值，需要注意的是，该数据类型是不允许改变的，即如果改变该数据类型的值，将重新分配内存空间。Python中主要包括3种不同的数字类型，如表2-2所示。

表 2-2　数字类型以及解释

数字类型	解释
整型（int）	也称为整数，是正或负整数，在Python 3.x的版本中包含了长整型（long）
浮点型（floating point real values）	浮点型由整数部分和小数部分组成，可以用科学记数法表示
复数（complex numbers）	复数由实数部分和虚数部分构成，可以用a+bj或complex(a,b)表示

对数据进行类型转换如代码2-11所示。

代码 2-11　对数据进行类型转换

```
x = 123456
y = 12.6
int(y)  # 将 y 转换为一个整数，输出：12
float(x)  # 将 x 转换为一个浮点数，输出：123456.0
complex(x, 78)  # 创建一个复数，输出：(123456+78j)
```

在将浮点型数据转为整型时，只保留数据的整数部分，小数点部分全部舍弃，不进行四舍五入。

2. 字符串

字符串（String）是由 Unicode 码位构成的不可变序列。Python 不支持单字符类型（只占一个字节的字符）。单字符在 Python 中也作为一个字符串使用。将字符括在单引号、双引号和三重引号中即可完成字符串的创建。使用三重引号的字符串可以跨越多行，其中，所有的空白字符都将包含在该字符串字面值中。

字符串只能通过新建另一个字符串来改变原字符串内的字符。同时，字符串中的字符不能被删除，但是使用 del 关键字可以完全删除字符串。

由于字符串是有序的，因此可以通过“字符串变量[头下标:尾下标]”的形式对字符串中的值进行访问。字符串的下标示例如图 2-8 所示。

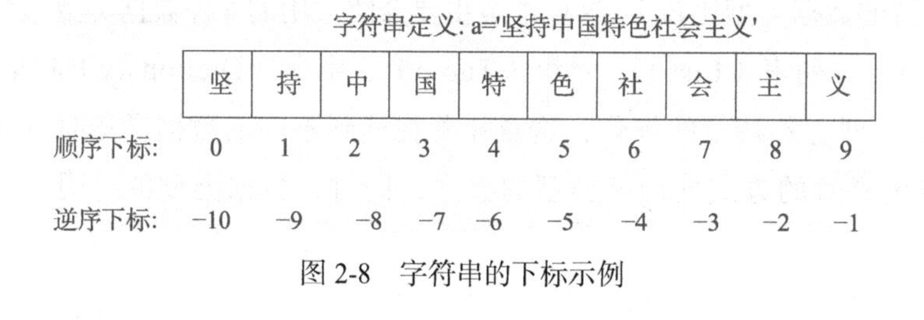

图 2-8　字符串的下标示例

简单的字符串切片如代码 2-12 所示。

代码 2-12　简单的字符串切片

```
a = '坚持中国特色社会主义'

print ('a[2]: ', a[2])  # 输出为：中
print ('a[-7]: ', a[-7])  # 输出为：国
print ('a[2:6]: ', a[2:6])  # 输出为：中国特色
```

3. 列表和元组

列表和元组都是序列结构，也称为容器，两者很相似，但又有一些不同的地方。

从外形上看，列表与元组的区别：列表使用方括号进行标记，如 m = [0, 2, 4]，而元组使用圆括号进行标记，如 n = (6, 8, 10)。访问列表和元组中元素的方式都是一样的，如 m[0]=0，n[2]=10。因为容器的数据结构可以是任意的，所以如下关于列表 p 的定义也是成立的。

```
p = ['efg', [5, 6, 7], 10]
# p是一个列表，列表的第 1 个元素是字符串'efg'，第 2 个元素是列表[5, 6, 7]，第 3 个元素是整数10
```

从功能上看，列表与元组的区别：列表可以被修改，而元组不可以。例如，列表 m = [0, 2, 4]，那么语句 m[0] = 1 会将列表 m 修改为[1, 2, 4]，而对于元组 n = (6, 8, 10)，语句 n[0] = 1 将会报错。要注意的是，如果已经有了一个列表 m，同时想复制 m 并命名为变量 n，那么 n = m 是无效的，这时 n 仅是 m 的别名（或引用），修改 n 也会修改 m，正确的复制方法应该是 n = m[:]。

与列表有关的函数是 list，与元组有关的函数是 tuple，但 list 函数和 tuple 函数的用法和功能几乎一样，都是将某个对象转换为列表或元组，例如，list('cd')的结果是['c', 'd']，tuple([0, 1, 2])的结果是(0, 1, 2)。一些常见的与列表或元组相关的函数如表 2-3 所示。

表 2-3　列表或元组相关的函数

函数	功能	函数	功能
cmp(m, n)	比较两个列表或元组中的元素	min(m)	返回列表或元组中元素的最小值
len(m)	返回列表或元组中元素的个数	sum(m)	将列表或元组中的元素求和
max(m)	返回列表或元组中元素的最大值	sorted(m)	对列表中的元素进行升序排序

此外，可以列表作为对象，列表的本身自带了很多实用的方法（元组不允许修改，因此方法很少），如表 2-4 所示。

表 2-4　列表相关的方法

方法	功能
m.append(1)	将元素 1 添加到列表 m 末尾
m.count(1)	统计列表 m 中元素 1 出现的次数
m.extend([1, 2])	将列表[1, 2]的内容追加到列表 m 的末尾
m.index(1)	从列表 m 中找出第一个元素 1 的索引位置
m.insert(2, 1)	将元素 1 插入列表 m 中索引为 2 的位置
m.pop(1)	移除列表 m 中索引为 1 的元素

使用 append 函数对列表元素进行操作，如代码 2-13 所示。

代码 2-13　使用 append 函数对列表元素进行操作

```
c = [1, 2, 3]
d = []
for i in c:
   d.append(i + 1)
print(d)  # 输出结果为[2, 3, 4]
```

此外，列表还有“列表解析”这一功能，该功能可以简化对列表内元素逐一进行操作的代码。

使用列表解析进行简化，如代码 2-14 所示。

代码 2-14　使用列表解析进行简化

```
c = [1, 2, 3]
d = [i + 1 for i in c]
print(d)  # 输出结果也为[2, 3, 4]
```

4. 字典

字典相当于一个列表，然而其下标不再是以 0 开头的数字，而是自定义的键（Key）。

创建一个字典的基本方法如下。

```
 a = {'January': 1, 'February': 2}
```

其中，“January”“February”就是字典的键，在整个字典中必须是唯一的，而“1”“2”就是键对应的值。访问字典中元素的方法也很直观，如代码 2-15 所示。

代码 2-15　访问字典中的元素

```
a['January']  # 该值为1
a['February']  # 该值为2
```

还有其他比较方便的方法可以创建一个字典，如通过 dict 函数转换，或通过 dict.fromkeys 创建，如代码 2-16 所示。

代码 2-16　通过 dict 或 dict.fromkeys 创建

```
dict([['January', 1], ['February', 2]])  # 相当于{'January':1, 'February':2}
dict.fromkeys(['January', 'February'], 1)  # 相当于{'January':1, 'February':1}
```

字典的函数和方法很多与列表是一样的，因此在这里就不再赘述了。

5. 集合

Python 内置了集合这一数据结构，与数学上的集合概念基本上是一致的，集合与列表的区别：集合中的元素是不重复的，而且是无序的，且集合不支持索引。一般通过花括号{}或 set 函数创建集合，如代码 2-17 所示。

代码 2-17　创建集合

```
k = {1, 1, 2, 3, 3}  # 注意1和3会自动去重，得到{1, 2, 3}
k = set([1, 1, 2, 3, 3])  # 同样地，将列表转换为集合，得到{1, 2, 3}
```

由于集合的特殊性（特别是无序性），集合有一些特别的运算，如代码 2-18 所示。

代码 2-18　集合运算

```
a = f | g  # f和g的并集
b = f & g  # f和g的交集
c = f - g  # 求差集（项在f中，但不在g中）
d = f ^ g  # 对称差集（项在f或g中，但不会同时出现在二者中）
```

2.2.3 运算符

运算符用于执行程序代码运算，会针对一个以上操作数项目来进行运算。在 Python 中主要包括算术运算符、比较运算符、赋值运算符、逻辑运算符、位运算符、成员运算符、身份运算符。

1. 算术运算符

常见的算术运算符及其描述如表 2-5 所示。

表 2-5　常见的算术运算符及其描述

运算符	描述
+	两个对象相加
-	得到负数或将一个数减去另一个数
*	两个数相乘或返回一个被重复若干次的字符串
/	一个数除以另一个数
%	返回除法的余数
**	例如，x**y，代表返回 x 的 y 次幂
//	一个数除以另一个数后向下取整数

算术运算符的简单实例，如代码 2-19 所示。

代码 2-19　算术运算符的简单实例

```
a = 21
b = 10

print(a + b)  # 输出为31
print(a - b)  # 输出为11
print(a * b)  # 输出为210
```

```
print(a / b)  # 输出为2.1
print(a % b)  # 输出为1
a = 5
b = 2
print(a ** b)  # 输出为25
print(a // b)  # 输出为2
```

2. 比较运算符

比较运算符及其描述如表 2-6 所示。比较运算符的返回结果均为逻辑真（True）或逻辑假（False）。

表 2-6　比较运算符及其描述

运算符	描述	运算符	描述
==	比较两个对象是否相等	<	x<y，返回 x 是否小于 y
!=	比较两个对象是否不相等	>=	x>=y，返回 x 是否大于等于 y
>	x>y，返回 x 是否大于 y	<=	x<=y，返回 x 是否小于等于 y

比较运算符的简单实例，如代码 2-20 所示。

代码 2-20　比较运算符的简单实例

```
a = 21
b = 10

print(a == b)  # 输出为False
print(a != b)  # 输出为True
print(a < b)  # 输出为False
print(a > b)  # 输出为True
print(a <= b)  # 输出为False
print(a >= b)  # 输出为True
```

3. 赋值运算符

赋值运算符及其描述如表 2-7 所示。

表 2-7　赋值运算符及其描述

运算符	描述	运算符	描述
=	简单的赋值运算符	%=	取模赋值运算符，c%=a 等效于 c=c%a
+=	加法赋值运算符，c+=a 等效于 c=c+a	**=	幂赋值运算符，c**=a 等效于 c=c**a
–=	减法赋值运算符，c–=a 等效于 c=c–a	//=	取整除赋值运算符，c//=a 等效于 c=c//a
*=	乘法赋值运算符，c*=a 等效于 c=c*a	:=	海象运算符，可在表达式内部为变量赋值
/=	除法赋值运算符，c/=a 等效于 c=c/a		

赋值运算符的简单实例，如代码 2-21 所示。

代码 2-21　赋值运算符的简单实例

```
a = 21
b = 10

c = a + b
print(c)  # 输出为 31
c += a
print(c)  # 输出为 52
c *= a
print(c)  # 输出为 1092
c /= a
print(c)  # 输出为 52.0
c = 2
c %= a
print(c)  # 输出为 2
c **= a
print(c)  # 输出为 2097152
c //= a
print(c)  # 输出为 99864
```

4. 逻辑运算符

逻辑运算符及其描述如表 2-8 所示。

表 2-8　逻辑运算符及其描述

运算符	逻辑表达式	描述
and	x and y	如果 x 为 False，则返回 x；否则返回 y
or	x or y	如果 x 为 True，则返回 x；否则返回 y
not	not x	如果 x 为 True，则返回 False；如果 x 为 False，则返回 True

逻辑运算符的简单实例，如代码 2-22 所示。

代码 2-22　逻辑运算符的简单实例

```
a = 21
b = 10
print(a and b)  # 输出为 10
print(a or b)  # 输出为 21

a = 0
print(a and b)  # 输出为 0
print(a or b)  # 输出为 10

print(not(a and b))  # 输出为 True
```

5. 位运算符

计算机中的数据都是以二进制形式存储的，而位运算就是直接对存储在内存中的整数对应二进制位进行操作，因此其执行效率非常高，在程序中使用位运算进行操作，可以极大提高程序的性能。位运算符及其描述如表 2-9 所示。

表 2-9　位运算符及其描述

运算符	描述
&	按位与运算符：参与运算的两个值，如果两个相应位都为 1，则该位的结果为 1，否则为 0
|	按位或运算符：只要对应的两个二进制位有一个为 1，结果位就为 1
^	按位异或运算符：当两对应的二进制位相异时，结果为 1
~	按位取反运算符：对数据的每个二进制位取反，即把 1 变为 0，把 0 变为 1。~x 类似于 -x-1
<<	左移动运算符：把“<<”左边的运算数的各二进制位全部左移若干位，由“<<”右边的数指定移动的位数，高位丢弃，低位补 0
>>	右移动运算符：把“>>”左边的运算数的各二进制位全部右移若干位，“>>”右边的数指定移动的位数

位运算符的简单实例，如代码 2-23 所示。

代码 2-23　逻辑运算符的简单实例

```
a = 60  # 60 = 0011 1100
b = 13  # 13 = 0000 1101

print(a & b)  # 12 = 0000 1100
print(a | b)  # 61 = 0011 1101
print(a ^ b)  # 49 = 0011 0001
print(~a)  # -61 = 1100 0011
print(a << 2)  # 240 = 1111 0000
print(a >> 2)  # 15 = 0000 1111
```

6. 成员、身份运算符

成员运算符的功能是运算某个变量是否包含某个元素，可以简单地理解为不包含的意思。身份运算符的功能是判断两个变量是不是引用自不同对象，可以简单地理解为非引用自同一个对象。这两种运算符的返回结果都是逻辑真（True）或逻辑假（False）。

成员、身份运算符及其描述如表 2-10 所示。

表 2-10　成员、身份运算符及其描述

运算符		描述
成员	in	如果在指定的序列中找到值，则返回 True，否则返回 False
	not in	如果在指定的序列中没有找到值，则返回 True，否则返回 False
身份	is	判断两个标识符是不是引用自同一个对象
	is not	判断两个标识符是不是引用自不同对象

成员、身份运算符的简单实例，如代码 2-24 所示。

代码 2-24　成员、身份运算符的简单实例

```
a = 1
b = 20
list1 = [1, 2, 3, 4, 5 ];

print(a in list1)  # 输出为True
print(b in list1)  # 输出为False
print(b not in list1)  # 输出为True

print(a is b)  # 输出为False
a = 20
print(a is b)  # 输出为True
```

2.2.4　函数

函数式编程（Functional Programming）或函数程序设计，又称泛函编程，是一种编程范型。函数式编程可将计算机运算视为数学上的函数计算，并且避免使用程序状态以及易变对象。

在 Python 中，函数式编程主要由 lambda、map、reduce、filter 几个函数构成。def 用于自定义函数，如代码 2-25 所示。

代码 2-25　自定义函数

```
def pea(x):
    return x + 1
print(pea(1))  # 输出结果为2
```

自定义函数其实很普通，但是与一般编程语言不同的是，Python 的函数返回值可以为各种形式，如返回列表，甚至返回多个值，如代码 2-26 所示。

代码 2-26　返回列表和返回多个值的自定义函数

```
# 返回列表
def peb(x=1, y=1):  # 定义函数，同时定义参数的默认值
    return [x + 3, y + 3]  # 返回值是一个列表

# 返回多个值
def pec(x, y):
    return x + 1, y + 1  # 双重返回
a, b = pec(1, 2)  # 此时a = 2, b = 3
```

使用def自定义代码2-26所示的peb函数，需要规范的命名，且计算和返回值会比较麻烦。Python支持使用lambda对简单的功能定义"行内函数"，如代码2-27所示。

代码2-27　使用lambda定义函数

```
c = lambda x: x + 1  # 定义函数c(x) = x + 1
d = lambda x, y: x + y + 6  # 定义函数d(x,y) = x + y + 6
```

对于map函数，假设有一个列表a = [5, 6, 7]，要给列表中的每个元素都加3得到一个新列表，使用列表解析可简化为代码2-28。

代码2-28　使用列表解析操作列表元素

```
a = [5, 6, 7]
b = [i + 3 for i in a]
print(b)  # 输出结果为[8, 9, 10]
```

而使用map函数操作列表元素，如代码2-29所示。

代码2-29　使用map函数操作列表元素

```
a = [5, 6, 7]
b = map(lambda x: x + 3, a)
b = list(b)
print(b)  # 输出结果也为[8, 9, 10]
```

在代码2-29中，首先定义了一个函数，然后用map函数中的命令逐一应用到列表a中的每个元素上，最后返回一个数组。map函数也接受多参数的设置，例如，map(lambda x, y: x * y, a, b)表示将a、b两个列表中的元素对应相乘，将结果返回新列表中。

列表解析虽然代码简短，但是本质上还是for循环。在Python中，for循环的效率并不高，而map函数实现了相同的功能，并且效率更高。

reduce函数与map函数不同的是，map函数用于逐一遍历，而reduce函数用于递归计算。在Python 3中，reduce函数已经被移出了全局命名空间，被置于fuctools库中，使用时需要通过from fuctools import reduce导入。使用reduce函数可以算出n的阶乘，如代码2-30所示。

代码2-30　使用reduce计算一个数的阶乘

```
from fuctools import reduce  # 导入reduce函数
reduce(lambda x, y: x * y, range(1, n + 1))
```

在代码2-30中，range(1, n + 1)相当于给出了一个列表，元素是1～n的整数。lambda x, y: x * y构造了一个二元函数，返回两个参数的乘积。reduce函数首先将列表的头两个元素作为函数的参数进行运算，然后将运算结果与第 3 个元素作为函数的参数，再将运算结果与第 4 个元素作为函数的参数……如此递推，直到列表结束，返回最终结果。如果用循环命令，则需要写成代码 2-31 所示的形式。

代码 2-31　使用循环命令计算一个数的阶乘

```
a = 1
for i in range(1, n + 1):
a = a * i
```

filter 函数的功能类似于一个过滤器，可用于筛选出列表中符合条件的元素，如代码 2-32 所示。

代码 2-32　使用 filter 筛选列表元素

```
a = filter(lambda x : x > 2 and x < 6, range(10))
a = list(a)
print(a)  # 输出结果为[3, 4, 5]
```

使用 filter 首先需要一个返回值为 bool 型的函数，如代码 2-32 中，lambda x : x > 2 and x < 6 定义了一个函数，判断 x 是否大于 2 且小于 6，然后将这个函数作用到 range(10)的每个元素上，若为 True，则取出该元素，最后将满足条件的所有元素组成一个列表返回。

代码 2-32 中的 filter 函数，也可以使用列表解析实现，如代码 2-33 所示。

代码 2-33　使用列表解析实现筛选

```
a = [i for i in range(10) if i > 2 and i < 6]
print(a)  # 输出的结果也为[3, 4, 5]
```

可见使用列表解析并不比 filter 函数复杂。但是要注意，使用 map、reduce 或 filter 函数，最终目的是兼顾简洁和效率，因为 map、reduce 或 filter 函数的循环速度比 Python 内置的 for 或 while 循环要快得多。

2.3　Python 数据分析工具

Python 本身的数据分析功能并不强，需要安装一些第三方扩展库来增强它的能力。如果读者安装的是 Anaconda 发行版，那么它已经自带了常用的库，如 NumPy、SciPy、Matplotlib、pandas、scikit-learn 等。

本书只用到了 Python 数据分析和挖掘相关的部分功能，所涉及的库如表 2-11 所示。

表 2-11 Python 数据挖掘相关扩展库

扩展库	简介
NumPy	提供数组支持，以及相应的高效处理函数
SciPy	提供矩阵支持，以及矩阵相关的数值计算模块
Matplotlib	强大的数据可视化工具、作图库
pandas	强大、灵活的数据分析和探索工具
statsmodels	统计建模和计量经济学工具，包括描述性统计、统计模型估计和推断
scikit-learn	支持回归、分类、聚类等强大的机器学习库
mlxtend	机器学习的拓展库，旨在增强 scikit-learn 的功能
Keras	深度学习库，用于建立神经网络以及深度学习模型
Gensim	用来做文本主题模型的库，文本挖掘可能用到

此外，限于篇幅，本节只对这些库进行简单的介绍，读者可以到官网阅读更加详细的使用教程。除此之外，还有一些其他很实用的库并没有介绍，如图片处理可以用 Pillow（旧版为 PIL，目前已经被 Pillow 代替）、视频处理可以用 OpenCV、高精度运算可以用 GMPY2 等。

1. NumPy

NumPy 的前身 Numeric 最早是由 Jim Hugunin 与其他协作者共同开发的。2005 年，Travis Oliphant 在 Numeric 中结合了另一个同性质的程序库 Numarray 的特色，并加入了其他扩展，由此开发了 NumPy。

NumPy 是用 Python 进行科学计算的基础软件包，同时还是一个 Python 库，提供多维数组对象和各种派生对象（如掩码数组和矩阵），以及用于数组快速操作的各种 API，包括数学、逻辑、形状操作、排序、选择、输入/输出、离散傅里叶变换、基本线性代数、基本统计运算和随机模拟等，因而能够快速处理数据量大且烦琐的数据运算。

NumPy 还是很多更高级的扩展库的依赖库，pandas、Matplotlib、SciPy 等库都依赖于 NumPy。值得强调的是，NumPy 内置函数处理数据的速度是 C 语言级别的，因此在编写程序时，应当尽量使用 NumPy 中的内置函数，避免效率瓶颈（尤其在涉及循环的问题时）。

2. SciPy

SciPy 是数学、科学和工程领域的常用开源软件。SciPy 库依赖于 NumPy，可提供方便快捷的多维数组操作，且 SciPy 库是用 NumPy 数组构建的，可提供许多用户友好和高效的数值例程，如用于数值积分和优化的例程。SciPy 和 NumPy 可运行在所有流行的操作系统上，安装速度快，而且是免费的，同时，SciPy 和 NumPy 易于使用、功能强大，因此被一些世界领先的科学家和工程师所依赖。

SciPy 库包含有最优化、线性代数、积分、插值、拟合、特殊函数、快速傅里叶变换、信号处理、图像处理、常微分方程求解和其他科学与工程中常用的计算等功能。显然，这些功能都是挖掘与建模必备的。

NumPy 提供了多维数组功能，但只是一般的数组，并不是矩阵。例如，当两个数组相乘时，只是对应元素相乘，而不是矩阵乘法。SciPy 提供了真正的矩阵，以及大量基于矩阵运算的对象与函数。

3. Matplotlib

不论是数据挖掘还是数学建模，都免不了数据可视化的问题。Matplotlib是John D. Hunter在2008年左右的博士后研究中发明出来的，最初只是为了可视化癫痫病人的一些健康指标，慢慢地，Matplotlib 变成了 Python 上使用最广泛的可视化工具包。

同时，Matplotlib 还是 Python 最著名的绘图库，主要用于二维绘图，也可以进行简单的三维绘图。Matplotlib 还提供了一整套和 MATLAB 相似但更为丰富的命令，可以非常快捷地使用 Python 可视化数据，而且允许输出达到出版质量的多种图像格式，还十分适合进行交互式制图，同时，也可作为绘图控件方便地嵌入 GUI 应用程序或 CGI、Flask、Django 中。

此外，Matplotlib 绘图库还有很多特点：Matplotlib 支持交互式以及非交互式绘图；支持曲线（折线）图、条形图、柱状图、饼图；绘制的图形可进行配置；支持 Linux、Windows、mac OS X 与 Solaris 的跨平台绘图；迁移学习的成本比较低，这是由于 Matplotlib 的绘图函数基本上与 MATLAB 的绘图函数作用差不多；支持 LaTeX 的公式插入。

4. pandas

pandas 的名称源自面板数据（Panel Data）和 Python 数据分析（Data Analysis），最初作为金融数据分析工具由 AQR Capital Management 于 2008 年 4 月开发出来，并于 2009 年年底开源。

pandas 是 Python 的核心数据分析支持库，提供了快速、灵活、明确的数据结构，旨在简单、直观地处理关系型、标记型数据。pandas 建造在 NumPy 之上，因此，pandas 使以 NumPy 为中心的应用易于使用，与其他第三方科学计算支持库也能够完美地集成。pandas 还包含了高级的数据结构和精巧的工具，使 Python 中的数据处理工作变得非常快速和简单。pandas 中常用的数据结构为 Series（一维数据）与 DataFrame（二维数据），这两种数据结构足以处理金融、统计、社会科学、工程等领域的大多数典型用例。

pandas 的功能非常强大：可提供高性能的矩阵运算；可用于数据挖掘和数据分析，同时也提供数据清洗功能；支持类似 SQL 语句的数据增、删、查、改，并且带有丰富的数据处理函数；支持时间序列分析功能；支持灵活处理缺失数据等。

5. statsmodels

statsmodels 是一个 Python 库，为 SciPy 提供了统计计算的补充，包括描述性统计、统计模型的估计和推断。statsmodels 还提供对许多不同统计模型估计的类和函数，并且可以进行统计测试、数据探索、数据可视化，statsmodels 也包含一些经典的统计方法，如贝叶斯方法和一些机器学习的模型。

由于 statsmodels 更注重数据的统计建模分析，statsmodels 使 Python 有了 R 语言的味道。且 statsmodels 支持与 pandas 进行数据交互，因此，statsmodels 与 pandas 结合，还可成为 Python 下强大的数据挖掘组合。

6. scikit-learn

scikit-learn（简称 sklearn）项目最早是由数据科学家 David Cournapeau 在 2007 年发起的，其需要 NumPy 和 SciPy 等其他库的支持，而经过研发后，scikit-learn 成为一个开源的算法库。

scikit-learn 还是 Python 下强大的机器学习工具包，提供了完善的机器学习工具箱，包括数据预处理、分类、回归、聚类、预测、模型分析等，同时还是一种简单高效的数据挖掘和数据分析工具，且可在各种环境中重复使用。scikit-learn 的内部实现了各种各样成熟的算法，容易安装和使用，样例也十分丰富。由于 scikit-learn 依赖于 NumPy、SciPy 和 Matplotlib，因此，需要提前安装好这几个库，基本可以正常安装与使用 scikit-learn。若使用 scikit-learn 创建机器学习模型，则需注意以下几点：

（1）所有模型提供的接口为 model.fit()，训练模型。而关于训练模型的语句使用需要注意的是：用于分类与回归算法的是 fit(X, y)，用于非分类与回归算法的是 fit(X)。

（2）分类与回归类型模型提供如下接口。

① model.predict(X_new)：预测新样本。

② model.predict_proba(X_new)：预测概率，仅对某些模型有用（例如逻辑回归）。

③ model.score()：得分越高，模型拟合效果越好。

（3）非分类与回归类型模型提供如下接口。

① model.transform()：在 fit 的基础上，进行标准化、降维、归一化等数据处理操作。

② model.fit_transform()：fit 和 transform 的组合，既包括了训练，又包含了数据处理操作。

scikit-learn 本身还提供了一些实例数据用于练习，常见的有安德森鸢尾花卉数据集、手写图像数据集等。

7. mlxtend

mlxtend 主要是一个 scikit-learn 扩展库，提供了一些用于数据处理、特征工程和模型构建的函数与工具。它的功能包括数据标准化、数据归一化、数据平滑、数据填充、特征提取、特征选择、特征转换、交叉验证、网格搜索、模型调参等。同时，mlxtend 也可以作为一个单独的机器学习库，并提供了多种分类和回归算法的函数，包括多层感知机、stacking 分类器、逻辑回归等。

8. Keras

Keras 由 Python 编写而成，并使用 TensorFlow、Theano 以及 CNTK 作为后端，是深度学习框架中最容易使用的一个。同时，利用 Keras 不仅可搭建普通的神经网络，还可以搭建各种深度学习模型，如自编码器、循环神经网络、递归神经网络、卷积神经网络等。由于 Keras 是基于 Theano 的，因此速度也相当快。

Theano 是 Python 的一个库，是由深度学习专家 Yoshua Bengio 带领的实验室开发出来的，用于定义、优化和高效地解决多维数组数据对应数学表达式的模拟估计问题。Theano 具有能够高效地实现符号分解、优化的速度快和稳定性高等特点，最重要的是，Theano 实现了 GPU 加速，对密集型数据的处理速度可以达到 CPU 的数十倍。

用 Theano 可搭建起高效的神经网络模型，然而对于普通用户，其门槛还是相当高的，而 Keras 正是为此而生的，它大大简化了搭建各种神经网络模型的步骤，允许普通用户轻松地搭建并求解具有几百个输入节点的深层神经网络，而且定制的自由度非常大。

因此，Keras 具有高度模块化、用户友好性和易扩展特性；支持卷积神经网络和循环神经网络，以及两者的组合；可无缝衔接 CPU 和 GPU 的切换。用 Keras 搭建神经网络模型的过程相当简洁，也相当直观，纯粹得就像搭积木一般。通过短短几十行代码，即可搭建起一个非常强大的神经网络模型，甚至是深度学习模型。值得注意的是，Keras 的预测函数与 scikit-learn 有所差别，Keras 用 model.predict()给出概率，用 model.predict_classes()给出分类结果。

9. Gensim

Gensim 是一款开源的第三方 Python 工具包，用于从原始的、非结构化的文本中无监督地学习文本的主题向量表达。Gensim 支持包括 TF-IDF、LSA、LDA 和 Word2Vec 在内的多种主题模型算法。Gensim 支持流式训练，并提供了诸如相似度计算、信息检索等常用任务的 API 接口。

需要一提的是，Gensim 把 Google 在 2013 年开源的著名词向量构造工具 Word2Vec 编译好了，作为 Gensim 的子库。因此，需要用到 Word2Vec 的读者也可以直接用 Gensim，无须自行编译。

小结

本章主要对 Python 进行简单介绍，包括软件安装、编程基础和数据分析工具。结合实际操作，对编程基础的基本命令、数据类型、运算符和编程入门进行实现。结合实际意义与作用，对常用的数据分析工具进行简单介绍。

习题

1. 选择题

第 2 章选择题答案

（1）在 Python 中，正确的赋值语句为（　　）。

A. x + y = 2　　B. x = y = 1　　C. 2y = x + 3　　D. x = 3y

（2）关于基本运算 2 ** 3 的含义，理解正确的是（　　）。

A. 2×2×2　　B. 2+2+2　　C. 2^3　　D. 2×1×3

（3）在 Python 中，实现多分支选择结构较好的方法是（　　）。

A. if　　B. if 嵌套　　C. if-else　　D. if-elif-else

（4）关于 while 循环和 for 循环的区别，下列叙述中正确的是（　　）。

A. 在很多情况下，while 语句和 for 语句可以等价使用

B. while 语句只能用于可迭代变量，for 语句可以用任意表达式条件

C. while 语句的循环体至少无条件执行一次，for 语句的循环体有可能一次都不执行

D. while 语句只能用于循环次数未知的循环，for 语句只能用于循环次数已知的循环

（5）下列选项中不属于函数优点的是（　　）。

A. 使程序模块化　　B. 减少代码重复

C. 便于发挥程序员的创造力　　D. 使程序便于阅读

（6）list(range(1, 5))的返回结果是（　　）。

A. [1, 2, 3, 4]　　B. (1, 2, 3, 4)　　C. [1, 2, 3, 4, 5]　　D. (1, 2, 3, 4, 5)

（7）complex(12, 78) + 4 的返回结果是（　　）。

A. (16+78j)　　B. (12+82j)　　C. 48　　D. (3+82j)

（8）(2 ^ 3) ==(2 ** 3)的返回结果是（　　）。

A. 5　　B. 6　　C. True　　D. False

（9）(2+3) and 1 的返回结果是（　　）。

A. 1　　B. 5　　C. True　　D. False

（10）判断两个标识符是不是引用自一个对象的运算符是（　　）。

A. in　　B. not in　　C. is　　D. is not

（11）以下哪个库是深度学习库，并用于建立神经网络以及深度学习模型（　　）。

A. NumPy　　B. SciPy　　C. Keras　　D. pandas

（12）关于 DataFrame 描述正确的是（　　）。

A. 一维数据　　B. 二维数据　　C. 数字型数据　　D. 时间型数据

（13）model.predict(X_new)的作用是（　　）。

A. 训练模型　　B. 预测新样本　　C. 预测概率　　D. 模型保存

2. 操作题

第 2 章操作题答案

（1）根据 list1 = [1, 2, 3, 4, 3, 1, 5, 1, 6]列表，使用 if-elif-else 命令，当判断为 1 时，输出“坚持以人民为中心的发展思想”；当判断为 2 时，输出“坚持和加强党的全面领导”；当判断为 3 时，输出“坚持中国特色社会主义道路”；当判断为 4 时，输出“坚持深化改革开放”；当判断为其他数值时，输出“坚持发扬斗争精神”。

（2）使用 for 函数对 1～10 进行求和，并输出求和结果。

（3）根据 a = {'a': 2, 'b': 1, 'c': 3, 'd': 4}字典，打印出每一个键所对应的值。

第3章 数据

我国政府颁布了《网络安全法》《数据安全法》等一系列相关法律法规，明确了数据的重要性，规定了数据收集、存储、处理和传输的规范，以及保护个人隐私和数据安全的措施。政府、企业等都需要通过数据分析来了解社会经济的发展趋势，制定相应的政策和战略。对于个人，数据分析也可以更好地理解自己的需求和行为，从而更加有效地实现自我价值。本章将从数据类型、数据质量以及数据的相似性之间的度量等方面来系统阐述数据的基本概念和性质。

学习目标

（1）了解数据集的类型。

（2）掌握不同数据类型的划分依据。

（3）了解属性的定义与分类。

（4）了解数据质量的四大要素。

（5）掌握属性之间相似度与相异度的度量方法。

（6）掌握数据对象之间相似度与相异度的度量方法。

（7）了解度量方法的选取。

3.1 数据类型

在信息时代下，大数据技术对于各行业的发展起到了极大的促进作用，国务院也印发了《促进大数据发展行动纲要》来指导我国大数据技术的研究和发展。由于数据的规模和复杂性正在快速增长，随之而来的是对数据的需求和价值的不断增加。在此背景下，大数据分析与挖掘技术的出现为更好地利用这些数据提供了可能性。无论是从商业、科学研究还是社会发展的角度来看，大数据分析与挖掘技术都具有重要的意义和价值。

3.1.1 数据集的类型

数据集是指数据的集合，数据集主要有结构化数据集、非结构化数据集和半结构化数据集等类型。

1. 结构化数据集

结构化数据集是指以表格形式组织的数据集合，并且每个数据项都有固定的属性和数据类型。一行代表一条记录，一列代表一个属性。结构化数据集通常存储在关系数据库中或以csv、xlsx 等格式存储。例如，数据库中的表、Excel 中的数据等都属于结构化数据集。

记录数据是一种典型的结构化数据。记录数据型数据集是指由多个记录组成的数据集合，每个记录均包含一组属性和与之对应的值，这些记录可以是表格中的行，也可以是其他数据结构中的元素。记录数据型数据集的优点在于，它可以方便地对单个实体或对象进行描述和分析。通过使用 SQL 等关系数据库管理系统，可以轻松地对数据进行增/删/改/查、分组聚合等操作，从而更好地支持数据分析和决策制定。

在数据挖掘领域，数据矩阵是一种记录数据，其中，行表示不同的记录，列表示不同的属性，单元格表示一个特定记录在某个属性上的取值。这种结构使数据矩阵可以使用关系数据库和其他结构化数据技术进行存储和处理。例如，一个学生成绩表可能包含多条成绩记录，每条记录表示一个学生不同科目的成绩，如表 3-1 所示。需要注意的是，数据矩阵并不包含表头，本书为方便读者理解，所有的数据矩阵都添加了表头。

表 3-1 学生成绩表

学号	语文成绩	数学成绩	英语成绩
1	85	90	78
2	92	88	76
3	78	85	92
4	95	91	88

事务数据是一种特殊类型的记录数据，其中每个记录（事务）均涉及一系列的项。顾客一次购物所购买的商品集合就构成一个事务，而购买的每个商品是一个项，这种类型的数据称作购物篮数据，因此，购物篮数据属于事务数据。一个购物篮数据示例如表 3-2 所示。

表 3-2　购物篮数据示例

订单号	购买物品
0001	西瓜
0002	苹果
0003	西瓜、苹果

在购物篮数据中，虽然每项记录都包含多个商品，并且这些商品之间的关系并不像结构化数据那样明确或固定，但是这并不影响对购物篮数据进行整体的结构化处理。因此，购物篮数据常被视为结构化数据。

2. 非结构化数据集

非结构化数据集是指没有固定的表格形式或预定义属性的数据集合。这类数据没有明确的结构，通常以自由文本、图像、音频、视频等形式存在。非结构化数据通常需要通过自然语言处理（NLP）、图像处理、音频处理等技术进行分析和处理。例如，社交媒体帖子、电子邮件、数字图像、音频录音等都属于非结构化数据。

图形数据是一种常见的非结构化数据，它使用图形来描述对象之间的联系或数据对象本身。常见的图形数据包括知识图谱、计算机视觉数据等。图形数据可以直观地展示数据的形状和内容，但是存储空间大、读取速度慢，并且很难进行比较。一个图形数据的示例如图 3-1 所示。

图形数据的示例（彩图）

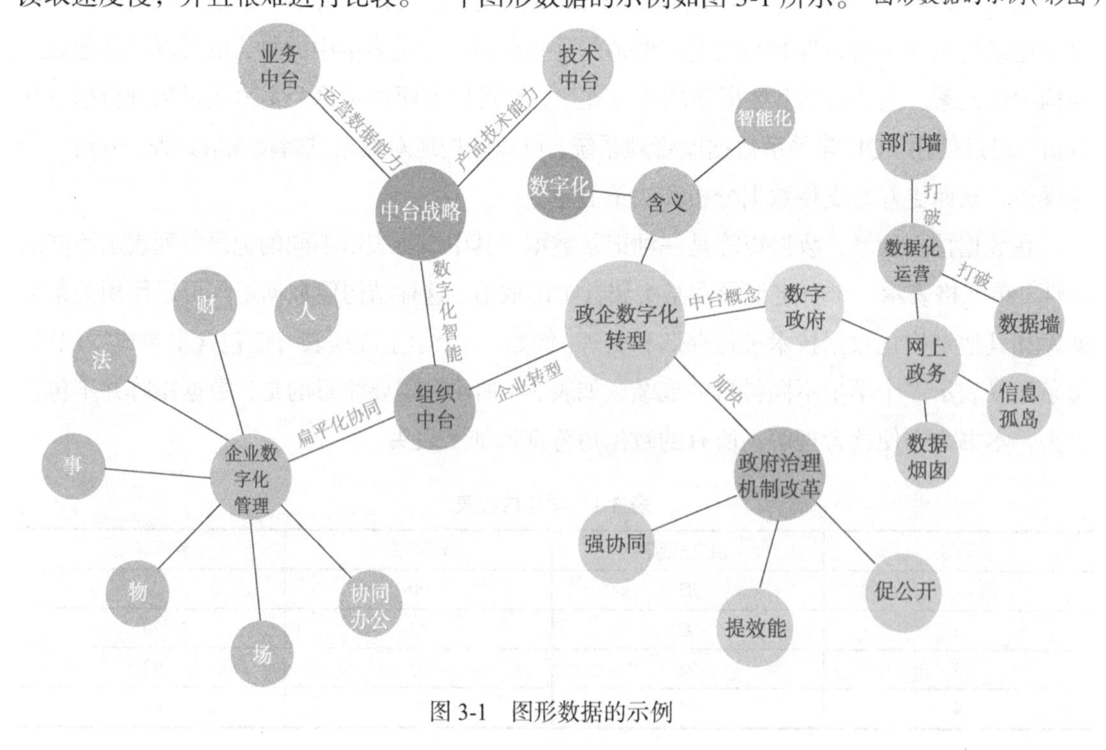

图 3-1　图形数据的示例

3. 半结构化数据集

半结构化数据集是介于结构化数据集和非结构化数据集之间的数据集合。半结构化数据具有一定的结构，但没有严格的表格形式，通常采用某种标记语言（如 XML、JSON 等）来表示数据的层次结构。半结构化数据在一些属性上可以有固定的格式，而其他属性可能是自由文本或图像。例如，XML 文件、JSON 数据等都属于半结构化数据，一个 XML 文件如下。

```
<annotation>
<folder>VOC2012</folder>
<filename>2007_000027.jpg</filename>
<source>
<database>The VOC2007 Database</database>
<annotation>PASCAL VOC2007</annotation>
<image>flickr</image>
</source>
<size>
<width>486</width>
<height>500</height>
<depth>3</depth>
</size>
<segmented>0</segmented>
<object>
<name>person</name>
<pose>Unspecified</pose>
<truncated>0</truncated>
<difficult>0</difficult>
<bndbox>
<xmin>174</xmin>
<ymin>101</ymin>
<xmax>349</xmax>
<ymax>351</ymax>
</bndbox>
</object>
</annotation>
```

这些不同类型的数据在数据处理中需要采用不同的方法。结构化数据通常可以在数据库中进行处理；非结构化数据通常包括文本、图像、音频和视频等，可以使用文本分析、图像处理等对应的技术进行处理；半结构化数据有结构化的部分，也有非结构化的部分，需要结合数据的结构信息进行处理。

3.1.2 属性的定义

属性是一个数据字段，也可以称作维度、特征和变量等。刻画一个给定对象的属性集合称为属性向量（或特征向量）。

下面通过不同年龄、性别和职业的人群的收入情况来说明属性的含义与意义，示例数据如表 3-3 所示。

表 3-3　不同人群收入情况统计表

姓名	年龄	性别	职业	收入
张三	28	男	工程师	10000
李四	35	女	医生	15000
王五	42	男	教师	8000
赵六	29	男	程序员	9000

在表 3-3 所示的例子中，姓名、年龄、性别、职业和收入均被称为属性，这些属性可以用来刻画一个人的特征。同时，属性也可以被用来进行数据分析和预测，例如通过回归分析来预测某个人的收入。因此，在处理数据时，需要充分考虑数据的属性信息，以便更好地加以利用。

3.1.3　属性的分类

属性根据其性质和可处理程度大致可以分为标称属性、序数属性和数值属性。在标称属性中，如果属性所取值是二元的，那么可以称为二元属性。如果一个属性同时包含了多种数据类型，那么这个属性可能是多态属性。本节将通过一份教师信息数据（如表 3-4 所示）对属性进行介绍。

表 3-4　教师信息数据

姓名	性别	职称	工作年限	入职年份	研究方向	备注
张三	男	教授	15	2008	数据挖掘	备用联系方式：13811111111
李四	女	副教授	12	2011	图像处理	已离职
王五	男	讲师	5	2018	数据挖掘	任职中

1. 标称属性

标称属性也被称为分类型属性。标称属性的值是一些符号或事物的名称，不具有有意义的序并且不是定量的(可度量的量)，每个值都只代表某种类别或状态，只能用于区分对象。例如，人的姓名只用于对人进行区分，不同的姓名包含顺序关系，因此表 3-4 中“姓名”为标称属性，同理可得，“性别”“研究方向”也为标称属性。

2. 二元属性

二元属性是标称属性的一种特殊情况。二元属性有且仅有两个取值，这两个取值通常用

0 和 1 表示，也可以用其他两个不同的值表示。在表 3-4 中，“性别”仅有“男”“女”两种取值，所以“性别”是标称属性的同时也是二元属性。

3. 序数属性

序数属性的值之间具有有意义的序，即数据之间存在某种顺序关系，例如，小、中、大具有有意义的先后顺序，但序数属性相邻两个值之间的差是未知的。对于值为数值型的属性，如果其值域为有限个有序类别，也可以形成序数属性，如 1（十分满意）、2（满意）、3（不满意）、4（十分不满意）。在表 3-4 中，虽然“职称”也具有标称属性的特点，但是由于职称具有固定的排序，即教授职称高于副教授，因此职称不是标称属性而是序数属性。

4. 数值属性

数值属性是可度量的量，数据用数值（实数）表示。根据数据的特性，数值属性可以分为区间属性和比率属性。

区间属性的值有序，可以为正、零或负，用于计算不同值之间的差值。例如，在使用摄氏温度的情景下，可以通过温度的数值来判断两个温度之间的差别，但不能通过两个温度值的比值来比较温度的大小关系。

比率属性是具有固定零点的数值属性，它可以描述一个值与另一个值的倍数关系，也可以描述两个数值之间的差值。例如，在移动速度这一属性中，速度具有固定零点（静止不动），而且速度的比值也有意义，20m/s 的速度是 10m/s 的 2 倍。

在表 3-4 中，工作年限和入职年份虽然看起来十分相似，但是工作年限是有“绝对零点”的。可以说张三的工作年限是王五的 3 倍（倍数），也可以说张三的工作年限比王五长 10 年（差值）。但是入职年份只能通过差值来比较，例如，李四的入职年份比张三晚 3 年。因此工作年限是比率属性（既可以衡量差值又可以衡量比值），入职年份是区间属性（只能衡量差值）。

5. 多态属性

多态属性指一个属性可以具有多种数据类型或取值。这意味着同一个属性在不同情况下可以有不同的解释或含义，具体的数据类型或取值是不确定的。在表 3-4 中，“备注”属性有标称类型的“已离职”和“任职中”，也有文本型的“备用联系方式：13811111111”，因此将其判断为多态属性。

3.2 数据质量

数据质量是指数据在满足使用需求时的适合程度和可信程度。数据质量与数据的准确性、完整性、一致性、可靠性等密切相关，这称为数据质量的四大要素。为了提高数据质量，通常，在分析前都要对数据进行统计分析、可视化分析、预处理等操作。

（1）准确性是指数据是否准确无误。准确性是数据质量的核心方面，因为准确的数据可以支持正确的决策和分析。例如，某公司的销售数据中包含错误的销售日期和销售额，可能会带来错误的决策，从而造成经济上的损失。

（2）完整性是指数据是否完整、是否缺少重要信息。完整性是数据质量的另一个重要方面，因为缺失的数据可能导致后续操作无法进行。例如，在一个订单处理系统中，某些订单的必要信息没有被填写完整，那么货物将难以送到消费者的手上，给消费者和商家信誉带来损失。

（3）一致性是指数据是否与其他数据源或之前的版本保持一致，包括信息的一致性和类型的一致性，一致的数据可以提高可信度和可靠性。例如，不同部门的人员使用了不同的方式记录销售数据，可能导致数据的类型不一致，从而在不同系统中存在冲突。

（4）可靠性是指数据的信任程度和数据所提供信息是否可靠。数据来源不可靠、数据收集过程中出现错误、数据存储方式不当等会导致数据不可信或所提供信息可信程度不高。在处理数据时，要采取适当的措施来确保数据的可靠性，包括数据清洗、验证、校验、文档记录等。可靠的数据可以更好地支持业务决策和分析工作。

3.3 数据的相似度与相异度度量

2022 年发布的《国务院关于加强数字政府建设的指导意见》要求，“加快推进全国一体化政务大数据体系建设，加强数据治理，依法依规促进数据高效共享和有序开发利用，充分释放数据要素价值，确保各类数据和个人信息安全”。探索数据相似度与相异度度量能增强数据分析应用能力，在聚类、分类、离群点检测甚至推荐系统中，数据相似度与相异度度量都有广泛的应用。

3.3.1 属性之间的相似度与相异度

在一组数据中，会存在各个属性之间有着某些联系的情况，例如，某一统计问卷结果中“是否使用过学习强国 App”和“是否了解党的二十大关于大数据发展的相关政策”这两个属性，可以通过相似度和相异度来量化地衡量两个属性的相似或相异程度。本节将介绍相似度和相异度的相关概念及属性间相似度、相异度的计算方式。

1. 相似度与相异度

相似度是指两个对象（或属性）相似程度的度量，两个对象之间越相似，那么它们的相似度也就越高。一般情况下，相似度都是非负的，它的取值范围可以为 0～1（0 表示完全不相似，1 表示完全相似），也可以取值为 0～∞，取值越大表示相似度越大。

相异度是指两个对象（或属性）差异程度的度量，两个对象之间越不相似，它们的相异度也就越高。相异度取值范围与相似度类似。

相似度和相异度都称为邻近度，并且两个度量之间可以互相转换。通常情况下都会使用变换来进行相似度和相异度之间的转换，或将邻近度变换到一个特定区间，如[0,1]。

2. 标称属性相似度度量

标称属性的相似度度量通常使用 Jaccard 系数进行衡量。

Jaccard 系数通过计算两个集合的交集与并集之间的比例来度量它们的相似程度，如式（3-1）所示。

$$J(A,B)=\frac{|A\cap B|}{|A\cup B|} \tag{3-1}$$

其中，A 和 B 分别表示两个集合，$|A\cap B|$ 表示两个集合的交集大小，$|A\cup B|$ 表示两个集合的并集大小。Jaccard 系数越大，两属性之间的相似度越大，最高为 1。现有学生成绩数据如表 3-5 所示。

表 3-5　学生成绩表

姓名	性别	主修科目	辅修科目	主修成绩	主修分数	辅修成绩	辅修分数
张三	男	文学	电子	合格	90	合格	90
李四	男	电子	外语	合格	80	不合格	50
王五	女	外语	计算机	不合格	55	合格	100
赵六	女	外语	文学	合格	60	合格	80

对于标称属性“主修科目”，其集合为{"文学","电子","外语"}，对于标称属性“辅修科目”，其集合为{"电子","外语","计算机","文学"}，则两属性的 Jaccard 系数 $J=\frac{3}{4}=0.75$。说明“主修科目”和“辅修科目”之间存在着较强的相似度。如代码 3-1 所示。

代码 3-1　Jaccard 系数

```
def jaccard_similarity(set1, set2):
# 计算两个集合的交集大小
intersection = len(set1.intersection(set2))
# 计算两个集合的并集大小
union = len(set1.union(set2))
# 计算 Jaccard 系数并返回结果
return intersection / union
set1 = {"文学","电子","外语"}
```

```
set2 = {"电子","外语","计算机","文学"}
print(jaccard_similarity(set1,set2))  # 输出结果为 0.75
```

3. 二元属性相似度度量

重合系数（Overlap Coefficient）是一种用于度量两个二元属性之间相似度的方法。重合系数计算公式如式（3-2）所示。

$$\mathrm{OC}=\frac{|A\cap B|}{\min\left(|A|,|B|\right)} \tag{3-2}$$

其中，$|A\cap B|$表示两个集合的交集大小，$\min\left(|A|,|B|\right)$表示取集合 A 的大小和集合 B 的大小中的最小值。对于表 3-5 中的“主修成绩”和“辅修成绩”两个二元属性，“主修成绩”的集合为{"合格","不合格"}，“辅修成绩”的集合也为{"合格","不合格"}，依照重合系数的计算方法可知其重合系数 OC=1，如代码 3-2 所示。然而对于属性“性别”和“主修成绩”，其 OC=0，说明“性别”和“主修成绩”这两个属性不相似（或完全相异）。

代码 3-2　重合系数

```
def overlap_coefficient(set1, set2):
# 计算两个集合的交集大小
    intersection = set1.intersection(set2)
# 重合系数等于交集大小除以两个集合中较小的集合的大小
return len(intersection) / min(len(set1), len(set2))

set1 = {"合格","不合格"}
set2 = {"合格","不合格"}
print(overlap_coefficient(set1,set2))  #输出结果为 1.0
```

4. 数值、序数属性相似度度量

基于距离和相关系数可以求得数值、序数属性之间的相似度。使用基于距离的方法，如式（3-3）所示，可以衡量表 3-5 中“主修分数”和“辅修分数”这两个数值属性的相似度。

$$s=\frac{1}{d+1}$$
$$d=\left|\left(x_{\max}-x_{\min}\right)-\left(y_{\max}-y_{\min}\right)\right| \tag{3-3}$$

在式（3-3）中，s 表示两个属性的相似度，$\left|\left(x_{\max}-x_{\min}\right)-\left(y_{\max}-y_{\min}\right)\right|$表示两个属性取值的“区间长度”（极差）的差值的绝对值，即相异度。

s 值越大，说明两属性相似度越大。由于主修分数和辅修分数的取值区间均为(0, 100)。使用式（3-3）计算有$s=\frac{1}{1+\left|(100-0)-(100-0)\right|}=1$，即主修分数和辅修分数两个序数属性的相似度为 1，表现为完全相似。

对于某些特定领域的数值或序数属性，可以使用领域内的专业指标来衡量其相似度。数值或序数属性的邻近度度量方法很灵活，应该结合具体分析目标来进行合理选择。例如，在物理学领域，一个物理量可以看作一个属性，在使用量纲法时，对于两个物理量之间的相似度可以用该物理量的单位是否相同来衡量，而在进行回归分析的时候，实际值和预测值可以看作两个数值属性，这两个属性之间的相似度便可以用式（3-3）来描述，回归曲线拟合得越好，s 的值越接近于 1。

3.3.2 数据对象之间的相异度

数据对象之间的相异度是两个对象相异程度的度量。通常，用 sim 来表示相似度，用 l 来表示相异度。相异度和相似度是有关联的，数据对象之间的相异度一定程度上可以看作数据对象之间的相似度的否定。例如，两个对象 i 和 j 完全相异，则它们的相异度将返回 1；若返回值为 0，则指示完全相似，即对象是等同的。对象之间相异度越高，则两个对象越不相似。

除了数值数据，其他的相异度均可以由相似度 $\mathrm{sim}(i, j)$ 取补集来定义，如式（3-4）所示。

$$l(i, j) + \mathrm{sim}(i, j) = 1 \tag{3-4}$$

常用于衡量数据对象之间相异度的方法有欧几里得距离、曼哈顿距离、闵可夫斯基距离和马哈拉诺比斯距离。

1. 欧几里得距离

欧几里得距离（Euclidean Distance）也称欧氏距离，是一个常见的距离度量方式，指在 n 维空间中两个点之间的距离，或向量的自然长度（点到原点的距离）。当数据维度较低且向量的大小非常重要时，适合用欧氏距离，机器学习中的聚类算法、K 最近邻算法（K-Nearest Neighbor，KNN）等算法都涉及欧氏距离。在图 3-2 中，A、B、C 点之间的线段就是各点间的欧氏距离，在二维和三维空间中的欧氏距离就是两点之间的实际距离。

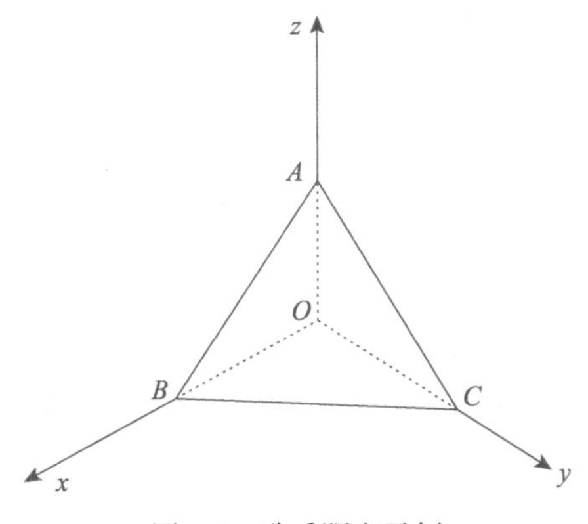

图 3-2 欧氏距离示例

数值属性一般都以数值向量表示，例如，$\boldsymbol{i}$ 和 $\boldsymbol{j}$ 代表两个向量。两个向量的维度都是 n，代表有 n 种属性，对象 $\boldsymbol{i}$ 和对象 $\boldsymbol{j}$ 之间的欧氏距离的计算如式（3-5）所示。

$$l(\boldsymbol{i},\boldsymbol{j})=\sqrt{\left(i_1-j_1\right)^2+\left(i_2-j_2\right)^2+\cdots+\left(i_n-j_n\right)^2}=\sqrt{\sum_{k=1}^{n}\left(i_k-j_k\right)^2} \tag{3-5}$$

根据欧氏距离，数值型数据集也可以表示为距离矩阵的形式，它展示了各个样本点之间的距离。四个点的 x 和 y 坐标如表 3-6 所示，其欧氏距离矩阵如表 3-7 所示。

表 3-6　四个点的 x 和 y 坐标

点	x 坐标	y 坐标
P_1	0	2
P_2	2	0
P_3	3	1
P_4	5	1

表 3-7　欧氏距离矩阵

	P_1	P_2	P_3	P_4
P_1	0.0	2.8	3.2	5.1
P_2	2.8	0.0	1.4	3.2
P_3	3.2	1.4	0.0	2.0
P_4	5.1	3.2	2.0	0.0

我国海域辽阔，海上救援对于保障海上安全和人民生命财产安全具有重要意义。我国政府高度重视海上救援工作，并在不断加强和改进海上救援体系的建设。在某次海上救援中，以灯塔为原点、以海平面为 xy 平面、以 1km 为单位长度建立了直角坐标系，其中救援船的坐标为(2,8)，待救援船的坐标为(4,4)，求两船之间欧氏距离，如代码 3-3 所示。

代码 3-3　计算欧氏距离

```
import numpy as np

# 计算欧氏距离
def Euclidean_distance(x, y):
    """
    x: x 点的位置
    y: y 点的位置
    """
    p = len(x)  # 数据的维数
    s = 0  # 累加初始值
    for i in range(p):
        s += (x[i] - y[i]) ** 2  # 对应元素之差的平方累加
    return np.sqrt(s)  # 整体开方

print('欧氏距离为：', Euclidean_distance((2, 8), (4, 4)))  # 输出欧氏距离
```

运行代码 3-3，得到两船之间的欧氏距离为 4.47213595499958km。

2. 曼哈顿距离

曼哈顿距离（Manhattan Distance）是由 19 世纪的赫尔曼·闵可夫斯基所创的，是一种使用在几何度量空间中的几何学用语，对于一个具有正南正北、正东正西方向规则布局的城镇街道，从一点到达另一点的距离正是南北方向上的距离加上东西方向上的距离，用以标明两个点在标准坐标系上的绝对轴距总和。对象 i 和对象 j 之间的曼哈顿距离如式(3-6)所示。

$$l(i,j)=|i_1-j_1|^p+|i_2-j_2|^p+\cdots+|i_n-j_n|^p=\sum_{k=1}^{n}|i_k-j_k|^p \tag{3-6}$$

对表 3-6 计算曼哈顿距离矩阵，结果如表 3-8 所示。

表 3-8 曼哈顿距离矩阵

	P_1	P_2	P_3	P_4
P_1	0.0	4.0	4.0	6.0
P_2	4.0	0.0	2.0	4.0
P_3	4.0	2.0	0.0	2.0
P_4	6.0	4.0	2.0	0.0

改革开放以来，中国政府在国内安全、反恐怖主义、打击犯罪、维护社会稳定等方面持续加大力度，不断改进公安工作体制和机制。在不断深化改革的背景下，公安机关不仅在传统领域（如治安管理、刑事侦查等方面）取得显著成绩，也在信息化建设、智慧警务、跨区域合作等方面不断创新。假设在一个道路呈东西或南北走向（网格状）的城市里，警察从坐标为(1, 2)的位置到坐标为(3, 4)的位置出警，求其最短距离，即曼哈顿距离。

计算曼哈顿距离如代码 3-4 所示。

代码 3-4 计算曼哈顿距离

```
# 计算曼哈顿距离
def ManhattanDistance(x, y):
    """
    x: 第一组数据
    y: 第二组数据
    """
    return sum(map(lambda i, j: abs(i - j), x, y))  # 对应元素相减的绝对值之和

print('曼哈顿距离为: ', ManhattanDistance([1, 2], [3, 4]))
```

运行代码 3-4，得到曼哈顿距离为 4。

欧氏距离和曼哈顿距离都满足的数学性质如下。

（1）非负性：$l(i,j)\geqslant 0$，距离是一个非负的数值。

（2）同一性：$l(i,j)=0$，对象到自身的距离为0。

（3）对称性：$l(i,j)=l(j,i)$，距离是一个对称函数。

（4）三角不等式：$l(i,j)\leqslant l(i,k)+l(k,j)$，从对象 i 到对象 j 的直接距离不会大于途经的任意其他对象 k 的距离。两点之间的直线距离比经过其他任意点的距离都短。

3. 闵可夫斯基距离

闵可夫斯基距离（Minkowski Distance）是欧氏距离和曼哈顿距离的推广，它不是一种距离，而是一组距离的定义，也叫 L_1 范数。对象 i 和对象 j 之间的闵可夫斯基距离计算如式（3-7）所示。其中 p 是一个变参数，p 为实数且 $p\geqslant 1$。当 n=1 时，就是曼哈顿距离（L_1 范数）；当 n=2 时，就是欧氏距离（L_2 范数）。根据变参数 p 的不同，闵可夫斯基距离可以表示一类的距离。

$$l(i,j)=\sqrt[p]{|i_1-j_1|^p+|i_2-j_2|^p+\cdots+|i_n-j_n|^p}=\sqrt[p]{\sum_{k=1}^{n}|i_k-j_k|^p} \tag{3-7}$$

计算闵可夫斯基距离如代码3-5所示。

代码 3-5 计算闵可夫斯基距离

```
import math
import numpy as np

# 计算闵可夫斯基距离
def MinkowskiDistance(x, y, p):
    """
    x: 第一组数据
    y: 第二组数据
    p:  变参数
    """
    return math.pow(np.sum(
        [math.pow(np.abs(i[0] - i[1]), p)
         for i in zip(x, y)]), 1 / p)
    # 对应元素相减的绝对值 p 次方之和开 p 方

print('闵可夫斯基距离为: ', MinkowskiDistance([3, 7, 5], [4, 6, 8], 5))
```

运行代码3-5，得到闵可夫斯基距离为3.00492209374583077。

4. 马哈拉诺比斯距离

距离度量的一个重要问题是当属性具有不同的值域时如何处理。基于年龄和收入两个属性来计算两个人之间的距离时，如果使用欧氏距离进行计算，除非两个属性具有相同的值域，否则两个人之间的距离将被收入所左右。

因此，当属性之间相关、具有不同的值域（不同的方差）、数据分布近似于正态分布时，可以使用马哈拉诺比斯距离（Mahalanobis Distance），即马氏距离。两个对象 x 和 y 之间的马氏距离如式（3-8）所示。

$$l(x,y)=(x-y)\Sigma^{-1}(x-y)^{\mathrm{T}} \tag{3-8}$$

其中，Σ^{-1} 是表示协方差矩阵的逆。

计算马氏距离如代码 3-6 所示。

代码 3-6 计算马氏距离

```
import numpy as np

def mahalanobis_distance(x1, x2, cov_matrix):
    diff = x1 - x2
    inv_cov_matrix = np.linalg.inv(cov_matrix)
    md = np.sqrt(np.dot(np.dot(diff, inv_cov_matrix), diff.T))
    return md

# 例子
data_point1 = np.array([3, 5, 2])
data_point2 = np.array([1, 4, 0])
cov_matrix = np.array([[2, 1, 0.5], [1, 3, 0.2], [0.5, 0.2, 1]])

distance = mahalanobis_distance(data_point1, data_point2, cov_matrix)
print("马氏距离为:", distance)
```

运行代码 3-6，得到马氏距离为 2.138777854145248。

3.3.3 数据对象之间的相似度

区别于属性之间的相似度，不同的数据对象之间也存在相似度的概念。通常，数值属性的数据对象之间的相似度也可以使用距离来衡量，而标称属性、二元属性和序数属性的数据对象之间的相似度则有特殊的计算方法。

1. 标称属性数据相似度度量

设一个标称属性数据的状态数是 K，状态可以用字母、符号或一组整数（$1,2,\cdots,K$）表示，注意整数的取值只是用于标识不同的状态，并不代表任何特定的顺序。其中，m 是匹配数（i 和 j 取值相同状态的属性数），而 n 是刻画对象的属性总数，相似度为匹配数与属性总数的比例。对象 i 和对象 j 之间的相似度计算如式（3-9）所示。

$$\mathrm{sim}(i,j)=\frac{m}{n} \tag{3-9}$$

商品属性如表 3-9 所示，其中，商品 A 和 B 的属性总数为 2，根据式（3-9），商品 A 和 B 的相似度为 $\frac{0}{2}=0$，商品 B 和 C 的相似度为 $\frac{0}{2}=0$，商品 A 和 C 的相似度为 $\frac{2}{2}=1$。

表 3-9 商品属性表

商品	内部颜色	外部颜色
A	白	蓝
B	黑	红
C	白	蓝

2. 二元属性数据相似度度量

二元属性的数据都可以编码为 0 或 1。两个仅包含二元属性的对象之间的相似度度量也称为相似系数，并且通常在 0 和 1 之间取值，值为 1 表明两个对象完全相似，而值为 0 表明对象完全不相似。

二元属性列联表如表 3-10 所示，q 代表对象 i 和 j 的属性全都为 1 的记录数，t 代表属性全都为 0 的记录数；r 代表对象 i 属性为 1，对象 j 属性为 0 的记录数；s 代表对象 i 属性为 0，对象 j 属性为 1 的记录数。

表 3-10 二元属性列联表

	对象 j			
对象 i		1	0	sum
	1	q	r	$q+r$
	0	s	t	$s+t$
	sum	$q+s$	$r+t$	n

二元属性对象 i 和对象 j 之间的相似度计算如式（3-10）所示。

$$J=\frac{\text{匹配的个数}}{\text{不含属性同为0的属性个数}}=\mathrm{sim}(i,j)=\frac{q}{q+r+s} \tag{3-10}$$

假设患者记录关系如表 3-11 所示，属性包含姓名、性别、咳嗽和化验。其中，姓名是对象标识符，其余的属性都是二元的。

表 3-11 患者记录关系表

姓名	性别	咳嗽	化验
小明	Y	Y	P
小红	N	N	N
小刚	Y	Y	P
小美	N	Y	P

对于二元属性，值 Y（yes）和 P（positive）被设置为 1，值 N（no）或（negative）被

设置为 0。根据式（3-10），小明和小红的相似度为 $\frac{0}{0+3+0}=0$，小明和小刚的相似度为 $\frac{3}{3+0+0}=1$，小明和小美的相似度为 $\frac{2}{2+1+0}\approx 0.67$，小红和小刚的相似度为 $\frac{0}{0+0+3}=0$，小红和小美的相似度为 $\frac{0}{0+2+0}=0$，小刚和小美的相似度为 $\frac{2}{2+1+0}\approx 0.67$，则四个患者中患病相似度最高的为小明和小刚。

3. 序数属性数据相似度度量

序数属性的值之间包含有意义的顺序或排位，而相邻两个值之间的差值未知。序数属性也可以通过把数值属性的值域划分成有限类别，由数值属性离散化得到。令序数属性可能的状态数为 M，将有序的状态映射到一个等级集合上。例如，若序数属性 f 有 M_f 个状态，则有序的状态可映射为 $1,2,\cdots,M_f$，用对应的排位 $R_{i_f}\in\{1,2,\cdots,M_f\}$ 来代表序数属性值的等级。对象 i 和对象 j 之间的相异度计算如式（3-11）所示。

$$l(i,j)=\sqrt{(R_{i_f}-R_{j_f})^2} \tag{3-11}$$

需要注意，式（3-11）计算的是序数属性数据的相异度，且值域为 $[0,+\infty)$，在计算相似度时需要将相异度的值域映射到区间 $[0,1]$ 内。对象 i 和对象 j 之间的相似度计算如式（3-12）所示。

$$\text{sim}(i,j)=1-l_{\text{Normalization}}(i,j) \tag{3-12}$$

甲、乙、丙三人的成绩排名如表 3-12 所示。根据式（3-11）计算，甲和乙的相异度为 1，甲和丙的相异度为 2，乙和丙的相异度为 1，说明甲和丙最不相似。

表 3-12　甲、乙、丙三人的成绩排名表

姓名	成绩排名
甲	1
乙	2
丙	3

4. 混合属性数据相似度度量

混合属性的数据包含了多种类型的属性，需要将不同类型的属性组合在一个相似度矩阵中，把所有的属性间的差异转换到区间 $[0,1]$ 内。对象 i 和对象 j 之间的相似度计算如式（3-13）所示。

$$\text{sim}(i,j)=1-\frac{\sum_{f=1}^{m}\delta_f\cdot(1-\text{sim}(i_f,j_f))}{\sum_{f=1}^{m}\delta_f}=\frac{\sum_{f=1}^{m}\delta_f\cdot\text{sim}(i_f,j_f)}{\sum_{f=1}^{m}\delta_f} \tag{3-13}$$

$1-\text{sim}(i_f, j_f)$代表的是i和j两个对象关于属性的相异度。参数δ_f是一个比较特殊的量，假如i、j中有一个对象不具有属性f，则$\delta_f=0$；假如i、j的属性是非对称二元属性，且对应的属性值都是0，则$\delta_f\approx0$；其余情况，$\delta_f=1$。混合属性样本数据如表3-13所示。

表3-13　混合属性样本数据表

商品	颜色（标称）	大小（序数）	价格（数值）
A	白	大	60
B	红	小	24
C	蓝	中	40
D	白	大	60

标称属性（颜色）的属性总数为1，商品A和B的相异度为$\frac{1-0}{1}=1$，商品A和C的相异度为$\frac{1-0}{1}=1$，商品A和D的相异度为$\frac{1-1}{1}=0$，商品B和C的相异度为$\frac{1-0}{1}=1$，商品B和D的相异度为$\frac{1-0}{1}=1$，商品C和D的相异度为$\frac{1-0}{1}=1$，则标称属性相异度矩阵为$\begin{bmatrix}0 & & & \\ 1 & 0 & & \\ 1 & 1 & 0 & \\ 0 & 1 & 1 & 0\end{bmatrix}$。

将序数属性（大小）中“大”“中”“小”三种状态分别赋值为1、0.5、0，$M_f=3$。用欧氏距离计算序数属性相异度，商品A和B的相异度为$\sqrt{(1-0)^2}=1$，商品A和C的相异度为$\sqrt{(1-0.5)^2}=0.5$，商品A和D的相异度为$\sqrt{(1-1)^2}=0$，商品B和C的相异度为$\sqrt{(0-0.5)^2}=0.5$，商品B和D的相异度为$\sqrt{(0-1)^2}=1$，商品C和D的相异度为$\sqrt{(0.5-1)^2}=0.5$，则序数属性相异度矩阵为$\begin{bmatrix}0 & & & \\ 1 & 0 & & \\ 0.5 & 0.5 & 0 & \\ 0 & 1 & 0.5 & 0\end{bmatrix}$。

计算数值属性（价格）的相异度，商品A和B的相异度为$\frac{60-24}{60-24}=1$，商品A和C的相异度为$\frac{60-40}{60-24}\approx0.55$，商品A和D的相异度为$\frac{60-60}{60-24}=0$，商品B和C的相异度为$\frac{40-24}{60-24}\approx0.44$，商品B和D的相异度为$\frac{60-24}{60-24}=1$，商品C和D的相异度为$\frac{60-40}{60-24}\approx0.55$，

则数值属性相异度矩阵为$\begin{bmatrix} 0 & & & \\ 1 & 0 & & \\ 0.55 & 0.44 & 0 & \\ 0 & 1 & 0.55 & 0 \end{bmatrix}$。需要注意，在计算相异度的过程中，已经将数值属性相异度映射到[0,1]区间内。

样本数据中共有 3 种属性，对每个属性 f，$\delta_f = 1$，混合属性相异度如下：商品 A 和 B 的相异度为$(1\times1+1\times1+1\times1)\div3=1$，商品 A 和 C 的相异度为$(1\times1+1\times0.5+1\times0.55)\div3\approx0.68$，商品 A 和 D 的相异度为$(1\times0+1\times0+1\times0)\div3=0$，商品 B 和 C 的相异度为$(1\times1+1\times0.5+1\times0.44)\div3\approx0.64$，商品 B 和 D 的相异度为$(1\times1+1\times1+1\times1)\div3=1$，商品 C 和 D 的相异度为$(1\times1+1\times0.5+1\times0.55)\div3\approx0.68$，得到混合属性相异度矩阵为$\begin{bmatrix} 0 & & & \\ 1 & 0 & & \\ 0.68 & 0.65 & 0 & \\ 0 & 1 & 0.68 & 0 \end{bmatrix}$，

由式（3-13），得相似度矩阵为$\begin{bmatrix} 1 & & & \\ 0 & 1 & & \\ 0.32 & 0.35 & 1 & \\ 1 & 0 & 0.32 & 1 \end{bmatrix}$，由此得商品 A、D 相似度最高。

5. 多态属性数据相似度度量

对于多态属性的数据，衡量其相似度的方法很多。由于多态属性的取值是多变、不确定的，因此对多态属性数据的相似度度量需要根据具体取值具体分析。例如，当属性取值为文本数据时，可以考虑使用余弦相似度（Cosine Similarity）。余弦相似度是一种通过计算两个向量夹角的余弦值来评估它们之间相似度的方法，可以用于判断两个文本之间的相似性。

在文本相似度的应用中，可以将每个文本均表示为一个向量，向量的每个维度均代表一个单词或一个特征项在文档中的权重。然后通过计算两个文本之间的余弦相似度来判断它们的相似度。令 $\boldsymbol{i}$ 和 $\boldsymbol{j}$ 是两个待比较的向量，使用余弦作为度量相似度的函数如式（3-14）所示。

$$\text{sim}(\boldsymbol{i},\boldsymbol{j}) = \frac{\boldsymbol{i}\cdot\boldsymbol{j}}{\|\boldsymbol{i}\|\cdot\|\boldsymbol{j}\|} \tag{3-14}$$

其中，“·”表示向量内积，$\boldsymbol{i}\cdot\boldsymbol{j} = i_1\times j_1 + i_2\times j_2 + \cdots + i_n\times j_n$。$\|\boldsymbol{i}\|$是向量$\boldsymbol{i}=(i_1,i_2,\cdots,i_n)$的欧几里得范数，定义为$\sqrt{{i_1}^2+{i_2}^2+\cdots+{i_n}^2}$。类似地，$\|\boldsymbol{j}\|$是向量 $\boldsymbol{j}$ 的欧几里得范数。余弦相似度计算向量 $\boldsymbol{i}$ 和 $\boldsymbol{j}$ 之间夹角的余弦。余弦值为 0 意味两个向量呈 90°夹角（正交），即两个向量完全不相似；余弦值越接近于 1，夹角越小，向量之间的相似度越高。由于余弦相似度度量不遵守度量测度性质，因此被称为非度量测度。

例如，对“我爱中国”和“你爱中国”两句话使用余弦相似度进行度量。可以规定使用数值“0”表示“我”，用“1”表示“你”，分别用“2”“3”“4”来表示“爱”“中”“国”，可以得到向量 ***A***(0,2,3,4)和向量 ***B***(1,2,3,4)。计算 ***A***、***B*** 的余弦相似度如代码 3-7 所示。

代码 3-7　余弦相似度

```
import numpy as np

# 计算余弦相似度
def cos_sim(a, b):
    a_norm = np.linalg.norm(a)  # 返回向量的模
    b_norm = np.linalg.norm(b)  # 返回向量的模
    cos = np.dot(a, b) / (a_norm * b_norm)  # 两个向量的内积除以两个向量的模的积
    return cos

print('余弦相似度为: ', cos_sim([0, 2, 3, 4], [1, 2, 3, 4]))
```

运行代码 3-7，得到余弦相似度为 0.983。上述两句话的相似度几乎是一样的。

3.3.4　度量方法的选取

度量方法的选取较为灵活，可以从应用场景、数据类型和分析目标 3 个方面来考量。

（1）应用场景。例如，在电商推荐系统中，相似度度量方法的选取可能会影响系统的推荐结果。如果使用基于商品属性的相似度来计算商品之间的相似度，可能会导致推荐重复的商品，而没能考虑用户个性化的喜好。因此，在这种情况下，可以使用用户行为数据来计算用户之间的相似度，如购买历史、浏览历史等，以便更好地推荐符合用户喜好的商品。

（2）数据类型。例如，对文本数据，选择不同的相似度度量方法可能会影响文本分类和文本检索的准确性。在文本分类中，如果使用 Jaccard 系数来计算文本之间的相似度，那么将无法考虑文本中词汇的语义信息，而余弦相似度对每个词汇的都有不同的权重，可以衡量词汇间的关系和词义，因此，使用余弦相似度来计算文本之间的相似度会更为合适。而在文本检索中，如果使用余弦相似度来计算文本之间的相似度，那么可能会受到一些常见词汇的干扰。

（3）分析目标。例如，在歌曲推荐系统中，希望根据用户的听歌历史和喜好为其推荐类似的歌曲，以提供更好的音乐体验。可以将每首歌曲表示为一个向量，其中包括音频特征、歌曲流派、歌手信息等。通过计算用户听歌历史和表示每首歌曲的向量之间的余弦相似度，衡量歌曲与用户偏好之间的相似度。相似度越高，表示歌曲与用户喜好越接近，从而可以更准确地进行歌曲推荐。

小结

本章首先根据数据的形式介绍了不同类型的数据集，并给出了数据属性的定义，属性包括标称属性、二元属性、序数属性、数值属性和多态属性，然后简单介绍了数据质量的四大要素，最后介绍了不同类型属性和数据的相似度度量方法。

习题

1. 选择题

第 3 章选择题答案

（1）下列哪一个不属于数据的属性类型（　　）。

A. 标称属性　　B. 二元属性　　C. 序数属性　　D. 整型属性

（2）在数据分析中，属性一般是指（　　）。

A. 数据集中的一行　　B. 数据集中的一列

C. 数据集中的一个元素　　D. 数据集中的一个表格

（3）下列哪个不是属性的别称（　　）。

A. 对象　　B. 维度　　C. 特征　　D. 变量

（4）对于一个数值属性，其取值范围（　　）。

A. 可以是任何实数

B. 只能是整数或有限的小数或分数

C. 只能是离散的整数或小数或分数

D. 只能是连续的实数或浮点数

（5）某个数据集包含身高和体重两个属性。身高和体重这两个属性是（　　）。

A. 区间属性　　B. 比率属性

C. 无法确定　　D. 都需要进行进一步的分析才能确定

（6）MNIST 手写数字数据集是计算机视觉领域最常用的数据集，它由手写数字 0～9 的图片组成，该数据集是（　　）。

A. 图像数据　　B. 关系数据　　C. 事务数据　　D. 数据矩阵

（7）对于一个数据集来说，其质量的好坏主要取决于因素有（　　）。

A. 数据的准确性、完整性和一致性

B. 数据的来源、采集方法和处理方式

C. 数据的可用性、可读性和可解释性

D. 数据的规模、复杂度和多样性

（8）在数据分析时会对量纲或统一单位的处理，这是为了保证数据的（　　）。

A. 完整性　　B. 可用性　　C. 一致性　　D. 可靠性

（9）对于一个数据集的属性，其“高相似度”指的是（　　）。

A. 所有属性的属性值完全相同

B. 所有属性的属性命完全相同

C. 所有属性的属性值非常相似，几乎可以认为是同一个属性的不同表达方式

D. 所有属性之间不存在任何相似度，彼此独立存在

（10）标称属性 $X=\{A,B,B,C\}$，标称属性 $Y=\{A,B,C,D\}$，属性 X 和 Y 的 Jaccard 系数为（　　）。

A. 3/4　　B. 1/2　　C. 1　　D. 0

（11）假设有两个点集 a 和 b，它们的坐标如下。a 和 b 之间的欧几里得距离是（　　）。

$$a=(1,3)$$
$$b=(2,3)$$

A. 0.0　　B. 1.0　　C. 2.0　　D. 3.0

（12）如下表所示的数据集里，（　　）的相似度最低。

姓名	性别	是否咳嗽	是否发烧	是否鼻塞
甲	男	是	是	是
乙	女	否	否	否
丙	男	是	否	是
丁	女	否	是	是

A. 甲和乙　　B. 乙和丁　　C. 乙和丙　　D. 丙和丁

（13）余弦相似度可以应用于（　　）。

A. 离群值处理　　B. 关联模式挖掘

C. 垃圾邮件识别　　D. 政企税收预测

（14）三个文本向量 $\boldsymbol{A}$=(1,2)、$\boldsymbol{B}$=(2,4)和 $\boldsymbol{C}$=(2,5)，$\boldsymbol{A}$ 与 $\boldsymbol{B}$、$\boldsymbol{A}$ 与 $\boldsymbol{C}$ 和 $\boldsymbol{B}$ 与 $\boldsymbol{C}$ 的余弦相似度分别是（　　）。

A. 0.9999、0.9965、0.9965　　B. 0.9965、0.9965、0.9999

C. 0.9999、0.9999、0.9999　　D. 0.9965、0.9965、0.9965

（15）数据维度较低且向量的大小非常重要时，可以使用（　　）。

A. 欧几里得距离　　B. 曼哈顿距离

C. 切比雪夫距离　　D. 余弦相似度

2. 应用题

第 3 章应用题答案

（1）计算如下向量的 Jaccard 系数。

$\boldsymbol{X}$=(1, 0, 0, 0, 0, 0, 0, 0, 0, 0)，$\boldsymbol{Y}$=(0, 0, 0, 0, 0, 0, 1, 0, 0, 1)

（2）给定两个被元组(22, 1, 42, 10)和(20, 0, 36, 8)所表示的对象。

①计算这两个对象的欧几里得距离。

②计算这两个对象的曼哈顿距离。

③计算这两个对象的 q=3 的闵可夫斯基距离。

第 3 章操作题答案

3. 操作题

（1）编写程序完成下列问题。

①计算单词“price”和单词“prize”的余弦相似度。

②读取两个.txt 文本文件，并计算其余弦相似度。

（2）对于数据点 A(1,1,1,1,1)、B(1.01,0.99,1,1.02,0.98)和 C(1,1,1,1,1)、D(1000,1000,1000,1000,1000)，编程计算 A 与 B 和 C 与 D 的欧氏距离和曼哈顿距离，并比较在数据点分别在差异小和差异大时两个距离的优缺点。

第 4 章

数据探索

数据探索是数据分析过程中不可或缺的一环，旨在通过对数据的观察、整理和分析，揭示数据中隐藏的模式、规律和趋势。这个过程不仅是技术上的操作，更是对数据本身的理解和思考，同时，更需要注重数据背后所蕴含的伦理、社会责任和公平正义的价值观。本章将介绍数据探索所需的基本方法和技巧，包括数据质量分析、数据描述性统计分析、数据可视化分析等。利用这些技术手段，有助于更好地理解数据，识别出数据中的关键信息，为后续的数据分析和决策提供有力支持。

学习目标

（1）掌握数据缺失值和异常值分析方法。

（2）掌握常用的数据一致性分析方法。

（3）掌握数据描述性统计分析方法。

（4）掌握数据可视化分析的基本方法。

（5）了解数据立方体的概念和多维数据分析方法。

4.1 数据质量分析

数据是当代社会的“新石油”，是有巨大的潜力和价值，数据质量是决定其应用效果和决策准确性的关键因素之一。在大数据时代，数据质量分析是不可或缺的环节，它关乎信息的准确性、完整性和可信度。

4.1.1 缺失值分析

缺失值是指数据集中某些观测值或变量值缺失。在现实世界的数据中，缺失值是很常见的，原因可能有多种，如人为遗漏、测量错误、技术限制或数据传输问题等。缺失值的存在可能对数据分析和模型建立造成影响，例如，导致样本偏差、降低统计结果的准确性和可靠性等。此外，在大数据挖掘任务中，许多算法要求数据集是完整的、无缺失值的。因此，进行缺失值分析是数据分析的重要步骤，可以确保数据质量和分析的可靠性。

在 Python 中，可以使用 isnull 函数检测数据中是否存在缺失值，其语法格式如下。

```
pands.isnull(obj)
```

isnull 函数参数及其说明如表 4-1 所示。

表 4-1　isnull 函数参数及其说明

参数名称	说明
obj	接收 Series 或 DataFrame，表示要检测缺失值的数据。无默认值

例如，对表 4-2 所示的数据集使用 isnull 函数进行缺失值分析，如代码 4-1 所示。

表 4-2　含有缺失值的数据

	A	B	C
0	1	NaN	1
1	2	2	2
2	NaN	3	3
3	4	4	NaN

代码 4-1　缺失值分析

```
import pandas as pd

# 创建一个 DataFrame 数据集
data = {'A': [1, 2, None, 4],
        'B': [None, 2, 3, 4],
        'C': [1, 2, 3, None]}
```

```
df = pd.DataFrame(data)
# 使用isnull()函数进行缺失值检测
missing_values = df.isnull()
print(missing_values)
```

代码 4-1 的运行结果如下。

```
       A      B      C
0  False   True  False
1  False  False  False
2   True  False  False
3  False  False   True
```

在代码 4-1 的输出结果中，False 代表该位置的值不缺失，True 代表该位置的值缺失，通过输出的结果可以清楚地看出数据集是否存在缺失值，并且可以统计缺失值的个数等，对缺失值进行进一步分析。

4.1.2 异常值分析

异常值分析是一种用于识别和处理数据集中存在的异常值和离群值的方法。

异常值是指与样本中的整体模式相差甚远的观察值。换句话说，异常值是那些不符合正态分布或其他常见分布形式的数据点。这些数据点可能是由于某种特定原因而出现的，例如人为错误、系统故障或实验设计缺陷等。

离群值则是指数据集中某个或某些数据点与其他数据点相比存在明显的不同或偏离常态的情况。例如，某个数据点的数值可能明显高于或低于整个数据集平均值的很多倍，或者某个数据点的数值可能在时间序列中出现了突然的、无法解释的变化等。

因此，离群值和异常值虽然有一定的相似之处，但它们的含义和对数据的影响是不同的。常见的异常值分析方法有基于统计学的方法和基于可视化的方法等。

1. 基于统计学的方法

正态分布在统计学中有着极其重要的地位，是许多统计分析方法的基础。正态分布是一种连续概率分布，也称为高斯分布。正态分布在社会生活和生产实践中有广泛的适用性，如身高、血压、考试成绩和测量误差的群体分布规律，都属于正态分布。

其概率密度的表达式如式（4-1）所示。

$$f(x)=\frac{1}{\sigma\sqrt{2\pi}}\mathrm{e}^{-\frac{1}{2}\left(\frac{x-\mu}{\sigma}\right)^2} \tag{4-1}$$

其中，e 是自然对数的底数，μ 是均值，σ 是标准差。通过积分运算可以计算得出数据分布在 $(\mu-3\sigma,\mu+3\sigma)$ 区间（均值左右三个标准差长度的区间）的概率为 99.7%。因此可以认为，分布在该区间以外的数据为异常值。

基于正态分布的性质，假设数据近似服从正态分布来确定异常值的方法被称为“3σ 原理”。3σ 原理在统计分析和质量控制中经常用于判断数据的分布情况以及识别异常值。通过计算均值和标准差，可以根据 3σ 原理估计数据集中的数据点分布情况，从而进行更有针对性的分析和决策。

使用 3σ 原理的异常值检测如代码 4-2 所示，最终会将异常值的标签记为 True，正常值为 False。

代码 4-2　使用 3σ 原理的异常值检测

```
# 生成身高数据
heights = [160, 165, 170, 175, 180, 185, 190, 180, 175, 170, 170, 160, 155, 165, 
185, 175, 180]
# 添加异常值
heights.append(300)
# 创建数据框
data = pd.DataFrame({'Height': heights})
# 计算均值和标准差
mean = data['Height'].mean()
std = data['Height'].std()
# 定义异常值阈值
threshold = mean + 3 * std
# 标记异常值
data['Outlier'] = data['Height'] > threshold
print(data)
```

代码 4-2 的运行结果如下。可以看出显示身高为 300 的数据点为异常值。

```
   Height  Outlier
0    160    False
1    165    False
2    170    False
3    175    False
4    180    False
5    185    False
6    190    False
7    180    False
8    175    False
9    170    False
10    170    False
11    160    False
12    155    False
13    165    False
14    185    False
15    175    False
16    180    False
17    300     True
```

2. 基于可视化的方法

基于可视化的异常值检测使用散点图、箱线图、直方图等可视化图形来直观地检测异常值。异常值通常在图表中呈现为明显的偏离正常数据分布的点或落在边界之外的值。

箱线图（Box plot）可以将异常值标记在上下限之外，因此常用于检测数据中的异常值。箱线图通过一组统计指标，包括四分位数、中位数、最小值、最大值以及可能的异常值，来呈现数据的整体特征。通过观察箱线图，可以直观地了解数据的分布情况和异常值的存在。箱线图可以用于比较多个数据集的分布情况，可以分析数据的中心趋势、离散程度和异常值情况。此外，箱线图还可以根据需要调整参数和样式，以展示更多的统计指标或自定义箱体的形状。

使用箱线图进行异常值检测，如代码 4-3 所示。

代码 4-3　使用箱线图进行异常值检测

```
import matplotlib.pyplot as plt
# 设置字体风格为黑体
plt.rcParams['font.sans-serif'] = 'SimHei'
# 创建数据框
data = pd.DataFrame({'身高': heights})
# 绘制箱线图
plt.boxplot(data['身高'])
plt.title('身高箱线图')
plt.ylabel('身高')
# 显示图像
plt.show()
```

代码 4-3 运行结果如图 4-1 所示。可以很清楚地看到，身高为 300 的数据分布在上限之外，因此异常值为 300。

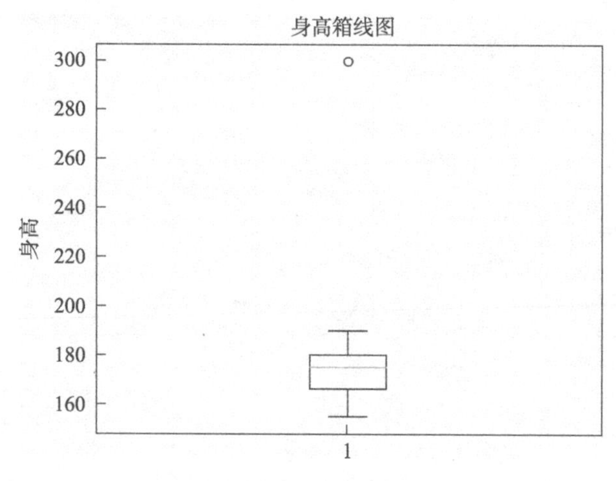

图 4-1　异常值检测箱线图

4.1.3 一致性分析

一致性是指数据在不同位置、不同时间或不同数据源之间的相符程度。当数据集中存在冲突、矛盾或重复的数据时，其一致性就会受到影响。例如，在一个客户数据库中，如果同一个客户的姓名、联系方式或地址在不同记录中有不同的值，那么数据的一致性就受到了威胁。

一致性分析用于评估数据集中的一致性和相似性。一致性分析的主要目的是确定数据集中的冲突、矛盾或重复的数据，并识别潜在的错误或异常数据。一致性分析通过比较数据集中的不同属性、不同记录或不同数据源之间的值来检测潜在的问题，如重复数据、冲突数据、缺失数据、不一致数据等，通过识别和解决这些问题，可以提高数据的质量和准确性，从而为后续的数据分析、决策和应用提供可靠的基础。以时间校验为例，时间不一致是指数据在合并后时间属性出现时间范围、时间粒度、时间格式等情况。

时间范围不一致通常是不同表的时间属性中所包含的时间的取值范围不一致，如表 4-3 所示，create_time_A 和 create_time_B 分别取自两张不同的表。create_time_A 的取值范围为 2016 年 1 月 1 日—2016 年 2 月 29 日；create_time_B 的取值范围为 2016 年 1 月 15 日—2016 年 2 月 18 日，此时如果需要合并两张表，那么需要对时间属性进行补全，否则会产生大量的空值或者会导致报错。

表 4-3　时间范围不一致

create_time_A	create_time_B
2016-01-02 10:35:00	2016-01-15 09:31:00
2016-01-03 11:30:00	2016-01-16 12:03:00
……	……
2016-02-28 12:10:00	2016-02-17 17:13:00
2016-02-29 18:23:00	2016-02-18 19:17:00

时间粒度不一致通常是由于数据采集时没有设置统一的采集频率，时间粒度不一致的数据如表 4-4 所示。可能是因为系统升级后采集频率发生了改变，或者不同系统间的采集频率不一致，导致采集到的数据的时间粒度不一致。create_time_A 的数据为每分钟采集一次；create _time_B 的数据为每 30 秒采集一次。如果此时将这两部分数据合并，会导致数据时间粒度不一致。

表 4-4　时间粒度不一致

create_time_A	create_time_B
2016/12/27 13:42:00	2017/1/7 14:12:30
2016/12/27 13:43:00	2017/1/7 14:13:00
2016/12/27 13:44:00	2017/1/7 14:13:30
2016/12/27 13:45:00	2017/1/7 14:14:00
2016/12/27 13:46:00	2017/1/7 14:14:30

时间格式不一致通常是不同系统之间设置时间属性时的采用的格式不一致，尤其是当系统中的时间属性使用字符串格式的时候，如表 4-5 所示，订单系统的时间属性 order_time 与结算系统的时间属性 ord_time 采用了不同的格式导致时间格式不一致。

表 4-5　时间格式不一致

order_time	ord_time
2016-10-01 10:25:00	20161001102500
2016-10-01 10:30:00	20161001103000
2016-10-01 10:34:00	20161001103400
2016-10-01 10:41:00	20161001104100
2016-10-01 10:45:00	20161001104500

4.2　数据描述性统计分析

数据描述性统计分析是数据科学和决策分析中的环节之一。通过对数据进行描述性统计分析，可以获得数据的特征和结构，为后续的推断统计和预测建模提供基础。描述性统计分析不仅提供了对现实世界的客观认识，还有助于作出科学决策、推动社会进步。

在进行数据描述性统计分析时，不仅要关注技术和方法，作为数据科学家或决策者，更应当时刻牢记社会责任和价值观，将数据分析与人民群众的利益相结合。数据不仅是冷冰冰的数字，更是反映社会现象和人们生活的真实图景。因此，在数据统计分析过程中，需要关注数据的公正性、真实性和可解释性，遵循科学道德和社会伦理。

数据描述性统计分析可以分为集中趋势度量（或称位置度量）和离散程度度量（或称散布度量）两种度量方法。

10 位同学的数学考试成绩等级表（121 分及以上为 A，100～120 分为 B，60～99 分为 C）如表 4-6 所示。现通过表 4-6 来介绍集中趋势度量和离散程度度量的概念及计算方法。

表 4-6　数学考试成绩等级表

学号	成绩等级	分数
001	A	140
002	B	110
003	C	90
004	A	130
005	B	110
006	B	100
007	C	90
008	B	120
009	B	115
010	C	95

4.2.1 集中趋势度量

在统计学中，集中趋势度量提供了关于数值分布和中心位置的信息。常用的数据集中趋势度量有均值、中位数和众数等。

1. 均值

均值是数据中所有数值的总和除以观测值的数量，是描述数据的集中趋势中较为常用的度量。均值对异常值非常敏感，受到极端值的影响较大。其计算公式如式（4-2）所示。

$$\bar{x}=\frac{1}{n}\sum_{i=1}^{n}x_i=\frac{x_1+x_2+\cdots+x_n}{n} \tag{4-2}$$

其中 $\bar{x}$ 表示均值，n 表示数据里元素的个数，x_i 表示数据中的第 i 个元素。对于表 4-6 所示数据，分数的均值 $\bar{x}=\frac{140+110+90+130+110+100+90+120+115+95}{10}=110$。

常用的均值计算方法还有加权均值和截尾均值。加权均值是指通过对每个数据点赋予不同的权重，并根据权重计算出的平均值。截尾均值是根据一定的规则去掉数据集中一定比例的最高值和最低值，然后计算剩余数据的算术平均值。

2. 中位数

中位数是将数据按照大小排列后，形成一个数列，居于数列中间位置的数称为中位数。其计算方法由式（4-3）给出。

$$M=\begin{cases}\text{排序后的第}\dfrac{n+1}{2}\text{个数据}, & n\text{为奇数}\\ \dfrac{\text{排序后的第}\dfrac{n}{2}\text{个数据}+\text{排序后的第}\dfrac{n}{2}+1\text{个数据}}{2}, & n\text{为偶数}\end{cases} \tag{4-3}$$

若观测值的个数为奇数，中位数即为排序后的中间值；若观测值的个数为偶数，中位数为排序后中间两个值的平均值。对于表 4-6 所示分数数据，按照大小排列后为{90, 90, 95, 100, 110, 110, 115, 120, 130, 140}数据中共有 10 个观测值，为偶数个，因此中位数为排序后的中间两个值的均值，即 110。

3. 众数

众数是指在数据中出现次数最多的值或值的集合，众数适用于描述离散型属性或具有有限取值属性的集中趋势。当数据中存在多个众数时，称其为多模态分布。

对于表 4-6 中的分数属性，由于 90 和 110 这两个数值出现次数最多，均出现了两次，因此该数据的众数为 90 和 110。

计算分数属性的均值、中位数和众数如代码 4-4 所示。

代码 4-4　计算分数属性的均值、中位数和众数

```
import pandas as pd
import numpy as np

df = pd.read_csv('../data/student.csv')# 计算均值
mean_population = np.mean(df['分数'])
print("分数均值:", mean_population)
# 计算中位数
median_population = np.median(df['分数'])
print("分数中位数:", median_population)
# 计算众数
mode_populations = df['分数'].mode()
print("分数众数:", mode_populations)
```

代码 4-4 的运行结果如下。

```
分数均值: 110.0
分数中位数: 110.0
分数众数: 0    90
1    110
Name: 分数, dtype: int64
```

通过运行结果可知，表 4-6 中分数属性的均值为 110，中位数为 110，众数为 110 和 90。通过均值、中位数和众数的计算，可以了解数据的集中趋势。

4.2.2　离散程度度量

数据的离散程度度量是用来描述数据的离散程度或分散程度的统计量。离散程度度量提供了关于数据中数值分布的信息，有助于了解数据的变异程度和分布形态。数据的离散程度度量主要是频数、极差、方差、标准差、绝对平均偏差和分位数等。

1. 频数

频数是指在给定数据中某个特定值或范围的出现次数。通过计算数据中每个值的频数，可以了解不同值的分布情况。统计数据的频数可以了解数据中各个取值的分布情况，从而揭示数据的模式和趋势。

对于表 4-6 中的成绩等级属性，A 的频数为 2；B 的频数为 5；C 的频数为 3。

在 Python 中，可以使用 value_counts 函数来计算频数，其语法格式如下。

```
Series.value_counts(normalize=False,sort=True,ascending=False,bins=None,dro
pna=True)
```

value_counts 函数参数及其说明如表 4-7 所示。

表 4-7　value_counts 函数参数及其说明

参数	说明
normalize	接收 bool。表示返回值是相对频率还是绝对频率，如果为 True，那么返回相对频率。默认为 False
sort	接收 bool。表示是否按照频率高低排序。默认为 True
ascending	接收 bool。表示是否照频率由低到高排序。默认为 False
bins（可选）	接收 int 或 sequence。表示传递一个整数或序列来指定将值划分为多少个等宽的区间（适用于数值数据）。默认为 None
dropna	接收 bool。表示是否忽略缺失值。默认为 True

通过频数的计算，可以获得数据中不同值的分布情况，并确定其中出现最频繁的值。这些统计量有助于了解数据的特征，为后续的数据分析和决策提供基础。

2. 极差、方差、标准差和绝对平均偏差

极差是最大值和最小值之间的差异，即数据的范围。极差直观地反映了数据的取值范围，但对异常值非常敏感。属性 x 具有 n 个值，则 x 的极差计算公式如式（4-4）所示。

$$\text{range}(x)=\max(x)-\min(x) \tag{4-4}$$

方差衡量了数据中观测值与均值之间的差异程度。方差是每个观测值与均值差异平方的平均值，通过平方操作可以强调较大的差异。方差计算公式如式（4-5）所示。

$$\text{var}(x)=\sigma^2(x)=\frac{1}{n}\sum_{i=1}^{n}(x_i-\overline{x})^2 \tag{4-5}$$

标准差是方差的平方根，用于衡量数据中观测值与均值之间的差异程度。标准差与原始数据的单位一致，具有良好的可解释性。标准差计算公式如式（4-6）所示。

$$\sigma(x)=\sqrt{\frac{1}{n}\sum_{i=1}^{n}(x_i-\overline{x})^2} \tag{4-6}$$

绝对平均偏差即各数据点偏离均值的平均水平，是一种用于衡量一组数据的离散程度或分散度的统计量，表示每个数据点与数据集的平均值之间的绝对差值的平均数。绝对平均偏差计算公式如式（4-7）所示。

$$\text{AAD}(x)=\frac{1}{n}\sum_{i=1}^{n}\left|x_i-\overline{x}\right| \tag{4-7}$$

对表 4-6 所示数据的成绩等级属性，计算其频数，对分数属性计算其极差、标准差和方差，如式（4-8）所示。

$$\begin{aligned}
&\text{range}(x)=140-90=50\\
&\text{var}(x)=\frac{(140-50)^2+(110-50)^2+\cdots+(95-50)^2}{10}=255\\
&\sigma=\sqrt{\text{var}(x)}=\sqrt{255}\approx 15.97\\
&\text{AAD}=\frac{|140-50|+|110-50|+\cdots+|95-50|}{10}=13
\end{aligned} \tag{4-8}$$

3. 分位数

分位数是统计学中常用的一个概念，是指将一个随机变量的概率分布范围分为几个等份的数值点。分位数可以帮助了解数据的分布情况以及不同部分的特征。

常见的分位数包括中位数（二分位数）、四分位数和百分位数。其中，中位数将数据分成两部分，使得前后两部分的观测值个数相等，即 50%的数据位于中位数的两侧。四分位数将数据分成 0～25%、25%～50%、50%～75%、75%～100%四等份，百分位数则将数据分成百等分。

以四分位数为例，常用的四分位数包括第一四分位数（Q1）、第二四分位数（Q2，即中位数）和第三四分位数（Q3）。Q1 表示将数据分为四等分后，位于第一个四分位数位置的值，即 25%的数据小于等于 Q1。Q2 表示位于数据中间位置的值，即 50%的数据小于等于 Q2。Q3 表示将数据分为四等分后，位于第三个四分位数位置的值，即 75%的数据小于等于 Q3。

在 Python 中，可以使用 percentile 函数来计算分位数，其语法格式如下。

```
numpy.percentile(a,q,axis=None,out=None,interpolation='linear')
```

percentile 函数参数及其说明如表 4-8 所示。

表 4-8　percentile 函数参数及其说明

参数	说明
a	接收 Series 或 DataFrame。表示需要计算分位数的数据。无默认值
q	接收 float 或 Numpy。表示百分位数，可以是单个百分位数，也可以是一个百分位数数组。取值范围是 0 到 100 之间。无默认值
axis	接收 int。表示计算百分位数的轴。默认为 None
out	接收 Numpy。表示计算结果的输出数组。默认为 None
interpolation	接收 str。表示插值方法，用于计算在指定百分位数位置的值。可以设置为 linear（线性插值）、lower（向下取整）、higher（向上取整）、midpoint（中值插值）或 nearest（最近邻插值）。默认为 linear

计算数据的离散程度度量，如代码 4-5 所示。

代码 4-5　计算数据的离散程度度量

```
# 计算频数
frequency = df['成绩等级'].value_counts()
# 计算极差
range_population = df['分数'].max() - df['分数'].min()
# 计算标准差
std_population = np.std(df['分数'])
# 计算方差
variance_population = np.var(df['分数'])
# 打印结果
```

```
print('频数：', frequency)
print('极差：', range_population)
print('标准差：', std_population)
print('方差：', variance_population)
# 计算第一四分位数（25% 位置）
Q1 = df['分数'].quantile(0.25)
# 计算第三四分位数（75% 位置）
Q3 = df['分数'].quantile(0.75)
# 打印结果
print('第一四分位数（Q1）：', Q1)
print('第三四分位数（Q3）：', Q3)
```

代码 4-5 的运行结果如下。

```
频数： B    5
C    3
A    2
Name: 成绩等级, dtype: int64
极差： 50
标准差： 15.968719422671311
方差： 255.0
第一分位数（Q1）： 96.25
第三四分位数（Q3）： 118.75
```

运行结果得到了成绩等级属性的频数和分数属性极差、标准差和方差的值。其中，等级 A 的频数为 2，B 的频数为 5，C 的频数为 3。分数属性的极差为 50，标准差约为 16，方差约为 255。

在代码 4-5 中，使用了 NumPy 库的 percentile 函数计算给定百分位位置的值。通过指定百分位数（25%和 75%），可以计算得到对应的四分位数。结果显示第一四分位数 Q1 为 96.25，第三四分位数 Q3 为 118.75。通过计算分位数，可以了解数据在不同位置的取值情况。这对于了解数据的分布、探索异常值、进行数据比较等都非常有用。

4.2.3 多元数据统计分析

在 4.2.1 和 4.2.2 节中，研究对象都为单一属性。多元数据统计分析的目标是研究多个属性之间相互依赖关系以及内在统计规律。

包含多个属性的数据（多元数据）的集中趋势度量可以通过分别计算每个属性的均值或中位数得到。给定一个多元数据集，多元数据集的均值如式（4-9）所示。

$$\overline{\boldsymbol{X}}=(\overline{x_1},\overline{x_2},\cdots,\overline{x_n}) \quad (4\text{-}9)$$

在式（4-9）中，$\overline{x_n}$ 是第 n 个属性的均值。

对于多元数据，如果一个属性独立于其他属性，那么可以使用 4.2.2 节介绍的方法计算这个独立属性的离散程度。对于连续型的数据，数据的离散程度度量更多地用协方差矩阵 $\boldsymbol{S}$ 表示，其中，$\boldsymbol{S}$ 的第 ij 个元素 S_{ij} 是数据的第 i 个和第 j 个属性的协方差。如果 x_i 和 x_j 分别是第 i 个和第 j 个属性，则有 $S_{ij}=\text{cov}(x_i,x_j)$，其中 $\text{cov}(x_i,x_j)$ 如式（4-10）所示。

$$\text{cov}(x_i,x_j)=\frac{1}{m-1}\sum_{k=1}^{m}(x_{k_i}-\overline{x_i})(x_{k_j}-\overline{x_j}) \tag{4-10}$$

x_{k_i} 和 x_{k_j} 分别是第 k 个对象的第 i 和第 j 个属性的值。特别地，$\text{cov}(x_i,x_i)=\text{var}(x_i)$，即协方差矩阵的对角线上是属性的方差。协方差的值接近于 0 表明两个变量不具有（线性）关系，但是不能仅靠观察协方差的值来确定两个变量之间的关联程度，因为两个属性的相关性直接指出两个属性（线性）相关的程度，对于数据探索，相关性比协方差更可取。

4.3 数据可视化分析

数据可视化分析作为现代信息时代的重要工具，不仅是一种技术手段，更是一种展示真实世界、揭示事物本质的方式。数据可视化分析不仅能够以图表形式直观地展示数据，更能够通过美学的表达和设计，激发人们的思考、引发共鸣、传递价值观念。

数据可视化分析可以更深入地呈现社会现象、经济趋势、科学研究等方面的数据，从而引导人们思考人类社会的发展、探索科学的奥秘，以及关注社会公正、环境保护、人类福祉等议题。

4.3.1 可视化技术

数据可视化是指以图形或表格的形式展示数据。数据可视化技术的基本思想是将每一个数据项作为单个图元素进行表示，同时将数据的各个属性值以多维数据的形式表示，可以从不同的维度观察数据，从而对数据进行更深入的观察和分析。通过数据可视化分析，能够用更具说服力的方式传递信息、表达观点，并且能够激发人们的思考和行动。

在数据集的可视化方法中，常使用有散点图、折线图、柱状图（条形图）、直方图、饼图、箱线图（箱线图已在 4.1.2 节介绍，故在此不再赘述）、热力图等。

接下来使用 Seaborn 库内置的钻石数据集 diamonds 进行可视化分析。

Seaborn 库内置的钻石数据集 diamonds 包含近 53940 颗钻石的价格和其他属性，共 10 个属性，如表 4-9 所示。

表 4-9 diamonds 数据集属性表

属性	含义
carat	代表了钻石的重量，单位是克拉
cut	代表了钻石的切工（切工好坏决定钻石的闪亮程度）等级，由低到高依次为 Fair, Good, Very Good, Premium, Ideal
color	代表了钻石的颜色，从最低的 J 到最高的 D
clarity	代表了钻石的净度，从 FL（无瑕）到 I3（内含物）
depth	代表了钻石从台面到尖底的总体长度，单位是厘米
table	代表了钻石台面的大小，单位是平方厘米
price	代表了钻石的价格，单位是美元
x	代表了钻石的中心位置相对于台面中心的 x 坐标
y	代表了钻石的中心位置相对于台面中心的 y 坐标
z	代表了钻石的中心位置相对于台面中心的 z 坐标

1. 散点图

散点图用于展示两个数值型变量之间的关系，它将数据集中的每个观测值表示为二维平面上的一个点，并以横轴和纵轴来表示两个变量的取值。每个点的位置取决于对应观测值在两个变量上的取值。散点图除了用于展示两个数值型变量的关系，还可以通过使用不同的符号、颜色、尺寸等视觉元素来表示其他维度的信息。例如，可以使用不同颜色的点表示不同的类别，或使用点的大小表示第三个变量的值。

通过观察散点图，可以直观地发现数据中的模式、趋势和异常点，为数据清洗和模型构建提供有益的指导，作出更深入的分析和推断。

为了解不同克拉数的钻石平均价格的关系，绘制散点图进行分析，如代码 4-6 所示。

代码 4-6 绘制不同克拉数的钻石平均价格的散点图

```
import seaborn as sns
import matplotlib.pyplot as plt

# 设置字体
plt.rcParams['font.sans-serif'] = 'SimHei'
# 载入钻石数据集
diamonds_data = sns.load_dataset('diamonds', data_home='../data/seaborn-data',
cache=True)
# 计算不同克拉数的钻石平均价格
average_price_by_carat = diamonds_data.groupby('carat')['price'].mean().
reset_index()
# 散点图
plt.figure(figsize=(10, 6))
sns.scatterplot(data=average_price_by_carat, x='carat', y='price', alpha=0.5)
plt.title('克拉数的平均价格关系')
plt.xlabel('克拉数')
plt.ylabel('平均价格/元')
plt.show()
```

从图 4-2 中可以观察到，克拉数主要分布在 0.2～2.5 克拉，价格主要分布在 0～17500 元；克拉数小于 2 时，散点较为密集，且呈现出正相关的趋势，而在 2 克拉以后数据点分布零散。这说明在 2 克拉以下，价格随克拉数增长较为稳定，而 2 克拉以上的钻石价格波动较大，但是定价都在 17500 元左右。这为钻石业务提供了有力的信息，提示随着克拉数增加，钻石的价值和稀缺性增加，因此可以在销售策略中定价更高。

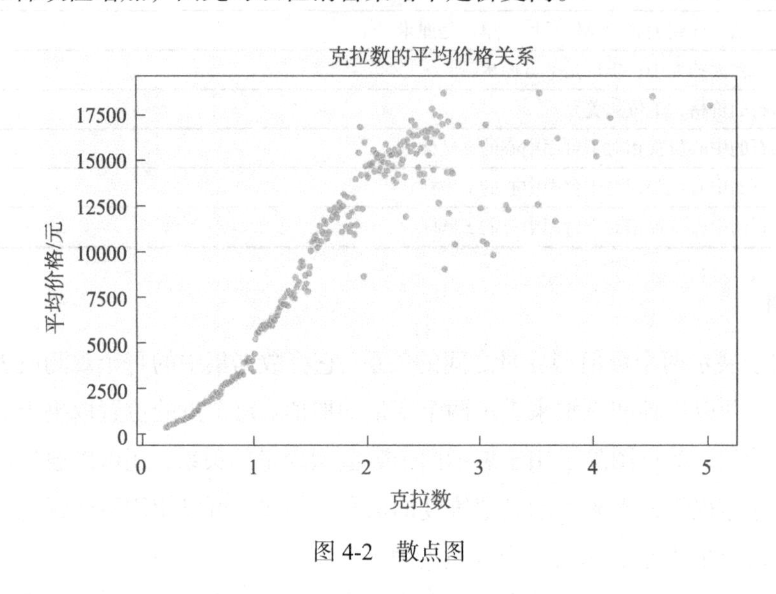

图 4-2　散点图

2. 折线图

折线图用于展示数据随着连续变量的变化而产生的趋势和变化情况，它将数据点通过直线连接起来，形成一条或多条折线，以展示数据的变化趋势和相对关系。

折线图常用于展示时间序列数据的趋势和变化，可以分析数据的周期性、趋势性、季节性等属性。此外，折线图还可以通过使用多条折线来展示多个变量的比较，或使用不同颜色的折线表示不同的类别或条件。

需要注意的是，在使用折线图时，要根据数据的特点和分析目的来选择合适的可视化方式，例如，折线图适合展示连续变量的变化趋势，但不适合展示离散变量的分布情况。

为了解在克拉数影响下价格的变化趋势，绘制折线图进行分析，如代码 4-7 所示。

代码 4-7　绘制克拉数与价格之间的折线图

```
# 折线图
plt.figure(figsize=(10, 6))
sns.lineplot(data=diamonds_data, x='carat', y='price')
plt.title('克拉数与价格关系趋势')
plt.xlabel('克拉数')
plt.ylabel('价格/元')
plt.show()
```

运行代码 4-7，将生成一个折线图，如图 4-3 所示。折线图呈现了克拉数与价格之间的趋势。图中显示在 0.2～2 克拉，随着克拉数的增加，价格呈现明显上升；而 2.5～3 克拉，价格随克拉数增长速度减缓；在 2.5 克拉以后价格的波动较大，到 2.5 克拉左右时达到最高，在 3 克拉之后也出现了价格为 17500 元左右的钻石，但是其波动幅度很大，价格不稳定。对于钻石业务来说，这是一个重要的市场见解。相较于图 4-2 所示的散点图，图 4-3 所示的折线图更能直观地反映出价格随克拉数的变化趋势。

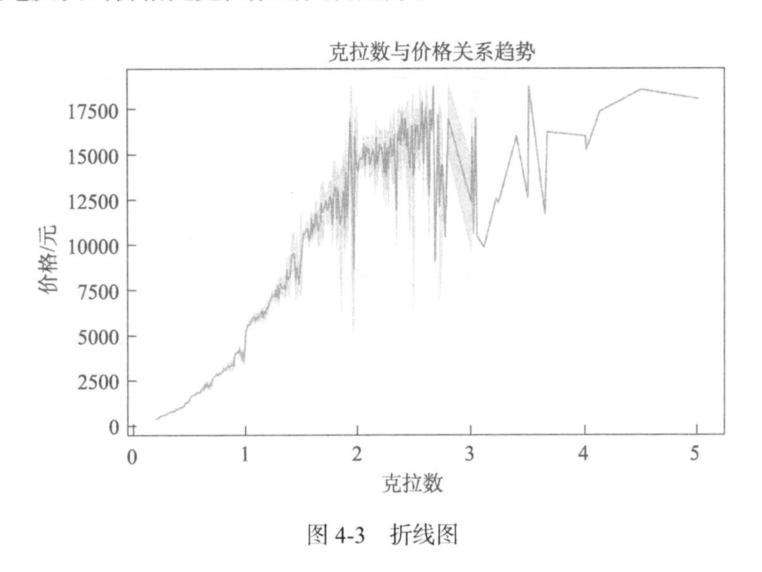

图 4-3　折线图

3. 柱状图和条形图

柱状图用于展示不同类别或离散型属性之间的关系，分析不同类别的差异和相对大小。柱状图通过在坐标轴上绘制矩形条来表示每个类别的频数，矩形条的高度表示对应类别的频数大小。此外，柱状图还可以通过调整参数和样式来增加额外的信息展示，例如，使用不同颜色的柱形表示不同的类别或条件。

条形图与柱状图类似，不同之处在于条形图使用水平的条形来表示数据。每个类别对应一条水平的条形，条形的长度表示数据的数量或值。条形图也适合展示离散数据，特别是在需要显示较多类别时，水平的条形图可能更易于阅读。

为了解不同切工和不同颜色对钻石价格产生的影响，分别绘制柱状图和条形图进行分析，如代码 4-8 所示。

代码 4-8　绘制不同切工的价格柱状图和不同颜色的价格条形图

```
# 柱状图
plt.figure(figsize=(10, 6))
sns.barplot(data=diamonds_data, x='cut', y='price')
plt.title('不同切工的价格（柱状图）')
plt.xlabel('切工')
plt.ylabel('价格/元')
```

```
plt.xticks(rotation=45)
plt.show()

# 条形图
plt.figure(figsize=(10, 6))
sns.barplot(data=diamonds_data, x='price', y='color', orient='h')
plt.title('不同颜色的价格（条形图）')
plt.xlabel('价格/元')
plt.ylabel('颜色')
plt.show()
```

图 4-4 展示了不同切工的钻石价格。优质的切工通常能够提高钻石的光彩和闪烁效果，从而影响其价值。切工为“Premium”的钻石价格最高，达到 4700 元，而切工为“Ideal”的钻石价格最低，仅有 3500。图 4-4 展示了切工在定价中的重要性。根据柱状图，可以了解切工对价格的影响，进而在销售时强调不同切工的价值。

图 4-5 展示了不同颜色的钻石平均价格。钻石颜色是其品质的一个重要指标。从条形图

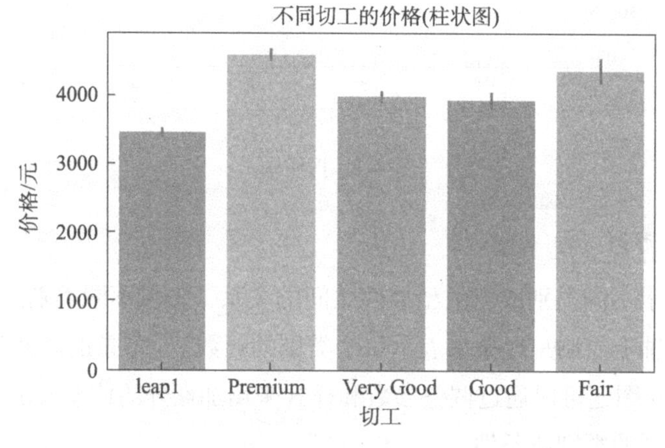

图 4-4　柱状图

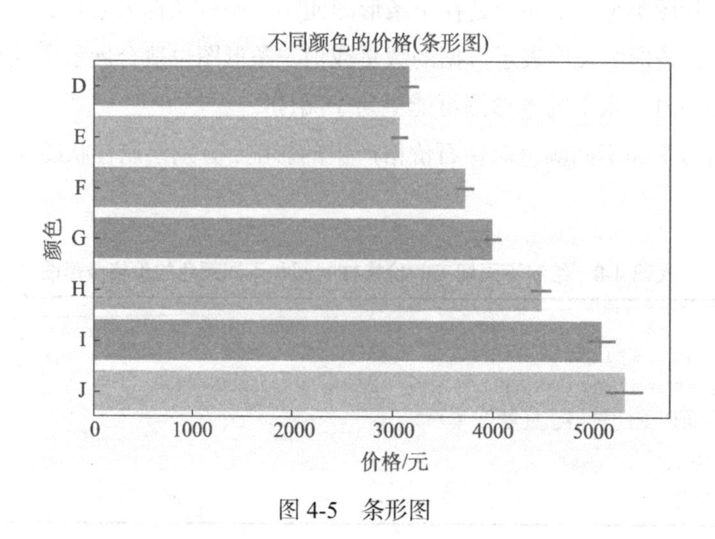

图 4-5　条形图

中可以看出，平均价格最低的钻石为 E 类型的钻石，仅有 3000 元左右，而平均价格最高的为 J 类型的钻石，其价格为 5400 元左右。这为钻石销售团队提供了有力的支持，可以根据颜色的重要性在市场中定价和推广。

4. 直方图

直方图是一种统计图表，用于可视化连续数据的分布情况。直方图将数据划分为一系列相邻的区间，然后计算每个区间内数据的频数，并将这些频数表示为垂直的矩形条，条的高度表示该区间内数据的数量。

直方图主要用于探索数据的分布特征，帮助了解数据集中在哪些区间，以及数据的集中度、分散度等。通过直方图，可以直观地观察数据的模式、趋势和异常情况。直方图在各个领域都有广泛的应用，如统计学、数据分析、科学研究、市场调查等，能够帮助发现数据中的模式、趋势、异常情况，从而作出更加准确的决策。

为了解钻石价格的分布情况，绘制直方图进行分析，如代码 4-9 所示。

代码 4-9　绘制钻石价格的分布情况直方图

```
# 直方图
plt.figure(figsize=(10, 6))
plt.hist(diamonds_data['price'], bins=20, edgecolor='k')
plt.title('钻石价格分布')
plt.xlabel('价格/元')
plt.ylabel('频数')
plt.show()
```

从图 4-6 中观察到，平均价格在 7500 元以下的钻石占比较多，其中价格在 0～2500 元里的钻石占比接近 40%。而价格高于 10000 元的昂贵的钻石数量较少。图 4-6 可以帮助了解市场的定价分布情况，以及哪些价位段的钻石需求较高、哪些较低。

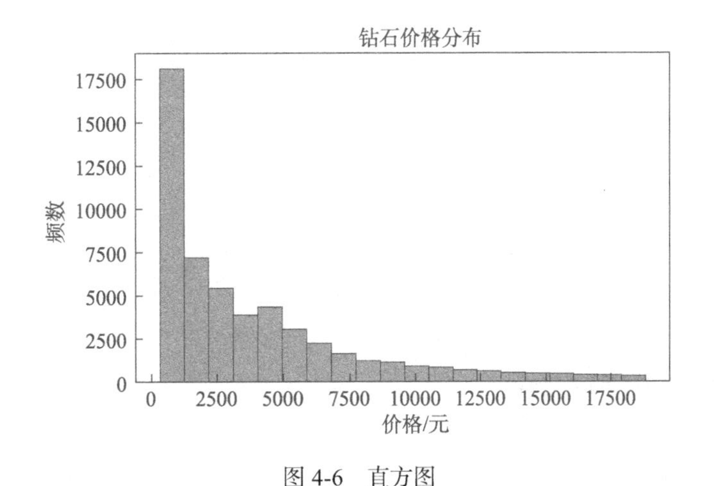

图 4-6　直方图

5. 饼图

饼图用于展示数据的相对比例和占比关系。饼图以一个圆形为基础，将数据分成若干个扇形区域，每个扇形区域的面积表示对应数据的相对大小。饼图常用于展示相对比例和占比关系，适用于具有明确类别的数据。

需要注意的是，当类别较多或占比较小时，饼图可能不够清晰和直观，此时可以考虑其他更适合的可视化方式。

为了解不同钻石清晰度的占比情况，绘制饼图进行分析，如代码 4-10 所示。

代码 4-10　绘制钻石清晰度占比的饼图

```
# 饼图
plt.figure(figsize=(8, 6))
sizes = diamonds_data['clarity'].value_counts()
plt.pie(sizes, labels=sizes.index, autopct='%1.1f%%', startangle=140)
plt.title('钻石清晰度占比')
plt.axis('equal')
plt.show()
```

从图 4-7 中观察到，清晰度为 SI1 和 VS2 的两种钻石占比之和达到 46.9%，这两种清晰度的钻石是市场上的主流钻石。而清晰度 I1 的钻石占比仅为 1.4%，在市场上十分罕见。这对了解市场中各个清晰度等级的销售比例非常有用。例如，如果有一些清晰度等级的钻石库存较多，可以考虑采取促销或特别策略以促进销售。

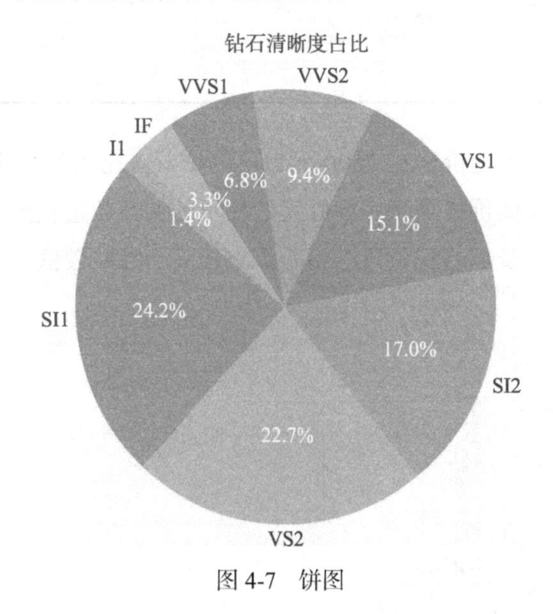

图 4-7　饼图

4.3.2　高维数据可视化

高维数据可视化是一种将高维数据映射到可视化空间中的技术，旨在通过可视化的方式展现高维数据的特征、关系和结构。由于人类对于高维数据的直观理解能力有限，高维数据可视化是一项挑战性的任务，需要采用各种方法和技术来进行有效的展示和解读。

常用的高维数据可视化技术有散点矩阵图、热力图、平行坐标图等。

1. 散点矩阵图

散点矩阵图是一种用于可视化多个变量之间关系的图表。散点矩阵图由多个散点图组成，其中每个散点图都表示两个不同变量之间的关系。散点矩阵图可用于发现变量之间的相关性，以及变量之间的线性或非线性关系。在散点矩阵图中，每个变量可以表示为矩阵的一列或一行，因此可以同时显示多个变量之间的关系。散点矩阵图通常用于探索数据集的特征和趋势，特别是探索数据集中的高维度数据时非常有用。

鸢尾花数据集（iris）是数据分析和统计学中常用的数据集之一，这个数据集由三个不同种类的鸢尾花的测量数据组成，每个类别包含了 50 个样本，总共包含 150 个观测值。

每个鸢尾花样本都包括四个属性的测量值（以厘米为单位）：花萼长度（sepal length）、花萼宽度（sepal width）、花瓣长度（petal length）、花瓣宽度（petal width）。

绘制鸢尾花数据集中花瓣长度和花瓣宽度的一个散点矩阵图如代码 4-11 所示。散点矩阵图如图 4-8 所示。

代码 4-11　绘制散点矩阵图

```
import pandas as pd
import seaborn as sns
from sklearn.datasets import load_iris
import matplotlib.pyplot as plt

# 设置中文字体
sns.set(font='SimHei')
# 加载鸢尾花数据集
iris = load_iris()
data = iris.data
target = iris.target
feature_names = ['花萼长度/cm', '花萼宽度/cm', '花瓣长度/cm', '花瓣宽度/cm']
target_names = iris.target_names
# 将英文标签转换为中文
labels = {
    'sepal_length': '花萼长度',
    'sepal_width': '花萼宽度',
    'petal_length': '花瓣长度',
    'petal_width': '花瓣宽度',
    'species': '类别'}
species_mapping = {
    'setosa': '山鸢尾',
    'versicolor': '杂色鸢尾',
    'virginica': '维吉尼亚鸢尾'}
```

```
df = pd.DataFrame(data, columns=['花萼长度', '花萼宽度', '花瓣长度', '花瓣宽度'])
df['类别'] = [target_names[t] for t in target]
df['类别'] = df['类别'].map(species_mapping)
# 绘制散点矩阵图（只包括花瓣长度和花瓣宽度）
sns.pairplot(df, hue="类别", vars=['花萼长度', '花萼宽度', '花瓣长度', '花瓣宽度'],
markers=['o', 's', 'D'])
```

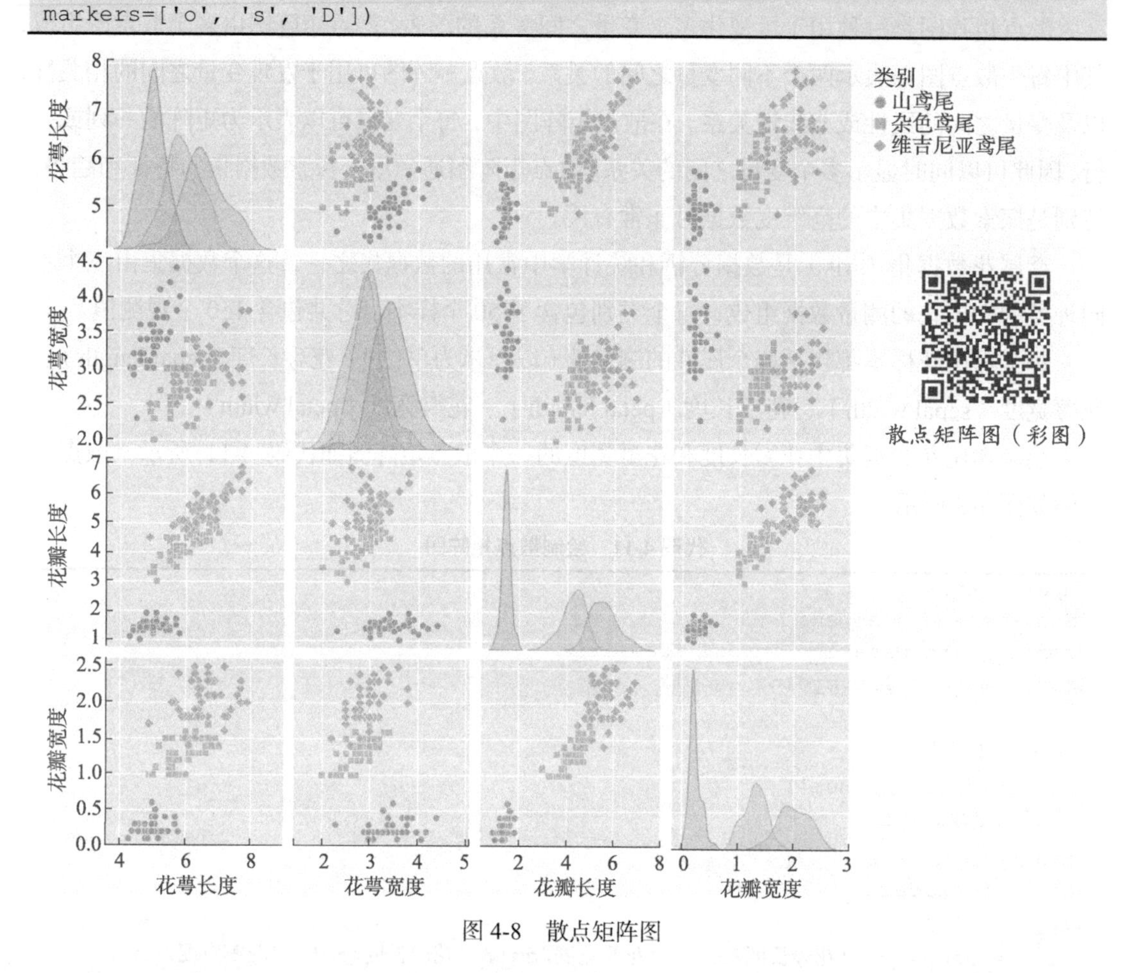

图 4-8　散点矩阵图

散点矩阵图展示了花瓣长度和花瓣宽度之间的关系。每个散点代表一个鸢尾花样本，颜色用于区分三种不同的鸢尾花品种。从图中可以看出，花瓣长度和花瓣宽度之间存在强烈的正相关关系，这可能意味着在某种程度上，花瓣越长，宽度也越大。另外，三种鸢尾花的花瓣长度和宽度的值域有所不同，这可能与不同鸢尾花品种的生物学特性有关。

散点矩阵图是一种用于可视化高维数据的有用工具，但也有一些缺点和局限性，特别是当处理具有大量特征的数据集时，随着特征数量的增加，散点矩阵图的计算复杂度会急剧上升。对于包含大量特征的数据集，生成和渲染散点矩阵图可能需要很长时间，甚至无法完成。同时，在特征数量很大时，散点矩阵图可能会变得非常复杂，难以阅读和解释。散点矩阵图中的散点和关联线可能会重叠，标签、点和线也可能会相互干扰，导致视觉混淆，使得难以识别图中的模式或趋势。

2. 热力图

热力图（Heatmap）用于展示数据的密度和相关性。热力图使用颜色深浅来表示数据的值大小，将数据呈现为一个二维矩阵的形式，可以直观地展示数据在空间上的分布和数据间的关系，常用于显示不同变量之间的关系和相关性。

需要注意的是，在使用热力图时，要根据数据的特点和分析目的来选择合适的颜色映射和插值方法，以便更好地展示数据的特征和差异。

绘制鸢尾花数据集全部属性间的热力图如代码 4-12 所示。

代码 4-12　绘制鸢尾花数据集全部属性间的热力图

```
# 计算特征之间的相关性矩阵
correlation_matrix = df.corr()
# 中文属性标签
chinese_feature_names = ['花萼长度', '花萼宽度', '花瓣长度', '花瓣宽度']
# 绘制热力图
plt.figure(figsize=(10, 6))
heatmap = sns.heatmap(correlation_matrix, annot=True, cmap="coolwarm", linewidths=0.5)
heatmap.set_xticklabels(chinese_feature_names, rotation=45)  # 更改列标签为中文并旋转 45 度
heatmap.set_yticklabels(chinese_feature_names, rotation=0)  # 更改行标签为中文
plt.title('鸢尾花数据集特征相关性热力图')
plt.show()
```

从图 4-9 中观察到，属性“花瓣宽度”和“花瓣长度”之间的相关系数为 0.96，表明花瓣宽度和花瓣长度之间的强正相关性，花瓣长度越大，花瓣宽度越宽。而“花萼长度”和“花萼宽度”之间的相关系数为–0.12，表明花萼长度和花萼宽度之间为负相关，花萼长度越长，花萼宽度反而越窄。

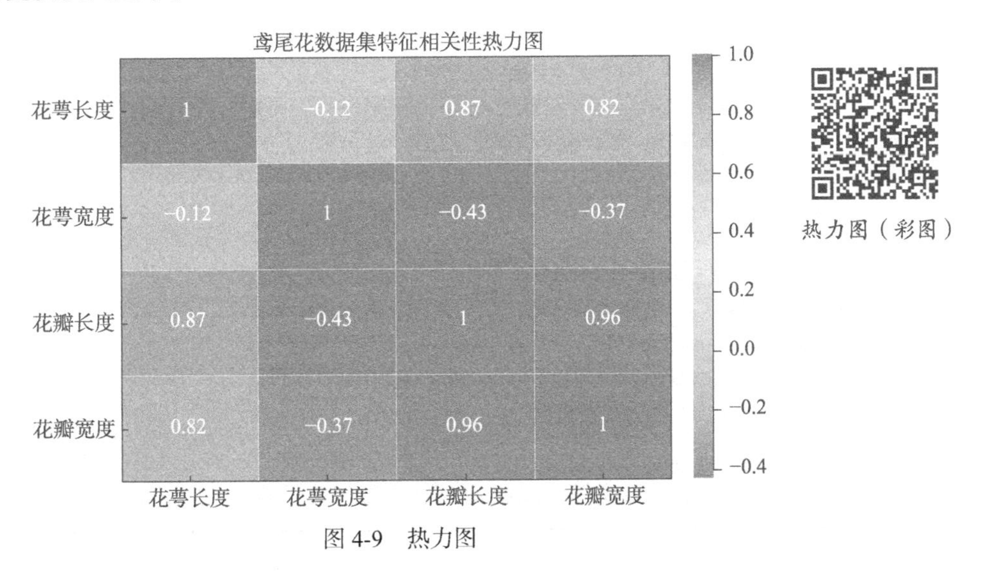

图 4-9　热力图

3. 平行坐标图

平行坐标图是一种用于高维数据可视化的图形表示方法。平行坐标图通过将每个数据点在多个平行坐标轴上进行投影，以简洁直观的方式展示高维数据。在平行坐标图中，每个坐标轴对应一个属性，数据点在各个坐标轴上的投影位置代表了该属性取值。平行坐标图适合用于显示多变量的数值数据，并呈现出多个变量之间的关联。

通过将多个数据点在平行坐标轴上进行连接，可以清晰地展现数据点之间的关系和分布情况。例如，可以观察到，不同鸢尾花种类（Setosa、Versicolor、Virginica）在各个属性上的取值范围和走势有所不同，从而理解不同鸢尾花在属性空间中的区分程度。

绘制鸢尾花数据集的平行坐标图如代码 4-13 所示。平行坐标图如图 4-10 所示。

代码 4-13　绘制鸢尾花数据集的平行坐标图

```
import matplotlib.pyplot as plt
import pandas as pd
from matplotlib.lines import Line2D  # 导入Line2D用于创建自定义图例

# 创建一个pandas DataFrame
df = pd.DataFrame(data, columns=['花萼长度/cm', '花萼宽度/cm', '花瓣长度/cm',
'花瓣宽度/cm'])
df['类别'] = [target_names[t] for t in target]
# 设置不同类别的线型
line_styles = ['-', '--', ':']
# 定义两个不同属性排列顺序
attribute_order1 = ['花萼长度/cm', '花萼宽度/cm', '花瓣长度/cm', '花瓣宽度/cm']
attribute_order2 = ['花萼长度/cm', '花萼宽度/cm', '花瓣长度/cm', '花瓣宽度/cm']
# 绘制两个不同属性排列顺序的平行坐标图
plt.figure(figsize=(10, 6))
legend_elements = []  # 用于存储自定义图例的元素
for target_idx, target_name in enumerate(target_names):
   subset_df = df[df['类别'] == target_name]
   lc = pd.plotting.parallel_coordinates(subset_df, '类别', color=f'C{target_
idx}', linestyle=line_styles[target_idx], linewidth=2, cols=attribute_order1)
   legend_elements.append(Line2D([0], [0], color=f'C{target_idx}', linestyle=
line_styles[target_idx], label=target_name))

plt.title('鸢尾花数据集平行坐标图 - 属性排列顺序 1')
plt.xticks(range(len(attribute_order1)), attribute_order1, fontsize=12)
plt.ylabel('属性值', fontsize=12)
plt.legend(handles=legend_elements, fontsize=10)
plt.show()

plt.figure(figsize=(10, 6))
legend_elements = []  # 用于存储自定义图例的元素
```

```
for target_idx, target_name in enumerate(target_names):
    subset_df = df[df['类别'] == target_name]
    lc = pd.plotting.parallel_coordinates(subset_df, '类别', color=f'C{target_idx}', linestyle=line_styles[target_idx], linewidth=2, cols=attribute_order2)
    legend_elements.append(Line2D([0], [0], color=f'C{target_idx}', linestyle=line_styles[target_idx], label=target_name))

plt.title('鸢尾花数据集平行坐标图 - 属性排列顺序 2')
plt.xticks(range(len(attribute_order2)), attribute_order2, fontsize=12)
plt.ylabel('属性值', fontsize=12)
plt.legend(handles=legend_elements, fontsize=10)
plt.show()
```

代码 4-13 使用了三种不同的线型（实线、点线和虚线）来表示三种不同类别的鸢尾花样本。从四个属性在纵坐标轴不同排列下的线条趋势中可以看出，通过花瓣长度和花瓣宽度能较好地区分鸢尾花的类型。

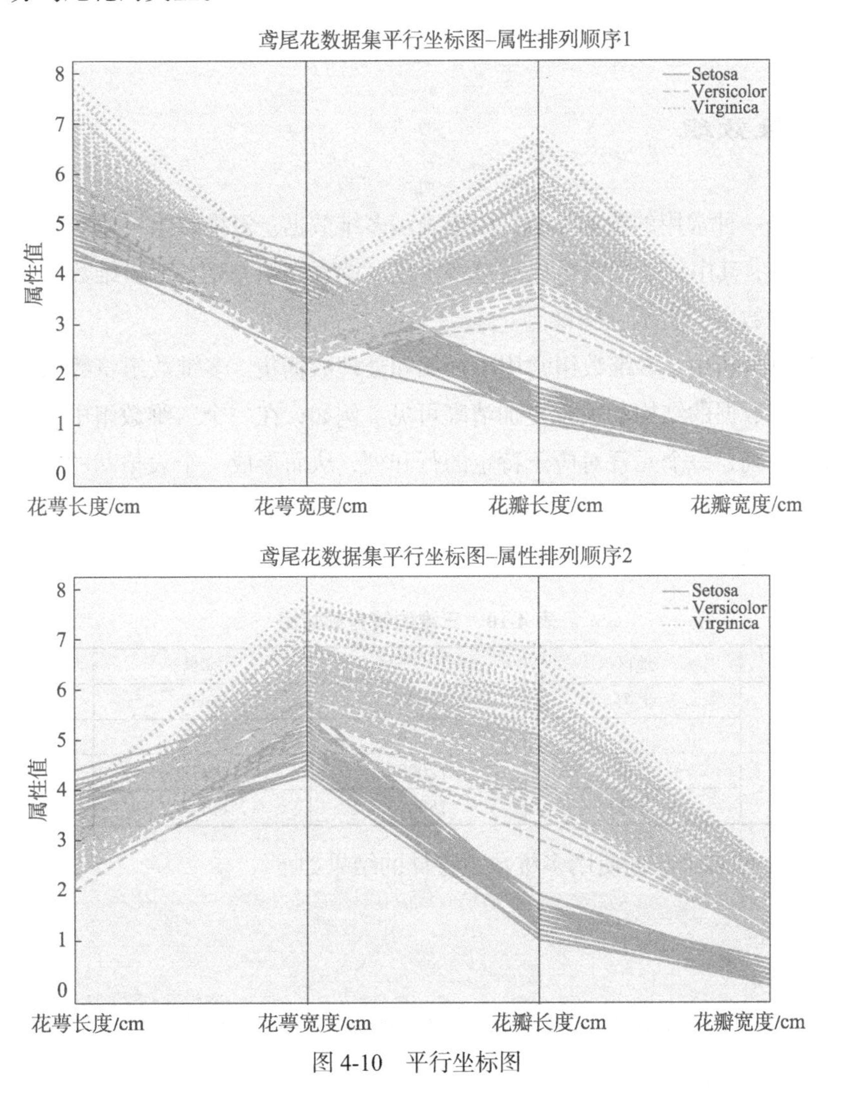

图 4-10　平行坐标图

平行坐标图存在的一个缺点是，分析结果可能取决于坐标轴的序。例如，如果线交叉太多，那么图形就变得模糊不清，因此，需要合理排列坐标轴，以得到具有较少交叉的坐标轴序列。

4.4 多维数据分析

多维数据分析作为一种重要的信息处理技术，扮演着发现数据背后规律和洞察问题本质的角色。在多维数据分析中，可以通过多维数组和数据立方体进行数据存储，利用切片切块技术进行数据选择，使用上卷下钻方法进行数据聚合或细化。

多维数据分析不仅是一种技术，也是一种智慧的体现。通过深入挖掘数据潜力，可以探索事物背后的本质规律，为决策者提供准确的信息支持，为学术研究者提供新的研究方向，为社会问题的解决提供切实可行的解决方案。

4.4.1 多维数组

多维数组是一种常用的数据结构，用于表示多维数据。多维数组可以看作一个由若干个元素组成的矩阵，其中每个元素可以通过多个维度的索引值来定位。多维数组可以存储各种类型的数据，如数字、文本、图像等。

在多维数据分析中，多维数组常用于存储和处理数据集。多维数组将数据按照不同的维度进行展示，使数据的结构和关系更加清晰可见。例如，在一个二维数组中，可以将数据按照行和列进行排列，每个元素对应于特定的行和列，从而形成一个表格状的数据结构。而在更高维度的数组中，可以通过增加额外的维度来表示更复杂的关系和属性。

一个三维的销售额数据如表 4-10 所示。

表 4-10 三维的销售额数据

年份	地区	电子产品	家具	服装
2020 年	上海	100000	50000	80000
	北京	150000	70000	90000
2021 年	上海	120000	60000	100000
	北京	180000	80000	110000

对表 4-10 中的多维数据使用多维数组存储的结果如下。

```
[
    [  # 2020年
        [  # 上海
            [100000, 50000, 80000],  # 电子产品、家具、服装
        ],
```

```
        [  # 北京
            [150000, 70000, 90000],
        ],
    ],
    [  # 2021年
        [  # 上海
            [120000, 60000, 100000],
        ],
        [  # 北京
            [180000, 80000, 110000],
        ],
    ],
]
```

通过多维数组，可以灵活地访问和操作数据。例如，通过索引直接获取数组中的特定元素，而不需要遍历整个数据集。同时，多维数组还支持各种运算和操作，如元素的插入、删除、修改，以及统计计算、数据筛选等，这些操作能够从多维数据中提取有用的信息，并进行进一步的分析和处理。

多维数组在数据分析中具有广泛的应用，例如，在图像处理中，图像可以表示为一个三维数组，其中每个元素对应于图像的像素值。

4.4.2 数据立方体

数据立方体（Data Cube）是一种多维数据模型，用于存储和分析包含多个维度的数据。数据立方体可以看作一个多维数组，其中每个维度表示一个属性，而数据立方体中的每个元素则表示对应维度上的某个取值下的聚合数据。

数据立方体的每个维度可以是离散型变量（如产品类别、时间、地区等）或连续型变量（如销售额、温度等）。通过将数据按照各个维度进行切片、切块和切面，数据立方体可以提供多个不同层次的数据聚合，使用户可以灵活地进行数据分析和探索。

对表 4-10 所示的多维数据转化为数据立方体如图 4-11 所示。

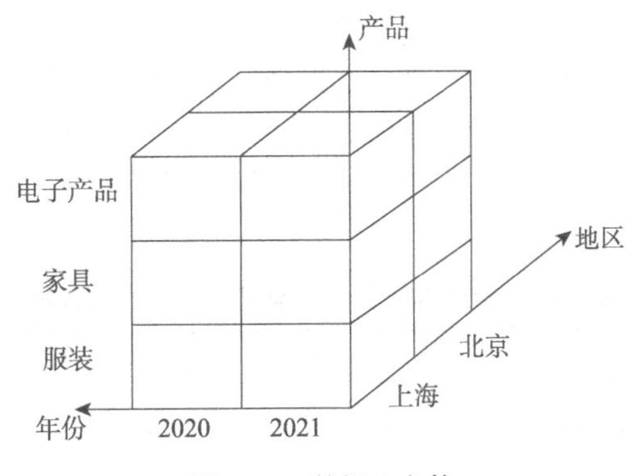

图 4-11　数据立方体

由于表 4-10 中涉及年份、地区和产品这三个维度，因此数据立方体的三个维度为年份、地区和产品。从图 4-11 中可以看出，在产品维度上数据立方体分成三层，自下往上第一层为服装类，第二层为家具类，第三层为电子产品类；同理，在年份维度和地区维度上，也可以按照属性不同的取值来分成不同的层次。

4.4.3 切片与切块

切片（Slicing）和切块（Dicing）是在数据立方体（Data Cube）中进行数据查询和分析的常用操作。

切片（Slicing）是指在数据立方体中沿着一个或多个维度进行数据的选择。通过选择一个或多个特定维度上的取值，可以获取该维度上符合条件的子集数据，以便进行更精细的分析。例如，在一个包含产品类别、时间和地区三个维度的数据立方体中，可以通过切片操作选择某个特定的时间范围（例如某一年）来获取该时间段内的数据。

选择时间为 2020 年的数据，对表 4-10 的数据立方体进行切片，如图 4-12 所示。切片结果如表 4-11 所示。

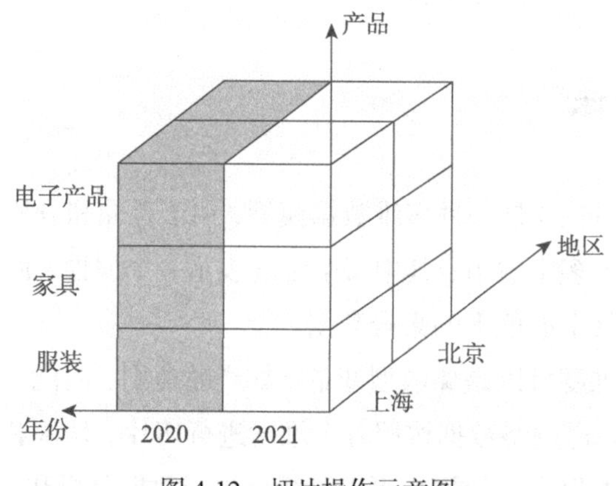

图 4-12　切片操作示意图

从图 4-12 中可以很形象地看出，在数据立方体中，对某一维度，筛选出该维度中某一个取值的数据，就相当于从该数据立方体中“切取”一个数据“片”。例如，在年份维度上，选择年份为 2020 的数据，如图 4-12 中灰色部分所示，即 2020 年全部地区全部产品的销售数据，如表 4-11 所示。

表 4-11　2020 年全部地区全部产品的销售数据

年份	地区	电子产品	家具	服装
2020 年	上海	100000	50000	80000
	北京	150000	70000	90000

切块（Dicing）是指在数据立方体中同时沿多个维度进行数据的选择。通过选择多个特定维度上的取值，可以获取这些维度上的组合子集数据。切块操作能够对多个维度进行组合筛选，从而获得更加详细和具体的数据子集。针对表 4-10 的数据，可以通过切块操作选择某个特定时间范围（如某一年）和某个特定地区（如某个城市）来获取在该时间段内该地区的数据。

选择时间为 2020 年且地区为上海的数据，对表 4-10 的数据立方体进行切块，如图 4-13 所示。切块结果如表 4-12 所示。

在数据立方体中，对某两个维度，筛选出该两个维度中分别取某特定值的数据，就相当于从该数据立方体中“切取”一个数据“块”。例如，在年份维度上，先选择年份为 2020 的数据，如图 4-12 中灰色部分所示，即年份为 2020 年的，上海和北京的服装、家具和电子产品的销售数据；然后对该切片数据在地区维度上，选择上海的数据，从切片数据中“切取”出一个数据“块”，即 2020 年上海地区的服装、家具和电子产品销售额，如图 4-13 中灰色部分所示。

表 4-12　切块操作结果

年份	地区	电子产品	家具	服装
2020 年	上海	100000	50000	80000

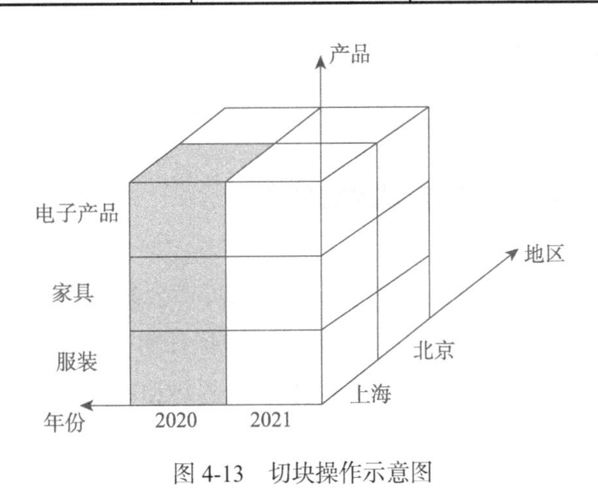

图 4-13　切块操作示意图

4.4.4　上卷与下钻

上卷（Roll-up）和下钻（Drill-down）是在数据立方体（Data Cube）中进行数据汇总和细化的操作。

上卷（Roll-up）是指从低层次的细节数据汇总到更高层次的总体数据。通过上卷操作，可以将数据立方体中的细粒度数据进行汇总，得到更高层次的总结信息。对表 4-10 进行上卷，从具体的地区数据（如上海和北京）上卷到不同大陆。例如，如果想查看亚洲的销售总额，就是一个上卷操作。上卷操作可以获取更高层次的数据概览，从而进行整体性的分析和决策。

下钻（Drill-down）是指从高层次的总体数据细化到低层次的细节数据。通过下钻操作，可以从数据立方体的总体数据中进一步细化，获取更加详细和具体的数据信息。对表 4-10 进行下钻，从年份数据（如 2020 年和 2021 年）下钻到具体的季度数据。例如，如果想查看春季年上海和北京的销售额，就是一个下钻操作。下钻操作可以深入了解数据的细节，发现更具体的模式和趋势，以支持更具针对性的分析和决策。

通过上卷操作，可将数据汇总到更高层次的维度，而通过下钻操作，可将数据细化到更低层次的维度。这种层次间的转换和能够灵活地在不同层次、视角进行数据分析和探索。

4.5 Python 数据探索案例分析

当谈及数据探索和案例分析，往往思考的是，如何通过数据解密现实的情景，从中揭示隐藏的信息和趋势。然而，在不同领域的数据背后，常常蕴含着更深刻的社会和文化元素。数据探索在呈现数据的同时，不仅是一次对技术的探索，更是对数据背后的社会情况进行分析。通过数据的挖掘，能够更好地展现数据背后的社会关系、道德层面，以及技术所承载的社会责任。

4.5.1 公共自行车租赁系统数据集

“公共自行车租赁系统数据集”是一个记录了某城市公共自行车租赁系统的数据集。这个数据集包含了关于自行车租赁系统的各种信息，包括日期、时间、天气条件、租赁数量等等。这个数据集可用于分析该市的自行车租赁模式、趋势和影响因素，以及进行数据挖掘和预测任务。

自行车租赁数据集的属性解释如表 4-13 所示。

表 4-13 自行车租赁数据集的属性解释

属性	解释	属性	解释
Date	租赁日期（年-月-日）	Solar Radiation (MJ/m^2)	太阳辐射量（兆焦/平方米）
Rented Bike Count	租赁的自行车数量	Rainfall(mm)	降雨量（毫米）
Hour	小时	Snowfall (cm)	降雪量（厘米）
Temperature(℃)	温度（摄氏度）	Seasons	季节（春季、夏季、秋季、冬季）
Wind Speed (m/s)	风速（米/秒）	Holiday	是否假期
Visibility (10m)	能见度（10 米）	Functioning Day	是否为工作日
Dew Point Temperature(℃)	露点温度（摄氏度）		

4.5.2 数据探索分析

在进行数据分析之前，应当先对数据的质量和总体情况进行一个大致的了解。因此需要先对数据集进行数据清洗，检测数据集内有无缺失值、异常值等各种异常情况；然后通过基本统计分析了解数据分布情况；最后对数据集进行可视化分析。

1. 数据清洗

在进行数据清洗时，可以先通过 isnull 函数进行缺失值分析，如代码 4-14 所示。如果存在缺失值，那么为避免对后续的分析造成影响，需要对缺失值进行处理，数据预处理的相关知识将在第 5 章介绍。如果有缺失值，那么酌情考虑进行填补还是剔除。

代码 4-14 缺失值分析

```
import pandas as pd
import numpy as np
import matplotlib.pyplot as plt
import seaborn as sns
# 设置字体
plt.rcParams['font.sans-serif'] = 'SimHei'

# 加载数据集（根据数据集路径进行修改）
data_path = '../data/SeoulBikeData.csv'
df = pd.read_csv(data_path, encoding='gbk')
# 缺失值分析
missing_values = df.isnull().sum()  # 统计每列的缺失值数量
total_cells = np.product(df.shape)  # 数据集中的总单元格数量
total_missing = missing_values.sum()  # 总缺失值数量
# 计算缺失值比例
missing_ratio = (total_missing / total_cells) * 100
# 输出缺失值分析结果
print(f"总共有 {total_missing} 个缺失值，占数据集的 {missing_ratio:.2f}%。")
print("各列缺失值数量：\n", missing_values)
```

代码 4-14 的运行结果如下。

```
总共有 0 个缺失值，占数据集的 0.00%。
各列缺失值数量：
Date                    0
Rented Bike Count         0
Hour                    0
Temperature               0
Humidity(%)               0
Wind speed (m/s)          0
```

```
Visibility (10m)            0
Dew point temperature    0
Solar Radiation (MJ/m^2)     0
Rainfall(mm)              0
Snowfall (cm)              0
Seasons                   0
Holiday                   0
Functioning Day             0
dtype: int64
```

可以看出，该数据集里不存在缺失值，因此不用进行缺失值处理的操作。

完成缺失值分析后，为避免异常值对后续分析结果造成影响，需要对数据进行异常值分析，使用 3σ 原则和箱线图进行异常值分析如代码 4-15 所示。所绘制租贷数量箱线图如图 4-14 所示。

代码 4-15　使用 3σ 原则和箱线图进行异常值分析

```
# 计算租赁数量的平均值和标准差
mean_rented_bike_count = df['Rented Bike Count'].mean()
std_rented_bike_count = df['Rented Bike Count'].std()
# 使用 3Σ 原则进行异常值检测
threshold = 3 * std_rented_bike_count
outlier_indices = df[df['Rented Bike Count'] > mean_rented_bike_count + threshold].index
# 绘制租赁数量分布的箱线图
plt.figure(figsize=(8, 6))
sns.boxplot(data=df, y='Rented Bike Count', palette='Set3')
plt.title('租赁数量异常值分析（剔除异常值前）')
plt.ylabel('租赁数量')
plt.show()
# 输出异常值数量
print("异常值数量:", len(outlier_indices))
# 剔除异常值
df_cleaned = df.drop(outlier_indices)
# 打印剔除异常值后的数据集信息
print(df_cleaned.info())
```

代码 4-15 的运行结果如下。

```
异常值数量： 67
<class 'pandas.core.frame.DataFrame'>
Int64Index: 8693 entries, 0 to 8759
Data columns (total 14 columns):
 #   Column                  Non-Null Count  Dtype
---  ------                  --------------  -----
 0   Date                   8693 non-null   object
 1   Rented Bike Count        8693 non-null   int64
 2   Hour                   8693 non-null   int64
```

```
 3   Temperature                8693 non-null   float64
 4   Humidity(%)                8693 non-null   int64
 5   Wind speed (m/s)           8693 non-null   float64
 6   Visibility (10m)           8693 non-null   int64
 7   Dew point temperature      8693 non-null   float64
 8   Solar Radiation (MJ/m^2)   8693 non-null   float64
 9   Rainfall(mm)               8693 non-null   float64
 10  Snowfall (cm)              8693 non-null   float64
 11  Seasons                    8693 non-null   object
 12  Holiday                    8693 non-null   object
 13  Functioning Day            8693 non-null   object
dtypes: float64(6), int64(4), object(4)
memory usage: 1018.7+ KB
None
```

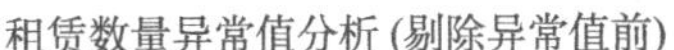

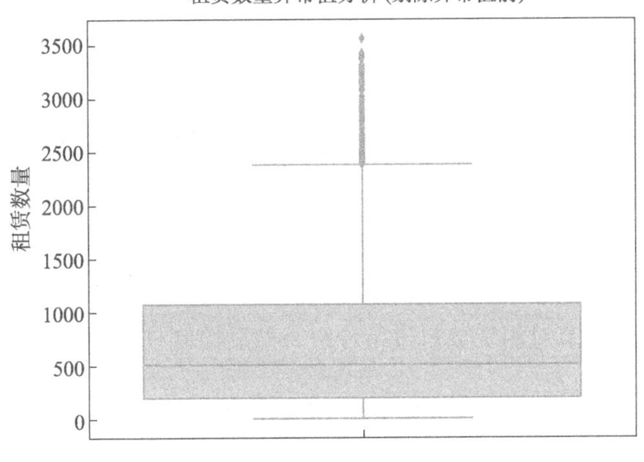

图 4-14　租赁数量箱线图

从代码 4-15 的输出可以看出，通过 3σ 原则可以筛选出了 67 个异常值，也就是有 67 个值位于 3σ 区间之外。由于异常值处理的方式（详细知识点将在第 5 章进行介绍）较多，且异常值的数量较少，此处的处理方式为直接剔除。在剔除了 67 个异常值之后，各个属性均有 8693 个数据，不存在缺失值。因此经过清洗后的数据集可以进行后续的分析。

2. 基本统计分析

为进一步探索数据的位置与分布特点，下一步进行数据的基本统计分析。对清洗后的数据集 df_cleaned 使用 describe 函数进行基本统计分析，如代码 4-16 所示，得到连续型属性的均值、标准差、最大最小值、方差等信息。

代码 4-16　基本统计分析

```
# 基本统计分析
print(df_cleaned.describe())
```

代码 4-16 的运行结果如下。

```
      Rented Bike Count          Hour  ...  Rainfall(mm)  Snowfall (cm)
count        8693.000000  8693.000000  ...   8693.000000    8693.000000
mean          686.947774    11.448637  ...      0.149833       0.075647
std           614.845976     6.924253  ...      1.132457       0.438376
min             0.000000     0.000000  ...      0.000000       0.000000
25%           190.000000     5.000000  ...      0.000000       0.000000
50%           496.000000    11.000000  ...      0.000000       0.000000
75%          1051.000000    17.000000  ...      0.000000       0.000000
max          2637.000000    23.000000  ...     35.000000       8.800000
[8 rows x 10 columns]
```

从代码 4-16 的运行结果可以看出，降雨量的平均值为约 0.15 毫米，表示在给定的时间段内，平均每小时的降雨量约为 0.15 毫米。然而，由于标准差大，表示降雨量可能在不同小时内变化很大，其中降雨量的最大值为 35 毫米。

3. 可视化分析

在自行车租赁业务中，季节性因素对租赁数量有着重要影响。不同季节下的天气、活动、假期等因素都会影响人们的骑行需求，因此，可以使用可视化分析季节对业务的影响，以制定更智能化的运营策略。

（1）柱状图

为探究不同季节的自行车租赁数量的差异，可以绘制租赁数量同季节的柱状图，通过 groupby 函数按照不同季节对租赁数量进行分组，然后绘制柱状图，如代码 4-17 所示。

代码 4-17　绘制柱状图

```
# 根据季节分组并计算平均租赁数量
season_avg = df_cleaned.groupby('Seasons')['Rented Bike Count'].mean()
# 设置季节的中文标签
season_labels = ['春季', '夏季', '秋季', '冬季']
# 绘制租赁数量随季节的柱状图
plt.figure(figsize=(8, 6))
sns.barplot(x=season_labels, y=season_avg, palette='Set3')
plt.title('租赁数量随季节变化（剔除异常值后）')
plt.xlabel('季节')
plt.ylabel('平均租赁数量')
plt.show()
```

通过图 4-15 可以看出，春秋两季的自行车的租赁数量明显高于夏冬两季，可能是由于夏冬两季的气温过于炎热或寒冷，人们出行需求降低。

因此，可以在春季和秋季，提前增加自行车投放，确保供应充足。同时，推出与季节活动相关的促销策略，吸引更多用户租赁。在冬季和夏季，通过促销活动吸引用户租赁，如针对性的折扣、租赁套餐等，提高租赁数量。

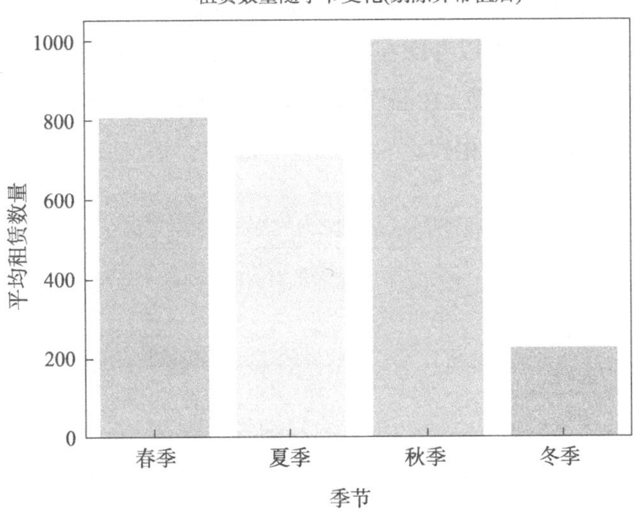

图 4-15　租赁数量随季节变化柱状图

（2）折线图

温度作为一个重要因素，直接影响用户是否愿意选择骑行。通过深入的分析和详细的可视化呈现，可以更好地了解温度对自行车租赁业务的影响，从而为制定有针对性的业务策略提供支持。下面对温度和租赁数量的关系进行探索。使用 groupby 函数按照不同温度对租赁数量进行分组并取均值，分析在不同温度下的平均租赁数量。绘制租赁数量随温度变化折线图，如代码 4-18 所示。

代码 4-18　绘制租赁数量随温度变化折线图

```
# 根据温度分组并计算平均租赁数量
temperature_avg = df_cleaned.groupby('Temperature')['Rented Bike Count'].
mean()
# 按温度从低到高进行排序
temperature_avg_sorted = temperature_avg.sort_index()
# 绘制租赁数量与不同温度之间的关系折线图
plt.figure(figsize=(10, 6))
temperature_avg_sorted.plot(marker='o')
plt.title('租赁数量与温度之间的关系（剔除异常值后）')
plt.xlabel('温度/°C')
plt.ylabel('平均租赁数量')
plt.xticks(rotation=45)
plt.grid(True)
plt.show()
```

通过图 4-16 的结果可以看出，在–17～25℃时，折线密集，平均租赁数量随着温度上升而增加，而且增长的速度也在增加；当温度在 25℃左右时，租赁数量达到最大值；温度在

25～39℃时，折线段振荡幅度大，租赁数量波动式下降。

基于温度对业务的影响，可以考虑在温度适宜的天气中，向用户发送相关推送，鼓励他们选择自行车骑行，提升租赁数量。在温度过高或过低的天气中，提供额外的服务，如饮品、防晒霜、保暖设施等，吸引用户租赁。

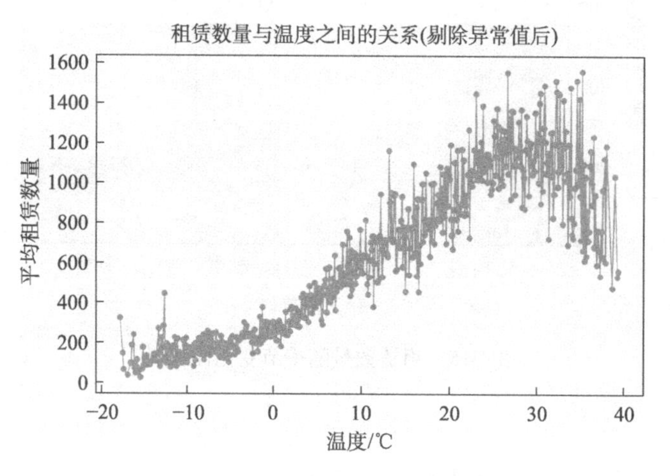

图 4-16　租赁数量随温度变化折线图

小结

本章主要讲述了数据的探索方法。从数据质量分析（缺失值、异常值分析、一致性分析）、数据描述性统计分析和数据可视化分析等方面进行了详细介绍。使用 3σ 原理进行异常值的筛选、一致性分析中的时间检验和字段信息校验。还介绍了数据的集中趋势度量和离散程度度量，以及可视化方法，如柱状图、折线图、热力图等。补充介绍了多维数据分析的基本方法，例如数据立方体及其操作等。

习题

1. 选择题

第 4 章选择题答案

（1）在 Python 中，通常使用（　　）库来进行缺失值的分析。

A. Matplotlib　　B. Scikit-learn　　C. pandas　　D. Numpy

（2）在 pandas 中查找 DataFrame 中的缺失值数量通常使用（　　）函数。

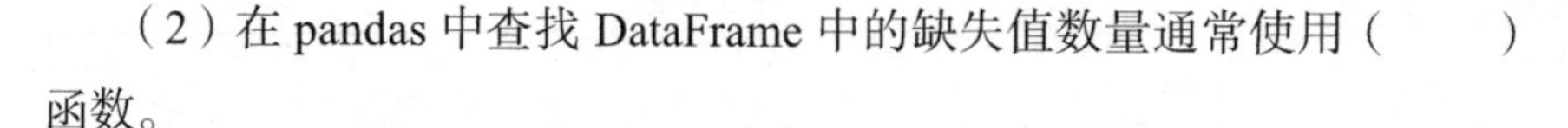

A. df.info()　　B. df.describe()　　C. df.isnull().sum()　　D. df.count()

（3）3σ 原理是用于识别和处理数据集中的异常值的一种常见方法。该原理基于（　　）的统计概念。

A. 中位数和四分位数　　B. 平均数和标准差

C. 平均数和范围　　D. 箱线图和偏度

（4）3σ 原理（　　）。

A. 适用于异常偏差较小的异常值　　B. 适用于异常偏差较大的异常值

C. 仅适用于异常值，不适用于错误值　　D. 适用于所有类型的异常值

（5）在对下表进行一致性分析时，下表数据有（　　）的问题。

A. 时间范围不一致　　B. 时间格式不一致

C. 时间粒度不一致　　D. 时区不一致

order_time	ord_time
2016-10-01 10:25:00	20161001102500
2016-10-01 10:30:00	20161001103000
2016-10-01 10:34:00	20161001103400
2016-10-01 10:41:00	20161001104100
2016-10-01 10:45:00	20161001104500

（6）以下不属于离散程度度量的是（　　）。

A. 方差　　B. 标准差　　C. 分位数　D. 均值

（7）离散程度度量中，表示每个数据点与数据集的平均值之间的绝对差值的平均数的指标是（　　）。

A. 极差　　B. 绝对平均偏差　　C. 方差　　D. 标准差

（8）（　　）可以展示不同类别的数据频数分布。

A. 散点图　　B. 箱线图　　C. 直方图　　D. 折线图

（9）数据探索性分析的主要目的是（　　）。

A. 从数据中找到模式和关联　　B. 改变数据的原始格式

C. 删除所有异常值　　D. 替换所有缺失值

（10）在数据探索性分析中，（　　）适用于展示不同时间点的趋势。

A. 箱线图　　B. 饼图　　C. 折线图　　D. 柱状图

（11）数据可视化方法的优势是（　　）。

A. 只能显示数值型数据　　B. 可以揭示数据之间的关联和趋势

C. 无法用于大数据集　　D. 只适用于统计专家

（12）数据可视化中，热力图主要用于（　　）。

A. 显示数据的分布情况　　B. 显示数据的变化趋势

C. 显示数据之间的相关性　　D. 显示数据的离散程度

（13）多维数据分析中的数据立方体可以帮助分析（　　）。

A. 二维数据的关系　　B. 数据的分布情况

C. 多维数据的关系　　　　　　　　　　D. 数据的变化趋势

（14）在数据立方体中，每个单元格通常存储的是（　　）。

A. 数据的均值　　　　　　　　　　　　B. 数据的综合

C. 数据的数量　　　　　　　　　　　　D. 数据的原始值

（15）数据立方体的操作钻取和切片的区别是（　　）。

A. 钻取是在数据立方体中缩小范围，切片是在数据立方体中选择特定维度

B. 钻取是对数据立方体进行整体的放大，切片是对数据立方体进行部分的放大

C. 钻取是在数据立方体中筛选数据，切片是对数据立方体进行排序

D. 钻取和切片是相同的操作，只是名称不同

（16）在数据立方体的上卷操作中，以下描述正确的是（　　）。

A. 上卷操作用于降低数据的维度，将数据从更细粒度的维度聚合到更高层次的维度上

B. 上卷操作用于扩展数据的维度，将数据从更高层次的维度拆分到更细粒度的维度上

C. 上卷操作只能应用于数值型数据，不能用于其他数据类型

D. 上卷操作用于随机重排数据立方体中的数据，以产生新的关联规则

2. 应用题

（1）假设有一个包含了多个城市的人口普查数据集，其中包括人口数量、年龄分布、受教育程度等信息。若想要探索不同城市的人口特征和变化趋势。请列出采取的数据探索步骤，并描述使用哪些统计指标和可视化方法来分析这些数据。

第 4 章应用题答案

（2）若要分析一份关于健康调查的数据集，其中包含了不同人群的健康指标、生活习惯等信息。为了进行数据探索性分析，决定使用 3σ 原理来识别异常值。请描述如何应用 3σ 原理，找出可能存在的异常值。

3. 操作题

有一个关于销售订单的数据集“订单数据.csv”，其中包括订单日期、订单金额、产品类型等信息。请根据数据探索方法，对这份数据集进行深入分析。按照下列步骤补充完整代码，具体步骤如下。

第 4 章操作题答案

（1）使用时间序列图展示每月订单金额的趋势变化。

（2）使用柱状图展示不同产品类型的总金额。

（3）计算订单金额的平均值和标准差，分析销售额的波动情况。

（4）使用散点图分析订单金额与产品数量之间的关系，探索订单的规模和销售情况。

第5章 数据预处理

在数字经济深化发展的大背景之下，构建数据基础制度、培育数据要素市场、建立有效的数据库等，是当前我国关注的重点。但是从现实中获取的原始数据，不一定符合数据挖掘的要求，原始数据可能会存在一些问题，如缺失值、异常值和不一致等。这些问题会严重影响数据挖掘的结果，导致不能获得正确、有效的结果。而数据预处理技术可以处理原始数据存在的问题，提高数据的质量和结果的准确率，让数据更有意义，挖掘更有效。数据预处理主要包括数据清洗、数据集成、数据归约、数据变换与离散化。

学习目标

（1）掌握常用的数据清洗方法。
（2）掌握数据集成方法。
（3）掌握数据归约方法。
（4）掌握数据变换与离散化方法。

5.1 数据清洗

党的二十大报告寄语广大青年要“怀抱梦想又脚踏实地，敢想敢为又善作善成”。只有从基础开始，脚踏实地苦干，做好每一件小事才能梦想成真。数据清洗可以为建立起有效的数据库提供一定的基础。数据清洗是对数据进行检测并纠正（替换、修改或删除）损坏、不完整、不正确的记录的过程。

5.1.1 缺失值处理

在采集过程中，数据可能会出现丢失、收集不全、涉及隐私保护等情况，即现有数据集中某个记录或属性的值是不完全的。收集数据后第一步要做的，就是判断是否含有缺失值，如果存在大量缺失值将会产生偏差，影响后面的数据挖掘。对含有缺失值的属性进行判断，选择忽略、删除、填充等方法对缺失值进行处理。

1. 忽略、删除数据或属性

当属性中只有少量缺失值，可以选择忽略缺失值，不进行处理，因为少量缺失值的存在对后续的操作产生的影响很微小。如果数据集中的某个属性存在大量缺失值，可以考虑直接删除属性，同理如果某条记录存在大量缺失值，也可以考虑直接删除记录，因为缺失值过多会导致数据缺乏意义，不能进行可靠的分析。使用 dropna 函数可以对缺失值所在列或行进行删除，而 drop 函数则是对指定的列或行进行删除。删除缺失值如代码 5-1 所示。

代码 5-1 删除缺失值

```
# 加载所需的函数
import pandas as pd
data1 = pd.read_csv('../data/users.csv', encoding='gbk')  # 导入数据
data1.isnull().sum()  # 查看 data1 的缺失值
data1.dropna(subset=['user_id'], axis=0, inplace=True)  # dropna 函数删除缺失值
# 利用 subset 函数提取'user_id'属性,axis = 0 选择含有缺失值的行，inplace = True 是直接对原始对象进行修改
data1.drop('school', axis=1, inplace=True)  # axis=1 选择含有缺失值的列
```

代码 5-1 的运行结果如下。user_id 含有缺失值，但由于 id 缺失，无法使用数值进行填充，所以选择删除 user_id 属性中含有缺失值的整行数据。school 属性含有较多缺失值，因此选择删除整列属性。

```
user_id                67
register_time            0
recently_logged          0
number_of_classes_join     0
number_of_classes_out      0
learn_time             0
school              33412
dtype: int64
```

2. 使用平均值、众数填充缺失值

若数据为连续数据，可采用该属性所有非缺失值的平均值进行填充，若为离散数据，可选取该属性所有非缺失值的众数进行填充。使用平均数填充缺失值如代码 5-2 所示。

代码 5-2　填充缺失值

```
# 加载所需的函数
import pandas as pd
data2 = pd.read_csv("../data/study_information.csv",encoding='gbk')  # 导入数据
# data2.isnull().sum()  # 查看 data2 的缺失值
data2['price'].fillna(data2['price'].mean(),inplace = True)  # 使用'price'的平均数进行填充
data2.isnull().sum()  # 查看填充后的数据是否还有缺失值
```

代码 5-2 的运行结果如下。可以看到进行填充后的数据没有缺失值。

```
user_id          0
course_id        0
course_join_time   0
learn_process      0
price            0
dtype: int64
```

3. 根据原数据概率分布填充缺失值

首先对数据进行分析，了解其分布特征。根据已有数据的分布特征，选择一个合适的概率分布模型。例如，若数据呈现正态分布，可选择正态分布模型填充缺失值。正态分布可使用均值，在缺失值的位置上生成新的数据。生成的数据与已有数据的分布相吻合，可以保持数据的一致性，如代码 5-3 所示。

代码 5-3　根据原数据概率分布填充缺失值

```
# 加载所需的函数
import pandas as pd
import numpy as np
```

```
from scipy import stats
data = pd.read_excel('../data/relationship_data.xlsx')  # 导入数据
# data.isnull().sum()  # 查看 data 的缺失值
# dropna 函数删除缺失值，使用已有的数据进行分析
heightdata = data.dropna(subset=['身高'], axis=0, inplace=False)
df = pd.DataFrame(heightdata['身高'], columns=['身高'])  # 建立新表
u = df['身高'].mean()  # 计算均值
std = df['身高'].std()  # 计算标准差
# KS 检验参数为（待检验的数据，检验方法：norm 为正态分布，均值与标准差）
stats.kstest(df['身高'],'norm',(mean, std))
cs = '%.2f'%mean
print('均值为：', cs)  # 显示参数
data['身高'].fillna(cs, inplace=True)  # 使用计算出的参数进行填充
data.isnull().sum()  # 查看填充后的数据是否还有缺失值
```

代码 5-3 的运行结果如下。可以看到进行填充后的数据没有缺失值。

```
均值为： 169.29
是否恋爱        0
年级        0
性别        0
每周自习时间     0
每周娱乐时间     0
每周睡觉时间     0
每周运动时间     0
每月话费       0
成绩水平       0
生活费_百元     0
身高        0
体重        0
dtype: int64
```

5.1.2 异常值处理

在数据分析与挖掘中，如果把异常值和正常数据值放在一起进行处理，那么就会影响分析结果的正确性。常用的异常值处理方法有删除含有异常值的记录、将异常值视为缺失值、用其他值修正异常值、不处理。

需要注意，在某些情况下，异常值可以被视为离群点或噪声，但并非所有离群点或噪声

都是异常值。因此，在异常值处理中，理解数据的含义，结合数据的背景判断异常值，才能确定异常值的处理方法。

在预测借款人是否按期还款的任务中，收入是评估借款人信用能力的重要指标之一。因此，会存在借款人为了成功借款虚报收入的情况，对“收入”属性使用箱线图发现异常值并处理如代码 5-4 所示。

代码 5-4　使用箱线图发现异常值并处理

```
# 加载所需的函数
import pandas as pd
import numpy as np
import matplotlib.pyplot as plt
import matplotlib.font_manager as mfm
plt.rcParams['font.sans-serif'] = ['SimHei']  # 显示中文
data = pd.read_csv('../data/simudata.csv', encoding='gbk')  # 导入数据
data1 = data['收入']  # 指定收入列为索引列
print('数据统计结果\n', data1.describe())  # 处理前'收入'统计结果
# 绘制箱线图
ax = plt.subplot()
boxplot1 = plt.boxplot(data1, meanline=True, showmeans=True)
ax.set_xlabel('收入', )
ax.set_ylabel('金额')
plt.show()
# 处理异常值
boxplot1['fliers'][0].get_xdata()
abnormal_v2 = boxplot1['fliers'][0].get_ydata()  # 提取箱线图中异常值
index_v2 = []  # 存放异常值行号
# 找出异常值在数据集中的行号
for i in range(len(data1)):
    for k in abnormal_v2:
        if k == data1[i]:
            index_v2.append(i)
use_df = data.drop(index_v2, axis=0)  # 删除异常值
use_df.shape
print('处理异常值后数据统计结果\n', use_df['收入'].describe())  # 处理异常值后数据统
计结果
```

运行代码 5-4，得到箱线图如图 5-1 所示，可以看出数据中的异常值主要分布在箱线的上方。异常值处理的前后对比如图 5-2 所示，可以看到有 32 条数据被清除，最大值也降为了 56677。

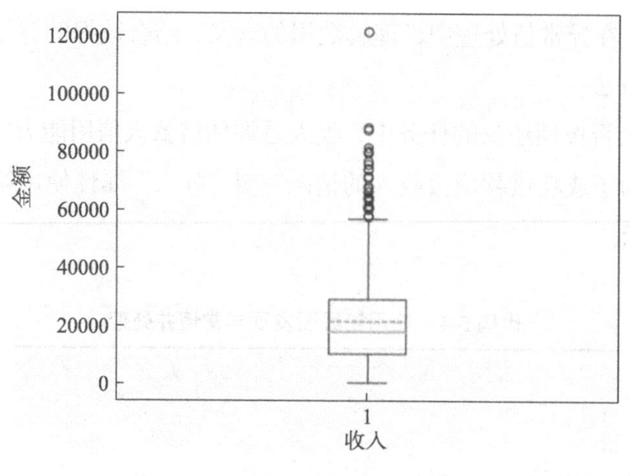

图 5-1　箱线图

数据统计结果	
count	1000.000000
mean	21548.836000
std	14980.406356
min	426.000000
25%	10604.500000
50%	18080.000000
75%	29247.250000
max	120940.000000
Name: 收入, dtype: float64	

处理异常值后数据统计结果	
count	968.000000
mean	19947.764463
std	12102.394811
min	426.000000
25%	10345.250000
50%	17736.000000
75%	27988.500000
max	56677.000000
Name: 收入, dtype: float64	

图 5-2　“收入”属性异常值处理前后对比

5.2　数据集成

数据集成是将不同来源与格式的数据进行集成。在数据分析任务中，将不同来源、格式、特点和性质的数据合理地合并起来，存放在同一个数据集中，有助于减少结果数据集的冗余和不一致，从而提高后续数据挖掘的准确性和效率。数据集成过程中会遇见各种问题，例如，不同数据合并在一起可能会存在不能相互匹配的矛盾，而如何解决矛盾就是实体识别的内容。为提取两个数据集合的信息进行分析，则需要用到数据合并，如果不同数据集中存在相同的属性，那么这个属性就是冗余的，处理可能出现的冗余问题的过程为冗余属性识别。

5.2.1　实体识别

在数据库中，可以将每类数据对象的个体称为实体。例如，在商品交易数据库中，交易记录、商品信息、用户信息等都可以被视为不同的实体。实体识别是指在不同数据源中识别出现实世界的实体，它的任务是统一不同源数据的矛盾之处。

同名异义指的是同一个名称或词汇在不同的情况下对应着不同的实体。在数据集成过程中，将来自不同数据源的两个“名称”数据集成在同一个数据集中，如表 5-1 所示，但是两个“名称”对应的实体并不相同。一个数据源中的“名称”表示的是书籍的名称，而另一个数据源中的“名称”表示的是图书馆的名称。

表 5-1　同名异义数据

名称	名称
《围墙》	X 图书馆
《活着》	Y 图书馆
《三国演义》	Z 图书馆
《红楼梦》	A 图书馆

异名同义指的是具有不同的属性名，但是所包含的数据是同一种意思或指代是同一类事物，例如，表 5-2 中的 types 属性和 types_of_books 属性都是表示图书的种类，但是属性名却不一样。

表 5-2　异名同义数据

types	types_of_books
人文类：哲学	人文类：哲学
人文类：宗教	人文类：逻辑
人文类：伦理	自然类：天文
人文类：逻辑	自然类：数学

5.2.2　数据合并

为了将多个数据源中的数据整合在一起，以提供更全面、更丰富的数据视角，需要将数据进行合并。而数据合并的方式有多种，如横向堆叠、纵向堆叠、主键合并数据等。

堆叠合并是指，将两个表的数据合并成一个新的表，分为横向堆叠和纵向堆叠。横向堆叠是将两个表的数据按列合并，如图 5-3 所示，纵向堆叠是将两个表的数据按行合并，如图 5-4 所示。在数据挖掘中，堆叠合并通常用于将多个数据集合并为一个，以便进行更全面的分析和预测。

使用 concat 函数可以实现堆叠合并数据，其语法格式如下。

```
pandas.concat(objs, axis = 0,join = 'outer', ignore_index = False, keys = None,
levels = None,
names = None, verify_integrity = False)
```

concat 函数参数及其说明如表 5-3 所示。

	A	B	C
1	A1	B1	C1
2	A2	B2	C2
3	A3	B3	C3

表1

	B	D	F
2	B2	D2	F2
4	B4	D4	F4
6	B6	D6	F6

表2

	A	B	C	B	D	F
1	A1	B1	C1	NaN	NaN	NaN
2	A2	B2	C2	B2	D2	F2
3	A3	B3	C3	NaN	NaN	NaN
4	NaN	NaN	NaN	B4	D4	F4
6	NaN	NaN	NaN	B6	D6	F6

横向堆叠结果

图 5-3　横向堆叠示意图

	A	B	C	D
1	A1	B1	C1	D1
2	A2	B2	C2	D2
3	A3	B3	C3	D3

表1

	B	D	F
2	B2	D2	F2
4	B4	D4	F4
6	B6	D6	F6
8	B8	D8	F8

表2

	A	B	C	D	F
1	A1	B1	C1	D1	NaN
2	A2	B2	C2	D2	NaN
3	A3	B3	C3	D3	NaN
2	NaN	B2	NaN	D2	F2
4	NaN	B4	NaN	D4	F4
6	NaN	B6	NaN	D6	F6
8	NaN	B8	NaN	D8	F8

纵向堆叠结果

图 5-4　纵向堆叠示意图

表 5-3　concat 函数参数及其说明

参数名称	说明
objs	接收 Series 或 DataFrame。表示需要合并的数据集。无默认值
axis	接收 0 或 1。表示连接的轴，默认纵向堆叠，设为 1 时为横向堆叠，设为 0 时为纵向堆叠。默认为 0
join	接收 str。表示连接方式，设 outer 时为外连接，设 inner 时为内连接。默认为 outer
ignore_index	接收 bool。表示使用原索引值，若设 False 则不使用原索引值并重置索引值。默认为 True
keys	接收 list。表示构建最外层索引。默认为 None
levels	接收 list。表示构建分层索引的特定级别（唯一值）。默认为 None
names	接收 str。表示创建名称。默认为 None
verify_integrity	接收 bool。表示检查连接表是否包含重复值，设 True 时，若有重复值则报错。默认为 False

主键合并是根据一个或多个键将多个数据集合并起来，如图 5-5 所示。使用 merge 函数可以实现主键合并，其语法格式如下。

```
pandas.merge (left,right,how = 'inner',on = None, left_on = None, right_on = None,
left_index = False, right_index = False,sort = False,suffixes = ('_x', '_y'))
```

	A	B	Key
1	A1	B1	k1
2	A2	B2	k2
3	A3	B3	k3

表1

	C	D	Key
1	C1	D1	k1
2	C2	D2	k2
3	C3	D3	k3

表2

	A	B	Key	C	D
1	A1	B1	k1	C1	D1
2	A2	B2	k2	C2	D2
3	A3	B3	k3	C3	D3

主键合并结果

图 5-5 主键合并示意图

merge 函数参数及其说明如表 5-4 所示。

表 5-4 merge 函数参数及其说明

参数名称	说明
left	接收 Series 或 DataFrame。表示需要合并的左数据集。无默认值
right	接收 Series 或 DataFrame。表示需要合并的右数据集。无默认值
how	接收 str。表示连接方式，设 outer 时为并集，inner 时为交集，left 为左连接，right 为右连接，cross 为创建笛卡尔乘积的结果表。默认为 inner
on	接收 str。表示主键列，且列需同时存在于两个数据集中，None 时选择两表共有列作为主键。默认为 None
left_on	接收 str。表示指定左表中某列当拼接的主键。默认为 None
right_on	接收 str。表示指定右表中某列当拼接的主键。默认为 None
left_index	接收 bool。表示使用左表索引作为拼接的主键，False 表示不使用索引作为主键，设 True 时需两表含有相同索引。默认为 False
right_index	接收 bool。表示使用右表索引作为拼接的主键，False 表示不使用索引作为主键，设 True 时需两表含有相同索引。默认为 False
sort	接收 bool。表示结果是否按字典顺序对主键进行排序，False 指不排序。默认为 False
suffixes	接收 str。表示重复列名的后缀，分别为左，右后缀。默认为('_x', '_y')

创建两个数据框，对两个数据框分别使用横向堆叠、纵向堆叠和主键合并如代码 5-5 所示。

代码 5-5 横向堆叠、纵向堆叠和主键合并

```
# 加载所需的函数
import pandas as pd
# 创建两个数据框
left = pd.DataFrame({'key': ['a', 'b', 'c'],
                     'value': ['1', '2', '3']})
right = pd.DataFrame({'key1': ['e', 'f'],
                      'value': ['4', '5']})
print('待合并的左表：\n', left)
print('待合并的右表：\n', right)
print('横向堆叠外连接：\n', pd.concat([left, right], join='outer', axis=1))
print('纵向堆叠内连接：\n', pd.concat([left, right], join='inner', axis=0))
print('主键合并：\n', pd.merge(left, right, on=['value'], how='outer'))
```

代码 5-5 的运行结果如下。

```
待合并的左表：
  key value
0  a     1
1  b     2
2  c     3
待合并的右表：
  key1 value
0    e     4
1    f     5
横向堆叠外连接：
  key value key1 value
0  a     1    e     4
1  b     2    f     5
2  c     3  NaN   NaN
纵向堆叠内连接：
  value
0     1
1     2
2     3
0     4
1     5
主键合并：
   key value key1
0    a     1  NaN
1    b     2  NaN
2    c     3  NaN
3  NaN     4    e
4  NaN     5    f
```

5.2.3 冗余属性识别

合并后的数据集中若出现两组相同或近似的属性，那么这两个属性可能就是冗余的。本节通过卡方检验在标称属性中识别出冗余的属性。除此之外，还可以通过使用第 3 章介绍的属性之间的相似度度量对数值属性进行冗余识别。

卡方检验又称 χ^2 检验，可分为拟合优度检验和独立性检验。拟合优度检验用于检验数据是否符合特定的分布形态或比例，独立性检验用于检验两个属性之间的关联性。

在冗余属性识别中，两组属性的偏离程度决定卡方值，服从自由度为 n 的卡方分布。若卡方值越大，两组属性偏离程度越大；反之，两组属性偏差越小；若两组属性完全相等，卡方值就为 0。此时两组属性为冗余属性，需对其中一组属性进行删除，提高数据可靠性，减少资源浪费。

建立原假设并确定检验水准如式（5-1）所示。

$$\begin{aligned} &H_0: \text{两属性相等。即} \Pi_1 = \Pi_2 \\ &H_1: \text{两属性不相等。即} \Pi_1 \neq \Pi_2 \\ &\alpha = 0.05 \end{aligned} \tag{5-1}$$

计算统计量 χ^2 值。卡方检验的基本公式如式（5-2）所示。其中 A 为实际频数，T 为理论频数。

$$\chi^2 = \sum \frac{(A-T)^2}{T} \tag{5-2}$$

卡方检验自由度的公式如式（5-3）所示。

$$n = (\text{行数} - 1) \times (\text{列数} - 1) \tag{5-3}$$

查卡方界值表，在 $\alpha = 0.05$ 时，界值为 $\chi^2_{0.05,n}$。若 $\chi^2 > \chi^2_{0.05,n}$，$p < 0.05$，则说明在 $\alpha = 0.05$ 水准上拒绝 H_0，接受 H_1，两属性不同。

使用 chi2_contingency 函数可以实现卡方独立性检验，其语法格式如下。

```
scipy.stats.chi2_contingency(observed,correction = True,lambda_ = None)
```

chi2_contingency 函数参数及其说明如表 5-5 所示，chi2_contingency 函数的返回结果依次为卡方值、p 值、自由度和期望频数。

表 5-5　chi2_contingency 函数参数及其说明

参数名称	说明
observed	接收 str。表示列联表，构建两属性的交叉表，表中值为每一种分类观测值个数。无默认值
correction	接收 bool。表示是否应用连续性校正，若为 True，并且自由度为 1，应用连续性校正。校正效果为调整每个观测值为 0.5，接近期望值。默认为 True
lambda	接收 float 和 str。表示指定一个值来调整统计量。当 lambda 为 None 时，使用默认值 1.0；当为 log-likelihood 时，使用对数似然比统计量；当为 float 时，使用该值作为 lambda 值。默认为 None

卡方检验如代码 5-6 所示。

代码 5-6　卡方检验

```
# 加载所需的函数
from scipy.stats import chi2_contingency
from scipy.stats import chi2
table = [[250, 100, 12], [215, 204, 134]]
stat, p, dof, expected = chi2_contingency(table)  # 卡方验证
print('卡方检验 p 值：', p)
```

代码 5-6 的运行结果如下。

```
卡方检验 p 值： 1.7000039359564145e-23
```

执行上述代码，得到 p 值为 $1.7000039359564145 \times 10^{-23}$，远小于 0.05。故拒绝假设 H_0，认为两属性是不相关的。

5.3 数据归约

青年是社会上最富活力、最具创造性的群体，理应走在创新创造前列。数据归约可以培养青年人数学素养，通过学习数据归约可以更好地理解和应用数据，培养创新和解决问题的能力。数据归约是指在尽可能保持数据原貌的前提下，通过数据量的减少或维度的减少，最大限度地降低数据规模。常用的数量归约有抽样、采样等；常用的维度归约有属性子集选择等。这体现了对于数据准确性和真实性的重视，也反映了对于数据质量管理的追求。这种追求精确、严谨的态度，是对于工作负责、对于数据用户负责的表现。

5.3.1 抽样

抽样是指从目标总体中抽取一部分个体作为样本，通过观察样本的某一或某些属性，依据所获得的数据得出具有一定可靠性的对总体特征的估计判断。在数据挖掘中，由于数据是在不断产生的，难以收集所有的数据用于挖掘，因此需要对数据总体进行抽样，获得具有代表性的数据，在抽样数据中挖掘出来的信息同样适用于总体数据。常见的抽样方法包括简单随机抽样和分层抽样。

简单随机抽样是从总体 N 个单位中随机地抽取 n 个单位作为样本，使得每一个样本都有相同的概率被抽中。简单随机抽样可分为无放回简单随机抽样和有放回简单随机抽样，无放回简单随机抽样选出来的数据将从构成总体的数据集中删除；有放回简单随机抽样选出的数据不从总体中删除，选出的对象可被多次抽出。

分层抽样是将总体分成许多层（或段、组），然后按照一定的比例从每层中随机抽取样本。分层抽样可以按照不同属性对总体进行分层，根据每层中的样本数量与总体中该层所占比例确定从每层中抽取的样本数量，确保每个层中的样本数量与总体中该层所占比例一致，提高样本的代表性。

5.3.2 采样

采样是从已有的数据集中选择一部分数据作为样本的过程。这个过程通常是为了从大量的数据中获取有代表性的数据，或选择符合特定条件的数据。抽样和采样的区别在于，抽样是从总体中收集信息，而采样是从已有的数据集中选择数据。在数据挖掘中，常用的采样技术有欠采样和过采样。

过采样和欠采样一般用于类别不平衡数据的预处理。类别不平衡是指不同类别样本的数差别很大，这会导致最后的结果不准确。例如，某工厂需要创建模型寻找未来可能出现故障的机械，在建模数据中，998 台机械正常运行，2 台发生故障，那么模型只要将全部机械预测为正常运行，就能达到 99.8%的精确度，但这个模型不能有效预测出会发生故障的机械，与需要寻找故障机械的目的不符。因此对类别不平衡的数据进行过采样和欠采样，能使模型更好地应对真实的数据分布。

过采样是处理不平衡数据的基本方法，首先根据实际的类别比例确定采样比例；其次在数据集中按采样比例进行采集，以增加少数类样本的数量；最后将采集的数据合并得到新的数据集。

某企业为避免信用卡欺诈行为可能导致的风险和法律责任，希望通过使用数据挖掘进行欺诈识别，信用卡数据包含 991 条正类（信用卡欺诈属性值为 1）和 9 条反类（信用卡欺诈属性值为 0）。为平衡数据的类别，通过 SMOTE 技术实现过采样，如代码 5-7 所示。

代码 5-7　过采样

```
# 加载所需的函数
import pandas as pd
from collections import Counter
from imblearn.over_sampling import SMOTE
data = pd.read_csv('../data/simudata.csv', encoding='gbk')  # 导入数据
print(f'数据集数据长度：{len(data)}')  # 显示数据长度
x = data.drop(columns='信用卡欺诈')
y = data['信用卡欺诈']  # 拆分自变量与因变量
print('数据集信用卡欺诈分类情况', Counter(y))  # 因变量分类情况
smote = SMOTE(random_state=0)  # random_state 为 0 使得每次代码运行结果一致
x_smote, y_smote = smote.fit_resample(x, y)  # 生成过采样数据集
print('SMOTE 过采样后，y_smote 中的分类情况：{}'.format(Counter(y_smote)))
# 采样方法都将原来 y_smote 中的占比少的分类 0 提到了与 1 数量一致的情况
```

代码 5-7 的运行结果如下。

```
数据集数据长度：1000
数据集信用卡欺诈分类情况 Counter({1: 991, 0: 9})
SMOTE 过采样后，y_smote 中的分类情况：Counter({1: 991, 0: 991})
```

从运行结果可以看出，过采样后的数据包含 991 条正类样本和 991 条反类样本，实现了样本类别的平衡。

欠采样随机减少多数类样本，用于减少多数类样本规模，达到与少数类样本数量相同的目的。但存在一定的缺陷，将多数类样本删除时可能丢失具有代表性的多数类样本。对信用卡数据进行欠采样如代码 5-8 所示。

代码 5-8　欠采样

```
import pandas as pd
from collections import Counter
from imblearn.under_sampling import RandomUnderSampler  # 随机欠采样函数
data = pd.read_csv('../data/simudata.csv', encoding='gbk')  # 导入数据
x = data.drop(columns='信用卡欺诈')
y = data['信用卡欺诈']  # 拆分自变量与因变量
model_RandomUnderSample = RandomUnderSampler()
x_, y_ = model_RandomUnderSample.fit_resample(x, y)  # 生成欠采样数据集
print('欠采样后，y_中的分类情况：{}'.format(Counter(y_)))
```

代码 5-8 的运行结果如下。

```
欠采样后，y_中的分类情况：Counter({0: 9, 1: 9})
```

从运行结果可以看出，欠采样后的数据只剩下了 9 条正类样本和 9 条反类样本，丢失了大量的正类样本。

5.3.3　属性子集选择

属性子集选择是一种维度归约方法，通过消除不相关或冗余的属性（或维度）来减小数据集的大小。在大数据时代，数据来源非常广泛，因此属性的数量可能会非常庞大。过多的属性会消耗大量的计算资源和存储空间，这时通过属性子集选择，可以大大降低数据的维度，从而降低计算成本。在数据集中，可能存在某些属性是冗余的，即它们包含的信息与其他属性相同，通过删除这些冗余属性，可以提高挖掘结果的精度。

属性子集选择的目标是找出最小属性集，使得数据类的结果概率分布尽可能地接近原分布。常用的属性子集选择方法有基于启发式的属性子集选择和使用随机森林算法实现属性子集选择。

基于启发式的属性子集选择算法主要有逐步向前选择（SFS）、逐步向后删除（SBS），以及向前选择和向后删除结合的方法。SFS 是从一个空集开始，逐步添加原属性集中最好的属性，直到发现最优解或满足算法停止条件。SBS 是从属性全集开始逐步减少最差的属性，直到发现最优解或满足算法停止条件。向前选择和向后删除结合的方法则是每一步选择一个最好的属性，并在剩余属性中删除一个最坏的属性。

除了基于启发式的属性子集选择，还可以使用随机森林算法实现属性子集选择。在随机森林中，每个决策树使用随机选择的子集来训练模型。这个随机性有助于减少模型对于特定属性的依赖，从而提高了模型的泛化能力。此外，随机森林还可以通过计算属性的重要性来评估每个属性对于预测目标的贡献。在训练过程中，随机森林会跟踪每个属性对于最终预测结果的贡献，并计算出每个属性的重要性分数。这些分数可以用来评估每个属性对于预测目

标变量的重要性，选择其中较为重要的属性，从而实现属性子集选择。

评估借款人是否按时还款是企业管理风险的关键步骤。如果借款人无法按时还款，企业可能面临资金流动性问题，为寻找对“是否按期还款”属性影响较大的因素，使用随机森林算法实现属性子集选择如代码 5-9 所示。

代码 5-9　使用随机森林算法实现属性子集选择

```
# 加载所需的函数
import pandas as pd
from sklearn.ensemble import RandomForestRegressor
from sklearn.pipeline import Pipeline
from sklearn.impute import SimpleImputer
from sklearn.preprocessing import StandardScaler  # 标准化工具

train = pd.read_csv('../data/simudata.csv', encoding='gbk')  # 导入数据
features = train.drop('是否按期还款', axis=1)  # 是否按期还款与自己的相关性最高，所以要将它去除
# 使用随机森林模型进行拟合的过程
X_train = features
y_train = train['是否按期还款']
feat_labels = X_train.columns
rf = RandomForestRegressor(n_estimators=100, max_depth=None, random_state=123)
rf_pipe = Pipeline([('imputer', SimpleImputer(strategy='median')), ('standardize', StandardScaler()), ('rf', rf)])
rf_pipe.fit(X_train, y_train)
# 根据随机森林模型的拟合结果选择属性
rf = rf_pipe.__getitem__('rf')
importance = rf.feature_importances_
# np.argsort()返回待排序集合从小到大的索引值
imp_result = np.argsort(importance)[::-1][:9]
# 按重要性从高到低输出属性列名和其重要性
for i in range(len(imp_result)):
  print("%2d. %-*s %f" % (i + 1, 30, feat_labels[imp_result[i]], importance[imp_result[i]]))
```

代码 5-9 的运行结果如下。可以看出对于“是否按期还款”，影响较大的前三个属性是“收入”“消费理念”“微博好友数”。

```
1. 收入                           0.336248
2. 消费理念                         0.228559
3. 微博好友数                        0.198493
4. 英语水平                         0.074212
5. 教育水平                         0.071354
6. 性别                           0.027933
```

```
7. 已婚_未婚                        0.027252
8. 已育_未育                        0.023658
9. 信用卡欺诈                        0.012291
```

5.4 数据变换与离散化

在大数据分析挖掘中，数据变换是一个重要的处理步骤。它将原始数据转换为更适合算法处理和建模的格式，从而提高模型的准确性和鲁棒性。而数据离散化的重要性在于，连续型变量往往具有很大的取值范围和波动性，这会给算法带来一定的噪声和不确定性。离散化可以将连续型变量转换为一系列的离散值。例如，通过将纳税人的收入离散化，税务部门可以将纳税人分为不同的收入群体，并根据不同群体的收入水平制定不同的税率和税收政策。纳税人应当如实申报自己的收入情况，按时缴纳税款，不逃税、不漏税，做到遵纪守法。

5.4.1 数据规范化

数据规范化通过将属性数据按比例缩放，使其落入一个小的特定区间，如[0,1]或[–1,1]。在数据挖掘领域，如神经网络、最近邻分类和聚类等涉及距离度量的算法，规范化起着重要作用。对于基于距离的方法，规范化可以防止具有较大初始值域的属性与具有较小初始值域的属性相比，权重过大。常用的规范化方法有很多，本节主要介绍最大-最小规范化、z-score规范化（零均值规范化）。

1. 最大-最小规范化

最大-最小规范化后的数据是一组浮点数，其区间范围为[0,1]。设 A 为属性，具有 n 个数据 $x_1,\cdots,x_i,\cdots,x_n$。$A_{\min}$ 和 $A_{\max}$ 分别为属性 A 的最小值和最大值。最大-最小规范化如式（5-4）所示。

$$x_i' = \frac{x_i - A_{\min}}{A_{\max} - A_{\min}}(\text{new}\_A_{\max} - \text{new}\_A_{\min}) + \text{new}\_A_{\min} \tag{5-4}$$

将 A 属性中的 x_i 转换到 $[\text{new}\_A_{\min}, \text{new}\_A_{\max}]$ 中的 x_i'。若转换到[0,1]中，式（5-4）简化成如式（5-5）所示。

$$x_i' = \frac{x_i - A_{\min}}{A_{\max} - A_{\min}} \tag{5-5}$$

对数据集的数据进行最大-最小规范化处理，如代码 5-10 所示。

代码 5-10 最大-最小规范化

```
# 加载所需的函数
from sklearn.preprocessing import MinMaxScaler
from sklearn.datasets import load_iris
iris = load_iris()  # iris 数据集为鸢尾花数据集
# 取 iris 数据集前 5 行数据，每行数据为花萼长度、花萼宽度、花瓣长度、花瓣宽度
Data = iris.data
print('规范化前：\n', Data[0: 5])
# 返回值为缩放到[0,1]区间的数据
print('规范化后：\n', MinMaxScaler().fit_transform(Data)[0: 5])
```

代码 5-10 的运行结果如下。由规范化前的数据可以看出花萼长度、花瓣宽度的量纲存在不小的差距，而规范化后的数据都在[0,1]之间。

```
规范化前：
 [[5.1 3.5 1.4 0.2]
 [4.9 3.  1.4 0.2]
 [4.7 3.2 1.3 0.2]
 [4.6 3.1 1.5 0.2]
 [5.  3.6 1.4 0.2]]
规范化后：
 [[0.22222222 0.625      0.06779661 0.04166667]
 [0.16666667 0.41666667 0.06779661 0.04166667]
 [0.11111111 0.5        0.05084746 0.04166667]
 [0.08333333 0.45833333 0.08474576 0.04166667]
 [0.19444444 0.66666667 0.06779661 0.04166667]]
```

2. z-score 规范化

z-score 规范化处理后的数据符合标准正态分布，均值为 0，标准差为 1。属性 A 的原始数据均值 $\overline{A}$，原始数据标准差 σ_A，当属性 A 的实际最小值和最大值未知，或异常值影响了最小-最大规范化的结果时可使用 z-score 规范化，如式（5-6）所示。

$$x_i' = \frac{x_i - \overline{A}}{\sigma_A} \tag{5-6}$$

对鸢尾花数据集的全部数据进行 z-score 规范化处理，如代码 5-11 所示，代码中只展示规范化前和规范化后的前 5 条数据。

代码 5-11 z-score 规范化

```
# 加载所需的函数
from sklearn.preprocessing import StandardScaler
from sklearn.datasets import load_iris
iris = load_iris()  # iris 数据集称为鸢尾花卉数据集，由 Fisher 于 1936 年收集整理得到
# 取 iris 数据集前五行数据，每行数据为花萼长度、花萼宽度、花瓣长度、花瓣宽度
Data = iris.data
```

```
# 返回值为标准化后的数据
print('规范化后：\n', StandardScaler().fit_transform(Data)[0: 5])
```

代码 5-11 的运行结果如下。可以看出规范化后的数据中呈现了较多的负值，这可能是数据分布呈现偏斜。

```
规范化后：
 [[-0.90068117  1.01900435 -1.34022653 -1.3154443 ]
 [-1.14301691 -0.13197948 -1.34022653 -1.3154443 ]
 [-1.38535265  0.32841405 -1.39706395 -1.3154443 ]
 [-1.50652052  0.09821729 -1.2833891  -1.3154443 ]
 [-1.02184904  1.24920112 -1.34022653 -1.3154443 ]]
```

5.4.2 简单函数变换

简单函数变换是对原始数据进行基于数学函数的变换，是在不改变数据意义的前提下进行的变换，常见方法有平方、开方、对数、差分运算等，如式（5-7）所示。但是，简单的数学函数难以覆盖复杂的数据挖掘情景，因此，可以对其中的函数进行拓展，从而实现傅里叶变换和小波变换等更复杂的变换。

$$
\begin{aligned}
x' &= x^2 \\
x' &= \sqrt{x} \\
x' &= \log(x) \\
\Delta x_n &= x_{n+1} - x_n
\end{aligned} \tag{5-7}
$$

使用简单的函数变换可以让数据呈现出的信息更加明显且便于分析，例如，在时间序列分析中，通过将原始时间序列进行平方变换，可以得到一个新的序列。这个新序列的特性可以更好地反映原始时间序列的非平稳性。然后，再对新序列进行差分运算，就可以更好地捕捉到非平稳性的变化情况。

实现简单函数变换如代码 5-12 所示。

代码 5-12 简单函数变换

```
import pandas as pd
import math

numbers = [1, 2, 3, 4, 5]
squared_ = map(lambda x: x ** 2, numbers)  # 平方
sqrt_ = map(lambda x: math.sqrt(x), numbers)  # 开方
log_ = map(lambda x: math.log(x), numbers)  # 对数
print(list(squared_))
print(list(sqrt_))
print(list(log_))
```

代码 5-12 的运行结果如下。

```
[1, 4, 9, 16, 25]
[1.0, 1.4142135623730951, 1.7320508075688772, 2.0, 2.23606797749979]
[0.0,    0.6931471805599453,    1.0986122886681098,    1.3862943611198906,
1.6094379124341003]
```

时间序列数据如果有大量周期模式，且存在大量噪音，不能挖掘出重要信息，那么可以使用傅里叶变换，将数据变换成信息明显的数据再进行挖掘。傅里叶变换可以将数据变换为与频率有关的新数据。例如，对原时间序列使用傅里叶变换后可以计算功率频谱。

小波变换是一种线性信号处理技术，由傅里叶变换发展而来，对时间序列和其他类型的数据非常有用。具有多分辨率的特点，在时域（数学函数或物理信号对时间的关系）和频域（对函数或信号进行分析时，分析其和频率有关部分）都具有表征信号局部特征的能力，通过伸缩和平移等运算对信号进行多尺度聚焦分析，把非平稳信号分解成不同层次、不同频带信息的数据序列，即小波系数，选取适当的小波系数就可以完成特征提取，从中取得有用信息。

5.4.3 属性构造

属性构造是指将原来的属性通过运算、提取或转换等操作，构造出具有新含义的属性作为对原属性的补充。这样可以使属性更具有代表性，并且从新的方面获取更多信息，使挖掘效果更好，可视化更清晰明显。

使用加减乘除等运算，将数值组合成一个或者多个有意义的新属性。将多行或多列数据进行统计，计算其具有意义的值，如平均值、数量、最大值、最小值、平均数等。例如，在某股票数据中包含当日最高价、当日最低价、前日收盘价时，可计算股票振幅，股票振幅在一定程度上能体现出股票的活跃程度。在此过程中，将原属性当日最高价、当日最低价、前日收盘价的数值进行组合计算构造新属性股票振幅的过程就是数值构造。其中股票振幅的计算公式如式（5-8）所示。

$$股票振幅=\frac{|当日最高价-当日最低价|}{前日收盘价}\times 100\% \quad (5\text{-}8)$$

根据股票振幅的计算公式，由当日最高价、当日最低价、前日收盘价进行股票振幅的属性构造，进行代码实现，如代码 5-13 所示。

代码 5-13　股票振幅

```
# 加载所需的函数
import pandas as pd

data = pd.read_excel('../data/stock_all-20200929.xlsx')  # 导入股票数据
```

```
data['amplitude'] = abs(data['high'] - data['low']) / data['pre_close'] # 使用原数据进行新属性的构造
data['amplitude'] = data['amplitude'].apply(lambda x: format(x, '.2%')) # 改为百分比的形式
```

运行代码 5-13，得到构造的股票振幅属性如图 5-6 所示。

	state_dt	stock_code	open	close	high	low	vol	amount	pre_close	amt_change	pct_change	amplitude
0	2010-01-04	002030.SZ	16.06	15.86	16.18	15.82	35576	56828.55	15.98	-0.12	-0.75	2.25%
1	2010-01-04	002241.SZ	27.65	29.32	29.90	27.51	30041	85674.81	27.65	1.67	6.04	8.64%
2	2010-01-04	300030.SZ	35.13	34.64	35.40	34.46	12115	42037.50	35.10	-0.46	-1.31	2.68%
3	2010-01-04	600030.SH	32.00	31.29	32.30	31.24	1106207	3510114.25	31.77	-0.48	-1.51	3.34%
4	2010-01-04	600184.SH	21.54	21.55	21.77	21.33	18428	39824.13	21.50	0.05	0.23	2.05%
...	...	...	...	...	...	...	...	...	...	...	...	...
31090	2020-09-29	300497.SZ	17.56	17.50	17.70	17.41	42873	75320.43	17.58	-0.08	-0.46	1.65%
31091	2020-09-29	300719.SZ	23.01	26.49	26.50	22.24	436820	1047222.94	22.58	3.91	17.32	18.87%
31092	2020-09-29	600030.SH	30.24	30.26	30.66	30.24	708144	2153124.25	30.22	0.04	0.13	1.39%
31093	2020-09-29	600184.SH	10.55	10.90	11.00	10.52	45914	49883.43	10.52	0.38	3.61	4.56%
31094	2020-09-29	603606.SH	23.42	23.64	23.93	23.20	100292	237000.69	23.14	0.50	2.16	3.15%

31095 rows × 12 columns

图 5-6　股票振幅属性

5.4.4 连续属性离散化

连续属性离散化就是在数据的取值范围内设定若干个离散的划分点，将取值范围划分为一些离散化的区间，最后用不同的符号或整数值代表落在每个子区间中的数据值。

连续属性离散化可以采用分箱法，分箱法按照特定的条件将属性中的数据分为不同的箱，箱表示数据的划分区间，一个区间即为一个箱，常见的分箱法有等宽分箱法、等频分箱法。

等宽分箱法划分后每个箱子具有相同的宽度，箱子宽度可以根据业务需求和箱子数量来确定。等频分箱法将数据按照从小到大的顺序排列，然后计算数据的频率分布，将数据划分为若干个等频率的区间。

通过 pandas 库中的 cut 函数可以实现等宽分箱，其语法格式如下。在 cut 函数中设置分组的数量则会根据数据最小值和最大值计算并分组。

```
pandas.cut(x,bins,right = True,labels = None,retbins = False,
precision = 3,include_lowest = False,duplicates = 'raise',ordered = True)
```

cut 函数参数及其说明如表 5-6 所示。

通过 pandas 库中的 qcut 函数可以实现等频分箱，其语法格式如下。等频分箱可以根据分位数对数据进行分组划分，使用 4 分位数表示将数据等频分为 4 个箱。

```
pandas.qcut(x,q,labels = None,retbins = False,precision = 3,duplicates =
'raise')
```

qcut 函数参数及其说明如表 5-7 所示。

表 5-6　cut 函数参数及其说明

参数名称	说明
x	接收 int 或 float。表示为需划分的数据，必须是一维数组。无默认值
bins	接收 int。表示划分区间，可将 x 划分几份，也可定义划分的准确区间。无默认值
right	接收 bool。表示划分是否包含最右边的数值，若为 True 表示包含最右边数值。默认为 True
labels	接收 str。表示区间的标签，长度需和 bins 一致。默认为 None
retbins	接收 bool。表示是否归还划分后的 bins。默认为 False
precision	接收 int。表示区间小数点位数的精度。默认为 3 位
include_lowest	接收 bool。表示第一个间隔是否包含。默认为 False
duplicates	接收 str。表示存在重复值时的处理方式，raise 为抛出异常，drop 为删除重复值。默认为 raise
ordered	接收 bool。表示是否排序，False 为不排序。默认为 True

表 5-7　qcut 函数参数及其说明

参数名称	说明
x	接收 int 或 float。表示为需划分的数据，必须是一维数组。无默认值
q	接收 int、float 的 list-like 或分位数。表示划分区间的数，4 为四分位数。无默认值
labels	接收 str。表示区间的标签，长度需和 bins 一致。默认为 None
retbins	接收 bool。表示是否归还划分后的 bins。默认为 False。
precision	接收 int。表示区间小数点位数的精度。默认为 3
duplicates	接收 str。表示存在重复值时的处理方式，raise 为抛出异常，drop 为删除重复值。默认为 raise

等宽分箱法如代码 5-14 所示。

代码 5-14　等宽分箱法

```
import pandas as pd

# 要处理的数据
x = [1, 2, 3, 19, 26, 63, 14, 29, 39, 56, 6, 4, 10, 15, 9]
x = pd.Series(x)
b = pd.cut(x, 5)  # 按数据最小值和最大值分组
pd.value_counts(b)
```

代码 5-14 的运行结果如下。可以看出数据被分为 5 个箱，每个箱的区间大小为 12.4。

```
(0.938, 13.4]    7
(13.4, 25.8]     3
(50.6, 63.0]     2
(25.8, 38.2]     2
(38.2, 50.6]     1
dtype: int64
```

等频分箱法如代码 5-15 所示。

代码 5-15 等频分箱法

```
import pandas as pd

# 要处理的数据
x = [1, 2, 3, 19, 26, 63, 14, 29, 39, 56, 6, 4, 10, 15, 9]
x = pd.Series(x)
s = pd.qcut(x, 4)  # 等频离散化
pd.value_counts(s)  # 分组
```

代码 5-15 的运行结果如下。可以看出数据被等频分为 4 个箱，每个箱的区间大小并不相同，不同箱包含的数据量基本相同，由于待分箱的数据的数量不能被箱的数量整除，所以会出现有些箱的数据量比其他箱的少 1。

```
(0.999, 5.0]    4
(5.0, 14.0]     4
(27.5, 63.0]    4
(14.0, 27.5]    3
dtype: int64
```

5.5 Python 数据预处理案例分析

为加强对数据预处理的理解，本节将理论知识与城市春运出行应用场景相结合，让读者将所学知识点应用到实际场景中，提高实践能力和应用水平。

5.5.1 案例背景

春运即春节运输，是中国在春节前后发生的一种大规模的高交通运输压力的现象。每年春运铁路都是社会重点关注的热点问题，铁路运输作为大众化的交通工具，是全国春运的一个重要组成部分，铁路春运直接关系到我国各族人民的节日出行，关系到人民群众祥和、美好的春节氛围。国家政策的响应和巨大的投入成本增加了高铁在春运时的发车率，给了更多年轻人选择的权利，也为中老年人提供了帮助和补贴，但铁路春运依然存在着严峻的考验。

5.5.2 城市春运出行数据说明

城市春运出行数据分为城市春运出行数据和站点信息数据，春运出行数据共 540499 条，数据包含 13 个属性，如表 5-8 所示，保存在“春运火车票余票信息查询数据.csv”文件中。站点信息数据共 3066 条，数据包含 7 个变量，如表 5-9 所示，保存在“cnstation.csv”文件中。

表 5-8　城市春运出行数据

属性名称	属性说明	属性备注
车次	列车编号	列车编号的首字母代表不同的列车。G代表高速动车；D代表动车；C代表城际列车；Z代表直达特快列车；T代表特快列车；K代表快速列车；Y代表旅游列车；S代表市郊列车
出发站	出发站台	无
到达站	到达站台	无
出发时间	发车时间	无
到达时间	到达时间	无
历时 1	经历具体时间	无
历时 2	当日/次日/两日到达	无
商务座特等座	剩余票数	无
软卧一等卧	剩余票数	无
硬卧二等卧	剩余票数	无
硬座	剩余票数	无
可以预定	可/不可预定	只包含“预定”和空值
查询时间	查询信息时间	包含 1 月 14 日、15 日、17 日、18 日，共 4 天的查询记录

表 5-9　站点信息数据

变量名称	变量说明
站名	站点名称
车站地址	车站地址
铁路局	铁路局名称
类别	城际、高铁、既有、客专
性质	客运站/乘降所
省	站点所属的省（自治区、直辖市、特别行政区）
市/县	站点所属的市（地区、自治州、盟）或县（自治县、县级市、旗、自治旗、市辖区、林区、特区）

5.5.3　数据预处理

为确保数据的准确性和完整性，以及满足不同业务分析的需求，需要对数据进行缺失值处理、重复值处理、编码化等操作。例如，在对不同城市列车调动数量进行分析时，城市春运出行数据并没有一列属性用于记录城市，需要使用实体识别从出发站和到达站中识别出来。

1. 缺失值处理

对于火车票余票信息进行数据挖掘和建模可以帮助预测和优化对运输资源的利用。缺失值会干扰模型的训练和预测能力，降低模型的准确性和可靠性，因此需要进行缺失值处理。将“cnstation.csv”和“春运火车票余票信息查询数据.csv”导入并分别命名为 cnstation 和 tickets。使用 isnull 函数查看数据的缺失值，并对缺失值进行处理如代码 5-16 所示。

代码 5-16　缺失值处理代码

```
import pandas as pd
import numpy as np

cnstation = pd.read_csv('../data/cnstation.csv')
tickets = pd.read_csv('../data/春运火车票余票信息查询数据.csv')  # 导入数据
# 缺失值查询
cnstation.isnull().sum()  # 查询表 cnstation 缺失值
tickets.isnull().sum()  # 查询表春运火车票余票信息查询数据缺失值
# 删除缺失值
# 查询数据进行缺失值处理后是否存在缺失值
tickets.dropna(subset=['历时 2'], axis=0, inplace=True)
tickets.isnull().sum()  # 查询数据进行缺失值处理后是否存在缺失值
```

代码 5-16 的运行结果如下。

```
# 查询表 cnstation 缺失值
站名          0
车站地址        0
铁路局         0
类别          0
性质          0
省           0
市/县         0
dtype: int64
# 查询 tickets 表数据缺失值
车次          0
出发站         0
到达站         0
出发时间        0
到达时间        0
历时 1        0
历时 2      20384
商务座特等座      0
软卧一等卧       0
硬卧二等卧       0
硬座          0
可以预定     291872
查询时间        0
dtype: int64
# 查询 tickets 表数据进行缺失值处理后是否存在缺失值
```

```
车次              0
出发站             0
到达站             0
出发时间            0
到达时间            0
历时 1            0
历时 2            0
商务座特等座            0
软卧一等卧           0
硬卧二等卧           0
硬座             0
可以预定         271488
查询时间            0
dtype: int64
```

可以发现 cnstation 表并无缺失值，无须处理。在 tickets 表中的“历时 2”存在 20384 条缺失值，“可以预定”存在 291872 条缺失值，对这些缺失值进行查看，发现“历时 2”为缺失值时，所在行的属性均为缺失值，可以认为车辆没有发车，不参与分析，所以对缺失值所在的行进行删除。“可以预定”的取值分为预定与缺失值，可认为该属性中的缺失值实际表示不能预定，不能进行删除。

2. 编码化

数据挖掘算法通常只能处理数值型数据，通过编码化，可以将非数值型特征转换为数值型表示，使得算法能够对其进行计算和分析。

在缺失值查询中发现“可以预定”列也存在 291872 条缺失值数据，对数据“可以预定”列进行编码化处理，如代码 5-17 所示，将“预定”使用 1 替换，空白记录使用 0 替换。

代码 5-17　编码化处理代码

```
def panduan(inp):
    if inp == '预定':
        return 1
    else:
        return 0
tickets['可以预定'] = tickets['可以预定'].apply(lambda x: panduan(x))  # 将可以预定属性里的预定替换成 1，并将其他全部填充为 0
tickets['可以预定'].value_counts()  # 查询处理后表 tickets 可以预定列替换情况
```

代码 5-17 的运行结果如下。

```
0    271488
1    248627
Name: 可以预定, dtype: int64
```

3. 重复值处理

由于春运火车票余票信息的查询数据并非通过人工查询的方式记录，因此可能会存在部分重复查询的数据，为避免产生错误的分析结果，对重复值进行检验并处理，如代码 5-18 所示。

代码 5-18　重复值进行检验并处理代码

```
# 重复值处理
tickets.duplicated().sum()  # 检查重复值的总数
tickets.shape  # 查看数据量
tickets.drop_duplicates(inplace=True)  # 删除重复记录
tickets.shape  # 查看删除后数据条数
```

代码 5-18 的运行结果如下。

```
# 查看数据量
(520115, 13)
# 查看删除后数据条数
(224452, 13)
```

在代码 5-18 中使用了 duplicated 函数查询数据集是否含有重复值，删除重复值后的数据剩余 224452 条。

4. 属性构造

由于列车类型是由车次前面的字母来决定的，而车次无法直接用于数据挖掘，所以使用属性构造将车次开头字母为“G”的记录对应的列车类型命名为“高铁”，为简化处理将车次为其他字母开头或纯数字的记录对应的列车类型统一命名为“普通列车”，属性构造如代码 5-19 所示，属性构造结果如图 5-7 所示。

代码 5-19　属性构造代码

```
# 属性构造
# 根据车次来区分高铁和普通列车
tickets.loc[tickets['车次'].str.contains('G'), '列车类型'] = '高铁'
tickets.loc[~tickets['车次'].str.contains('G'), '列车类型'] = '普通列车'
```

从图 5-7 可以看出，已经提取从车次属性中提取出了列车的类型。

	车次	出发站	到达站	出发时间	到达时间	历时1	历时2	商务座特等座	软卧一等卧	硬卧二等卧	硬座	可以预定	查询时间	列车类型
0	K702	青岛北	长春	18:30	17:57	23:27	次日到达	--	候补	候补	4	预订	114	普通列车
1	G1268	青岛北	长春	06:00	16:04	10:04	当日到达	18	--	--	--	预订	114	高铁
2	G1268	青岛北	长春西	06:00	15:52	09:52	当日到达	18	--	--	--	预订	114	高铁
3	G169	北京南	无锡东	16:40	21:56	05:16	当日到达	候补	--	--	--	预订	114	高铁
4	G21	北京南	无锡东	19:08	23:08	04:00	当日到达	候补	--	--	--	预订	114	高铁
5	G131	北京南	无锡东	12:20	17:45	05:25	当日到达	候补	--	--	--	预订	114	高铁
6	G105	北京南	无锡东	07:20	12:37	05:17	当日到达	候补	--	--	--	预订	114	高铁
7	G135	北京南	无锡东	13:05	18:26	05:21	当日到达	候补	--	--	--	预订	114	高铁
8	G119	北京南	无锡东	10:05	15:20	05:15	当日到达	候补	--	--	--	预订	114	高铁
9	G111	北京南	无锡东	08:35	13:46	05:11	当日到达	候补	--	--	--	预订	114	高铁

图 5-7　属性构造结果

5. 实体识别

在各城市的春运数据分析中，为研究不同城市间的发车安排，需要对同一城市不同车站名（如长春、长春西）的数据进行城市名的实体识别，即将长春西中的长春识别出来。

筛选出“站名”“省”“市”组成 cnstation 表，通过观察 cnstation 表的数据发现站名一列有些包含“站”字，有些却不包含，需要进行统一，可将“站”字去除。

同时，需要从在 cnstation 表中获取站点所属的城市，由于直辖市属于省级行政区，因此需要将直辖市的“市/县”属性的值修改为对应的直辖市名称。修改“站名”和“市/县”属性如代码 5-20 所示，修改“站名”“市/县”属性的结果如图 5-8 所示。

代码 5-20　修改“站名”“市/县”属性

```
cnstation = cnstation.loc[:, ['站名', '省', '市/县']]
# 去掉站名中的"站"字
cnstation['站名'] = cnstation['站名'].str.split('站').str[0]
# 查看其他直辖市是否被划分为省
cnstation.iloc[:, 1].value_counts()
# 解决直辖市划分的问题
cnstation.loc[:, '市/县'][cnstation.loc[:, '省'] == '北京'] = '北京'
cnstation.loc[:, '市/县'][cnstation.loc[:, '省'] == '重庆'] = '重庆'
cnstation.loc[:, '市/县'][cnstation.loc[:, '省'] == '天津'] = '天津'
cnstation.loc[:, '市/县'][cnstation.loc[:, '省'] == '上海'] = '上海'
cnstation  # 查看修改后的表
```

	站名	市/县
0	清华园	北京
1	昌平北	北京
2	昌平	北京
3	南口	北京
4	官高	北京
...	...	...
3061	长治	长治
3062	长治北	长治
3063	小宋	长治
3064	东田良	长治
3065	长子	长治

图 5-8　修改“站名”“市/县”属性的结果

将 tickets 表中的车次、出发站、到达站三列数据筛选出来并命名为 matching 表。根据 matching 表中的出发站与到达站，与 cnstation 中的站名匹配，将匹配到的站点的站名、省、市等信息进行提取，将出发站替换成市/县_x，到达站替换成市/县_y，组成新表如图 5-9 所示。

	车次	出发站	到达站	站名_x	省_x	市/县_x	站名_y	省_y	市/县_y
0	G169	北京南	无锡东	北京南	北京	北京	无锡东	江苏	无锡
1	G21	北京南	无锡东	北京南	北京	北京	无锡东	江苏	无锡
2	G131	北京南	无锡东	北京南	北京	北京	无锡东	江苏	无锡
3	G105	北京南	无锡东	北京南	北京	北京	无锡东	江苏	无锡
4	G135	北京南	无锡东	北京南	北京	北京	无锡东	江苏	无锡

图 5-9　匹配表

对城市名的实体进行识别，如代码 5-21 所示，实体识别前后对比 5-10 所示。

代码 5-21　实体识别

```
# 实体识别
# matching 表是筛选出 tickets 表中的["车次""出发站""到达站"]这三列
matching = tickets.iloc[:, [0, 1, 2]]
matching.head()
# 根据matching表中的出发站与到达站,去与cnstation中的站名匹配,将匹配到的站点的站名、省、市等信息进行提取
matching1 = pd.merge(matching, cnstation, left_on='出发站', right_on='站名')
matching2 = pd.merge(matching1, cnstation, left_on='到达站', right_on='站名')
# 将matching2表中的车次挑选出来放到res表中,并将该车次的出发市与到达市注明
res = matching2.iloc[:, [0, 5, 8]]
res.rename(columns={'市/县_x': '出发市', '市/县_y': '到达市'}, inplace=True)
res.head()
```

	车次	出发站	到达站
0	K702	青岛北	长春
1	G1268	青岛北	长春
2	G1268	青岛北	长春西
3	G169	北京南	无锡东
4	G21	北京南	无锡东

	车次	出发市	到达市
0	G169	北京	无锡
1	G21	北京	无锡
2	G131	北京	无锡
3	G105	北京	无锡
4	G135	北京	无锡

图 5-10　实体识别前后对比

由于代码 5-21 使用了表堆叠进行表格合并,所以实体识别前后的表的索引顺序不相同,对比同一车次，如 G169，可以发现已经成功将出发和到达城市识别出来。

6. 数据可视化

为了分析乘客的返乡情况，针对春运期间的不同日期，对不同日期之间列车调动数量进行柱状图可视化分析，如代码 5-22 所示，可视化结果如图 5-11 所示。

代码 5-22　对不同日期之间列车调动数量进行柱状图可视化分析

```
import matplotlib.pyplot  as  plt
plt.rcParams['font.sans-serif'] = "SimHei"

# 数据可视化
tickets['查询时间'] = tickets['查询时间'].astype(str)  # 转换 str
tickets['查询时间'] = tickets['查询时间'].apply(lambda x: x[0] + '月' + x[1:] +
'日')  # 修改'查询日期'列
time = pd.DataFrame(tickets['查询时间'].value_counts())  # 统计各日期返乡情况
time.columns = ['数量']  # 更改列名
# 用柱形图表示统计结果
fig = plt.figure(figsize=(10, 8))
ax = fig.add_subplot(111)
# 准备数据
x_data = time.index
y_data = time['数量']
# 绘制图形
ax.bar(x_data, y_data)
ax.set_title("4 天中春运返乡情况")  # 标题
ax.set_xticks(x_data)  # x 轴刻度标签
for a, b, i in zip(x_data, y_data, range(len(x_data))):  # zip 函数
  plt.text(a, b + 0.01, "%.2f" % y_data[i], ha='center', fontsize=10)
# plt.text 函数
ax.set_xlabel("日期")  # x 轴标签
ax.set_ylabel("数量/人")  # y 轴标签
# 显示图形
plt.show()
```

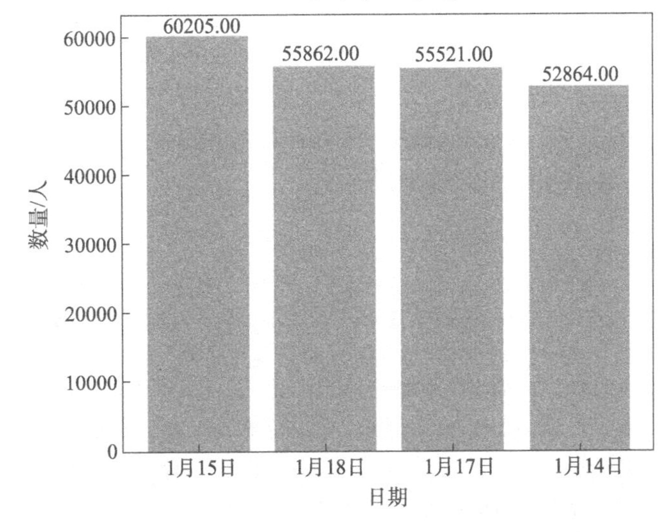

图 5-11　可视化结果

根据图 5-11 可以看出，春运期间，在 1 月 15 日返乡的人数达到高峰。

为了更好地了解和分析不同城市间的运输情况，帮助铁路企业确定哪些城市是运输网络的关键节点，以及在哪些城市需要增加或优化运输服务，对发车数量前五的城市列车发车数量玫瑰图可视化分析，如代码 5-23 所示。对到站数量前五的城市列车到站数量环状图可视化分析，如代码 5-24 所示。

代码 5-23　发车数量前五的城市列车发车数量玫瑰图可视化

```
from pyecharts.charts import Bar
from pyecharts.charts import Pie
import pyecharts.options as opts

res = matching2.iloc[:, [0, 5]]  # 添加车次和出发市属性获得新表
res.rename(columns={'市/县_x': '出发市'}, inplace=True)
res_num = res['出发市'].value_counts()  # 统计出发市个数
res_num22 = res_num[0:5]  # 使用排名前五的数据
# 玫瑰图
num = res_num22
lab = res_num22.index
(
    Pie(init_opts=opts.InitOpts(width='720px', height='320px'))
        .add(series_name='', data_pair=[(j, i) for i, j in zip(num, lab)],
rosetype='radius')
        .set_series_opts(label_opts=opts.LabelOpts(formatter="{b} {d}%"))
# 显示名称及所占百分比
).render('../tmp/各城市发车数量情况玫瑰图.html')
```

代码 5-24　到站数量前五的城市列车到站数量环状图可视化

```
# 环形图
res1 = matching2.iloc[:, [5, 8]]  # 取出发市和到达市构成新表
res1.rename(columns={'市/县_x': '出发市', '市/县_y': '到达市'}, inplace=True)
res2 = res1['到达市'].value_counts()  # 统计到达市的车次
res22 = res2[0:5]  # 使用排名前五的数据
num = res22
lab = res22.index
(
    Pie(init_opts=opts.InitOpts(width='720px', height='320px'))
        .add(series_name='', data_pair=[(j, i) for i, j in zip(num, lab)],
radius=['40%', '75%'])  # 内半径外半径
        .set_series_opts(label_opts=opts.LabelOpts(formatter="{b} {d}%"))
# 显示名称及所占百分比
).render('../tmp/各城市春运列车到站数量环状图.html')
```

运行代码 5-23 得到图 5-12，从图中可以看出上海发车次数最多，然后是南京、郑州、杭州、苏州，可以认为发车数量排名前列的都为经济实力较强城市。同时可以得出人们春运期间都是离开发达城市返乡过春节。

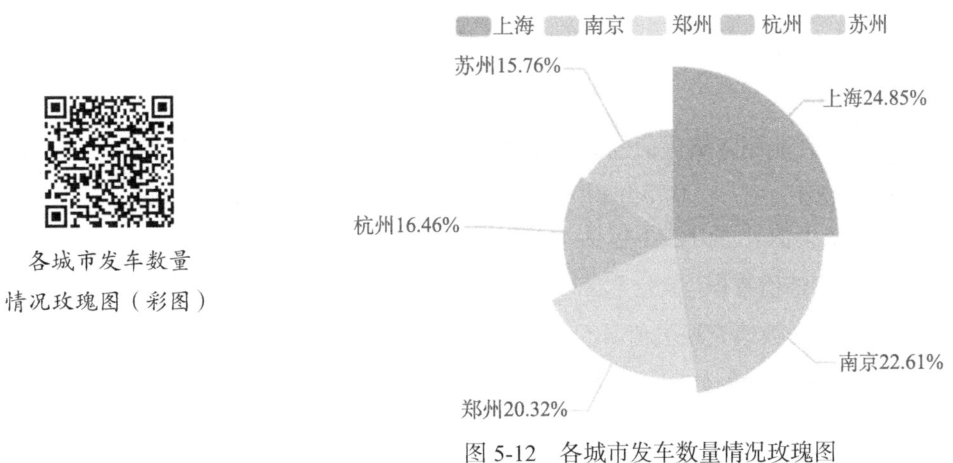

图 5-12　各城市发车数量情况玫瑰图

运行代码 5-24 得到图 5-13，从图中可以看出常州列车到站数量最多，然后是无锡、镇江、徐州、济南。由于返回常州列车数量最多，可以认为常州的外出务工人员最多。

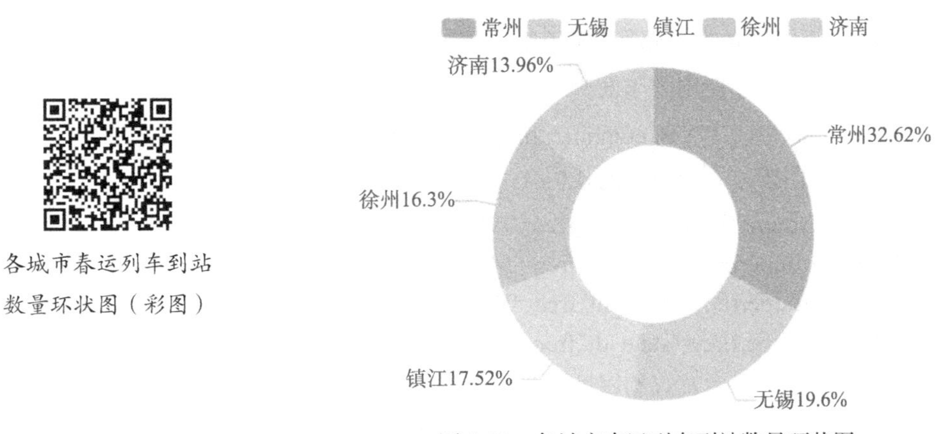

图 5-13　各城市春运列车到站数量环状图

小结

本章介绍了数据清洗、数据集成、数据归约和数据变换与离散化四个数据预处理方法，数据清洗讲了缺失值处理与异常值处理，缺失值处理分为忽略、删除、填充。数据集成是将数据合并，介绍了实体识别、数据合并以及冗余属性识别。数据归约介绍了抽样、采样以及属性子集选择。数据变换与离散化介绍了数据规范化的两种方式：最大-最小规范化和 z-score

规范化等内容。简单函数变换介绍了几种数学函数的运用，简单介绍了处理时间信息的方法。连续属性离散化使用了分箱法，分为等宽分箱法、等频分箱法。

习题

1. 选择题

（1）下列能删除缺失值的函数是（　　）。

A. dropna　　B. fillna　　C. mean　　D. boxplot

（2）缺失值处理方法不包括（　　）。

A. 删除整份数据　　B. 使用平均数填充缺失值

C. 使用众数填充缺失值　　D. 忽略缺失值

第 5 章选择题答案

（3）绘制箱线图使用的函数是（　　）。

A. plot　　B. scatter　　C. boxplot　　D. bar

（4）下列描述有误的是（　　）。

A. 实体识别需要统一不同源数据的矛盾之处

B. 同名异义是同一个名称或词汇在不同的情况下对应着不同的实体

C. 每类数据对象的个体被称为实体

D. 实体识别是为了删除数据中的实体

（5）堆叠合并使用的函数为（　　）。

A. pandas　　B. combine_first　　C. merge　　D. concat

（6）日期按月划分使用的代码（　　）。

A. pd.Grouper(key='state_dt',freq='W')

B. pd.Grouper(key='state_dt',freq='M')

C. pd.Grouper(key='state_dt',freq='Y')

D. pd.Grouper(key='state_dt',freq='T')

（7）不是基于启发式的属性子集选择算法有（　　）。

A. SBS　　B. SMOTE　　C. SFS　　D. 向前选择和向后删除相结合

（8）数据规范化中的最大-最小规范化使用的函数为（　　）。

A. pandas　　B. load_iris　　C. MinMaxScaler　　D. StandardScaler

（9）数据规范化中的 z-score 规范化使用的函数为（　　）。

A. pandas　　B. load_iris　　C. MinMaxScaler　　D. StandardScaler

（10）等频分箱函数为（　　）。

A. qcut　　B. bins　　C. cut　　D. labels

2. 应用题

将如下数据集进行数据规范处理（保留三位小数）。

第 5 章应用题答案

A	B
50	84
26	35
36	41

（1）使用最大-最小规范化进行处理。

（2）使用 z-score 规范化对 A 属性进行处理。

3. 操作题

（1）使用处理缺失值方法处理下表。

A	B	C
13		2
	4	45
4	5	17
87	6	3

第 5 章操作题答案

（2）使用卡方检验处理下表。

A	B	C	D
123	875	244	653
323	434	454	87
23	464	742	533
334	95	856	768

（3）使用过采样算法处理 kaf1.csv 文件数据。

（4）使用等宽分箱将 X 分为 7 个区间。

X=[24,3,5,43,323,43,78,2,9,3,58,5,34,58,4,23,76,21,2]

第6章 回归与分类

从农业经济时代到工业经济时代，再到如今的数字经济时代，数据已逐渐成为驱动社会和经济发展的新要素。回归与分类的应用已经非常广泛。例如，在市场营销中，利用回归与分类可以分析消费者的需求和偏好，从而更好地制定相应的营销策略；在医疗行业中，利用回归与分类可以分析疾病的发生和发展，从而更好地制定相应的治疗方案；在金融行业中，回归与分类可以分析投资的风险和回报，从而更好地制定相应的投资策略。回归与分类模型的发展也带来了更高的预测准确性和分析能力，为社会发展提供了新的驱动力。本章将介绍常用的回归分析算法（如多元线性回归、逻辑回归等）和分类算法（如决策树、朴素贝叶斯等）。

学习目标

（1）熟悉回归与分类的基本概念与常用模型。

（2）掌握回归分析常用模型基本原理。

（3）熟悉决策树常用模型基本原理。

（4）了解朴素贝叶斯模型的基本原理。

（5）掌握K最近邻分类的基本原理。

（6）了解支持向量机的基本原理。

（7）了解神经网络的基本概念。

（8）掌握回归与分类的评估方法。

（9）了解集成学习技术。

6.1 基本概念

回归与分类是数据挖掘中广泛应用的两种技术。在当前的大数据领域，有许多算法被广泛使用，其中包括线性回归、逻辑回归、K 最近邻分类、决策树、支持向量机、朴素贝叶斯和人工神经网络等。这些算法在大数据领域扮演着重要角色，它们能够处理复杂的数据关系、提供高准确性的回归与分类能力。随着技术的不断进步和数据科学的发展，这些算法将继续得到改进和创新，推动数字经济时代的进一步发展。

6.1.1 回归概述

回归分析用于建立输入变量与输出变量之间的关系模型。它广泛应用于预测问题，旨在理解变量之间的关联性、探索影响因素及其程度，并对未知数据进行预测。回归分析在各个领域都具有广泛的应用，如经济学、金融学、医学、社会科学等。

1. 定义

回归（Regression）最早由英国生物统计学家高尔顿和他的学生皮尔逊在研究父母和子女的身高遗传特性时提出，在描述“子女的身高趋向于高于父母身高的平均值，但一般不会超过父母的身高”时，首次提出回归的概念。回归的现代解释是研究某一变量（因变量）与另一个或多个变量（自变量）之间的依存关系，用自变量的已知值或固定值来估计或预测因变量的均值。

回归分析按照涉及的变量的多少，分为一元回归分析和多元回归分析；按照因变量的多少，可分为简单回归分析和多重回归分析；按照自变量和因变量之间的关系类型，可分为线性回归分析和非线性回归分析。

2. 相关算法

解决回归问题的算法有很多，主要包括一元线性回归、多元线性回归、岭回归、Lasso 回归、多项式回归，还包括用于组合单一回归方法的集成学习算法，如随机森林回归。

3. 应用场景

回归分析适用于许多领域，以下是几个常见的应用场景。

（1）金融领域：如通过对历史数据的回归分析，预测股票价格、货币汇率等金融指标。

（2）医疗领域：如根据患者的生理指标和相关医学数据，预测某些疾病的发展趋势，为临床医生提供决策支持。

（3）社会科学研究：如心理学、政治学、教育学等领域，可以使用回归分析来探究变量间的因果关系。

6.1.2 分类概述

分类任务通常在监督学习下进行，即需要有已标记的训练数据来指导模型的学习。分类算法可以应用于各种领域，如医疗诊断、垃圾邮件过滤和金融风险评估等。

1. 定义

分类（Classification）即寻找一个合适的函数以判断输入数据所属的类别。分类问题可以分为二元分类和多分类。与回归问题相比，分类问题的输出不是连续值，而是离散值。

在二元分类中，需要将样本分为两个互斥的类别，例如，判断短信是否为垃圾短信。而在多类分类中，样本可能属于多个类别中的一个，例如，将短信分类为垃圾短信、工作短信或社交短信。

2. 相关算法

解决分类问题的算法主要包括逻辑回归、决策树、贝叶斯分类器、人工神经网络、K 最近邻分类、支持向量机等，还包括用于组合单一分类方法的集成学习算法，如随机森林分类和 Boosting 等。分类算法的选择取决于问题的特点、数据的性质以及对解释性和性能的要求。

3. 应用场景

分类在各种领域得到了广泛的应用，以下是几个常见的应用场景。

（1）金融风控：通过对贷款数据进行分类，可以识别高风险客户，减少信用风险带来的损失。

（2）医疗诊断：通过对病人的医学数据进行分类，可以帮助医生进行疾病的诊断和治疗方案的制定。

（3）舆情监测：通过对社交媒体等数据进行分类，可以分析用户的情感倾向，如积极、消极或中性，从而了解民众对某一件事情的看法。

6.2 回归分析

在大数据分析中，回归分析是一种常用的预测性建模技术。回归分析就像辩证法一样，旨在揭示变量之间的相互作用和影响。通过对自变量和因变量之间的反复试验和分析，找到最佳拟合的回归线，以更准确地描述变量之间的关系。

6.2.1 一元线性回归

一元线性回归是回归分析中最简单且常见的方法之一，它用于建立一个自变量和一个因变量之间的线性关系模型。

1. 一元线性回归模型基本原理

一元线性回归是一种基本的回归分析模型，用于研究两个变量之间的线性关系。其中一个变量作为自变量，另一个变量作为因变量。

一元线性回归的模型如式（6-1）所示。其中β_1为回归系数，由最小二乘法求得，表示自变量每变动一个单位，因变量y增加或减少的平均值，β_0为截距。

$$y = \beta_1 x + \beta_0 \tag{6-1}$$

以高尔顿对父母和子女身高的研究为例，对一元线性回归模型进行说明。此处以父亲身高为自变量、女儿身高为因变量，建立一元线性回归模型对新样本中女儿的身高进行预测。将该模型表示为式（6-1）。其中β_0为截距，β_1为父亲身高的系数。假设模型拟合得到的参数为$\beta_0 = 0.32$，$\beta_1 = 0.89$，则模型可表示为式（6-2）。

$$y = 0.89x + 0.32 \tag{6-2}$$

若新样本父亲的身高为185厘米，那么根据式（6-2），女儿的身高为$0.89 \times 185 + 0.32 = 164.97$厘米。

一元线性回归具有简单、易于解释和计算效率高等优点，适用于探索因变量与单个自变量之间的关系，并进行预测。然而，它也有一些限制，如对数据关系的线性假设、异常值的敏感性等。在实际应用中，可以借助可视化工具来展示回归结果，如散点图和拟合直线。此外，还可以通过检验回归系数的统计显著性进一步分析和解释模型。

一元线性回归可以应用于许多实际问题中，如根据电影预算预测票房收入、根据车速预测油耗、根据房屋面积预测售价等。通过对数据的回归分析，可以得到线性方程的系数，从而预测因变量在不同自变量取值下的变化。

2. 一元线性回归模型代码实现

使用 scikit-learn 库中 linear_model 模块的 LinearRegression 类建立线性回归模型，其语法格式如下。

```
sklearn.linear_model.LinearRegression(fit_intercept=True,normalize=False,copy_X=True,n_jobs=1)
```

LinearRegression 类常用参数及其说明如表 6-1 所示。

scikit-learn 库中自带的某地区房价数据集是一个在房地产研究中常用的数据集，在该数据集中，LotArea 变量表示房屋所在的土地面积；SalePrice 变量表示房屋的销售价格，是数据集中的目标变量。因此期望构建一个利用房屋所在的土地面积进行房价预测的模型。

表 6-1　LinearRegression 类常用参数及其说明

参数名称	说明
fit_intercept	接收 bool。表示是否有截距，若没有则直线过原点。默认为 True
normalize	接收 bool。表示是否将数据归一化。默认为 False
copy_X	接收 bool。表示是否复制数据表进行运算。默认为 True
n_jobs	接收 int。表示计算时使用的核数。默认为 1

使用 LinearRegression 类对某地区房价数据集构建一元线性回归模型，如代码 6-1 所示。

代码 6-1　构建一元线性回归模型

```
import pandas as pd
import numpy as np
from sklearn.linear_model import LinearRegression
from sklearn.model_selection import train_test_split
import matplotlib.pyplot as plt
from sklearn.datasets import fetch_openml

housing = fetch_openml(name="house_prices", as_frame=True)
columns = housing.data.columns
x = housing.data['LotArea']
y = housing.target
# 将数据划分为训练集测试集
x_train, x_test, y_train, y_test = train_test_split(x, y, test_size=0.2, random_state=125)
# 将自变量和因变量转换为 2 维数组
x_train = x_train.values.reshape(-1, 1)
y_train = y_train.values.reshape(-1, 1)
x_test = x_test.values.reshape(-1, 1)
y_test = y_test.values.reshape(-1, 1)
# 构建一元线性回归模型
model = LinearRegression().fit(x_train, y_train)
y_pred = model.predict(x_test)
# 输出前 10 个样本的真实值与预测值
print([round(i[0],2) for i in y_test][0:10],[round(i[0],2) for i in y_pred][0:10])
# 绘制真实值与预测值对比图
plt.figure(figsize=(9,9))
plt.rcParams.update({"font.size":20})
plt.rcParams['font.sans-serif'] = ['SimSun'] # 显示中文
plt.scatter(y_test, y_pred)
plt.plot([y_test.min(), y_test.max()], [y_test.min(), y_test.max()], 'k--', lw=2) # 绘
制对角线
plt.xlabel('真实值')
plt.ylabel('预测值')
plt.show()
```

代码 6-1 的运行结果如表 6-2 所示。可见前 10 个测试样本中预测值与真实值相距较大，说明仅用一元线性回归模型预测效果较差。

表 6-2　一元线性回归模型预测值与真实值表

y_test	124500	169900	145000	151400	301500	194000	147000	131000	135000	115000
y_pred	178763	184010	181533	167921	187810	191376	176458	177387	179825	180494

一元线性回归模型的预测值与真实值对比图如图 6-1 所示，其中横轴代表真实值，纵轴代表预测值，可见散点距离虚线（真实值 = 预测值）较远，即用一元线性回归模型预测房价效果差。由于房价受多重因素影响，而构建一元线性回归模型仅将一个影响因素考虑在内，因此后续将介绍多元线性回归模型，读者可利用该模型将其他影响因素考虑在内，以提升预测效果。

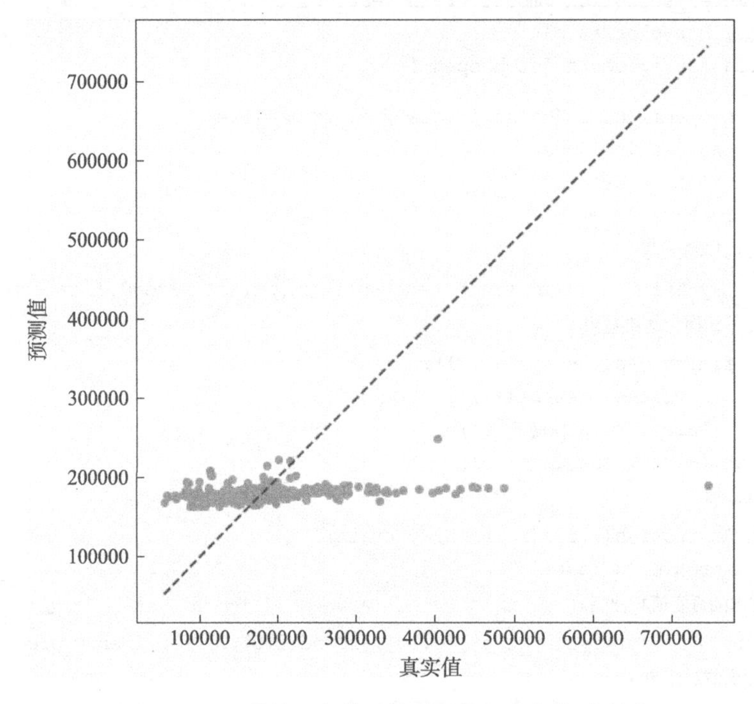

图 6-1　一元线性回归模型的预测值与真实值对比图

6.2.2　多元线性回归

多元线性回归是一种回归分析方法，用于建立多个自变量和一个因变量之间的线性关系。

1. 多元线性回归模型基本原理

假定因变量 y 与多个自变量x_1，x_2，…，x_n之间存在线性关系，那么自变量和因变量之间的关系可用多元线性回归模型表示，如式（6-3）所示。

$$y = \beta_0 + \beta_1 x_1 + \beta_2 x_2 + \cdots + \beta_n x_n + \varepsilon \tag{6-3}$$

对多元线性回归模型作出如下解释。

（1）$f(x,\beta) = \beta_0 + \beta_1 x_1 + \beta_2 x_2 + \cdots + \beta_n x_n$ 为回归函数。

（2）$\beta_i (i = 0, 1, \cdots, n)$ 为回归模型的参数，表示在其他自变量不变的条件下，第 j 个自变量每变动一个单位，因变量 y 增加或减少的平均值，因此也称偏回归系数。偏回归系数可以在控制其他自变量的前提下，分析特定自变量对因变量的影响。

（3）ε 为随机扰动项，反映了随机因素对因变量的影响，通常假定随机扰动项相互独立且服从均值为 0，方差相同的正态分布。

此处对与随机扰动项容易混淆的残差、误差作出如下解释。

（1）残差：指样本观测值与预测值的差值。即 $e_i = \hat{y}_i - y_i$，其中 y_i 为样本观测值，$\hat{y}_i = \hat{\beta}_0 + \hat{\beta}_1 x_{1i} + \hat{\beta}_2 x_{2i} + \cdots + \hat{\beta}_n x_{ni}$ 为预测值。

（2）误差：指样本观测值与真实值的差值。根据误差产生的原因及性质可分为系统误差与偶然误差两类。系统误差指由操作过程中某些经常发生的原因导致的误差，此类误差是可以避免的；而偶然误差指在相同条件下多次试验，由于各种偶然因素导致的误差，此类误差通常只能减小无法避免。

在学得式（6-3）中的回归参数后，模型就得以确定。参数估计的方法包括最小二乘法、极大似然估计、梯度下降法等。最小二乘法基于均方误差最小化对模型参数进行求解，主要思想是选择未知参数使得理论值与观测值之差的平方和达到最小。直观来讲，最小二乘法就是试图找到一条直线，使所有样本观测值到回归直线的距离平方和最小。

以汽车售价数据集为例对多元线性回归模型进行说明。现有汽车售价数据集，其中包括每辆汽车的里程数 x_1（单位：万公里）、车龄 x_2（单位：年）和引擎排量 x_3（单位：升），以及对应的售价 y（单位：万元）。以汽车售价为因变量，里程数、车龄、引擎排量为自变量，构建多元线性回归模型，对新样本的汽车售价进行预测。将该模型表示为式（6-4）。

$$y = \beta_0 + \beta_1 x_1 + \beta_2 x_2 + \beta_3 x_3 + \varepsilon \tag{6-4}$$

其中 β_0 为截距，β_1 为里程数 x_1 的系数，β_2 为车龄 x_2 的系数，β_3 为引擎排量 x_3 的系数，ε 为误差项。假设模型拟合得到的参数为 $\beta_0 = 25.9$，$\beta_1 = -0.51$，$\beta_2 = -0.23$，$\beta_3 = 0.26$ $\varepsilon = 0.001$，则模型可表示为式（6-5）。

$$y = 25.9 - 0.51x_1 - 0.23x_2 + 0.26x_3 + 0.001 \tag{6-5}$$

若新样本汽车的里程数 $x_1 = 6.23$、车龄 $x_2 = 5.2$，引擎排量 $x_3 = 2.2$，则该汽车售价为 $25.9 - 0.51 \times 6.23 - 0.23 \times 5.2 + 0.26 \times 2.2 + 0.001 \approx 22.01$ 万元。

多元线性回归可以探索多个自变量与因变量之间的复杂关系，在进行多元线性回归分析时，需要确保自变量之间没有严重的共线性问题，并满足回归模型的各项基本假设，如线性关系、独立性、正态性和同方差性等。还应该进行某些统计检验，如F检验和t检验，来评估模型的显著性和参数的统计显著性。同时，还需要根据具体问题选择适当的自变量和进行变量选择或变换等处理，以提高模型的精确性和解释能力。

需要注意的是，多元线性回归也有其局限性，如对数据关系的线性假设、异常值和离群值的敏感性等。因此，在实际应用中，需要综合考虑数据的特点和问题的要求，以选择最适合的回归模型和进行适当的解释和推断。

2. 多元线性回归模型诊断

多元线性回归模型建立在一些假设条件之上，以提高模型统计推断结果的可靠性。以下（1）～（4）为随机扰动项的假设条件，（5）为自变量的假设条件。

（1）随机扰动项服从正态分布。意味着ε在任意时期的取值都服从正态的概率分布。在自变量取得任意固定值时，因变量以正态分布概率取值。该假设对于使用最小二乘法进行参数估计和进行推断非常重要。

（2）随机扰动项的期望或均值为零，即$E(\varepsilon_i)=0$。意味着在自变量取得任意固定值时，ε可以按某种概率取不同的值，但ε的所有不同取值从平均意义上讲能够互相抵消，其平均值呈现出以零为中心点，幅度有限的正负波动。该假设保证了回归模型的无偏性。

（3）随机扰动项互不相关且方差相同，即$\text{var}(\varepsilon_i)=\sigma_\varepsilon^2$，$\sigma_\varepsilon^2$为常数。意味着$\varepsilon$的所有不同取值的方差是一个常数，即对应每个观测值的ε是相互独立、互不影响的。当随机扰动项不满足相互独立假定时，称模型具有自相关性，当随机扰动项不满足同方差性时，称模型具有异方差性。

（4）随机扰动项与自变量不相关，即$\text{cov}(x_i,\varepsilon_i)=0$。在随机扰动项$\varepsilon\sim N(0,\sigma_\varepsilon^2)$，即满足假设条件（1）～（2）的情况下，（4）能够通过式（6-6）证明成立。

$$\begin{aligned}\text{cov}(\varepsilon_i,x_i)&=E\{[x_i-E(x_i)][\varepsilon_i-E(\varepsilon_i)]\}\\&=E\{[x_i-E(x_i)]\varepsilon_i\}\\&=E(x_i\varepsilon_i)-E(x_i)E(\varepsilon_i)\\&=x_iE(\varepsilon_i)=0\end{aligned}\tag{6-6}$$

（5）各自变量之间相互独立。若自变量之间不满足相互独立假定，则会导致模型的不稳定性和多重共线性问题。

若这些假设条件在特定数据集上并不成立，则可采取相应的数据转换、模型修正或使用其他方法来处理违背假设的情况。而有时这些假设条件并非是严格必需的，可以放宽一些条件或使用其他回归模型来适应实际情况。但对于多元线性回归模型的经典理论和推断，通常需要满足随机扰动项和自变量的假设条件，常用的检验方法包括正态性检验、独立性检验、方差齐性检验、多重共线性检验。

（1）正态性检验

当模型的残差服从正态性假设时，才能保证偏回归系数的 t 检验是有效的。正态性检验是指利用观测数据判断总体是否服从正态分布。正态性检验常用两类方法，分别是定性的图形法（直方图、P-P 图和 Q-Q 图）和定量的非参数法（Shapiro 检验和 K-S 检验）。

① 直方图法：画出残差分布的直方图以及标准正态分布，直观判断残差是否服从正态分布。判断标准是若直方图整体呈现出中间高，两端低的钟形，则说明数据基本可接受为正态分布，如图 6-2 所示。

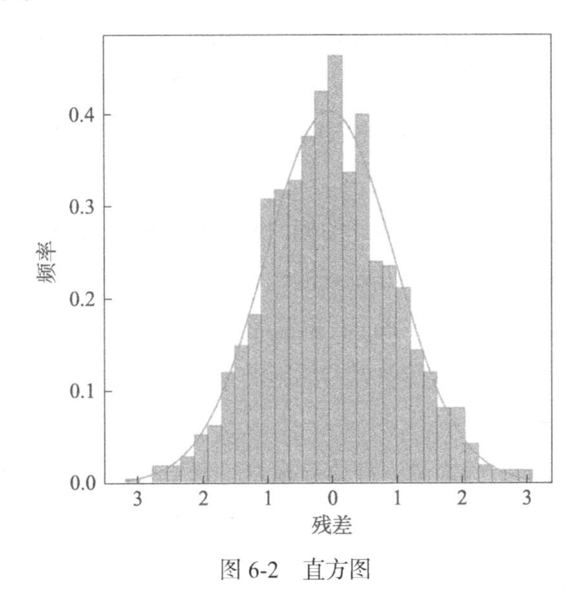

图 6-2　直方图

② P-P 图和 Q-Q 图：P-P 图是根据变量的累积比例与指定分布的累积比例之间的关系所绘制的图形。Q-Q 图是通过将测试样本数据的分位数与已知分布相比较，从而来检验数据的分布情况。P-P 图和 Q-Q 图的判断标准是，若散点都比较均匀地分布在直线附近，则数据近似服从正态分布；若散点偏离直线，则说明数据不服从正态分布。如图 6-3 所示。

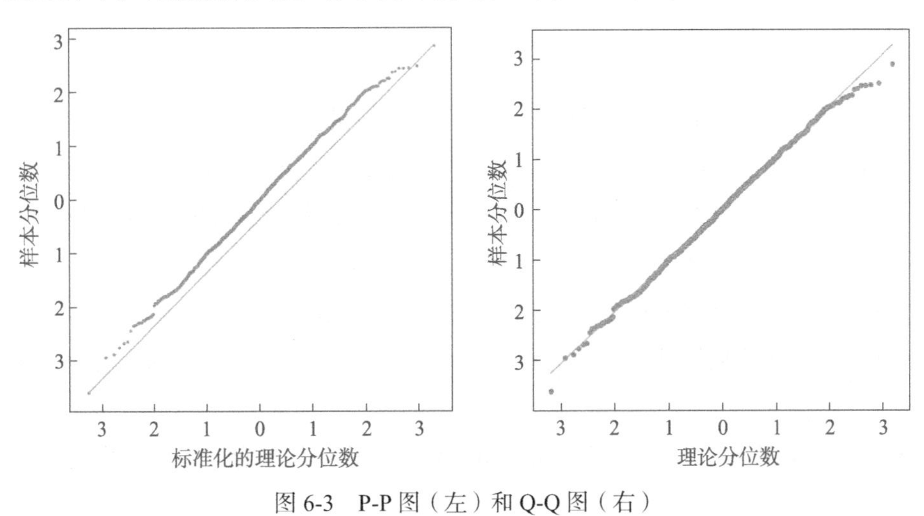

图 6-3　P-P 图（左）和 Q-Q 图（右）

③ Shapiro 检验和 K-S 检验：Shapiro 检验和 K-S 检验是检验正态性的非参数检验方法。通常要将显著性水平设定为一个合适的值，例如 0.05 或 0.01，判断标准是：若检验 p 值>显著性水平，则接受原假设，认为数据服从正态分布。经验表明，数据量低于 5000 时常用 Shapiro 检验，大于 5000 时常用 K-S 检验。

（2）独立性检验

独立性检验是用于判断两类属性是否彼此相关或相互独立，常用的方法为 Durbin-Watson 检验。DW 检验回归模型的残差是否具有自相关性（残差是否存在时间序列相关性）。DW 检验统计量的取值范围为 0～4，越接近 2 表示残差越没有自相关性；等于 0 时，表示残差完全正自相关；等于 4 时，表示残差完全负自相关。若 Durbin-Watson 检验统计量显著小于 2 或显著大于 2，则拒绝原假设，即存在残差的自相关性。

（3）方差齐性检验

异方差的存在会导致最小二乘法估计的偏回归系数准确性降低，因此需要对残差的方差齐性进行检验。常用的多元线性回归方差齐性检验方法有如下几种。

① Breusch-Pagan 检验：Breusch-Pagan 检验通过将回归模型残差的平方与自变量进行回归，并进行 F 检验来判断自变量对残差方差的影响是否显著。如果 p 值小于显著水平，那么拒绝原假设，表明存在异方差。

② White 检验：White 检验也是一种检验残差的方差齐性的方法，它通过将回归模型残差的平方与自变量及其交叉项进行回归，并进行 F 检验来判断自变量对残差方差的影响是否显著。

③ Goldfeld-Quandt 检验：Goldfeld-Quandt 检验是一种基于样本分组的方差齐性检验方法。该方法将样本按照自变量的取值进行排序，然后将样本分为两组，在两组样本上分别拟合回归模型，并计算两组样本的残差方差，最后用 F 检验来判断两组残差方差是否显著不同。

（4）多重共线性检验

多重共线性是指线性回归模型中的自变量之间由于存在某种程度的相关关系而使模型估计失真。常用的多重共线性检验方法有如下几种。

① 方差膨胀因子（VIF）：对于每个自变量，计算其 VIF 值，如果 VIF 值超过一个给定的阈值（通常为 5 或 10），那么表示该自变量与其他自变量存在较高的共线性。

② 特征值检验：通过计算自变量矩阵的特征值，判断是否存在特征值接近 0 的情况。如果某个特征值高度接近 0，那么说明自变量矩阵存在较高的共线性。

③ 条件数（Condition Number）：条件数是衡量矩阵条件的一种指标，也可以用来检验多重共线性。如果条件数超过一个给定的阈值（通常为 30 或 100），那么表示自变量矩阵存在较高的共线性。

④ 相关系数矩阵：计算自变量之间的相关系数矩阵，如果存在较高的相关系数（绝对值接近 1），那么表示自变量之间存在共线性。

3. 多元线性回归模型显著性检验

对于初期建立的多元线性回归模型，无法确定其合理性，因此需要对回归方程及回归系数进行显著性检验，包括 F 检验和 t 检验。

（1）回归方程显著性 F 检验

F 检验是对回归方程整体显著性的检验，即验证自变量总体是否对因变量存在显著的线性影响。在回归函数$f(x,\omega)=\omega_1 x_1+\omega_2 x_2+\cdots+\omega_n x_n$中，$\omega_i$的意义在于$x_i$每变动一个单位，会引起回归函数平均变动$\omega_i$个单位。若可验证$\omega_i$全为 0，则可证明自变量总体对因变量不存在显著的线性影响。F 检验通常分为以下三步。

① 建立假设。对于回归方程中每个参数ω_i作出假设，如式（6-7）所示。

$$\mathrm{H}_0:\omega_1=\omega_2=\cdots=\omega_k=0 \quad \text{vs} \quad \mathrm{H}_1:\omega_1\text{或}\omega_2\text{或}\cdots\text{或}\omega_k\neq 0 \tag{6-7}$$

② 构造检验统计量。F 检验统计量计算公式如式（6-8）所示。

$$F=\frac{\dfrac{\sum(\hat{y}-\bar{y})^2}{k}}{\dfrac{\sum(y-\hat{y})^2}{n-k-1}}=\frac{\dfrac{\mathrm{SSR}}{k}}{\dfrac{\mathrm{SSE}}{n-k-1}}\sim F(k,n-k-1) \tag{6-8}$$

③ 构造拒绝域。给定检验的显著性水平为α，即置信水平为$1-\alpha$，得到拒绝域如式（6-9）所示。

$$F>F_\alpha(k,n-k-1) \tag{6-9}$$

当 F 统计量落入拒绝域内时，拒绝原假设，认为自变量总体对因变量存在显著的线性影响。在建立多元线性回归模型时，也可通过p值判断。若 F 检验的p值小于 0.05，就说明整体回归是显著的。

（2）回归参数显著性 t 检验

t 检验是对回归模型各个参数的检验，即验证各个自变量对因变量是否存在显著的线性影响。若可验证回归模型中参数ω_i为 0，则可证明第i个自变量对因变量不存在显著的线性影响。t 检验通常分为以下三步。

① 建立假设。对于回归方程中每个参数ω_i作出假设，如式（6-10）所示。

$$\mathrm{H}_0:\omega_i=0 \quad \text{vs} \quad \mathrm{H}_i:\omega_i\neq 0 \tag{6-10}$$

② 构造检验统计量。构造的 t 检验统计量如式（6-11）所示，其中c_{ii}为矩阵$(\boldsymbol{x}^{\mathrm{T}}\boldsymbol{x})^{-1}$对角线上第$i$个元素，$\hat{\sigma}$为样本标准差。

$$t=\frac{\hat{\omega}_i}{\hat{\sigma}\sqrt{c_{ii}}}\sim t(n-k-1)$$

$$\hat{\sigma}=\sqrt{\frac{\sum_{i=1}^{n}(y_i-\hat{y}_i)^2}{n-k-1}} \tag{6-11}$$

③ 构造拒绝域。给定检验的显著性水平为α，即置信水平为$1-\alpha$，得到拒绝域如式（6-12）所示。

$$\left\{|t| > t_{\frac{\alpha}{2}}(n-k-1)\right\} \tag{6-12}$$

当t统计量落入拒绝域内时，拒绝原假设H_0，认为各个自变量对因变量存在显著的线性影响。在建立多元线性回归模型时，也可通过p值判断。若t检验的p值小于0.05，也能说明各个自变量对因变量存在显著的线性影响。

4. 多元线性回归模型代码实现

statsmodels库是一个功能强大的统计分析库，可以帮助用户进行各种统计分析。

statsmodels库中的ols函数用于实现普通最小二乘回归分析，通过输入公式字符串和数据集来创建回归模型，并提供了许多统计信息和诊断工具来评估模型的质量和可靠性，其语法格式如下。

```
statsmodels.formula.api.ols(formula, data, subset=None, drop_cols=None, *args, **kwargs)
```

ols函数常用的参数及其说明如表6-3所示。

表6-3　ols函数常用的参数及其说明

参数名称	说明
formula	接收str。表示需指定的模型公式。无默认值
data	接收array_like。表示传入模型的数据。无默认值

sklearn.linear_model下的Ridge函数，用于执行岭回归。岭回归是针对多重共线性数据分析的有偏估计回归方法，其损失函数为线性最小二乘函数，正则化由L2范数给出。Ridge函数语法格式如下。

```
sklearn.linear_model.Ridge(alpha=1.0, *, fit_intercept=True, copy_X=True, max_iter=None, tol=0.0001, solver='auto', positive=False, random_state=None)
```

Ridge函数常用的参数及其说明如表6-4所示。

表6-4　Ridge函数常用的参数及其说明

参数名称	说明
alpha	接收float。表示L2正则强度。默认为1.0
fit_intercept	接收bool。表示是否计算该模型的截距。默认为True
copy_X	接收bool。表示是否进行浅复制。默认为False
max_iter	接收int。表示算法的最大迭代次数。默认为None
solver	接收str。表示用于优化问题的算法，auto表示根据数据的特征数量和样本数量自动选择最适合的求解算法；svd表示使用奇异值分解的方法求解优化问题；cholesky表示使用Cholesky分解的方法求解优化问题；lsqr表示使用最小二乘法的迭代优化算法求解优化问题；sparse_cg表示使用共轭梯度法（Conjugate Gradient）的方法求解优化问题。默认为auto
tol	接收float。表示解的精度。默认为0.001
random_state	接收int。表示在solver为sag或saga对数据进行打乱。默认为None

现有钻石数据集，该数据集包含了 53940 个钻石的信息，包括钻石的切工、颜色、净度、重量以及价格等，对钻石数据集构建多元线性回归模型，用于预测钻石价格，如代码 6-2 所示。

代码 6-2　构建多元线性回归模型

```
# 加载所需的函数
import pandas as pd
from statsmodels.formula.api import ols
import matplotlib.pyplot as plt
from sklearn.model_selection import train_test_split

# 导入数据
diamonds = pd.read_csv("../data/diamonds.csv")
X = pd.DataFrame(diamonds,columns=['carat','depth','table'])
y = pd.DataFrame(diamonds,columns=['price'])
data = pd.concat([X,y],axis=1)
diamonds.columns
# 划分训练集和测试集
X_train,X_test,y_train,y_test = train_test_split(X,y,train_size=.80,random_state=423)
train_data = pd.concat([X_train,y_train],axis=1)
test_data = pd.concat([X_test,y_test],axis=1)
# 构建多元线性回归模型
lm = ols('price ~ carat+depth+table', train_data).fit()
lm.summary()
# 多元线性回归模型真实值与预测值比对图
plt.figure(figsize=(20,10))
plt.rcParams.update({"font.size":25})
plt.rcParams['font.sans-serif'] = ['SimSun'] # 显示中文
plt.rcParams['axes.unicode_minus'] = False  # 显示负号
test_true = test_data['price'].reset_index(drop=True)
pred_lm = pd.DataFrame(data=lm.predict(X_test))
pred = pd.concat([test_true,pred_lm],axis=1)
pred.columns=['test_true','test_pred']
plt.scatter(y_test, pred_lm, color='blue', label='Predicted Values',s=1)
plt.plot([y_test.min(), y_test.max()], [y_test.min(), y_test.max()], 'k--', lw=2)  # 绘制
对角线
plt.xlabel('真实值')
plt.ylabel('预测值')
plt.show()  # 显示图片
```

多元线性回归模型 F 检验结果和 t 检验结果分别如表 6-5 和表 6-6 所示。表 6-5 中 Prob（F-statistic）表明 F 检验的 p 值小于 0.05，说明回归模型中自变量总体对因变量的线性影响是显著的；表 6-6 中列 $p>|t|$表明各个自变量的 t 检验 p 值全都小于 0.05，说明每个自变量都对因变量产生显著的线性影响。

表 6-5　多元线性回归模型 F 检验结果

Dep. Variable:	price	R-squared:	0.853
Model:	OLS	Adj. R-squared:	0.853
Method:	Least Squares	F-statistic:	8.341e+04
Date:	Sun, 09 Sep 2023	Prob（F-statistic）:	00.00
Time:	15:25:35	Log-Likelihood:	–3.7765e+05
No. Observations:	43152	AIC:	7.553e+05
Df Residuals:	43148	BIC:	7.553e+05
Df Model:	3		
Covariance Type:	nonrobust		

表 6-6　多元线性回归模型 t 检验结果

	coef	Std err	*t*	*p*>|*t*|	[0.025	0.975]
Intercept	1.295×10^4	436.888	29.651	0.000	1.21e+04	1.38e+04
carat	7866.1222	15.883	495.257	0.000	7834.991	7897.253
depth	–149.1098	5.395	–27.637	0	–159.685	–138.535
table	–106.0037	3.519	–30.12	0	–112.902	–99.106

最终得到的多元线性回归模型如式（6-13）所示。

$$\text{price} = 7866.1222\,\text{carat} - 149.1098\,\text{depth} - 106.0037\,\text{table} + 12950 \tag{6-13}$$

钻石价格真实值与预测值散点图如图 6-4 所示，其中横轴代表钻石价格真实值，纵轴代表钻石价格预测值。可见散点在虚线周围波动，模型拟合效果较好。

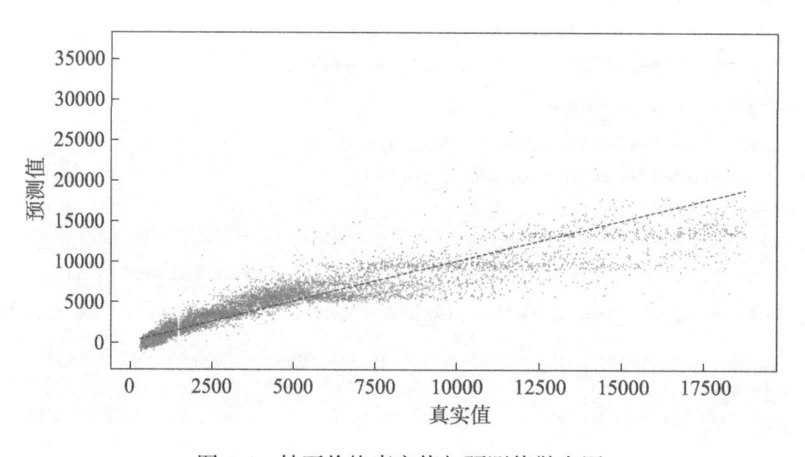

图 6-4　钻石价格真实值与预测值散点图

6.2.3　多项式回归

多项式回归是一种回归分析方法，用于建立自变量和因变量之间的非线性关系模型。与简单线性回归只考虑一次项的线性模型不同，多项式回归可以包含高次项，如二次项、三次项等，以更好地适应数据的曲线特征。

1. 多项式回归模型基本原理

多项式回归是一种非线性回归的方法，用于研究一个因变量与一个或多个自变量及其多项式之间的关系。与简单线性回归不同，多项式回归可以拟合曲线和更复杂的关系。当自变量只有一个时，称为一元多项式回归；当自变量有多个时，称为多元多项式回归。一元 n 次多项式回归方程如式（6-14）所示，其中 β_i 为各个自变量的系数，表示自变量每变动一个单位，因变量 y 增加或减少的平均值；β_0 为截距。

$$f(x)=\beta_n x^n+\beta_{n-1}x^{n-1}+\cdots+\beta_1 x+\beta_0 \tag{6-14}$$

以车速与制动距离为例对多项式回归进行说明，已知制动距离受到车辆速度、路面摩擦系数、气候条件、驾驶员反应时间等因素的影响。但在大多数情况下，车辆速度是影响制动距离的主要因素，且气候条件和驾驶员反应时间等因素会存在较多的变动。因此这里仅使用车速和制动距离拟合多项式回归模型。多项式回归模型如式（6-15）所示。

$$f(x)=\beta_2 x^2+\beta_1 x+\beta_0 \tag{6-15}$$

假设模型拟合得到的参数为 $\beta_0=0$，$\beta_1=0.2740$，$\beta_2=0.004$ 则模型可表示为式（6-16）。

$$f(x)=0.004x^2+0.2740x \tag{6-16}$$

若新样本的车速为 80 千米/小时，则根据上述模型算得制动距离为 47.52 米，需要注意不同的情况下，拟合的模型参数不同。

对于多项式回归，其最大的优点在于，可以通过增加自变量的高次项来对实测点进行无限逼近，从而能够处理实际中许多非线性问题。相比简单的线性回归，多项式回归可以更好地拟合实际数据，提高预测准确率。多项式回归应用广泛，例如，可以应用于搜索引擎中的查询意图识别、用户行为建模等场景，还可以用于预测网站流量、广告点击率等业务指标，帮助企业制定营销策略和决策。然而，需要注意的是，选择合适的多项式的次数是一个重要的问题，次数过高可能会导致过拟合，次数过低可能会导致欠拟合，因此需要综合考虑模型复杂度、样本量等因素来确定多项式次数。总之，多项式回归具有广泛的应用前景，同时也需要谨慎使用，以保证模型的准确性和可靠性。

2. 多项式回归模型代码实现

PolynomialFeatures 是 sklearn.preprocessing 模块中的一个类，用于生成多项式和交互属性，其语法格式如下。

```
sklearn.preprocessing.PolynomialFeatures(degree=2,interaction_only=False,include_bias=True,order='C')
```

PolynomialFeatures 类常用的参数及其说明如表 6-7 所示。

表 6-7　PolynomialFeatures 类常用的参数及其说明

参数名称	说明
degree	接收 int。表示多项式的次数。默认为 2
interaction_only	接收 bool。表示是否只考虑属性之间的交互项，不包括属性的平方项等。默认为 False
include_bias	接收 bool。表示是否添加截距项。默认为 True
order	接收 str。表示多项式系数的排序方式，C 表示按照列的顺序排序；F 表示按照行的顺序排序。默认为 C

鸢尾花数据集是 sklearn 中的经典数据集，包含 150 个数据样本，每条样本包含 4 个属性：花萼长度、花萼宽度、花瓣长度、花瓣宽度。其中花萼长度与花瓣长度具有明显非线性影响，因此构建多项式回归以探究二者关系。首先使用 PolynomialFeatures 构建自变量花瓣长度的多项式属性，然后使用 LinearRegression 类对数据构建多项式回归模型，如代码 6-3 所示。

代码 6-3　构建多项式回归模型

```
import pandas as pd
from sklearn.model_selection import train_test_split
from sklearn.preprocessing import PolynomialFeatures
from sklearn.metrics import explained_variance_score, mean_absolute_error,mean_squared_
error,median_absolute_error,r2_score
import matplotlib.pyplot as plt
# 加载数据
data = pd.read_csv("../data/data6.2.3.csv")
X = data['sepal length (cm)'].values.reshape(-1, 1)
y = data['petal length (cm)'].values.reshape(-1, 1)
plt.scatter(X,y)
# 将数据划分为训练集测试集
X_train, X_test, y_train, y_test = train_test_split(X, y, test_size=0.2, random_state=423)
# 构建二次多项式属性 (1,x,x^2,x^3)
poly_reg = PolynomialFeatures(degree=3)  # degree 的值可以调节多项式的属性
# 属性处理
X_train_poly = poly_reg.fit_transform(X_train)
X_test_poly = poly_reg.fit_transform(X_test)
# 简单线性回归算法
from sklearn.linear_model import LinearRegression
regressor = LinearRegression()
regressor.fit(X_train_poly, y_train)
# 对测试集进行预测
y_pred = regressor.predict(X_test_poly)
# 绘制真实值与预测值散点图
plt.figure(figsize=(9,9))
plt.rcParams.update({"font.size":20})
```

```
plt.rcParams['font.sans-serif'] = ['SimSun']  # 显示中文
plt.scatter(X_test,y_test, label='真实值',marker='o')  # 训练数据和训练标签
plt.scatter(X_test,y_pred, label='预测值',marker='^')  # 训练数据和模型预测的标签
plt.xlabel('花萼长度/cm')
plt.ylabel('花瓣长度/cm')
plt.show()
```

多项式回归模型真实值与预测值散点图如图 6-5 所示。其中圆形点代表真实值，三角形点代表预测值，可见三角形点与圆点很接近，利用多项式回归模型拟合的效果较好。

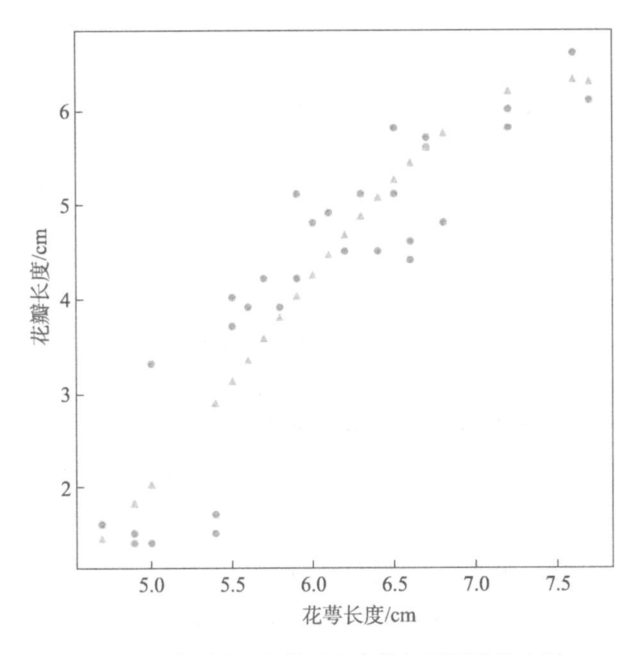

图 6-5　多项式回归模型真实值与预测值散点图

6.2.4　逻辑回归

逻辑回归是一种基于概率的模式识别算法,用于解决分类问题。虽然名字中带有“回归”二字，但实际上逻辑回归是一种分类方法。逻辑回归在 20 世纪早期被用于生物科学，后来被广泛应用于社会科学领域，如垃圾邮件的分类处理。

1. 逻辑回归模型基本原理

逻辑回归是一种广义线性模型，用于解决二分类问题。逻辑回归的主要思想是将线性回归模型的结果通过一个 logistic 函数进行映射，从而得到一个 0～1 的概率值。逻辑回归模型如式（6-17）、式（6-18）所示。

$$h_{\boldsymbol{\theta}}(\boldsymbol{x})=g(\boldsymbol{\theta}^{\mathrm{T}}\boldsymbol{x}) \tag{6-17}$$

$$g(z)=\frac{1}{1+\mathrm{e}^{-z}}=\frac{1}{1+\exp(-\boldsymbol{\theta}^{\mathrm{T}}\boldsymbol{x})} \tag{6-18}$$

其中 $\boldsymbol{\theta}$ 为模型参数，用极大似然估计或最小化代价函数等方法进行估计，对于二分类问题，通常使用交叉熵作为代价函数。$g(z)$ 为 logistic 函数，其函数图像如图 6-6 所示。

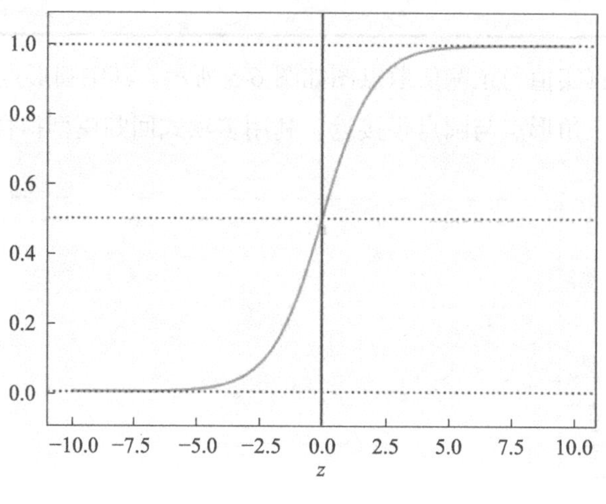

图 6-6　logistic 函数

logistic 函数也被称为 Sigmoid 函数，Sigmoid 函数将任意值映射到 0～1，并具有单调可微、连续且平滑的性质。在逻辑回归中，Sigmoid 函数可以将线性函数的结果映射到一个概率值，进而根据概率进行分类。当 z 趋近负无穷时，$g(z)$ 趋近于 0；当 z 趋近正无穷时，$g(z)$ 趋近于 1；当 $z=0$ 时，$g(z)=0.5$。因此可以将 $h_{\boldsymbol{\theta}}(\boldsymbol{x})$ 看作输出值为 1 的概率，一般使用阈值 0.5 作为分类的分界点。当 $h_{\boldsymbol{\theta}}(\boldsymbol{x})\geqslant 0.5$ 时，输出结果为 1，否则输出结果为 0。

以下举例对逻辑回归进行说明。假设数据集中有以下二分类的训练数据，包括属性 $\boldsymbol{x}$ 和对应的类别标签 $\boldsymbol{y}$（0 表示负类，1 表示正类）：$\boldsymbol{x}=[1,2,3,4,5]$，$\boldsymbol{y}=[0,0,0,1,1]$。

由于逻辑回归中，只需要求解模型的权重参数和偏置项即可。通过最大似然估计或梯度下降等方法可以求得以下结果：$\boldsymbol{w}=[0.5]$，$\boldsymbol{b}=-2.5$。若新样本 $\boldsymbol{x}=[6]$，则可通过式（6-19）、式（6-20）计算出所属类别。

$$z=0.5\times 6-2.5=0.5 \tag{6-19}$$

$$\mathrm{Sigmoid}(z)=\frac{1}{1+\exp(-z)}=\frac{1}{1+\exp(-0.5)}\approx 0.38 \tag{6-20}$$

当 $x=[6]$ 时，逻辑回归模型预测为正类的概率约为 0.38。

逻辑回归除了可以用于分类问题，也可以用于探索属性之间的相关性，发现影响结果的因素，并提取有价值的属性信息。需要注意的是，在逻辑回归模型的训练过程中，需要考虑的因素比较多，包括样本不均衡问题、正则化参数的选择等，因此需要仔细处理，保证模型的准确性和可靠性。

2. 逻辑回归模型代码实现

使用 scikit-learn 库中 linear_model 模块的 LogisticRegression 类可以建立逻辑回归模型，其语法格式如下。

```
sklearn.linear_model.LogisticRegression(penalty='l2',dual=False,tol=0.0001,C=1.0,fit_intercept=True,intercept_scaling=1,class_weight=None,random_state=None,solver='liblinear',max_iter=100,multi_class='ovr',verbose=0,warm_start=False,n_jobs=1)
```

LogisticRegression 类常用的参数及其说明如表 6-8 所示。

表 6-8　LogisticRegression 类常用的参数及其说明

参数名称	说明
penalty	接收 str。表示正则化参数，可选“l1”或“l2”。默认为 l2
solver	接收 str。表示优化算法参数，newton-cg 表示牛顿下降法；bfg 表示 BFGS 算法；liblinear 表示 LIBLINEAR 库提供的算法；sag 表示随机平均梯度下降法。当 penalty=“l2”时，4 种都可选；当 penalty=“l1”时，只能选 liblinear。默认为 liblinear
multi_class	接收 str。表示分类方式，ovr 表示一对一策略；multinomial 表示多项式策略。默认为 ovr
class_weight	接收 balanced 以及字典，表示类型权重参数，如二元模型，可以定义 class_weight={0:0.9, 1:0.1}，这样类型 0 的权重为 90%，而类型 1 的权重为 10%。默认为 None
copy_X	接收 bool。表示是否复制数据表进行运算。默认为 True
n_jobs	接收 int。表示计算时使用的核数。默认为 1

阑尾炎数据集是一组医学数据，在《计算机系统的学习》一书中提出。数据集中的类别标签表示患者是否患有阑尾炎，其中患有阑尾炎的被标记为类别 1，否则标记为类别 0。因此期望构建一个利用医学指标对是否患阑尾炎进行预测的模型。阑尾炎数据集共包含 106 条样本数据，每条样本包含了 7 种医学指标和是否患病，各字段含义表 6-9 所示。

表 6-9　阑尾炎数据集各字段含义

字段名	含义	字段名	含义
At1	温度（Temperature）	At5	腹泻（Diarrhea）
At2	恶心（Nausea）	At6	白细胞计数（WBC）
At3	腹痛类型（PainType）	At7	年龄（Age）
At4	腹痛持续时间（PainDuration）	Class	患者是否患有阑尾炎

使用 LogisticRegression 类对阑尾炎数据集构建逻辑回归模型，如代码 6-4 所示。

代码 6-4　构建逻辑回归模型

```
# 加载所需的函数
import pandas as pd
from sklearn.linear_model import LogisticRegression
from sklearn.model_selection import train_test_split
from sklearn.metrics import recall_score,accuracy_score,f1_score
```

```
# 加载数据
data = pd.read_csv("../data/data分类小案例.csv")
X = data.iloc[:,:-1]
y = data.iloc[:,-1]
# 划分训练集和测试集
X_train, X_test, y_train, y_test = train_test_split(X, y, test_size=0.2, random_state=423)
# 构建逻辑回归模型
model = LogisticRegression().fit(X_train, y_train)
# 预测测试集结果
y_pred = model.predict(X_test)
```

代码 6-4 的运行结果如表 6-10 所示。可见在 22 个测试样本中有 18 个样本被正确预测，说明逻辑回归模型预测效果较好。

表 6-10　逻辑回归模型预测值与真实值表

y_test	0	0	0	1	0	0	0	1	1	0	0	0	0	1	1	0	0	0	0	0	0	0
y_pred	0	0	0	1	0	0	0	0	0	1	0	0	0	0	1	0	0	0	0	0	0	0

6.3　决策树分类

决策树也是由一个节点开始，然后分成多个可能的路径。每个节点代表着一个决策或行动，而每个分支代表着不同的结果或后果。在这个过程中，需要谨慎选择，仔细思考，以作出明智的决策，实现自己的目标和愿望。

6.3.1　决策树基本原理

决策树基于一系列问题和条件来确定最终的决策。以是否接受新 offer 为例对决策树的建立过程进行说明。首先判断薪水情况，若达到预期则进一步判断通勤时长，否则婉拒新 offer；若通勤时长尚可接受则进一步判断工作环境，否则婉拒新 offer；若工作环境令人满意则接受新 offer，否则婉拒新 offer。示意图如图 6-7 所示。

在上述决策树中，薪水为根节点，通勤时长、工作环境为内部节点、接受或婉拒为叶子节点。根节点是决策树的起始节点，位于决策树的最顶部，代表了最初的判断依据或问题；叶子节点是决策树最底部的节点，代表最终的决策结果或输出。每个叶子节点都对应一个特定的类别或数值，表示在给定一系列条件下的最终预测结果。当输入一个新的样本并沿着决策树逐步下行时，最终会达到一个叶子节点，该叶子节点给出了对应的决策结果。

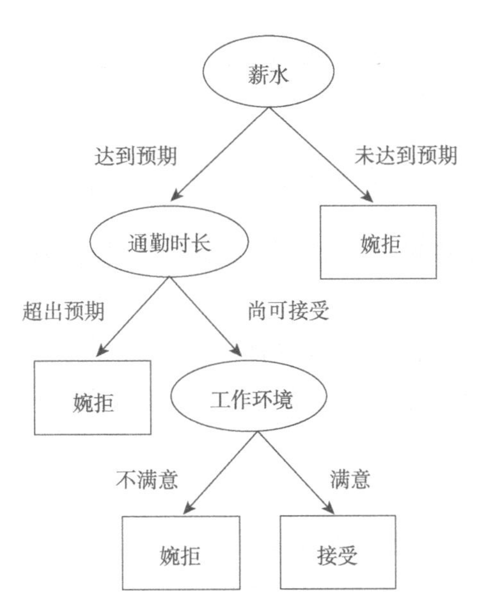

图 6-7　是否接受新 offer 决策树示意图

6.3.2　建立决策树

决策树通过在数据集中递归地划分数据来构建，进而实现对样本的分类。在建立决策树时，需要考虑以下两个较为关键的步骤：采用信息增益、信息增益率、基尼指数等指标进行属性选择；利用预剪枝或后剪枝避免过拟合。

1. 属性选择

决策树中的属性选择是指在生成决策树的过程中，选择哪些属性作为划分数据集的依据。属性选择的目标是选出与分类最相关的属性，因为属性选择的好坏将直接影响到分类准确率和决策树的复杂度。常用的属性选择方法有信息增益、信息增益率、基尼指数等。

（1）信息增益

信息熵用来衡量数据集的混乱程度，可以帮助选择最佳的属性进行划分，从而实现对数据集的分类。信息熵$H(D)$的计算公式如式（6-21）所示，其中D代表一个随机事件的结果，n代表事件结果的种类数，p_k表示事件结果k出现的概率。

$$H(D) = -\sum_{k=1}^{n} p_k \log_2 p_k \tag{6-21}$$

数据集纯度越高（同一类别样本越多），信息熵越小，反之，信息熵越大。选择信息熵最小的属性作为当前节点的分类依据，可以达到“信息增益”最大化的效果，从而得到更加准确和可靠的分类结果。如果数据集中只有一种分类，那么信息熵为 0；如果数据集中不同分类比例相等，那么信息熵最大为 1。信息熵越小，说明该属性对分类贡献越大，应该优先选择。

在决策树的生成过程中，信息熵一般与信息增益一起使用，通过选择信息增益最大的属性来进行划分，从而实现决策树的生成。信息增益$\text{Gain}(D,a)$如式（6-22）所示。

$$\text{Gain}(D,a)=H(D)-\sum_{v=1}^{V}\frac{|D^v|}{|D|}H\left(D^v\right) \tag{6-22}$$

信息增益越大，表示信息的不确定度降低的越多。因此，在构建决策树时，通常会选择信息增益最大的属性来进行分裂。

但是需要注意的是，信息增益在选择属性时存在着偏向性，对于属性取值较多的属性容易产生偏向。为了解决这个问题，可以使用信息增益率等方法来替代信息增益，从而实现更好的效果。

（2）信息增益率

由于信息增益偏好选择取值数较多的属性，为减弱由此带来的不良影响，可使用信息增益率来选择最优划分属性。信息增益率的计算公式如式（6-23）所示，$\text{Gain}(D,a)$表示属性a对数据集D的信息增益，$\text{IV}(a)$表示属性a的分裂熵。

$$\text{Gain\_ratio}(D,a)=\frac{\text{Gain}(D,a)}{\text{IV}(a)} \tag{6-23}$$

$$\text{IV}(a)=-\sum_{v=1}^{V}\frac{|D^v|}{|D|}\log_2\frac{|D^v|}{|D|} \tag{6-24}$$

信息增益率越大，说明属性对样本分类的重要性越高。

（3）基尼指数

基尼指数是决策树中的一种属性选择指标，反映了从数据集D中随机抽取的两个样本类别不一致的概率，用于衡量每个属性对于分类的贡献程度。在决策树生成过程中，通常会选择基尼指数最小的属性作为当前节点的分类依据。基尼指数的计算公式如式（6-25）所示，其中D代表一个随机事件的结果，n代表事件结果的种类数，p_k表示事件结果k出现的概率。

$$\text{Gini}(D)=\sum_{k=1}^{n}p_k\left(1-p_k\right)=1-\sum_{k=1}^{n}p_k^2 \tag{6-25}$$

基尼指数可以理解为平均概率误差，基尼指数越小，说明数据集的纯度越高，相应地，分类的效果就越好。在实际应用中，可以通过计算每个属性的基尼指数来选择最佳的属性进行划分，从而实现对数据集的分类。

2. 决策树剪枝

决策树剪枝是指对已有的决策树进行精简处理，是为了解决决策树过拟合的问题，即与训练数据太过匹配，而造成泛化能力较差。决策树剪枝主要有两种方法：预剪枝与后剪枝。

（1）预剪枝

预剪枝是决策树算法中一种常用的剪枝技术，其核心原理是，在生成决策树的过程中，在节点划分前进行泛化性能评估，若划分后的泛化性能并未提升，则停止划分并将该节点标记为叶子节点。预剪枝需要将训练集划分成训练集和验证集两部分，对于每个节点，可以计算其在训练集和验证集上的分类准确率，如果验证集上的准确率不能超过某一阈值，那么不对该节点进行划分，直接将其标记为叶子节点。这样可以避免过拟合的问题，提高决策树的泛化性能。

（2）后剪枝

决策树的后剪枝是指，在决策树生成完毕后，自底向上对非叶子节点进行考察，若将该节点对应的子树替换为叶子节点后，泛化性能得到提升，则将该子树替换为叶子节点。后剪枝能够保留比较准确的判断规则，同时去除一些不必要的规则，在解决过拟合的问题上有很好的效果。

具体实现方式是，先构造出一颗完整的决策树，然后对树进行修剪。修剪时，将一个节点的子树转化为叶子节点，并计算修剪后的决策树的分类误差率，如果修剪后的决策树的分类误差率小于等于不进行修剪的决策树的分类误差率，那么就进行修剪，否则不进行修剪。对于需要转化为叶子节点的节点，可以使用其子树中出现次数最多的类别作为叶子节点的类别标记。

综上所述，预剪枝与后剪枝是两种不同的决策树剪枝方法。预剪枝通过控制树的生长来减少模型复杂度，从而避免过拟合的问题。预剪枝是比较高效的方法，但是可能会出现欠拟合的情况。后剪枝需要先构造出一棵完整的决策树，然后进行修剪，这使它的计算成本比预剪枝更高，但是它可以更好地解决过拟合问题。因此，预剪枝与后剪枝都是解决决策树过拟合问题的有效手段，具体应该根据实际情况选择使用哪种方法。

6.3.3 决策树算法

常见的决策树算法包括 ID3 模型、C4.5 模型、CART 模型等。其中，ID3 模型使用信息增益准则来选取最优属性，C4.5 模型使用信息增益率来消除信息增益偏向于选择取值数较多的属性的问题，CART 模型选择基尼系数来构建决策树。

1. ID3 模型基本原理

ID3 模型是一种经典的决策树学习算法，其基本原理是基于信息论中的信息增益准则来选择最优属性并递归构建决策树。具体的，ID3 模型根据训练集中每个属性的信息增益大小，选取信息增益最大的属性作为当前节点的分裂属性，并将训练样本分配到由该属性分裂成的子节点中。重复该过程直到所有的训练样本都落在叶子节点中或达到预定的节点层数限制。

ID3 模型的优点在于计算复杂度不高，输出结果易于理解，可以处理不相关属性的数据。缺点是对于连续型的属性无法直接处理，容易陷入局部最优解。

为了更好地说明 ID3 模型如何选择用于分类的属性，这里举一个简单的例子来说明。假设数据集 D 包含 17 个样本，每个样本有学历和工作年限 2 个属性，并且最后一列为样本对应的分类标签，如表 6-11 所示。

表 6-11　ID3 模型示例数据

样本编号	学历	工作年限	是否愿意购买保险	样本编号	学历	工作年限	是否愿意购买保险
1	专科	10 年	是	10	专科	10 年	否
2	本科	10 年	是	11	研究生	1 年	否
3	本科	10 年	是	12	研究生	1 年	否
4	专科	10 年	是	13	专科	5 年	否
5	研究生	10 年	是	14	研究生	5 年	否
6	专科	10 年	是	15	本科	10 年	否
7	本科	5 年	是	16	研究生	1 年	否
8	本科	10 年	是	17	专科	5 年	否
9	本科	5 年	否				

任务是构建一个 ID3 模型，根据用户的学历和工作年限等属性来预测用户是否会购买保险。首先需要计算每个属性的信息增益，选择信息增益最大的属性作为当前节点的分裂属性，进一步构建 ID3 模型。将样本分为两类：购买保险和不购买保险。那么可以得到以下信息熵的计算结果。

信息熵的计算步骤如式（6-26）所示。

$$H(D)=-\sum_{k=1}^{2}p_k\log_2 p_k=-\frac{8}{17}\times\log_2\frac{8}{17}-\frac{9}{17}\times\log_2\frac{9}{17}\approx 0.996 \tag{6-26}$$

学历的信息增益计算步骤如式（6-27）～式（6-30）所示。

$$H(\text{专科})=-\sum_{k=1}^{2}p_k\log_2 p_k=-\frac{3}{6}\times\log_2\frac{3}{6}-\frac{3}{6}\times\log_2\frac{3}{6}=1 \tag{6-27}$$

$$H(\text{本科})=-\sum_{k=1}^{2}p_k\log_2 p_k=-\frac{4}{6}\times\log_2\frac{4}{6}-\frac{2}{6}\times\log_2\frac{2}{6}\approx 0.918 \tag{6-28}$$

$$H(\text{研究生})=-\sum_{k=1}^{2}p_k\log_2 p_k=-\frac{4}{5}\times\log_2\frac{4}{5}-\frac{1}{5}\times\log_2\frac{1}{5}\approx 0.722 \tag{6-29}$$

$$\begin{aligned}\text{Gain}(D,\text{学历})&=H(D)-\sum_{v=1}^{V}\frac{|D^v|}{|D|}H\left(D^v\right)\\&=0.996-\left[\frac{6}{17}H(\text{专科})+\frac{6}{17}H(\text{本科})+\frac{5}{17}H(\text{研究生})\right]\\&=0.996-\left[\frac{6}{17}\times 1.00+\frac{6}{17}\times 0.918+\frac{5}{17}\times 0.722\right]\\&\approx 0.107\end{aligned} \tag{6-30}$$

同理可得工作年限的信息增益约为 0.384。可以看到，工作年限的信息增益最大，因此选择工作年限作为根节点的分裂属性。

此外，若要建立 C4.5 模型，则需以信息增益率为划分依据，信息增益率计算步骤如式（6-23）、式（6-24）所示。首先计算各属性的分裂熵，如式（6-31）、式（6-32）所示。

$$\mathrm{IV}(学历)=-\frac{6}{17}\log_2\frac{6}{17}-\frac{6}{17}\log_2\frac{6}{17}-\frac{5}{17}\log_2\frac{5}{17}\approx 1.5799 \tag{6-31}$$

$$\mathrm{IV}(工作年限)=-\frac{9}{17}\log_2\frac{9}{17}-\frac{3}{17}\log_2\frac{3}{17}-\frac{5}{17}\log_2\frac{5}{17}\approx 1.4466 \tag{6-32}$$

接着计算各属性的信息增益率，如式（6-33）、式（6-34）所示。

$$\mathrm{Gain\_ratio}(D,学历)=\frac{\mathrm{Gain}(D,学历)}{\mathrm{IV}(学历)}=\frac{0.107}{1.5799}\approx 0.0672 \tag{6-33}$$

$$\mathrm{Gain\_ratio}(D,工作年限)=\frac{\mathrm{Gain}(D,工作年限)}{\mathrm{IV}(工作年限)}=\frac{0.384}{1.4466}\approx 0.2654 \tag{6-34}$$

可以看到，工作年限的信息增益率最大，在构建 C4.5 模型时选择工作年限作为根节点的分裂属性。此外，虽然在本数据集上使用信息增益和信息增益率得到了相同的结果，但由于信息增益率考虑了分裂熵，在其他数据集上可能会得到不同的结果。

2. C4.5 模型基本原理

C4.5 模型是一种经典的决策树算法，它可以用于分类和回归问题。相对于 ID3 模型，C4.5 模型在进行属性选择时使用了信息增益率来考虑属性取值数对信息增益的影响，并且支持处理缺失值。下面介绍 C4.5 模型的基本原理。

首先，C4.5 模型将数据集按照某个属性的取值进行划分，划分后的子集将作为下一步的决策节点或叶子节点。对于连续属性，C4.5 模型会对所有可能的划分点进行尝试，选择最优的划分点。其次，C4.5 模型使用信息增益率来选择最优属性，因为信息增益有可能偏向选择于取值数较多的属性，导致一些低重要性的属性被选中。最后，C4.5 模型在生成决策树时，会一直递归地划分子集，直到每个子集内只有同一类别的样本，或没有更多的属性可以用来划分。但是，这样的决策树可能会因为过度拟合导致泛化能力较差。因此，C4.5 模型采用了后剪枝方法，通过去掉不必要的节点来简化决策树，提高模型的泛化能力。

总之，C4.5 模型的基本原理是通过属性选择和数据集划分，生成一个可读性好、准确率高、泛化能力强的决策树。

scikit-learn 的 tree 模块提供了 DecisionTreeClassifier 类用于构建决策树分类模型。DecisionTreeClassifier 类的基本语法格式如下。

```
sklearn.tree.DecisionTreeClassifier(criterion='gini', splitter='best', max_depth=None,
min_samples_split=2, min_samples_leaf=1, min_weight_fraction_leaf=0.0, max_features=
None, random_state=None, max_leaf_nodes=None, min_impurity_decrease=0.0, min_impurity_
split=None, class_weight=None, presort=False)
```

DecisionTreeClassifier 类常用的参数及其说明，如表 6-12 所示。

表 6-12　DecisionTreeClassifier 类常用的参数及其说明

参数名称	说明
criterion	接收 str。表示节点（属性）选择的准则，使用信息增益 entropy 的是 C4.5 模型；使用基尼系数 gini 的 CART 模型。默认为 gini
splitter	接收 str。表示属性划分点选择标准，best 在属性的所有划分点中找出最优的划分点；random 在随机的部分划分点中找出局部最优划分点。默认为 best
max_depth	接收 int。表示决策树的最大深度。默认为 None
min_samples_split	接收 int 或 float。表示子数据集再切分需要的最小样本量。默认为 2
min_samples_leaf	接收 int 或 float。表示叶子节点所需的最小样本数，若低于设定值，则该叶子节点和其兄弟节点都会被剪枝。默认为 1
min_weight_fraction_leaf	接收 int、float、str 或 None。表示在叶子节点处的所有输入样本权重总和的最小加权分数。默认为 None
max_features	接收 float。表示属性切分时考虑的最大属性数量，默认是对所有属性进行切分。传入 int 类型的值，表示具体的属性个数；浮点数表示属性个数的百分比；sqrt 表示总属性数的平方根；log2 表示总属性数求 log2 后的个数的属性。默认为 None
random_state	接收 int、RandomState 实例或 None。表示随机种子的数量，若设置了随机种子，则最后的准确率都是一样的；若接收 int，则指定随机数生成器的种子；若接收 RandomState，则指定随机数生成器；若为 None，则指定使用默认的随机数生成器。默认为 None
max_leaf_nodes	接收 int 或 None。表示最大叶子节点数。默认为 None
min_impurity_decrease	接收 float。表示切分点不纯度最小减少的程度，若某节点的不纯度减少小于或等于这个值，则切分点就会被移除。默认为 0.0
min_impurity_split	接收 float。表示切分点最小不纯度，它用来限制数据集的继续切分（决策树的生成）。若某个节点的不纯度（分类错误率）小于这个阈值，则该点的数据将不再进行切分。无默认值
class_weight	接收 dict、dict 列表、balanced 或 None。表示分类模型中各种类别的权重，在出现样本不平衡时，可以考虑调整 class_weight 系数，防止算法对训练样本多的类别偏倚。默认为 None
presort	接收 bool。表示是否提前对属性进行排序。默认为 False

使用 DecisionTreeClassifier 类对阑尾炎数据集构建 C4.5 模型，如代码 6-5 所示。

代码 6-5　构建 C4.5 模型

```
# 加载所需的函数
import pandas as pd
from sklearn.tree import DecisionTreeClassifier
from sklearn.model_selection import train_test_split
from sklearn.metrics import recall_score,accuracy_score,f1_score
# 加载数据
data = pd.read_csv("../data/data 分类小案例.csv")
X = data.iloc[:,:-1]
y = data.iloc[:,-1]
# 划分训练集和测试集
X_train, X_test, y_train, y_test = train_test_split(X, y, test_size=0.2, random_state=423)
# 构建 C4.5 模型
```

```
model_C = DecisionTreeClassifier(criterion='entropy')
model_C.fit(X_train, y_train)
# 预测测试集结果
y_pred = model_C.predict(X_test)
```

代码 6-5 的运行结果如表 6-13 所示。可见在 22 个测试样本中有 19 个样本被正确预测，说明 C4.5 模型预测效果较好。

表 6-13　C4.5 模型预测值与真实值表

y_test	0	0	0	1	0	0	0	1	1	0	0	0	0	1	0	0	0	0	0	0	0	0
y_pred	1	0	0	1	0	0	0	0	1	0	1	0	0	1	0	0	0	0	0	0	0	0

6.3.4 随机森林算法

为了解决决策树存在的容易过拟合、对噪声数据敏感等问题，人们提出了随机森林算法。随机森林是一种集成学习算法，它通过构建多个决策树并依据决策树的输出结果进行投票来实现分类任务。每个决策树都是通过随机选择一部分属性和样本构建的，因此可以减少决策树过拟合的风险，提高模型的泛化能力。

1. 随机森林模型基本原型

随机森林的基本单元是多棵决策树。其模型原理是通过集成学习的思想将多棵树集成的一种算法：对于每个输入样本，随机森林会将其分别输入不同的决策树中进行分类，然后将所有决策树分类的结果进行综合，通过投票或平均确定样本的分类。通过结合多个决策树的分类结果来降低随机性和噪声对模型的影响，从而提高模型的准确性和泛化能力。

具体而言，随机森林有以下两个重要的特点。

（1）随机性：在训练每个决策树的过程中，随机森林会通过不同方式引入随机性，包括随机选择训练样本、随机选择属性、随机选择划分点等，从而使得每个决策树都具有不同的属性子集和训练样本子集，增加了决策树之间的差异性。

（2）集成性：随机森林模型是由多个决策树组成的集成模型，每个决策树的结果会被集成起来，从而使得模型更加稳定和准确。

在具体实现中，随机森林的训练过程包括以下 4 个步骤。

（1）随机选择样本：从原始数据集中按照一定比例随机抽取样本，用于训练每棵决策树。

（2）随机选择属性：从所有属性中（或固定选择一部分属性），随机选择一定数量的属性，作为当前决策树的属性集合。

（3）构建决策树：对于每个子样本和属性子集，构建一棵决策树。这里一般采用 CART 模型，即基于基尼系数或信息熵的分类树算法。

（4）集成决策树：将所有生成的决策树的结果集成起来，通常采用投票机制或平均法来确定最终分类结果。

由于随机森林模型可以处理高维度数据和大规模样本数据，同时也能够处理缺失数据和异常值，因此在实际应用中被广泛使用于分类任务。

2. 随机森林模型代码实现

使用 scikit-learn 库中 ensemble 模块的 RandomForestClassifier 类可以建立随机森林模型，其语法格式如下。

```
sklearn.ensemble.RandomForestClassifier(n_estimators=10,criterion='gini',max_depth=None,
min_samples_split=2,min_samples_leaf=1,min_weight_fraction_leaf=0.0,max_features='auto',
max_leaf_nodes=None,min_impurity_decrease=0.0,min_impurity_split=None,bootstrap=True,
oob_score=False,n_jobs=None,random_state=None,verbose=0,warm_start=False,class_weight=N
one)
```

RandomForestClassifier 类常用的参数及其说明如表 6-14 所示。

表 6-14　RandomForestClassifier 类常用的参数及其说明

参数名称	说明
n_estimators	接收 int。表示随机森林中决策树数量。默认为 10
criterion	接收 str。表示决策树进行属性选择时的评价标准，gini 表示基于 gini 系数；entropy 表示基于信息熵。默认为 gini
max_depth	接收 int。表示决策树划分时考虑的最大特征数。默认为 None
min_samples_split	接收 int 或 float。表示内部节点最小的样本数，若是 float，则表示百分数。默认为 2
min_samples_leaf	接收 int 或 float。表示叶节点最小的样本数，若是 float，则表示百分数。默认为 1
max_leaf_nodes	接收 int。表示最大的叶子节点数。默认为 None
class_weight	接收 dict、list、balanced。以{class_label:weight}的形式表示类的权重。默认为 None

使用 scikit-learn 库中 ensemble 模块的 RandomForestClassifier 类对阑尾炎数据集构建随机森林模型，如代码 6-6 所示。

代码 6-6　构建随机森林模型

```
# 加载所需的函数
import pandas as pd
from sklearn.ensemble import RandomForestClassifier
from sklearn.datasets import load_wine
from sklearn.model_selection import train_test_split
# 加载数据
data = pd.read_csv("../data/data 分类小案例.csv")
X = data.iloc[:,:-1]
y = data.iloc[:,-1]
# 划分训练集和测试集
X_train, X_test, y_train, y_test = train_test_split(X, y, test_size=0.2, random_state=423)
# 构建随机森林模型
```

```
model_rf = RandomForestClassifier()
model_rf.fit(X_train, y_train)
# 预测测试集结果
y_pred = model_rf.predict(X_test)
```

代码 6-6 的运行结果如表 6-15 所示。可见在 22 个测试样本中有 20 个样本被正确预测，说明随机森林模型预测效果较好。

表 6-15　随机森林模型预测值与真实值表

y_test	0	0	0	1	0	0	0	1	1	0	0	0	0	1	0	0	0	0	0	0	0	0
y_pred	0	0	0	1	0	0	1	0	1	0	0	0	0	1	0	0	0	0	0	0	0	0

6.4　朴素贝叶斯分类

相对于其他精心设计的更复杂的分类算法，朴素贝叶斯分类算法不仅简单、易于实现，其学习效率和分类效果也较为出色。正如《老子》中提到的“大道至简”，一切问题都可以寻找其规律，并且延续其规律的发展方向，进行简单化处理。

6.4.1　朴素贝叶斯模型基本原理

为了从有限的训练样本中尽可能准确地估计出目标，可大致分为两种策略：一种是直接通过建模来估计，属于判别式模型，如决策树、支持向量机、神经网络等；另一种通过对联合概率建模再进行估计，属于生成式模型，朴素贝叶斯模型就是一种典型的生成式模型。它基于贝叶斯定理和特征条件独立假设，具有较强的学习能力和分类效果。

假设数据集 $D=\{(x_1,y_1),(x_2,y_2),\cdots,(x_N,y_N)\}$，其中 $x_i=\left(x_{i_1},x_{i_2},\cdots,x_{i_n}\right)$ 表示第 i 个样本的 n 个属性，$y_i\in\{c_1,c_2,\cdots,c_k\}$ 表示第 i 个样本所属的类别。朴素贝叶斯模型的目标就是利用这些已知信息来构建分类模型，分类过程可概括为以下三个步骤。

（1）计算先验概率。先验概率指的是在没有任何样本信息的情况下，一个样本属于某一类别的概率。在朴素贝叶斯模型中，可以通过样本总数以及每个类别中样本的数量来计算先验概率。先验概率的计算公式如（6-35）所示，其中 N_{c_i} 为类别 c_i 的样本个数，N 为全部样本个数。

$$P(c_i)=\frac{N_{c_i}}{N} \tag{6-35}$$

（2）计算条件概率。条件概率指的是在已知样本属于某一类别的情况下，该样本具有某个属性的条件概率。在朴素贝叶斯模型中，为了避免计算复杂度过高，通常使用特征条件独

立假设来简化条件概率的计算，即假设每个属性在所有类别中是相互独立的。条件概率的计算公式如式（6-36）所示，其中 x_j 表示第 j 个属性，$P(x_j|c_i)$ 表示在属于类别 c_i 的条件下 x_j 取某个值的条件概率。

$$P(x|c_i)=\prod_{j=1}^{n}P(x_j|c_i) \tag{6-36}$$

为了简化计算，朴素贝叶斯模型通常假定每个属性的条件概率都服从同一分布，在分类时以此作为基础。对于离散属性，可以直接使用训练数据中属性在类别中出现的频率计算；对于连续属性，通常需要假设其服从某种概率分布（如高斯分布、Beta 分布等），然后根据训练数据计算出各个类别下的概率分布参数。

（3）应用贝叶斯定理计算后验概率。后验概率指的是在已知样本具有某些属性的情况下，该样本属于某一类别的概率。根据贝叶斯定理，可以得到后验概率的计算公式如式（6-37）所示。

$$P(c_i|x)=\frac{P(x|c_i)P(c_i)}{\sum_{j=1}^{k}P(x|c_j)P(c_j)} \tag{6-37}$$

其中 k 表示类别个数，分母表示样本 x 在所有类别下的条件概率之和，主要作用是将后验概率进行归一化，使其之和等于 1。朴素贝叶斯模型会将样本 x 归为概率值最大的类别，由于分母相同，仅比较分子即可，如式（6-38）所示。

$$y=\underset{c_i}{\operatorname{argmax}}\,P(c_i)\prod_{j=1}^{n}P(x_j|c_i) \tag{6-38}$$

以离散型的郁金香数据集为例，对朴素贝叶斯模型处理离散型数据进行说明，如表 6-16 所示。假设数据集 D 包含 12 个样本，每个样本有 4 个属性：花萼长度、花萼宽度、花瓣长度、花瓣宽度，并且最后一列为样本对应的分类标签：是否为纯种郁金香。

表 6-16　朴素贝叶斯模型示例数据（离散型）

花萼长度	花萼宽度	花瓣长度	花瓣宽度	是否为纯种郁金香
短	窄	短	窄	否
短	窄	长	宽	否
短	宽	短	窄	否
长	窄	短	窄	否
短	宽	短	宽	否
长	窄	短	宽	否
短	宽	长	宽	是
长	窄	长	窄	是
长	宽	短	窄	是
长	宽	短	宽	是
长	宽	长	窄	是
长	宽	长	宽	是

需要构建一个朴素贝叶斯模型，根据样本的花萼、花瓣的长度、宽度4个属性来预测样本是否为纯种郁金香。按照朴素贝叶斯模型的分类步骤，分别计算先验概率、条件概率和后验概率，然后比较后验概率的大小确定新样本的类别。

（1）计算先验概率$P(c_i)$，如式（6-39）所示。

$$P(是)=P(否)=\frac{6}{12} \tag{6-39}$$

（2）计算条件概率$P(x|c_i)$，如式（6-40）、式（6-41）所示。

$$\begin{aligned}P(短，窄，短，宽|否)&=P(短|否)\times P(窄|否)\times P(短|否)P\times(宽|否)\\&=\frac{4}{6}\times\frac{4}{6}\times\frac{5}{6}\times\frac{3}{6}=\frac{240}{1296}\end{aligned} \tag{6-40}$$

$$\begin{aligned}P(短，窄，短，宽|是)&=P(短|是)\times P(窄|是)\times P(短|是)P\times(宽|是)\\&=\frac{1}{6}\times\frac{1}{6}\times\frac{2}{6}\times\frac{3}{6}=\frac{6}{1296}\end{aligned} \tag{6-41}$$

（3）计算后验概率$P(c_i|x)$，如式（6-42）、式（6-43）所示。

$$P(否)\prod_{j=1}^{n}P(短，窄，短，宽|否)=\frac{1}{2}\times\frac{240}{1296}=\frac{120}{1296}\approx 0.093 \tag{6-42}$$

$$P(是)\prod_{j=1}^{n}P(短，窄，短，宽|是)=\frac{1}{2}\times\frac{6}{1296}=\frac{3}{1296}\approx 0.002 \tag{6-43}$$

因此朴素贝叶斯模型将新样本（短，窄，短，宽）预测为否类，即非纯种郁金香。

以连续型郁金香数据为例，对朴素贝叶斯模型处理连续型数据进行说明，如表6-17所示。

表6-17　朴素贝叶斯模型示例数据（连续型）

花瓣长度	花瓣宽度	是否纯种郁金香	花瓣长度	花瓣宽度	是否纯种郁金香
5.1	3.5	0	6.2	3.4	1
4.9	3.0	0	5.5	2.3	1

首先，为了处理连续型属性，假设其服从高斯分布。对于每个类别，分别估计该类别上x_1和x_2的均值和标准差。

$$x_1\_mean\_0=(5.1+4.9)\div 2=5.0 \tag{6-44}$$

$$x_1\_std\_0=\sqrt{(5.1-5.0)^2+(4.9-5.0)^2}\approx 0.141 \tag{6-45}$$

$$x_2\_mean\_0=(3.5+3.0)\div 2=3.25 \tag{6-46}$$

$$x_2\_std\_0=\sqrt{(3.5-3.25)^2+(3.0-3.25)^2}\approx 0.354 \tag{6-47}$$

然后利用高斯分布的概率密度函数，根据上述均值和标准差计算新样本$x_1=5.3$，$x_2=3.2$所属类别的概率。

$$P(x_1=5.3|y=0)=f(x_1\_mean\_0,x_1\_std\_0,5.3) \tag{6-48}$$

$$P(x_2 = 3.2 | y = 0) = f(x_2\_mean\_0, x_2\_std\_0, 3.2) \quad (6\text{-}49)$$

$$P(x_1 = 5.3 | y = 1) = f(x_1\_mean\_1, x_1\_std\_1, 5.3) \quad (6\text{-}50)$$

$$P(x_2 = 3.2 | y = 1) = f(x_2\_mean\_1, x_2\_std\_1, 3.2) \quad (6\text{-}51)$$

根据贝叶斯定理计算$P(y = 0 | x_1 = 5.3, x_2 = 3.2)$，由于只关心类别的相对概率，所以可以忽略分母$P(x_1 = 5.3, x_2 = 3.2)$。

$$P(y = 0 | x_1 = 5.3, x_2 = 3.2) = \frac{P(x_1 = 5.3, x_2 = 3.2 | y = 0) \times P(y = 0)}{P(x_1 = 5.3, x_2 = 3.2)} \quad (6\text{-}52)$$

根据朴素贝叶斯模型的独立性假设，可以将联合概率拆分成单独的条件概率。

$$P(x_1 = 5.3, x_2 = 3.2 | y = 0) = P(x_1 = 5.3 | y = 0) \times P(x_2 = 3.2 | y = 0) \quad (6\text{-}53)$$

假设已知条件如式（6-54）所示，计算后验概率情况。

$$\begin{aligned} &P(x_1 = 5.3 | y = 0) = 0.2，P(x_2 = 3.2 | y = 0) = 0.3 \\ &P(x_1 = 5.3 | y = 1) = 0.4，P(x_2 = 3.2 | y = 1) = 0.8 \\ &P(y = 0) = 0.5，P(y = 1) = 0.5 \end{aligned} \quad (6\text{-}54)$$

$$P(y = 0 | x_1 = 5.3, x_2 = 3.2) = \frac{0.2 \times 0.3 \times 0.5}{P(x_1 = 5.3, x_2 = 3.2)} \quad (6\text{-}55)$$

$$P(y = 1 | x_1 = 5.3, x_2 = 3.2) = \frac{0.4 \times 0.8 \times 0.5}{P(x_1 = 5.3, x_2 = 3.2)} \quad (6\text{-}56)$$

最后，对于两个后验概率，选择概率较大的类别作为预测结果。

6.4.2 朴素贝叶斯模型代码实现

在 Python 中，朴素贝叶斯分类可以利用高斯朴素贝叶斯和多项式朴素贝叶斯模型实现。高斯朴素贝叶斯模型，主要处理连续型变量的数据，它的模型假设是每一个维度都符合高斯分布。使用scikit-learn库中naive_bayes模块的GaussianNB类可以构建高斯朴素贝叶斯模型，其语法格式如下。

```
sklearn.naive_bayes.GaussianNB(priors=None, var_smoothing=1e-09)
```

GaussianNB 类常用的参数及其说明如表 6-18 所示。

表 6-18　GaussianNB 类常用的参数及其说明

参数名称	说明
priors	接收 array。表示先验概率大小，若没有给定，则模型根据样本数据计算（利用极大似然法）。默认为 None
var_smoothing	接收 float。表示为计算稳定性而添加到方差中的数值。默认为 1e-09

多项式朴素贝叶斯模型，主要用于离散属性分类。使用 scikit-learn 库中 naive_bayes 模块的 MultinomialNB 类可以实现多项式朴素贝叶斯分类，其语法格式如下。

```
sklearn.naive_bayes.MultinomialNB(alpha=1.0,fit.prior=True,class_prior=None)
```

MultinomialNB 类常用的参数及其说明如表 6-19 所示。

表 6-19 MultinomialNB 类常用的参数及其说明

参数名称	说明
alpha	接收 float。表示添加拉普拉斯平滑参数。默认为 1.0
fit_prior	接收 bool。表示是否学习先验概率。默认为 True
class_prior	接收 array。表示给定每个类别的先验概率。若没有指定，则根据样本数据进行计算。默认为 None

使用 scikit-learn 库中 naive_bayes 模块的 MultinomialNB 类对阑尾炎数据集构建多项式朴素贝叶斯模型，如代码 6-7 所示。

代码 6-7 构建多项式朴素贝叶斯模型

```
# 加载所需的函数
import pandas as pd
from sklearn.ensemble import RandomForestClassifier
from sklearn.model_selection import train_test_split
from sklearn.naive_bayes import GaussianNB
from sklearn.metrics import accuracy_score, confusion_matrix
# 加载数据
data = pd.read_csv("../data/data分类小案例.csv")
X = data.iloc[:,:-1]
y = data.iloc[:,-1]
# 划分训练集和测试集
X_train, X_test, y_train, y_test = train_test_split(X, y, test_size=0.2, random_state=423)
# 构建多项式朴素贝叶斯模型
model = GaussianNB().fit(X_train, y_train)
# 预测测试集结果
y_pred = model.predict(X_test)
```

多项式朴素贝叶斯模型得到的预测值与真实值对比如表 6-20 所示，其中 y_test 为真实值，Y_pred 为预测值。可见在 22 个测试样本中，多项式朴素贝叶斯模型预测正确的样本数为 19，达到了较好的预测效果。

表 6-20 朴素贝叶斯预测值与真实值表

y_test	0	0	0	1	0	0	0	1	1	0	0	0	0	1	0	0	0	0	0	0	0	0
Y_pred	0	0	0	1	0	0	1	1	1	0	0	0	0	1	1	0	1	0	0	0	0	0

6.5 K 最近邻分类

就 K 最近邻分类算法而言，K 个簇中心根据距离的不断迭代，就好像人们与他人进行比较，并根据比较结果学习他人的优点，不断地改进自身，从而使自己更加优秀。K 最近邻分类算法在数字化领域中有着广泛的应用，如图像处理、产品推荐等，对推动数字中国建设也具有重要意义。

6.5.1 K 最近邻分类基本原理

K 最近邻（K-Nearest Neighbor，KNN）分类算法简称 KNN 算法，是一种基于实例的简单算法，K 最近邻分类算法实现分类的步骤如下。

（1）准备数据集：首先需要准备一份已知类别的训练数据集，数据集中每个样本应包含多个属性和一个对应的类别标签。

（2）计算距离：对于新的待分类样本 x，需要计算它与训练数据集中每个样本之间的距离。KNN 算法中通常采用欧氏距离或曼哈顿距离等作为距离度量。

（3）选择 K 值：指定一个正整数 K，选择距离最近的 K 个训练样本作为待分类样本 x 的邻居。

（4）统计票数：根据 K 个邻居的类别标签，进行投票统计，将待分类样本 x 归为票数最多的类别。

（5）输出预测结果：通过投票统计，确定待分类样本 x 所属的类别。

KNN 算法具有简单、易于理解和实现的优点，同时在处理多分类问题时也表现出不错的效果。但是，KNN 算法也存在一些问题，例如，在处理大规模数据集时的计算复杂度较高。此外，还需选择合适的距离度量方式和最优的 K 值，才能取得较好的分类效果。

假设数据集 D 包含 11 个样本，每个样本都有其对应的类别，如图 6-8 所示。需要构建一个 KNN 模型，根据样本的属性来判断样本所属的类别。

KNN 算法示例图（彩图）

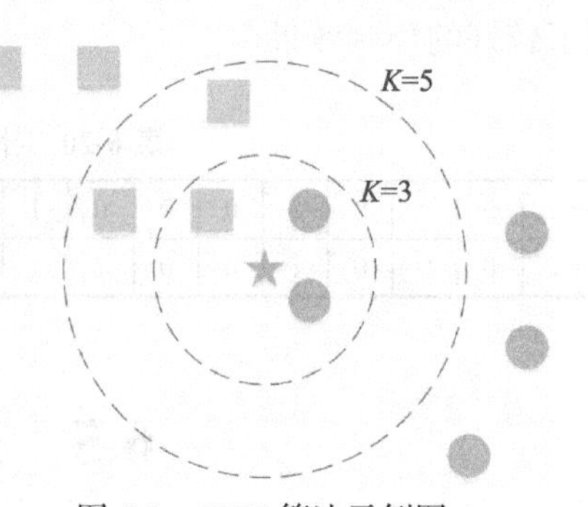

图 6-8　KNN 算法示例图

当 K=3 时，红色圆形占比为 $\frac{2}{3}$，绿色方形占比为 $\frac{1}{3}$，红色圆形占比高于绿色方形，此时新样本蓝色星形将被判定为红色圆形所属的类；当 K=5 时，红色圆形占比为 $\frac{2}{5}$，绿色方形占比为 $\frac{3}{5}$，绿色方形占比高于红色圆形，此时新样本蓝色星形将被判定为绿色方形所属的类。

对 KNN 算法的计算逻辑进行说明，假设某新样本与其他 5 个样本的距离和 5 个样本的类别如表 6-21 所示。

表 6-21　某样本与其他 5 个样本的距离和 5 个样本的类别

	样本 1	样本 2	样本 3	样本 4	样本 5
与新样本的距离	1	1.2	1.5	2	2.5
类别	A	B	A	B	B

当选取 K=3，即选择距离新样本最近的 3 个邻居，分别为样本 1、样本 2、样本 3，此时类别 A 有 2 个，类别 B 有 1 个，则新样本的类别为 A。

当选取 K=5，即选择距离新样本最近的 5 个邻居，分别为样本 1 到样本 5，此时类别 A 有 2 个，类别 B 有 3 个，则新样本的类别为 B。

6.5.2　K 最近邻分类代码实现

使用 scikit-learn 库中 neighbors 模块的 KNeighborsClassifier 类可以建立 KNN 模型，其语法格式如下。

```
skearn.neighbors.KNeighborsClassifier(n_neighbors=5,weights='uniform',algorithm='auto',le
af_size=30,p=2,metric='minkowski',metric_params=None,n_jobs=1)
```

KNeighborsClassifier 类常用的参数及其说明如表 6-22 所示。

表 6-22　KNeighborsClassifier 类常用的参数及其说明

参数名称	说明
n_neighbors	接收 int。表示“邻居”数。默认为 5
weights	接收 str。表示分类判断时最近邻的权重，可选参数为 uniform 和 distance。uniform 表示权重相等；distance 表示按距离的倒数赋予权重。默认为 uniform
algorithm	接收 str。表示分类时采取的算法，可选参数 auto 表示自适应算法；ball_tree 表示球树；kd_tree 表示 KD 树；brute 表示使用暴力方法加速。默认为 auto
metric	接收 str。表示距离度量，euclidean 表示欧氏距离；manhattan 表示曼哈顿距离；minkowski 表示多维空间中计算两点之间距离的方法。默认为 minkowski
p	接收 int。表示距离度量公式，p 为 1 表示曼哈顿距离，p 为 2 表示欧式距离。默认为 2
n_jobs	接收 int。表示计算时使用的核数。默认为 1

使用 KNeighborsClassifier 类对阑尾炎数据集构建 KNN 模型，如代码 6-8 所示。

代码 6-8　构建 KNN 模型

```
# 加载所需的函数
import pandas as pd
from sklearn.neighbors import KNeighborsClassifier
from sklearn.model_selection import train_test_split
from sklearn.metrics import accuracy_score, confusion_matrix
# 加载数据
data = pd.read_csv("../data/data分类小案例.csv")
X = data.iloc[:,:-1]
y = data.iloc[:,-1]
# 划分训练集和测试集
X_train, X_test, y_train, y_test = train_test_split(X, y, test_size=0.2, random_state=423)
# 构建KNN模型
model_knn = KNeighborsClassifier(n_neighbors=4)
model_knn.fit(X_train, y_train)
# 预测测试集结果
y_pred = model_knn.predict(X_test)
```

KNN 模型得到的预测值与真实值对比如表 6-23 所示，可见在 22 个测试样本中，KNN 模型预测正确的样本数为 19，达到了较好的预测效果。

表 6-23　KNN 模型预测值与真实值表

y_test	0	0	0	1	0	0	0	1	1	0	0	0	0	1	0	0	0	0	0	0	0	0
y_pred	0	0	0	1	0	0	1	0	1	0	0	0	0	1	0	0	1	0	0	0	0	0

6.6　支持向量机

支持向量机需要将数据映射到特征空间，并尝试找到一个超平面，将不同类别的数据分开。这个过程就像在生活中要作出决策一样，需要考虑许多因素，并将所有信息综合起来，慎重考虑和权衡所有不同方案和决策的风险和回报，从而得出一个最优方案。在支持向量机中，数据可以分为线性可分和线性不可分两种情况。线性可分是指存在一个超平面，可以将数据集中的正负样本点完全分开，而线性不可分是指不存在一个超平面可以将正负样本点完全分开。

6.6.1　支持向量机基本原理

支持向量机（Support Vector Machines，SVM）是一种广泛应用于分类的算法，其基本原理可以概括为以下 4 点。

（1）将数据映射到高维空间：SVM 的核心思想是将低维度的数据通过某种函数映射到高维空间，以便在该空间中更容易地进行分类。

（2）最大化间隔：SVM 试图寻找一个超平面（n–1 维空间中的一个超曲面），将不同类别的数据最大限度地分开，并且使其距离最近的数据点到该超平面距离最大。

（3）添加松弛变量：在实际情况下，数据点难以由一个超平面完全划分为不同类型，因此 SVM 引入了“松弛变量”，允许一些数据点落在超平面错误的一侧，并减小这些数据点对模型的影响。

（4）求解优化问题：SVM 将分类问题转化为一个凸二次规划问题，通过求解拉格朗日对偶问题来获得分类器的参数，进而进行分类。

SVM 的优点包括在高维空间中表现良好、泛化能力强、对于小样本数据集有很好的应用效果等。缺点包括算法复杂度较高、对于噪声敏感等。

6.6.2 数据线性可分的情况

超平面可以用线性方程描述，如式（6-57）所示。其中 $\boldsymbol{w}$ 为法向量，能够决定超平面的方向；b 为位移项，反映超平面与原点的距离。

$$\boldsymbol{w}^{\mathrm{T}}\boldsymbol{x}+b=0 \tag{6-57}$$

在 SVM 中，线性可分指的是存在一个超平面能够将正负样本点完全分开，不存在任何一个点在该超平面上，如图 6-9 所示，此时决策方程如式（6-58）所示。

$$y(\boldsymbol{x}_i)=\begin{cases}\boldsymbol{wx}+b\geqslant 0, & y_i=+1\\ \boldsymbol{wx}+b\leqslant 0, & y_i=-1\end{cases} \tag{6-58}$$

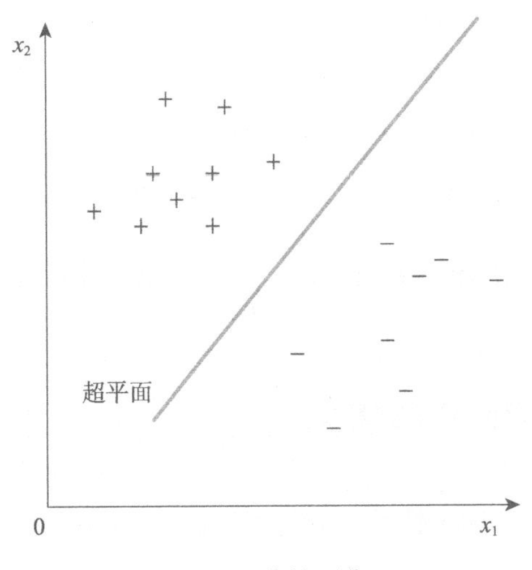

图 6-9　线性可分

在式（6-58）中，y_i是第 i 个样本的类别标签。

需要注意的是，可能存在多个超平面可以将正负样本点分离，但最优超平面应该满足支持向量的最大化（离超平面最近的点），在数学上可以表示为一个优化问题，通常采用拉格朗日乘子法来求解，步骤如下。

由式（6-58）得到 SVM 的基本形式，如式（6-59）所示。

$$\begin{aligned}&\arg\min_{\boldsymbol{w},b}\frac{1}{2}\|\boldsymbol{w}\|^2\\&\text{s.t. } y_i(\boldsymbol{w}^{\mathrm{T}}\boldsymbol{x}_i+b\geqslant 1)\end{aligned} \tag{6-59}$$

构造拉格朗日函数并对参数求偏导如式（6-60）、式（6-61）所示。

$$L(\boldsymbol{w},b,\alpha)=\frac{1}{2}\|\boldsymbol{w}\|^2-\sum_{i=1}^{m}\alpha_i(y_i(\boldsymbol{w}^{\mathrm{T}}\boldsymbol{x}_i+b)-1) \tag{6-60}$$

$$\begin{cases}\boldsymbol{w}=\sum_{i=1}^{m}\alpha_i y_i\boldsymbol{x}_i\\\sum_{i=1}^{m}\alpha_i y_i=0\end{cases} \tag{6-61}$$

代入得到式（6-62）。

$$L(\boldsymbol{w},b,\alpha)=\sum_{i=1}^{m}\alpha_i-\frac{1}{2}\sum_{i=1}^{m}\sum_{j=1}^{m}\alpha_i\alpha_j y_i y_j\boldsymbol{x}_i^{\mathrm{T}}\boldsymbol{x}_j \tag{6-62}$$

加上卡罗需-库恩-塔克（Karush-Kuhn-Tucker，KKT）条件，即约束条件，得到式（6-63）。

$$\begin{aligned}&\min_{\alpha}\left\{\frac{1}{2}\sum_{i=1}^{m}\sum_{j=1}^{m}\alpha_i\alpha_j y_i y_j\boldsymbol{x}_i^{\mathrm{T}}\boldsymbol{x}_j-\sum_{i=1}^{m}\alpha_i\right\}\\&\text{s.t. }\sum_{i=1}^{m}\alpha_i y_i=0\\&\alpha_i\geqslant 0\\&y_i(\boldsymbol{w}^{\mathrm{T}}x_i+b)-1\geqslant 0\\&\alpha_i(y_i(\boldsymbol{w}^{\mathrm{T}}x_i+b)-1)=0\end{aligned} \tag{6-63}$$

求解出参数$\boldsymbol{w}$、b即可得到超平面，如式（6-64）所示。

$$f(\boldsymbol{x})=\boldsymbol{w}^{\mathrm{T}}\boldsymbol{x}+b=\sum_{i=1}^{m}\alpha_i y_i\boldsymbol{x}_i^{\mathrm{T}}\boldsymbol{x}+b \tag{6-64}$$

6.6.3 数据线性不可分的情况

在 6.6.2 节中，作了一个样本线性可分的假设，即存在一个超平面能将样本正确分类。然而在现实场景中，样本空间很可能不存在一个能正确划分样本的超平面。当数据线性不可分时，SVM 需要使用核函数将数据映射到高维空间，使得数据在高维空间中线性可分，如图 6-10 所示。

数据在高维空间中线性可分（彩图）

核函数是 SVM 处理非线性可分问题的关键。核函数可以将原始空间中的数据映射到高维空间中，使得数据在高维空间中变得线性可分。常用的核函数有高斯径向基函数（RBF）和多项式核函数。在使用 SVM 处理非线性可分问题时，需要选择合适的核函数和相关参数，以达到最佳的分类效果。常用核函数如表 6-24 所示。

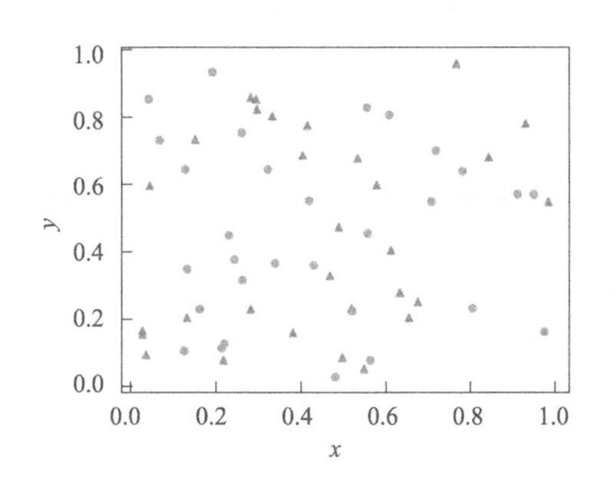

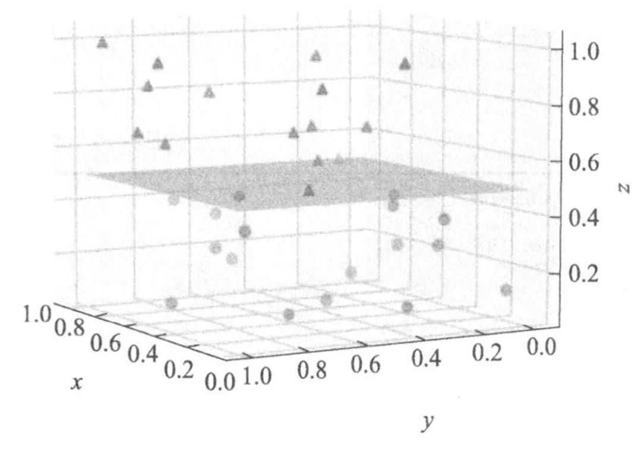

图 6-10 数据在高维空间中线性可分

表 6-24 常用核函数

核函数名称	表达式	说明
线性核函数	$K(\boldsymbol{x}_i,\boldsymbol{x}_j)=\boldsymbol{x}_i^{\mathrm{T}}\boldsymbol{x}_j$	当数据线性可分时使用
多项式核函数	$K(\boldsymbol{x}_i,\boldsymbol{x}_j)=(\boldsymbol{x}_i^{\mathrm{T}}\boldsymbol{x}_j+r)^d$	r 为常数项，d 为多项式次数
高斯径向基函数	$K(\boldsymbol{x}_i,\boldsymbol{x}_j)=\exp\left(-\frac{\lVert\boldsymbol{x}_i-\boldsymbol{x}_j\rVert^2}{2\sigma^2}\right)$	σ 为高斯核的宽度，决定了支持向量相互作用的范围
Sigmoid 核函数	$K(\boldsymbol{x}_i,\boldsymbol{x}_j)=\tanh(\alpha\boldsymbol{x}_i^{\mathrm{T}}\boldsymbol{x}_j+c)$	tanh 为双曲正切函数，α 和 c 为常数

使用 scikit-learn 库中 svm 模块的 SVC 类可以建立 SVM 模型，其语法格式如下。

```
sklearn.svm.SVC(C=1.0,kernel='rbf',degree=3,gamma='auto',coef0=0.0,shrinking=True,probability=False,tol=0.001,cache_size=200,class_weight=None,verbose=False,max_iter=-1,decision_function_shape='ovr',random_state=None)
```

SVC 类常用的参数及其说明如表 6-25 所示。

表 6-25 SVC 类常用的参数及其说明

参数名称	说明
C	接收 int 或 float。表示对误分类的惩罚参数。默认为 1.0
kernel	接收 str。表示核函数，可选参数为 linear（线性核）、poly（多项式核）、rbf（高斯核）、sigmoid（sigmoid 核）。默认为 rbf

（续）

参数名称	说明
degree	接收 int。表示多项式核函数 poly 的维度。默认为 3
gamma	接收 str。表示核函数的参数，auto 表示自动设置参数。默认为 auto
coef0	接收 int 或 float。表示核函数的常数项，对 poly 和 sigmoid 有效，默认为 0.0
tol	接收 float。表示停止训练的误差大小。默认为 0.001
max_iter	接收 int。表示最大迭代次数，–1 表示无限制。默认为–1

使用 scikit-learn 库中 svm 模块的 SVC 类对阑尾炎数据集构建 SVM 模型，如代码 6-9 所示。

代码 6-9　构建 SVM 模型

```
# 加载所需的函数
import pandas as pd
from sklearn.model_selection import train_test_split
from sklearn.svm import SVC
from sklearn.metrics import classification_report
import warnings
warnings.filterwarnings("ignore")
# 加载数据
data = pd.read_csv("../data/data 分类小案例.csv")
X = data.iloc[:,:-1]
y = data.iloc[:,-1]
# 划分数据集
X_train,X_test,y_train,y_test = train_test_split(X,y,test_size = 0.20,random_state = 423)
# 构建 SVM 模型
model_svc_linear = SVC(kernel='linear').fit(X_train,y_train)  # 核函数为线性核函数
model_svc_rbf = SVC(kernel='rbf').fit(X_train,y_train)  # 核函数为高斯核函数
# 利用 SVM 模型预测
y_pred_svc_linear = model_svc_linear.predict(X_test)
y_pred_svc_rbf = model_svc_rbf.predict(X_test)
```

SVM 模型得到的预测值与真实值对比如表 6-26 所示，其中 y_test 为测试集的真实值，y_pred_svc_linear 为利用线性核函数构建 SVM 模型得到的预测值，y_pred_svc_rbf 为利用高斯核函数构建 SVM 模型得到的预测值。可见在 22 个测试样本中，线性核的 SVM 模型预测正确的样本数为 20，高斯核的 SVM 模型预测正确的样本数为 20，均达到了较好的预测效果。

表 6-26　SVM 模型得到的预测值与真实值对比

y_test	0	0	0	1	0	0	0	1	1	0	0	0	0	1	0	0	0	0	0	0	0	0
y_pred_svc_linear	0	0	0	1	0	0	0	0	1	0	0	0	0	1	0	0	1	0	0	0	0	0
y_pred_svc_rbf	0	0	0	1	0	0	1	1	1	0	0	0	0	1	0	0	1	0	0	0	0	0

6.7 神经网络

党的二十大报告指出，要推动制造业高端化、智能化、绿色化发展。这要求新时代的人才必须具备运用人工智能、大数据等新技术的技能本领。而神经网络（Neural Networks）即为人工智能的基础知识。神经网络能在外界信息的基础上改变内部结构，是一个具备学习功能的自适应系统。神经网络已经被用于解决各种各样的问题。

6.7.1 神经网络基本概念

神经网络是由具有适应性的简单单元组成的广泛并行互连网络，它的组织结构能够模拟生物神经系统对真实世界物体所作出的交互反应。

这里定义的“简单单元”，是指一个神经元（Neuron）模型，它是神经网络中最基本的成分。在生物神经网络中，每个神经元与其他神经元相连，当它“兴奋”时，就会向相连的神经元发送化学物质，从而改变这些神经元内的电位；如果神经元电位超过了某个“阈值”（threshold），那么就会被激活，即“兴奋”起来，向其他神经元发送化学物质，从而实现信号的传递。

将神经元模型表示成一个数学模型，如图 6-11 所示。在这个模型中，神经元接收来自 n 个其他神经元传递过来的输入信号，用 $x_1,x_2,\cdots,x_n$ 表示；这些输入信号通过带权重的连接进行传递，权重用 $w_1,w_2,\cdots,w_n$ 表示；神经元接收的总输入值 $\sum_{i=1}^{n} w_i x_i$ 将与阈值 θ 进行比较，然后通过“激活函数”（Activation Function）处理输入的内容以产生神经元的输出，最终神经元的输出为 $y=f\left(\sum_{i=1}^{n} w_i x_i-\theta\right)$。

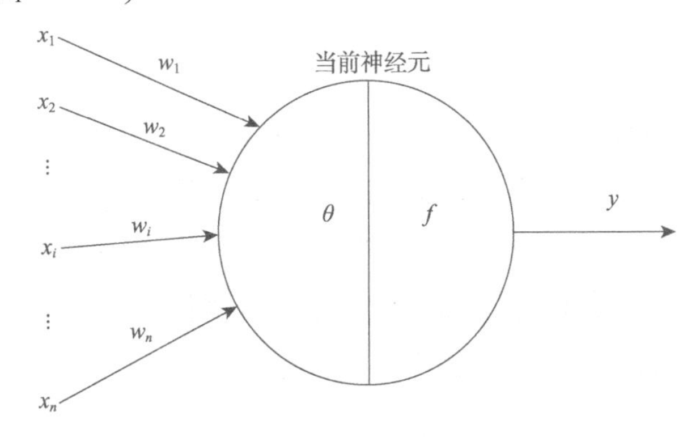

图 6-11　神经元模型

其中，激活函数一般采用非线性函数，如 Sigmoid 函数，如式（6-65）所示。

$$\text{Sigmoid}(x)=\frac{1}{1+\mathrm{e}^{-x}} \tag{6-65}$$

将多个神经元按一定的层次结构连接起来，就得到神经网络。

常见的神经网络是如图 6-12 所示的多层前馈神经网络（Multilayer Feed Forward Neural Networks），每层神经元与下一层的神经元全部互连，神经元之间不存在同层连接，也不存在跨层连接。其中输入层神经元对信号进行接收，最终输出结果由输出层神经元输出；换句话说，输入层神经元只是接收输入，不进行函数处理，隐层与输出层包含功能神经元。神经网络的学习过程，就是根据训练数据来调整神经元之间的连接权重（Connection Weight）以及每个神经元的阈值，神经网络“学”到的信息，蕴含在连接权和阈值中。值得注意的是，如果单隐层网络不能满足实际生产需求，可在网络中设置多个隐层。

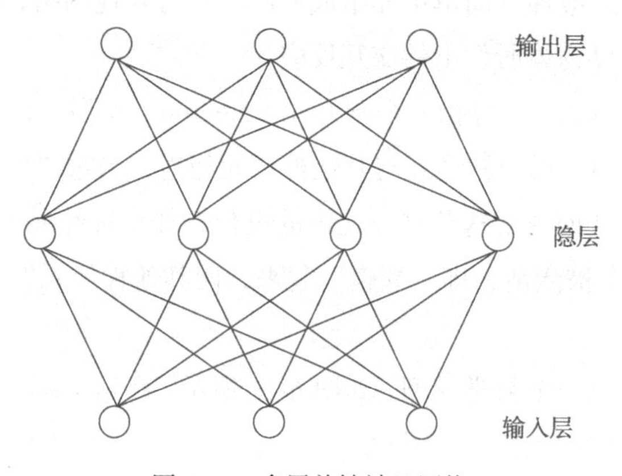

图 6-12　多层前馈神经网络

6.7.2　BP 神经网络算法

训练多层神经网络一般采用误差逆传播（error BackPropagation，BP）算法，通常说的“BP 神经网络”是指用 BP 神经网络算法训练的多层前馈网络。

给定训练集 $D=\{(x_1,y_1),(x_2,y_2),\cdots,(x_n,y_n)\},x_i\in\mathrm{R}^d,y_i\in\mathrm{R}^s$，即输入样本有 d 个属性描述，输出 s 维向量。可构建一个单隐层的神经网络，如图 6-13 所示。

在图 6-13 中，神经网络中输入层有 d 个神经元，隐层有 q 个神经元，输出层有 s 个神经元，其中输入层的神经元个数和输出层的神经元个数由样本确定，隐层的层数与神经元个数在定义网络结构时需要自行确定。输出层第 j 个神经元阈值用 θ_j 表示，隐层第 h 个神经元阈值用 γ_h 表示，输入层第 i 个神经元到隐层第 h 个神经元之间的权值用 v_{ih} 表示，隐层第 h 个神

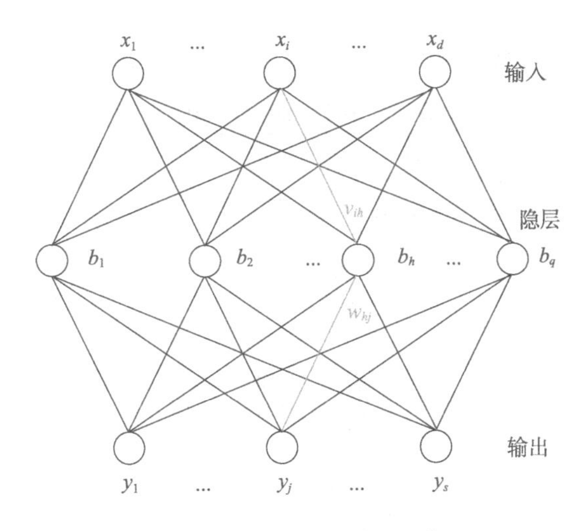

图 6-13　单隐层的神经网络

经元与输出层第 j 个神经元之间的权值用 w_{hj}，激活函数统一采用 Sigmoid 函数。

根据神经网络的定义，第 h 个隐层神经元的输入为 $\alpha_h=\sum_{i=1}^{d} v_{ih}x_i$，输出为 $b_h = f(\alpha_h - \gamma_h)$；同理，第 j 个输出层神经元的输入为 $\beta_j = \sum_{h=1}^{q} w_{hj}b_h$，输出为 $\hat{y}_j = f(\beta_j - \theta_j)$。

对于训练样本 (x_k, y_k)，假定神经网络的输出为 $\hat{y}_k = (\hat{y}_1{}^k, \hat{y}_2{}^k, \cdots, \hat{y}_s{}^k)$，其中 $\hat{y}_j{}^k = f(\beta_j - \theta_j)$。神经网络在 (x_k, y_k) 上的误差如式（6-66）所示。

$$E_k = \frac{1}{2}\sum_{j=1}^{s}(y_j{}^k - \hat{y}_j{}^k)^2 \tag{6-66}$$

BP 神经网络算法是一个迭代学习算法，在迭代的每一轮中采用广义的感知机学习规则对参数进行更新估计，任意参数 v 的更新规则如式（6-67）所示。

$$v^{\text{new}} = v^{\text{old}} + \Delta v \tag{6-67}$$

此时，神经网络中的未知参数包括输入层到隐层的 $d \times q$ 个权值、隐层到输出层的 $q \times s$ 个权值、隐层的 q 个阈值、输出层的 s 个阈值。神经网络的学习过程，其实就是不断更新这些未知参数，使得模型的输出逼近于样本真实结果的过程。

以 w_{hj} 为例来进行推导，详细步骤如下。

（1）BP 神经网络算法基于梯度下降（Gradient Descent）策略，以目标的负梯度方向对参数进行调整。对式的误差 E_k，给定学习率 η，得到式（6-68）。

$$\Delta w_{hj} = -\eta \frac{\partial E_k}{\partial w_{hj}} \tag{6-68}$$

（2）根据链式法则，得到式（6-69）。

$$\frac{\partial E_k}{\partial w_{hj}}=\frac{\partial E_k}{\partial \hat{y}_j^{\ k}}\cdot\frac{\partial \hat{y}_j^{\ k}}{\partial \beta_j}\cdot\frac{\partial \beta_j}{\partial w_{hj}} \tag{6-69}$$

（3）根据β_j的定义，得到式（6-70）。

$$\frac{\partial \beta_j}{\partial w_{hj}}=b_h \tag{6-70}$$

（4）Sigmoid 函数有一个性质：$f'(x)=f(x)(1-f(x))$。于是根据式（6-66）与$\hat{y}_j^{\ k}$的定义，得到式（6-71）。

$$\begin{aligned}g_j&=-\frac{\partial E_k}{\partial \hat{y}_j^{\ k}}\cdot\frac{\partial \hat{y}_j^{\ k}}{\partial \beta_j}\\&=-(\hat{y}_j^{\ k}-y_j^{\ k})f'(\beta_j-\theta_j)\\&=\hat{y}_j^{\ k}(1-\hat{y}_j^{\ k})(y_j^{\ k}-\hat{y}_j^{\ k})\end{aligned} \tag{6-71}$$

结合式（6-69）、式（6-70）、式（6-71），得到式（6-72）。

$$\Delta w_{hj}=\eta g_j b_h \tag{6-72}$$

类似可得式（6-73）、式（6-74）、式（6-75）。

$$\Delta\theta_j=-\eta g_j \tag{6-73}$$

$$\Delta v_{ih}=\eta e_h x_i \tag{6-74}$$

$$\Delta\gamma_h=-\eta e_h \tag{6-75}$$

在式（6-74）、式（6-75）中e_h的计算公式如式（6-76）所示。

$$\begin{aligned}e_h&=-\frac{\partial E_k}{\partial b_h}\cdot\frac{\partial b_h}{\partial \alpha_h}\\&=-\sum_{j=1}^{s}\frac{\partial E_k}{\partial \beta_j}\cdot\frac{\partial \beta_j}{\partial b_h}f'(\alpha_h-\gamma_h)\\&=b_h(1-b_h)\sum_{j=1}^{s}w_{hj}g_j\end{aligned} \tag{6-76}$$

学习率$\eta\in(0,1)$，控制着算法每一轮的更新步长，若太大则容易不收敛，太小则导致收敛速度过慢，在设置的时候要根据实际情况不断调整。

BP 神经网络算法流程的具体步骤如下。

（1）在(0,1)范围内随机初始化网络中所有权值和阈值。

（2）将训练样本提供给输入层神经元，然后逐层将信号前传，直到产生输出层的结果，这一步一般称为信号向前传播。

（3）根据误差计算公式计算输出层误差，将误差逆向传播至隐层神经元，再根据隐层神经元误差来对权值和阈值进行更新，这一步一般称为误差向后传播。

（4）循环执行步骤（2）和步骤（3），直到达到某个停止条件，一般为训练误差小于某个阈值或迭代次数大于某个阈值。

使用 scikit-learn 库中 neural_network 模块的 MLPClassifier 类可以建立多层感知器模型，其语法格式如下。

```
sklearn.neural_network.MLPClassifier(hidden_layer_sizes=(100,),activation='relu',solver='adam',alpha=0.0001,batch_size='auto',learning_rate='constant',learning_rate_init=0.001,power_t=0.5,max_iter=200,shuffle=True,random_state=None,tol=0.0001,verbose=False,warm_start=False,momentum=0.9,nesterovs_momentum=True,early_stopping=False,validation_fraction=0.1,beta_1=0.9,beta_2=0.999,epsilon=1e-08, n_iter_no_change=10)
```

MLPClassifier 函数常用的参数及其说明如表 6-27 所示。

表 6-27　MLPClassifier 函数常用的参数及其说明

参数名称	说明
hidden_layer_sizes	接收 tuple。表示隐层结构，其长度表示隐层层数，元素表示每一个隐层的神经元个数，例如，(80,90)表示包含两个隐层，第 1 个隐层有 80 个神经元，第 2 个隐层有 90 个神经元。默认为(100,)
activation	接收 str。表示激活函数，可选参数有以下 4 种： （1）identity：恒等函数，$f(x)=x$； （2）logistics：Sigmooid 函数，$f(x)=\frac{1}{1+e^{-x}}$； （3）tanh：tanh 函数，$f(x)=\frac{e^{x}-e^{-x}}{e^{x}+e^{-x}}$； （4）relu：relu 函数，$f(x)=\max(0,x)$； 默认为 relu
solver	接收 str。表示优化算法的类型，可选参数有以下 3 种： （1）lbfgs：一种拟牛顿法； （2）sgd：随机梯度下降法； （3）adam：基于随机梯度的优化器，在大规模数据集上效果较好； 默认为 adam
alpha	接收 float。表示正则化系数。默认为 0.0001
max_iter	接收 int。表示最大迭代次数。默认为 200
tol	接收 float。表示优化过程的收敛性阈值。默认为 0.0001

使用 MLPClassifier 类构建神经网络模型，并对 scikit-learn 中自带的鸢尾花数据集进行分类预测，如代码 6-10 所示。

代码 6-10　构建神经网络模型

```
# 加载所需的函数
from sklearn.datasets import load_breast_cancer
from sklearn.neural_network import MLPClassifier
from sklearn.model_selection import train_test_split
# 加载breast_cancer数据
cancer = load_breast_cancer()
cancer_data = cancer.data
cancer_target = cancer.target
# 划分训练集和测试集
```

```
cancer_data_train, cancer_data_test, cancer_target_train, cancer_target_test = \
    train_test_split(cancer_data, cancer_target, test_size=0.2, random_state=123)
# 构建神经网络模型
# 双隐层网络结构，第一层隐层有 20 个神经元，第二层隐层有 25 个神经元
model_network = MLPClassifier(hidden_layer_sizes=(20, 27), random_state=123)
model_network.fit(cancer_data_train, cancer_target_train)
# 预测测试集结果
cancer_target_test_pred = model_network.predict(cancer_data_test)
print('预测的前 20 个结果为：\n', cancer_target_test_pred[:20])
print('真实的前 20 个结果为：\n', cancer_target_test[:20])
from sklearn.metrics import accuracy_score, precision_score, recall_score, f1_score
print("神经网络模型预测的准确率为：", accuracy_score(cancer_target_test, cancer_target_test_
pred))
```

运行代码 6-10，得到真实值与预测值的对比如表 6-28 所示，可以看出神经网络具有较好的分类预测效果。

表 6-28　真实值与预测值对比

真实值	1	1	0	1	0	1	1	1	1	1	1	0	0	1	1	0	1	1	1	1
预测值	1	1	0	1	0	1	1	0	1	1	1	0	0	1	0	1	1	1	1	1

6.8　回归与分类的评估方法

分类回归算法在数字中国建设中有着广泛的应用，如基因工程领域的疾病筛查、智慧城市构建等，因此良好的分类回归算法在数字中国建设中具有重要的意义，它可以有效推动数字化领域的发展和数字化生活的提高。

6.8.1　回归的评估方法

回归模型的评估方法用于衡量预测值与真实值之间的误差程度，常见的评估方法包括解释方差、平均绝对误差、均方误差、可决系数等。

1. 解释方差

解释方差得分是真实值 y_i 与预测值 $f(x_i)$ 方差占真实值方差的比与 1 的差，反映了模型对数据集波动的解释程度。解释方差得分越接近 1 说明模型的拟合效果越好，计算公式如式（6-77）所示。

$$\text{explain\_variance\_score}=1-\frac{\operatorname{var}(y_i-f(x_i))}{\operatorname{var}(y_i)} \tag{6-77}$$

2. 平均绝对误差

平均绝对误差是真实值 y_i 与预测值 $f(x_i)$ 差的绝对值之和取平均，反映了预测值的平均误差幅度。平均绝对误差越小说明模型的拟合和效果越好。计算公式如式（6-78）所示。

$$\text{MAE}=\frac{1}{m}\sum_{i=1}^{m}\left|y_i-f(x_i)\right| \tag{6-78}$$

3. 均方误差

均方误差是真实值 y_i 与预测值 $f(x_i)$ 差的平方之和取平均，反映了预测值和真实值之间的差异程度。均方误差越小说明模型的拟合效果越好。计算公式如式（6-79）所示。

$$\text{MSE}=\frac{1}{m}\sum_{i=1}^{m}\left(y_i-f(x_i)\right)^2 \tag{6-79}$$

4. 可决系数

可决系数是回归模型能够解释的真实值 y_i 变异在总变异中所占的比例，反映了回归模型的可靠程度。可决系数越接近 1 说明模型的拟合效果越好，越接近 0 说明模型的拟合效果越差。计算公式如式（6-80）所示。

$$R^2=1-\frac{\frac{1}{m}\sum_{i=1}^{m}\left(y_i-\hat{y}_i\right)^2}{\sum_{i=1}^{m}\left(y_i-\overline{y}\right)^2}=1-\frac{\text{MSE}}{\sum_{i=1}^{m}\left(y_i-\overline{y}\right)^2} \tag{6-80}$$

以上是常用的回归模型评估指标，不同的模型选择不同的评估指标，针对特定问题可以采用其他更加复杂的指标。

6.8.2 分类的评估方法

分类任务的常用性能度量指标包括准确率、错误率、精确率、召回率、F1 分数和 ROC 曲线等。

1. 混淆矩阵

混淆矩阵是可视化工具，特别用于监督学习，在无监督学习一般叫作匹配矩阵。主要用于比较分类结果和实际测得值，可以将分类结果的精度显示在一个混淆矩阵里面，如表 6-29 所示。

表 6-29 中关于真正类、假负类、假正类、真负类的解释如下。

① 真正类（True Positive，TP）：实际为正类的样本被模型正确地预测为正类。

② 假负类（False Negative，FN）：实际为正类的样本被模型错误地预测为负类。

表 6-29 混淆矩阵

		预测值	
		正	负
真实值	正	真正类（TP）	假负类（FN）
	负	假正类（FP）	真负类（TN）

③ 假正类（False Positive，FP）：实际为负类的样本被模型错误地预测为正类。

④ 真负类（True Negative，TN）：实际为负类的样本被模型正确地预测为负类。

这些概念可以用来计算各种分类模型的性能指标，如准确率、错误率、精确率、召回率等。

① 准确率(Accuracy)是分类正确的样本数量与总样本数量的比例,计算公式如式(6-81)所示。

$$准确率=\frac{\mathrm{TP}+\mathrm{TN}}{\mathrm{TP}+\mathrm{FN}+\mathrm{FP}+\mathrm{TN}} \tag{6-81}$$

② 错误率（Error Rate）是分类错误的样本数量与总样本数量的比例，计算公式如式（6-82）所示。

$$错误率=\frac{\mathrm{FN}+\mathrm{FP}}{\mathrm{TP}+\mathrm{FN}+\mathrm{FP}+\mathrm{TN}} \tag{6-82}$$

③ 精确率是指分类器预测为正例的样本中，真正为正例的比例。精确率越高，说明模型的效果越好。计算公式如式（6-83）所示。

$$P=\frac{\mathrm{TP}}{\mathrm{TP}+\mathrm{FP}} \tag{6-83}$$

④ 召回率是真实为正例的样本中，被分类器预测为正例的比例。召回率越高，说明有更多的正类样本被模型预测正确，模型的效果越好。计算公式如式（6-84）所示。

$$R=\frac{\mathrm{TP}}{\mathrm{TP}+\mathrm{FN}} \tag{6-84}$$

由于精确率和召回率不能做到双高，因此根据二者之间的平衡点，定义一个新的指标，即 F1 分数（F1-Score），同时考虑精确率和召回率。计算公式如式（6-85）所示，其中 P 是指精确率，R 是指召回率。

$$\mathrm{F1}=\frac{2PR}{P+R} \tag{6-85}$$

2. ROC 曲线

ROC 曲线（Receiver Operating Characteristic Curve）又称为受试者工作特征曲线，是用于评估二分类模型输出结果的性能指标。它可以将二分类模型在不同阈值下的真正率（True Positive Rate，TPR）和假正率（False Positive Rate，FPR）展现在一张图上，以此来评估模型的分类性能。

在 ROC 曲线中，纵轴表示真正率 TPR，即预测为正例且实际为正例的样本占所有正例样本的比例；横轴表示假正率 FPR，即预测为正例但实际为负例的样本占所有负例样本的比例。真正率、假正率的定义如式（6-86）和式（6-87）所示。

$$\text{TPR} = \frac{\text{TP}}{\text{TP} + \text{FN}} \tag{6-86}$$

$$\text{FPR} = \frac{\text{FP}}{\text{TN} + \text{FP}} \tag{6-87}$$

首先根据概率预测结果，将测试样本进行排序，将概率值大的样本排在前面，概率值小的样本排在后面；然后将逐个样本的概率值作为概率阈值，划分正类和反类，每次都计算得到真正率和假正率的值；这样得到一系列的真正率和假正率，以真正率为纵坐标，假正率为横坐标，描点连线得到曲线就是 ROC 曲线，如图 6-14 所示，横轴 FPR 表示假正率，纵轴 TPR 表示真正率。

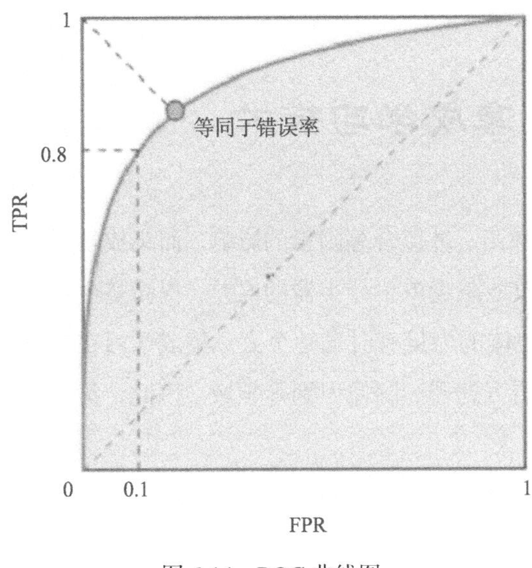

ROC 曲线图（彩图）

图 6-14　ROC 曲线图

ROC 曲线越靠近左上角，代表该分类器越优秀。因为这意味着在保证较高的 TPR 的同时，FPR 越小越好。当 ROC 曲线完全处于 45°对角线时，说明模型的分类效果等同于随机分类。

除了 ROC 曲线，还可以根据 ROC 曲线计算出分类器的 AUC（Area Under the ROC Curve）值，AUC 值是 ROC 曲线下的面积，范围在 0.5～1，AUC 值越大，代表分类器性能越好。当 AUC 值等于 0.5 时，说明分类器的效果与随机猜测相同。通常 AUC 值大于 0.8 的分类器被认为具有较好的性能，而 AUC 值等于 1 时表示分类器完美预测所有样本。

ROC 曲线和 AUC 值是评估二分类模型性能的重要指标，可以用于比较不同算法或不同参数下的二分类效果、调整阈值以达到不同的 TPR 和 FPR 目标等。

6.8.3 提高类不平衡数据的分类准确率

在处理类别不平衡数据时，可以尝试以下 4 种方法来提高分类准确率。

（1）重新采样：可以使用过采样（增加少数类样本）或欠采样（减少多数类样本）的方法来平衡数据集。

（2）类别加权：对每个类别分配一个权重，并在模型训练时使用这些权重。对于稀有的类别，可以使用较大的权重，以便更加关注这些类别。

（3）阈值调整：对于某些模型（如逻辑回归），可以通过调整阈值来平衡分类准确率和召回率。可以通过交叉验证等方法来确定最佳的阈值取值。

（4）参数调整：某些算法（如决策树、支持向量机等）可以调整参数，以改善在类别不平衡数据上的表现。可以使用网格搜索等方法来确定最佳的参数取值。

6.9 集成学习技术

模型的准确性和稳定性可能受到噪声、过拟合等因素的影响。而集成学习将多个基分类器的结果进行加权组合，从而可以有效地减少单个分类器的误差，提高整个系统的准确性和稳定性。正如“众人拾柴火焰高”，集体的力量有时远超个人。集成学习在实际应用中也得到了广泛的应用，如人脸识别、自然语言处理、图像识别等领域。因此，集成学习可以进一步推动人工智能技术的发展和应用。

6.9.1 集成学习方法概述

集成学习（Ensemble Learning）是一种通过组合多个弱学习器来构建一个强分类器的方法。在集成学习中，每个弱学习器都是通过训练数据得到的一个较为简单的分类模型，相当于一组“专家”。将这些弱学习器进行合理的组合，可以得到一个更加稳定和精确的分类器，相当于一个“超级专家”。

集成学习方法主要包括：装袋（Bagging）、堆叠（Stacking）和提升（Boosting）。在实际应用中，集成学习已经被广泛应用于各种模型的优化和改进。通过合理选择不同的学习算法、参数和属性组合，可以获得更加准确和稳定的预测结果，从而在实际应用中取得更好的效果。

6.9.2 Bagging

Bagging是一种集成学习方法，用于提高算法的准确度、稳定性，并避免过拟合。Bagging的核心思想是，通过多次有放回的随机采样，构建出 m 个训练子集，并利用这 m 个子集训练 m 个相互独立的分类器或回归器。对于分类问题进行投票或概率平均，对于回归问题进行平均，从而得到最终的预测结果。

Bagging 的原理基于中心极限定理，通过大量的重复随机采样并结合多个基础模型的输出，可以大幅度降低方差。此外，Bagging 也能够有效避免过拟合问题，提高模型的泛化能力。Bagging 可以与分类或回归算法结合使用。

使用 scikit-learn 库中 ensemble 模块的 BaggingClassifier 类建立 Bagging 分类模型，其语法格式如下。

```
sklearn.ensemble.BaggingClassifier(estimator=None, n_estimators=10, *, max_samples=1.0,
max_features=1.0, bootstrap=True, bootstrap_features=False, oob_score=False, warm_start=
False, n_jobs=None, random_state=None, verbose=0, base_estimator='deprecated')
```

BaggingClassifier 类常用的参数及其说明如表 6-30 所示。

表 6-30　BaggingClassifier 类常用的参数及其说明

参数名称	说明
base_estimator	接收 object。表示基分类器的类型，需要实现 sklearn 中的 BaseEstimator 接口。如果此参数不设置，将使用 DecisionTreeClassifier 作为默认的分类器。默认为 None
n_estimators	接收 int。表示集成模型中基分类器（小分类器）数量。默认为 10
max_samples	接收 int 或 float。表示用于训练每个基分类器的随机子集样本的比例。默认为 1.0
max_features	接收 int 或 float。表示每个基分类器训练时所使用的属性的比例。默认为 1.0
bootstrap	接收 bool。表示是否使用替换策略从原始数据集中有放回地抽取样本生成随机子集。默认为 True
bootstrap_features	接收 bool。表示是否使用替换策略从原始数据集中有放回地抽取属性生成随机子集。默认为 False
oob_score	接收 bool。表示是否使用袋外数据用于交叉验证，计算袋外精度（Out-of-bag error）。默认为 False
n_jobs	接收 int。表示用于训练基分类器的 CPU 核数，在 CPU 密集型任务中可以提高训练速度。默认为 None
random_state	接收 int。表示用于生成随机种子的整数或 RandomState 实例，以确保结果的可重复性。默认为 None

6.9.3 Stacking

Stacking 是一种分层模型集成学习方法，其原理可以简单概括为：首先将数据集分成训练集和测试集，利用训练集训练得到多个基础模型；然后用初级学习器对测试集进行预测并将输出值作为下一阶段训练的输入值，最终的标签作为输出值，用于训练次级学习器。Stacking 的目标是结合不同的分类器，以获得更好的分类性能。

Stacking 的关键在于使用初级学习器的预测结果来构建元数据集，将初级模型的局限性进行修正，其中元数据集是指用来描述或定义其他数据集的数据集，它包含数据集的相关信息。Stacking 相对于 Bagging，需要进行更多的模型训练和调整，但通常可以得到更好的性能。

Stacking 可以与各种分类器和回归器结合使用。常见的初级学习器包括支持向量机、决策树、随机森林、AdaBoost、K 最近邻等，而次级学习器通常采用线性回归、逻辑回归等线性模型。同时，Stacking 也可以和深度学习模型结合使用，如与神经网络、卷积神经网络（CNN）等结合使用。在具体应用时，需要根据数据集大小、特点和任务需求进行选择和调整。

使用 scikit-learn 库中 ensemble 模块的 StackingClassifier 类可以建立 Stacking 分类模型，其语法格式如下。

```
sklearn.ensemble.StackingClassifier(estimators, final_estimator=None, *, cv=None, stack_method='auto', n_jobs=None, passthrough=False, verbose=0)
```

StackingClassifier 类常用的参数及其说明如表 6-31 所示。

表 6-31 StackingClassifier 类常用的参数及其说明

参数名称	说明
estimators	接收 list。表示需要调用的基分类器与元分类器列表，格式为[('name1', model1), ('name2', model2), ..., ('nameN', modelN)]，其中 name 为自定义名称，model 为对应的分类器。无默认值
final_estimator	接收 estimator。表示元分类器，用于从基分类器的预测结果中生成最终的预测结果。默认为 None
cv	接收 int。表示用于训练和测试基分类器的交叉验证折数。默认为 None
stack_method	接收 str。表示用于基分类器之间的预测生成元特征时所使用的方法。predict_proba 表示返回概率；decision_function 返回类别分数；predict 返回样本类别，auto 表示自动选择。默认为 auto
n_jobs	接收 int。表示用于训练基分类器和元分类器的 CPU 核数，在 CPU 密集型任务中可以提高训练速度。默认为 None
verbose	接收 int。表示控制训练过程中的详细程度，越大越详细。默认为 0
passthrough	接收 bool。表示是否将原始特征添加到元特征中进行训练。默认为 False

6.9.4 Boosting

Boosting 是一种集成学习技术，其基本原理是通过构建多个弱学习器的组合来产生一个强大的模型。弱学习器是一种性能略优于随机猜测的学习器，常见于二分类问题上精度略高于 50%的分类器。在 Boosting 中，弱学习器被用来提升为强学习器。

Boosting 会对训练数据集进行多次迭代，每次迭代都会生成一个新的弱学习器，并根据误差分布调整样本权重，以便更好地拟合数据。具体来说，Boosting 会逐步调整训练集中每个样本的权重，使得难以分类的样本在后续的分类器中得到更多的关注，并逐步纠正之前弱分类器的错误。在此过程中，每个弱学习器都会被赋予一个权重，表示其在集成分类器中所占的比例，从而进行加权投票生成最终的预测结果。

常见的 Boosting 包括 AdaBoost、Gradient Boosting 和 XGBoost 等。这些算法之间的区别在于，它们针对样本权重的调整方式和弱学习器的构建方式存在差异，其中 AdaBoost 算法的基本流程如下。

（1）初始化训练样本的权重，均为 $\frac{1}{n}$，其中 n 为训练样本的数量。

（2）对于每个弱学习器，根据当前样本权重进行训练。训练完成后，计算误差率，并计算该分类器的权重。

（3）通过更新样本权重，使分类错误的样本在后续的训练中得到更多关注。即将错误分类的样本的权重增大，正确分类的样本的权重减小。

（4）对于所有弱学习器的预测结果进行加权组合，形成最终的预测结果。

Boosting 算法常常比单个弱学习器表现更优秀，因为它可以有效地利用每个弱学习器的长处，弥补其短处，并最终构建出一个具有较高泛化能力的强学习器。

使用 scikit-learn 库中 ensemble 模块的 GradientBoostingClassifier 类可以建立梯度提升决策树模型，其语法格式如下。

```
sklearn.ensemble.GradientBoostingClassifier(loss='deviance',learning_rate=0.1,n_estimators=100,subsample=1.0,criterion='friedman_mse',min_samples_split=2,min_samples_leaf=1,min_weight_fraction_leaf=0.0,max_depth=3,min_impurity_decrease=0.0,min_impurity_split=None,init=None,random_state=None,max_features=None,verbose=0,max_leaf_nodes=None,warm_start=False,presort='deprecated',validation_fraction=0.1,n_iter_no_change=None,tol=0.0001,ccp_alpha=0.0)
```

GradientBoostingClassifier 类常用的参数及其说明如表 6-32 所示。

表 6-32　GradientBoostingClassifier 类常用的参数及其说明

参数名称	说明
loss	接收 str。表示指定使用的损失函数。deviance 表示使用对数损失函数；exponential 表示使用指数损失函数，此时模型只能用于二分类问题。默认为 deviance
learning_rate	接收 float。表示每一棵树的学习率，该参数设定的越小，所需要的基础决策树的数量就越多。默认为 0.1
n_estimators	接收 int。表示基础决策树数量。默认为 100
subsample	接收 float。表示用于训练基础决策树的子集占样本集的比例。默认为 1.0
criterion	接收 str。表示衡量分类的质量时的评价标准，friedman_mse 表示改进型的均方误差；mse 表示标准均方误差；mae 表示平均绝对误差。默认为 friedman_mse
min_samples_split	接收 int 或 float。表示每个基础决策树拆分内部节点所需的最小样本数，若是 float，则表示拆分所需的最小样本数占样本数的百分比。默认为 2
min_samples_leaf	接收 int 或 float。表示每个基础决策树模型叶子节点所包含的最小样本数，若是 float，则表示叶子节点最小样本数占样本数的百分比。默认为 1
max_depth	接收 int 或 None。表示每一个基础决策树模型的最大深度。默认为 3
max_features	接收 int 或 float。表示分裂节点时参与判定的最大属性数，若是 float，则表示参与判定的属性数与最大属性数的比例。默认为 None

6.10　Python 回归与分类案例分析

党的二十大报告提出："加快发展数字经济，促进数字经济和实体经济深度融合。"新一代信息技术与各产业结合形成数字化生产力和数字经济，是现代化经济体系发展的重要方向。大数据、云计算、人工智能等新一代数字技术是当代创新最活跃、应用最广泛、带动力最强的科技领域，给产业发展、日常生活、社会治理带来深刻影响。如何将新一代数字技术与生产实际相结合变得尤为重要。

6.10.1　回归案例分析

1. 背景与目标

2021 年，全国地级以上城市 PM2.5 的平均浓度比 2015 年下降了 34.8%，空气质量优良天数的比例达到了 87.5%。空气质量的影响因素包括二氧化硫年平均浓度、二氧化氮年平均浓度、可吸入颗粒物年平均浓度、一氧化碳日均值第 95 百分位浓度、臭氧日最大 8 小时第 90 百分位浓度、细颗粒物年平均浓度，期望构建一个基于 6 个因素进行空气质量优良天数预测的模型。

数据集共包含 93 条样本数据，每条样本包含了 6 种可能影响空气质量的因素和空气质量优良天数与全年天数的比例，各字段含义如表 6-33 所示。

表 6-33　空气质量数据集字段及其含义

字段名	类型	含义
X1	float64	二氧化硫年平均浓度
X2	float64	二氧化氮年平均浓度
X3	float64	可吸入颗粒物年平均浓度
X4	float64	一氧化碳日均值第 95 百分位浓度
X5	float64	臭氧日最大 8 小时第 90 百分位浓度
X6	float64	细颗粒物年平均浓度
y	int64	空气质量优良天数与全年天数的比例

回归案例分析的总体流程大约可分为以下 3 个阶段。

（1）对数据集进行标准化的预处理。

（2）将数据集划分为训练集和测试集，并构建神经网络、线性回归模型。

（3）利用构建好的模型进行预测，并对比模型效果。

2. 数据预处理

导入数据，为消除不同属性之间的量纲影响，使得不同属性之间具有相同的比重或权重，使数据更加公平和可靠，需要在预处理中对数据进行标准差标准化处理，如代码 6-11 所示。

代码 6-11　数据预处理

```
# 加载所需的函数
import numpy as np
import pandas as pd
import seaborn as sns
from sklearn.model_selection import train_test_split
from sklearn.preprocessing import StandardScaler
from sklearn.neural_network import MLPRegressor
from sklearn.linear_model import LinearRegression
from sklearn.metrics import mean_squared_error, explained_variance_score, mean_absolute_
error, r2_score
import matplotlib.pyplot as plt
import warnings
warnings.filterwarnings("ignore")

# 导入数据
data = pd.read_csv("../data/data案例1.csv")
cols = data.columns.tolist()
# 标准化
s = StandardScaler()
X = data.iloc[:,:-1]
X = pd.DataFrame(columns=cols[:-1],data=s.fit_transform(X))
y = data.iloc[:,-1]
```

3. 模型构建

划分测试集与训练集，利用神经网络模型和线性回归模型分别对测试集建模，并对模型进行评价，如代码 6-12 所示。使用了 scikit-learn 库中 linear_model 模块的 LinearRegression 类建立线性回归模型，以及 neural_network 模块的 MLPClassifier 类构建神经网络模型。

代码 6-12　模型构建与评价

```
# 划分训练集和测试集
X_train,X_test,y_train,y_test = train_test_split(X,y,train_size=.80,random_state=423)
# 构建神经网络模型 默认参数
model_network_net = MLPRegressor(solver='lbfgs',hidden_layer_sizes=(5,))
model_network_net.fit(X_train, y_train.ravel())
# 预测测试集结果
y_test_pred_net = model_network_net.predict(X_test)
# 评价神经网络模型
eva = []
def evaluation(y_test, y_pred):
```

```
    R2 = float('%.4f'%r2_score(y_test, y_pred))
    MSE = float('%.4f'%mean_squared_error(y_test, y_pred))
    EVS = float('%.4f'%explained_variance_score(y_test, y_pred))
    MAE = float('%.4f'%mean_absolute_error(y_test, y_pred))
    print('R^2:',R2,'\n均方误差:',MSE,'\n解释方差:',EVS,'\n绝对误差:',MAE)
    return eva.append([R2,MSE,EVS,MAE])
evaluation(y_test, y_test_pred_net)
# 打印调参后的神经网络模型系数
i = 0
for each in model_network_net.coefs_:
    i += 1
    print('第{}层网络层:'.format(i))
    print('权重矩阵:', each.shape)
    print('系数矩阵: ', each)

# 建立线性回归模型
model_lr = LinearRegression(fit_intercept=True).fit(X_train, y_train)
# 预测测试集结果
y_test_pred_lr = model_lr.predict(X_test)
# 打印线性回归模型系数
a = float('%.4f'%model_lr.intercept_)  #截距
b = [float('%.4f'%each) for each in model_lr.coef_.tolist()]  #回归系数
print("最佳拟合线:截距",a,",回归系数: ",b)

# 神经网络与线性回归对比
eva = []
for each in [y_test_pred_net,y_test_pred_lr]:
    evaluation(y_test, each)
evaluate = pd.DataFrame(columns=['R^2','均方误差','解释方差','绝对误差'],
                        index=['神经网络','线性回归'],
                        data=eva)
```

代码 6-12 的运行结果如下。

```
第 1 层网络层:
权重矩阵: (6, 5)
系数矩阵: [[ 1.07455881  0.1128055  -3.29713603 -2.46407104 -0.20343046]
 [-0.57552752 -0.49599679 -3.02686429 -1.65289291  0.31618939]
 [-0.16570679 -0.34607193 -2.80110852  0.49732942 -0.83751463]
 [ 0.46900155 -0.17007531  2.23514431 -2.42567683  0.12865027]
 [ 0.14300929  0.70734931  0.1908101  -0.80428402 -0.80698614]
 [-0.03245802  0.09874104 -2.83346819 -1.38675729 -0.75608396]]
第 2 层网络层:
权重矩阵: (5, 1)
系数矩阵: [[ 2.44873803]
 [ 0.93899506]
```

```
[-1.4157348 ]
[ 1.61071277]
[ 6.33119362]]
```

线性回归模型最佳拟合线为：截距 81.6762，回归系数[0.9393, 1.9474, –4.9128, –0.1489, –5.9763, –5.0676]。

神经网络模型和线性回归模型的预测结果如表 6-34 所示。可见在 R^2、均方误差、解释方差、绝对误差 4 个方面神经网络模型都取得了较好的结果，因此利用神经网络模型来预测空气质量优良天数比例具有较高的可信度。

表 6-34　神经网络模型和线性回归模型的预测结果

	R^2	均方误差	解释方差	绝对误差
神经网络模型	0.9599	5.7473	0.9600	1.9539
线性回归模型	0.9579	6.0370	0.9629	1.9387

4. 模型对比

为了获得更直观且易于理解的模型对比结果，此处选择折线图将神经网络模型和线性回归模型的预测结果进行对比，如代码 6-13 所示。

代码 6-13　模型对比

```
plt.figure(figsize=(16,9))
plt.rcParams['font.sans-serif'] = ['SimHei']  # 显示中文
plt.legend(loc='best')
plt.rcParams.update({"font.size":20})
plt.plot(np.arange(len(y_test)),y_test, 'bo-', label='真实值')  # 训练数据和训练标签
plt.plot(np.arange(len(y_test)),y_test_pred_net, 'rs-', label='神经网络模型预测值') # 训练
数据和模型预测的标签
plt.plot(np.arange(len(y_test)),y_test_pred_lr, 'go--', label='线性回归模型预测值')
plt.xlabel('测试样本序号')
plt.ylabel('空气质量优良天数比例')
plt.show()
```

神经网络模型、线性回归模型的预测值与真实值对比情况如图 6-15 所示，其中带圆点的实线代表真实值，带方形点的实线代表神经网络模型预测值，带圆点的虚线代表线性回归模型预测值。可见网络模型预测值更加靠近真实值，即神经网络模型的预测效果更好。

6.10.2 分类案例分析

1. 背景与目的

坚持绿水青山就是金山银山的理念，健全生态文明制度体系，处理好发展和保护的关系，

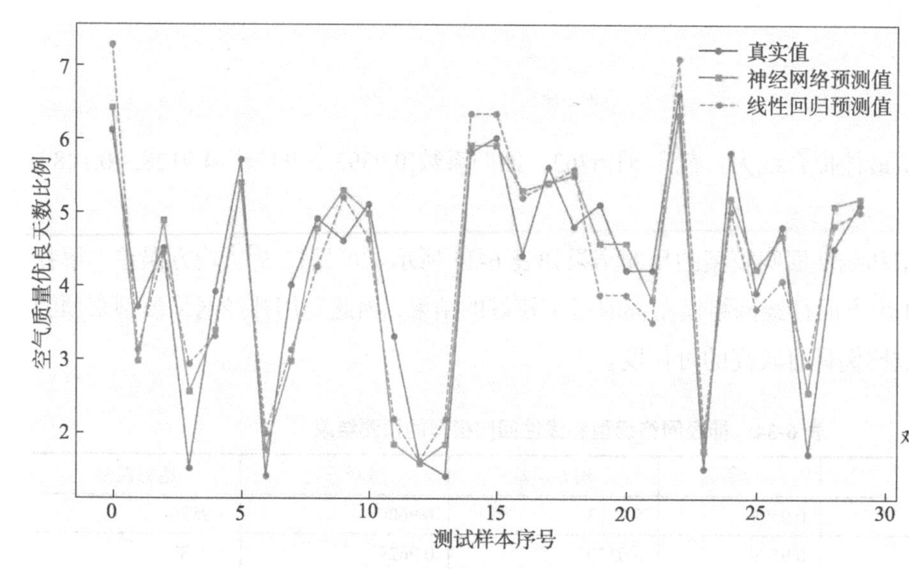

神经网络模型、线性回归模型的预测值与真实值对比情况图（彩图）

图 6-15　神经网络模型、线性回归模型的预测值与真实值对比情况图

不断提升可持续发展能力。注重多污染物协同治理和区域联防联控，地级及以上城市空气质量优良天数比例达 86.5%、上升 4 个百分点。空气质量数据集包含 993 个数据样本，分为 22 类，每个数据包含 6 个属性，各字段含义如表 6-35 所示。

表 6-35　空气质量数据集字段及其含义

字段名	类型	含义
X1	float64	二氧化硫年平均浓度
X2	float64	二氧化氮年平均浓度
X3	float64	可吸入颗粒物年平均浓度
X4	float64	一氧化碳日均值第 95 百分位浓度
X5	float64	臭氧日最大 8 小时第 90 百分位浓度
X6	float64	细颗粒物年平均浓度
y	int64	空气质量是否合格

分类案例分析的总体流程大约可分为以下 3 个步骤。

（1）对数据集进行训练集和测试集的划分。

（2）分别构建决策树、KNN、SVM、Adaboost 模型。

（3）对比各模型分类效果。

2. 数据划分

为评估各个模型的性能，将数据划分为训练集核测试集如代码 6-14 所示，以便将不同的模型在相同的测试集上进行比较。

代码 6-14　数据划分

```
# 加载所需的函数
```

```
import pandas as pd
import matplotlib.pyplot as plt
from sklearn.metrics import classification_report
from sklearn.tree import DecisionTreeClassifier
from sklearn.model_selection import train_test_split
from sklearn.metrics import f1_score
import warnings
warnings.filterwarnings("ignore")

# 导入数据
data = pd.read_csv("../data/data案例2.csv")
cols = data.columns.tolist()
# 划分数据集
X = data.iloc[:,:-1]
y = data.iloc[:,-1]
X_train,X_test,y_train,y_test = train_test_split(X,y,test_size = 0.20,random_state =
423)
```

3. 模型构建与模型评价

分别选取基于树状结构进行决策的决策树模型、基于实例的 KNN 模型、二分类模型（SVM）和集成学习方法（Adaboost）对测试集进行建模，并选取 F1 值作为评价指标，对模型预测结果进行评价，如代码 6-15 所示。

代码 6-15　构建模型并评价

```
# 构建决策树模型
model_tree   =   DecisionTreeClassifier(criterion='entropy').fit(X_train,y_
train)
# 利用决策树模型预测
y_test_pred_tree = model_tree.predict(X_test)

# 构建 KNN 模型
from sklearn.neighbors import KNeighborsClassifier
model_knn = KNeighborsClassifier(n_neighbors=5).fit(X_train, y_train.values.
ravel())
# 利用 KNN 模型预测
y_test_pred_knn = model_knn.predict(X_test)

# 构建 SVM 模型
from sklearn.svm import SVC
model_svc_linear = SVC(kernel='linear').fit(X_train,y_train)  # 核函数为线性核
函数
model_svc_rbf = SVC(kernel='rbf').fit(X_train,y_train)  # 核函数为高斯核函数
# 利用 SVM 模型预测
y_test_pred_svc_linear = model_svc_linear.predict(X_test)
y_test_pred_svc_rbf = model_svc_rbf.predict(X_test)
```

```
# 构建 AdaBoost 模型
from sklearn.ensemble import AdaBoostClassifier
model_ada = AdaBoostClassifier().fit(X_train, y_train)
# 利用 AdaBoost 模型预测
y_test_pred_ada = model_ada.predict(X_test)

# 模型对比
eva = []
def evaluation_cla(y_test, y_pred):
    f1_weighted = float('%.4f'%f1_score(y_test,y_pred, average='weighted'))
    return eva.append([f1_micro,f1_macro,f1_weighted])
for each in [y_test_pred_tree, y_test_pred_knn, y_test_pred_svc_rbf,
y_test_pred_ada]:
    evaluation_cla(y_test, each)
evaluate_cla = pd.DataFrame(columns=['f1_weighted'],
                            index=['决策树模型','KNN 模型','SVM 模型','Adaboost 模型'],
                            data=eva)
```

决策树、KNN、SVM、AdaBoost 四种模型的预测结果如表 6-36 所示。F1 宏平均分数（f1_macro）是计算每个类别的 F1 分数的平均值。F1 微平均分数（f1_micro）关注模型整体的分类性能，对每个样本给予相同的权重。F1 加权平均分数（f1_weighted）根据类别的权重对每个类别的 F1 分数进行加权平均。

从表 6-36 可以看出，F1 宏平均分数和 F1 微平均分数差距不大，说明大/小样本类别中均未出现严重的分类错误；SVM 模型的加权 F1 值最高，说明在城市分类问题上，非线性支持向量机能取得较好的效果。

表 6-36　四种模型的预测结果表

	f1_micro	f1_macro	f1_weighted
决策树模型	0.7895	0.7889	0.7871
KNN 模型	0.8421	0.8421	0.8421
SVM 模型	0.8947	0.8944	0.8953
Adaboost 模型	0.7895	0.7841	0.7895

小结

本章主要介绍了回归和分类两类重要的模型，其中，回归模型介绍了一元线性回归、多元线性回归、多项式回归和逻辑回归等模型，分类模型介绍了决策树分类、朴素贝叶斯分类、K 最近邻分类、支持向量机等模型。在此基础上介绍了回归和分类模型的评估方法。此外，本章还介绍了集成学习技术，即将多个分类器组合使用以提升分类性能。

通过本章的学习，读者可以了解回归和分类模型的基本原理、常见方法以及评估指标，同时还能够了解如何使用集成学习技术来提升分类性能。这些知识对于进行模型选择具有重要的作用。

习题

1. 选择题

（1）在进行回归分析时，以下选项正确的是（　　）。

第 6 章选择题答案

A. 回归分析常用于研究分类变量之间的关系

B. 回归分析可以同时研究多个自变量对一个因变量的影响

C. 回归分析只适用于连续变量之间的关系研究

D. 回归分析中的因变量必须是二元变量

（2）关于逻辑回归的预测结果，以下选项正确的是（　　）。

A. 预测结果是连续的实数值

B. 预测结果是概率值

C. 预测结果是二元分类

D. 预测结果是多类分类

（3）在决策树算法中，属于剪枝的是（　　）。

A. 设置树的层数　B. 后剪枝　　C. 正则化　　D. 交叉验证

（4）在朴素贝叶斯模型中，以下选项中用于简化条件概率的计算的是（　　）。

A. 特征之间相互独立

B. 特征之间存在线性关系

C. 样本的标签是连续值

D. 样本的标签是多类别

（5）在 K 最近邻算法中，分类过程不包括的步骤是（　　）。

A. 计算目标样本与目标样本的距离

B. 选择距离最近的 K 个训练样本作为目标样本的邻居

C. 根据 K 个邻居的类别标签，进行投票统计

D. 初始化网络中所有权值和阈值

（6）在支持向量机中，（　　）是核函数的主要作用。

A. 将数据映射到高维空间，使得数据在高维空间中线性可分

B. 计算样本与决策边界之间的距离

C. 确定支持向量的位置

D. 优化模型的超参数

（7）在神经网络中，以下选项关于梯度下降法的说法正确的是（　　）。

A. 梯度下降法是一种优化算法，通过迭代调整参数，旨在最小化损失函数

B. 梯度下降法是一种激活函数，用于计算神经元的输出值

C. 梯度下降法是一种正则化技术，旨在减少模型的过拟合

D. 梯度下降法是一种调整学习率的方法，旨在加快收敛速度

（8）在以下回归模型的评价指标中，（　　）评估指标越接近 1 说明模型的拟合效果越好。

A. 解释方差　　B. 平均绝对误差　C. 均方误差　　D. 准确率

（9）在某个疾病预测的二分类问题中，希望最大限度减少漏诊（避免将患病的人判断为健康），此时选取的评估指标是（　　）。

A. 准确率　　B. 精确率　　C. 召回率　　D. F1 分数

（10）集成学习是通过组合多个弱学习器来构建（　　）。

A. 弱分类器　　B. 强分类器　　C. 回归模型　　D. 聚类算法

2. 应用题

（1）阐述下文中逻辑回归模型能够得出的结论。

第 6 章应用题.docx

假设想要以中考成绩 x_1、摸底考试分数 x_2、推荐信数量 x_3、学科竞赛成绩 x_4 四个指标来建立逻辑回归模型，预测一个学生是否能够被大学录取，学生最终的录取情况用 1 表示录取，0 表示未被录取。逻辑回归模型如（6-88）所示。

$$\log\left(\frac{p}{1-p}\right)=\beta_0+\beta_1x_1+\beta_2x_2+\beta_3x_3+\beta_4x_4 \tag{6-88}$$

其中，p 是学生被录取的概率，β_0、β_1、β_2、β_3、β_4 是回归系数，表示各个自变量对录取的影响程度。

假设得到了以下回归系数值：$\beta_1=0.05$、$\beta_2=0.02$、$\beta_3=0.8$、$\beta_4=0.5$。请结合这些回归系数，阐述该逻辑回归模型得出的结论。

（2）计算天气特征的信息增益。数据集如表 6-37 所示。

表 6-37　应用题（2）数据集

样本编号	天气	是否营业
1	晴	是
2	晴	是
3	雨	否
4	多云	是
5	多云	是

（3）利用朴素贝叶斯模型判断新样本是否为垃圾邮件。

现有一个垃圾邮件分类的问题，希望根据邮件中出现的单词来判断邮件是否为垃圾邮件。数据集如表 6-38 所示。

表 6-38　应用题（3）数据集

样本编号	短信包含的词	是否为垃圾短信
1	优惠活动、大促销	是
2	购物、网上购物	是
3	会议、邀请	否
4	请假、感冒	否

（4）利用 K 最近邻算法判断新样本所属类别。

现有如下数据集，包含样本特征(x_1, x_2)和对应的类别标签。希望预测当 K=3 时，新样本(5, 8)的类别。数据集如表 6-39 所示。

表 6-39　应用题（4）数据集

样本编号	x_1	x_2	标签
1	2	2	A
2	6	2	A
3	3	5	A
4	6	6	B
5	9	6	B
6	7	9	B

（5）利用支持向量机求解超平面方程。

假设数据集 D 包含 3 个样本，如图 6-16 所示。

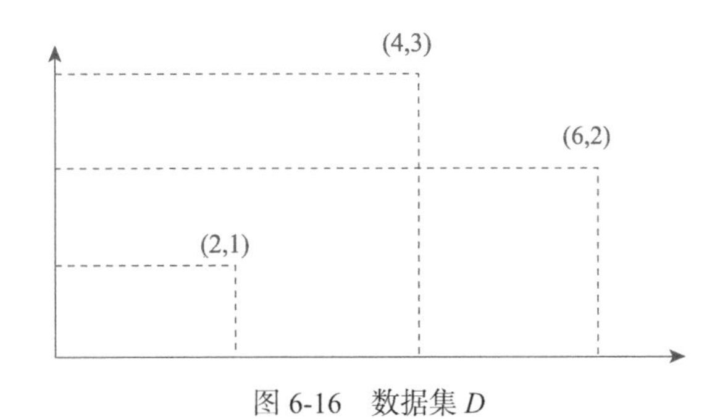

图 6-16　数据集 D

其中点(2,1)代表正类，点(4,3)、点(6,2)代表负类。希望根据支持向量线性可分情况的基本原理，计算超平面方程。

（6）针对下述问题利用神经网络模型给出解题思路。

现有学生历史成绩数据集，包括学习时长、休息时长和考试成绩。希望使用神经网络构建一个预测学生期末成绩的模型。

3. 操作题

葡萄酒数据集包含了三个类别的葡萄酒样本的化学分析结果，共有 13 个不同的特征变量，目标变量为葡萄酒类别。

第 6 章操作题答案

（1）希望利用线性回归模型，构建一个利用原花青素含预测葡萄酒颜色强度的回归模型，并对模型进行评估。

（2）希望利用决策树算法，构建一个利用相关影响因素预测葡萄酒类别的分类模型，并对模型进行评估。

（3）希望利用基于高斯分布的朴素贝叶斯模型，构建一个利用相关影响因素预测葡萄酒类别的分类模型，并对模型进行评估。

（4）希望利用 K=5 的 K 最近邻算法，构建一个利用相关影响因素预测葡萄酒类别的分类模型，并对模型进行评估。

（5）希望利用支持向量机，构建一个利用相关影响因素预测葡萄酒类别的分类模型，并对模型进行评估。

（6）希望利用神经网络模型，构建一个利用原花青素含预测葡萄酒颜色强度的神经网络模型，并对模型进行评估。

第 7 章 聚 类

党的二十大报告对科技创新工作提出了新的要求。报告强调，要加快实施创新驱动发展战略，实现高水平科技自立自强。为了能够不断推进新一轮的科技创新和产业变革，可以使用聚类的方式对数据进行分析，加深对各领域的认识，例如，在商业领域，聚类分析被用来发现不同的客户群，并且通过购买模式刻画出不同客户的特征，其中，购买模式是指消费者为了满足某种需要，将购买的动机转化为实际购买行为的过程中逐渐养成的相对稳定的购买形态；在生物领域，聚类分析将动植物进行聚类，获得种群结构化的认识等。本章将介绍聚类的基本概念、常用聚类方法以及聚类评估。

学习目标

（1）了解聚类的基本概念。

（2）掌握划分聚类的基本原理。

（3）掌握层次聚类的基本原理。

（4）掌握密度聚类的基本原理。

（5）掌握概率模型聚类的基本原理。

（6）掌握聚类评估的实现。

7.1　基本概念

聚类是将一个数据集划分成该数据集的多个子集的过程。每个子集又被称作一个簇，簇内的对象彼此相似，不同簇的对象是不相似的。即聚类分析就是将相似的东西分到一组，但是在聚类时，并不需要关心某一类是什么，只需将相似的事物聚到一起。由于待聚类的数据是没有标签的，所以聚类属于无监督学习。

聚类分析通常包括划分聚类、层次聚类、密度聚类、基于模型的聚类。聚类分析过程如图 7-1 所示。

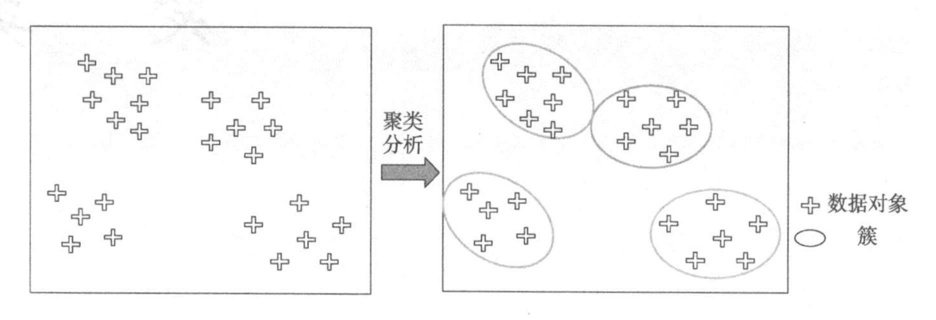

图 7-1　聚类分析过程

聚类分析是将相似的数据元素聚为一类，就像大学的社团，将品行、爱好相似的人聚集到一起，形成一个团体，例如，有一些人因为共同爱好摄影而组成了摄影社。总之是人的某些相似的属性或者是相互吸引的因素促成了团体的形成。

聚类分析适用于许多领域，以下是几个常见的应用场景。

（1）客户划分：在市场营销中，聚类分析可以用于将潜在客户划分为不同的群体，以便更好地理解他们的需求和行为，从而制定有针对性的营销策略。

（2）图像分析：在计算机视觉领域，聚类算法可以用于图像分析和图像分类。通过将图像中的像素聚类成不同的类别，可以实现图像分割、目标检测和图像识别等任务。

（3）推荐系统：在电子商务和在线媒体平台中，聚类算法可以用于构建个性化的推荐系统。通过将用户聚类为不同的群体，可以根据相似用户的兴趣和行为，推荐相关的产品、文章或内容。

7.2　划分聚类

划分聚类是简单、常用的一种聚类方法。划分聚类通过将对象划分为互斥的簇进行聚类，每个数据对象仅属于一个簇；划分聚类的结果旨在使簇与簇之间的相似性低，而簇内部的相似度高。常用的划分聚类算法有 K-Means、K-中心点等。

7.2.1 K-Means 算法

K-Means 算法是基于均值的聚类算法，它基于数据点之间的距离来计算每个聚类的中心点，并将数据点划分到最接近的聚类中心点。

假设样本集合 $D=\{\boldsymbol{x}_1,\boldsymbol{x}_2,\cdots,\boldsymbol{x}_m\}$，给定需划分的簇数 k，聚类的结果为 $C=\{C_1, C_2,\cdots,C_k\}$。则 K-Means 算法的优化目标的表达式如式（7-1）所示。

$$E=\sum_{i=1}^{k}\sum_{\boldsymbol{x}\in C_i}\left\|\boldsymbol{x}-\boldsymbol{\mu}_i\right\|_2^2 \tag{7-1}$$

在式（7-1）中，$\boldsymbol{\mu}_i=\frac{1}{|C_i|}\sum_{\boldsymbol{x}\in C_i}\boldsymbol{x}$，为簇 C_i 的均值向量。

K-Means 算法的实现过程如下。

（1）输入样本集合及聚类簇数。

（2）从样本集中随机选择 k 个样本点作为 k 个簇中心。

（3）计算每个样本点到每个簇中心的距离。

（4）按照距离远近将每个样本点归入相应的簇内。

（5）更新每个簇的中心。

（6）重复步骤（3）～（5），直至簇中心不再变化。

（7）输出聚类结果。

K-Means 算法聚类过程如图 7-2 所示。

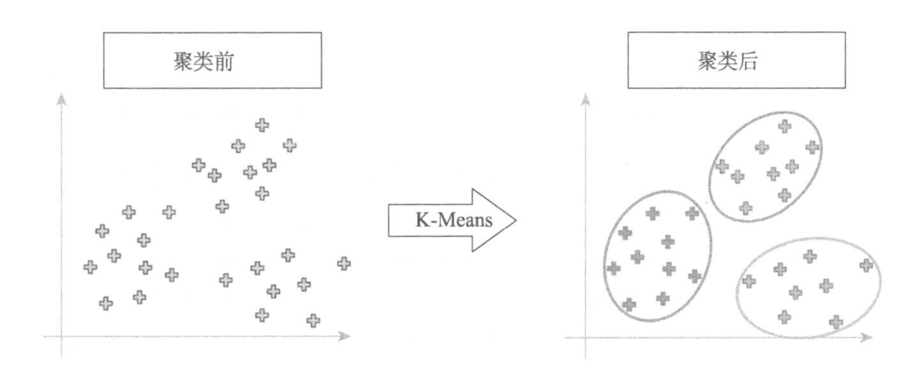

图 7-2　K-Means 算法聚类过程

为加强教育强国和体育强国的建设，某学校组织学生进行体检，已知某班级的 5 个同学的身高和体重，需要将 5 个同学的数据分为两类。5 个同学的身高和体重如表 7-1 所示。

表 7-1　5 个同学的身高和体重数据

样本	身高（m）	体重（kg）
A	1.5	40
B	1.83	68
C	1.62	45
D	1.7	64
E	1.9	75

对 5 个同学的身高和体重使用 K-Means 算法聚类的步骤如下。

（1）根据身高和体重在坐标中绘制出对应的样本点，并随机选择 2 个样本点作为簇中心，这里选择了 *B* 和 *C* 作为簇中心，如图 7-3 所示。

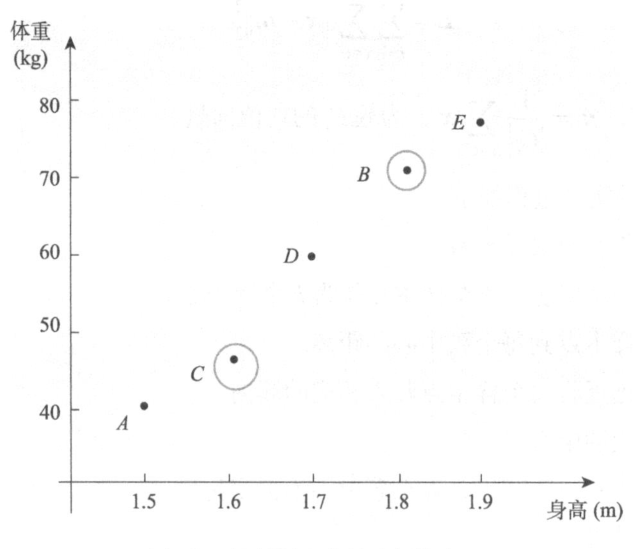

图 7-3　绘制样本点并选择簇中心

（2）分别计算每个样本点到这 2 个簇中心点的距离，K-Means 算法中一般采用欧式距离进行计算，如式（7-2）所示，然后根据距离的远近，将样本点分配到不同的类中。例如，选定 2 个聚类中心坐标为 $Z_1 = B(1.83,68), Z_2 = C(1.62,45)$，然后计算所有样本点到簇中心坐标的距离，得出点 *B*、*D*、*E* 属于第一类，*A*、*C* 属于第二类。基于欧式距离划分 *A*、*B* 的过程，如式（7-3）所示。

$$d = \sqrt{(x_i - x_j)^2 + (y_i - y_j)^2} \tag{7-2}$$

$$\|A - Z_1\| = \sqrt{(1.5-1.83)^2 + (40-68)^2} = \sqrt{(-0.33)^2 + (-28)^2} = \sqrt{784.1089}$$
$$\|A - Z_2\| = \sqrt{(1.5-1.62)^2 + (40-45)^2} = \sqrt{(-0.12)^2 + (-5)^2} = \sqrt{25.0144}$$
$$\Rightarrow \sqrt{25.0144} < \sqrt{784.1089}$$
$$\Rightarrow A \in Z_2$$

$$
\begin{aligned}
&\|B - Z_1\| = 0 \\
&\|B - Z_2\| = \sqrt{(1.83 - 1.62)^2 + (68 - 45)^2} = \sqrt{0.21^2 + 23^2} = \sqrt{529.0441} \\
&\Rightarrow 0 < \sqrt{529.0441} \\
&\Rightarrow B \in Z_1
\end{aligned}
\tag{7-3}
$$

同理,可以得到点 C、D、E 到簇中心的欧式距离。第一次迭代后,更新的簇中心为 Z_1、Z_2,更新簇中心的计算过程，如式（7-4）所示。

$$
\begin{aligned}
Z_1 &= \frac{B + D + E}{3} = \left(\frac{1.83 + 1.7 + 1.9}{3}, \frac{68 + 64 + 75}{3}\right) = (1.81, 69) \\
Z_2 &= \frac{A + C}{2} = \left(\frac{1.5 + 1.62}{2}, \frac{40 + 45}{2}\right) = (1.56, 42.5)
\end{aligned}
\tag{7-4}
$$

（3）依次迭代循环，计算每个样本点到新的簇中心的距离，直到簇中心不发生改变，最后将 5 个同学分成男女两个类别，聚类结果为点 B、D、E 属于一类，A、C 属于另一类。

更新簇中心的计算公式，其中，C_k 表示第 k 个类簇，$|C_k|$ 表示第 k 个类簇中数据对象的个数，求和是指类簇 C_k 中所有元素在每列属性上的和，如式（7-5）所示。

$$
\text{center}_k = \frac{1}{|C_k|} \sum_{x_i \in C_k} x_i \tag{7-5}
$$

就 K-Means 算法而言，k 个簇中心根据距离的不断迭代，就好像人们与他人作比较，并根据比较结果学习他人的优点，不断地改进自身，从而使自己更加优秀。

使用 scikit-learn 库中 cluster 模块的 KMeans 类可以实现 K-Means 聚类,其语法格式如下。

```
sklearn.cluster.KMeans (n_clusters=8, init='k-means++', n_init=10,max_iter=300,tol=1e-4,
precompute_distances='auto',verbose=0,  random_state=None,  copy_x=True,n_jobs='None',
algorithm='auto')
```

KMeans 类常用的参数及其说明如表 7-2 所示。

表 7-2　KMeans 类常用的参数及其说明

参数名称	说明
n_clusters	接收 int。表示簇的数量。默认为 8
init	接收 str。表示指定初始化方法，可选值为 k-means++、random 或传递一个 ndarray 向量，k-means++表示默认的方法；random 表示随机选择样本作为初始均值向量，接收数组则直接作为初始均值向量。默认为 k-means++
n_init	接收 int。表示算法的运行次数。默认为 10
max_iter	接收 int。表示最大的迭代次数。默认为 300
tol	接收 float。表示算法收敛的阈值。默认为 1e–4
precompute_distances	接收 float。表示是否提前计算好样本之间的距离，有 auto、True、False 三个参数值可选。默认为 auto
verbose	接收 int。表示是否输出详细信息。0 表示不输出日志信息；1 表示每隔一段时间打印一次日志信息。默认为 0
random_state	接收 int 或 numpy.RandomState 类型。表示随机数生成器的种子。无默认值

（续）

参数名称	说明
copy_x	接收 bool。表示在源数据的副本上提前计算距离时，是否不会修改源数据，Ture 是不会修改源数据，False 则是会修改源数据。默认为 True
n_jobs	接收 int。表示任务使用的 CPU 线程数量。无默认值
algorithm	接收 str。表示选择的优化算法，有 auto、lloyd 和 elkan 三种选择，auto 表示自动选择最优方法；lloyd 表示使用最大期望算法；elkan 表示 Elkan KMeans 算法。默认为 auto

根据 K-Means 算法的实现过程，可以运用 K-Means 算法对电商用户进行聚类，如代码 7-1 所示。

代码 7-1 K-Means 聚类分析的代码实现

```
import pandas as pd
import numpy as np
import matplotlib.pyplot as plt
from sklearn.cluster import KMeans
import warnings
from mpl_toolkits.mplot3d import Axes3D

# 使绘制的图片显示中文
plt.rcParams['font.sans-serif'] = ['SimHei']
plt.rcParams['axes.unicode_minus'] = False

# 忽略警告
warnings.filterwarnings('ignore')

# 读取数据
retail_data = pd.read_csv('../data/Online Retail.csv',encoding='gbk')
k_retail_data = pd.read_csv('../data/Online Retail_RFM.csv',encoding='gbk',index_ col=
'CustomerID')
k_data_scaler = pd.read_csv('../data/Online Retail_RFM_scaler.csv',encoding='gbk', index_
col='CustomerID')

# 分为 3 类
model = KMeans(n_clusters = 2, random_state=12345)
kmeans = model.fit(k_data_scaler)
k_retail_data['label'] = kmeans.labels_
k_data_scaler['label'] = kmeans.labels_

# 绘制图片
fig = plt.figure(figsize=(6, 4), dpi=200)
ax = Axes3D(fig, rect = [0,0,.95, 1], elev = 30, azim = -30)
ax.set_facecolor("white")
ax1 = ax.scatter(k_data_scaler.query('label == 0').R, k_data_scaler.query('label == 0').F,
                k_data_scaler.query('label == 0').M, edgecolor = 'k', color = 'r')
ax2 = ax.scatter(k_data_scaler.query('label == 1').R, k_data_scaler.query('label == 1').F,
                k_data_scaler.query('label    ==    1').M,    edgecolor    =    'k',    color    =
'b',marker='^')
```

```
ax.legend([ax1, ax2], ['聚类 1', '聚类 2'])
ax.invert_xaxis()
ax.set_xlabel('R')
ax.set_ylabel('F')
ax.set_zlabel('M')
ax.set_title('K-Means 聚类分析')
plt.show()
```

运行代码 7-1，首先能够得到关于 RFM 的 K-Means 聚类分析结果，如图 7-4 所示。

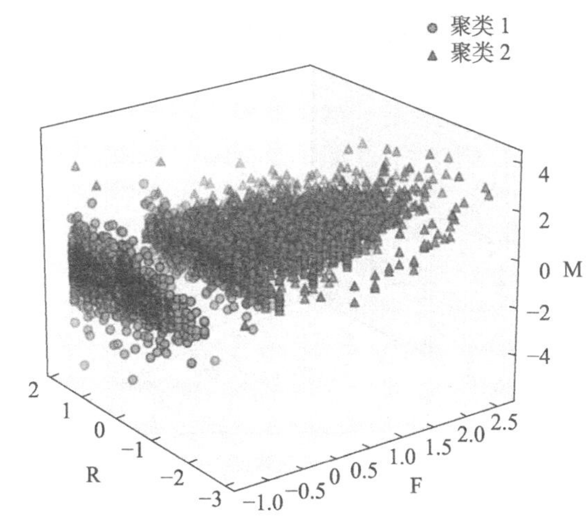

图 7-4　RFM 的 K-Means 聚类分析

RFM 的 K-Means 聚类分析（彩图）

从图 7-4 中可以看出客户一共被聚为两个类，并且两个类别所代表的数据有较为明显的边界，说明数据聚类的效果较好。

K-Means 算法的优点是，原理容易理解，聚类效果较好，算法的复杂度低；在处理大数据集的时候，该算法可以保证较好的可伸缩性；当簇近似高斯分布的时候，聚类效果较好。

可伸缩性是指应用程序或系统适应需求增加或不断变化的能力，可以使用三种方式提高 K-Means 算法的可伸缩性：一是在聚类时使用合适规模的样本；二是过滤方法，通过使用空间层次数据索引的方式节省计算簇中心的开销；三是利用微聚类的思想，先将邻近的数据对象划分到一些“微簇”中，然后将这些“微簇”使用 K-Means 算法进行聚类。

K-Means 算法的缺点是，算法的 k 值（簇中心数）需要人为设定，不同的 k 值会得到的结果不一样；对初始的簇中心敏感，选取不同的数值作为簇中心都会得到不同结果；对数据集中的异常值敏感；不适合分布太离散数据集的聚类、类别不平衡数据集的聚类。

二分 K-Means 算法是对 K-Means 算法的改进和扩展。二分 K-Means 算法通过递归地对簇进行二分，将一个簇分成两个子簇，从而得到细致的聚类结果。

二分 K-Means 算法的基本步骤如下。使用二分 K-Means 算法进行聚类如图 7-5 所示。

（1）初始化。将整个数据集看作一个簇，如图 7-5 中的迭代 1 所示。

（2）选择一个簇进行二分。从当前的簇集合中选择一个簇进行二分，选择的标准可以是簇中样本数量最多或最大的簇，如图 7-5 中的迭代 2 所示。

（3）计算聚类质量度量。计算分裂后的两个子簇的聚类质量度量，常用的度量包括误差平方和和轮廓系数等。

（4）选择最优的分裂。选择聚类质量度量最优的分裂结果，即选择使得度量值最大的分裂结果。

（5）更新簇集合。将最优的分裂结果更新到簇集合中，并且删除被分裂的簇。

（6）重复步骤（2）到步骤（5），直到满足停止条件，例如，达到预定的聚类簇的个数，如图 7-5 中的迭代 3 所示。

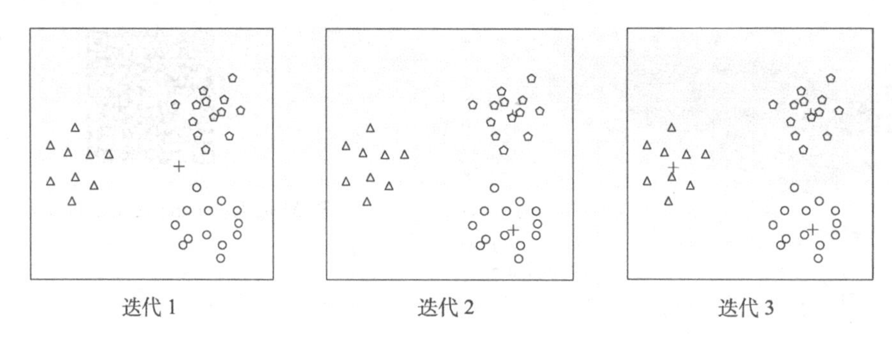

图 7-5　使用二分 K-Means 算法进行聚类

通过递归地对簇进行二分，二分 K-Means 算法能够得到更细粒度的聚类结果。然而，与传统的 K-Means 算法相比，二分 K-Means 算法的计算复杂度较高。此外，算法的结果也会受到初始聚类簇的选择和停止条件的影响。

7.2.2　K-中心点算法

K-Means 算法对离群点比较敏感，由于离群点是远离大多数数据的数据，因此将离群点分配到一个簇时，离群点可能会严重地扭曲簇的均值，从而影响聚类效果。

为了改进 K-Means 算法对离群点敏感这一问题，可以不采用簇中对象的均值作为参照点，而是通过挑选实际的数据对象来代表簇，使每个簇使用一个代表对象（簇中心），其余的每个非代表对象被分配到与其最为相似的代表对象所在的簇中，从而降低 K-Means 算法对离群点的敏感性。例如，C_1 与 C_2 分别是两个聚簇，C_1 的簇中心是 o_i，C_2 的簇中心是 o_j，计算每一个非代表对象到 k 个簇中心的距离，然后将非代表对象到簇中心最短的聚簇作为自己所属的聚簇，从而降低 K-Means 算法的敏感性，如图 7-6 所示。

K-中心点算法基于最小化绝对误差标准来进行划分。绝对误差标准（Absolute-Error Criterion）指所有对象 p 与对应的代表对象之间的相异度之和，定义如式（7-6）所示。

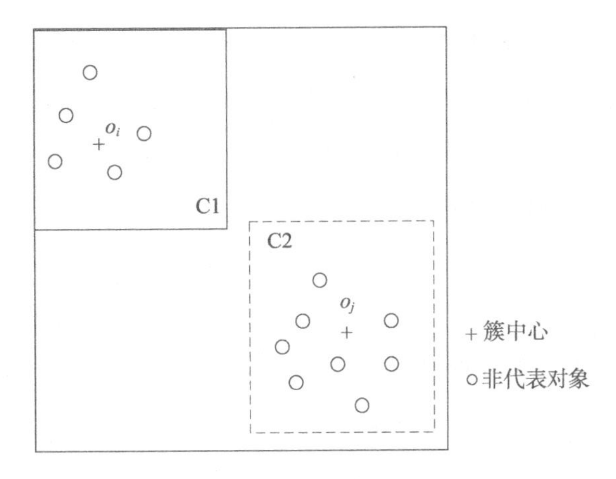

图 7-6　K-中心点算法原理

$$E=\sum_{i=1}^{k}\sum_{p\in C_i}\operatorname{dist}(p,o_i) \qquad (7\text{-}6)$$

其中，E 是数据集中所有对象 p 与 C_i 的代表对象 o_i 的绝对误差之和。式（7-6）是 K-中心点算法的基础，K-中心点算法通过最小化该绝对误差，把 n 个对象划分到 k 个簇中。

K-中心点算法具有简便、收敛效果好、搜索能力强的优点，所以得到了广泛应用。但是 K-中心点算法也有缺点，K-中心点算法对初始质心敏感，只适用于小规模数据。PAM 算法与 CLARA 算法是 K-中心点算法的两种应用。

1. PAM 算法

当 k=1 时，可以在 $O(n^2)$ 时间内找出准确的中位数。然而，当 k 是一般的正整数时，K-中心点问题是 NP 难题，即 K-中心点问题是多项式复杂程度的非确定性问题。

围绕中心点划分（Partitioning Around Medoids，PAM）算法是一种实现 K-中心点算法的流行算法。PAM 算法通过使用迭代、贪心的方法来处理 K-中心点问题。与 K-Means 算法一样，初始代表对象（称为种子）是任意选取的。PAM 算法尝试使用一个非代表对象替换一个代表对象，并观察是否能够提高聚类质量，然后尝试所有可能的替换。通过用其他对象替换代表对象的迭代过程，直到结果聚类的质量不可能被任何替换提高。质量采用对象与其簇中代表对象的平均相异度的代价函数度量来表示。

PAM 算法的实现流程如下。

（1）从数据集合中随机选择 k 个对象作为初始的代表对象（中心点）或种子。

（2）根据剩余的对象与代表对象（中心点）之间的相异度或距离分配给最近的簇。

（3）随机地选择一个非代表对象。

（4）计算用非代表对象代替代表对象的总代价 s。

（5）如果总代价 s 小于 0，那么使用非代表对象代替代表对象，形成新的 k 个代表对象的集合。

（6）循环执行步骤（3）到步骤（5），直到代表对象集合不发生改变。

设$o_1,\cdots,o_k$是当前代表对象（中心点）的集合。为了决定一个非代表对象o_{random}是否是当前中心点o_j（$1\leqslant j\leqslant k$）的好的替代，需要计算每个对象p到集合$\{o_1,\cdots,o_{j-1},o_{random}, o_{j+1},\cdots,o_k\}$中最近对象的距离，并使用该距离更新代价函数。

K-中心点算法能够简单地将对象重新分配到集合$\{o_1,\cdots,o_{j-1},o_{random},o_{j+1},\cdots,o_k\}$中。假设对象$p$当前被分配到了中心点$o_j$代表的簇中，如图 7-7 中的情况(a)和(b)所示。当o_j需要被置换时，对象p需要根据对象p到集合$\{o_1,\cdots,o_{j-1},o_{random},o_{j+1},\cdots,o_k\}$中最近对象的距离被重新分配到$o_{random}$或其他$o_i$（$i\neq j$）代表的簇。例如，在图7-7(a)中，能够比较清晰地观察出对象p到o_i的距离要比到o_j或o_{random}的距离更加近，因此对象p被重新分配到o_i代表的簇中。在图 7-7(b)中，能够清晰且直观地观察出对象p到o_{random}的距离要比到o_i或o_j的距离更加近，因此对象p被重新分配到o_{random}。

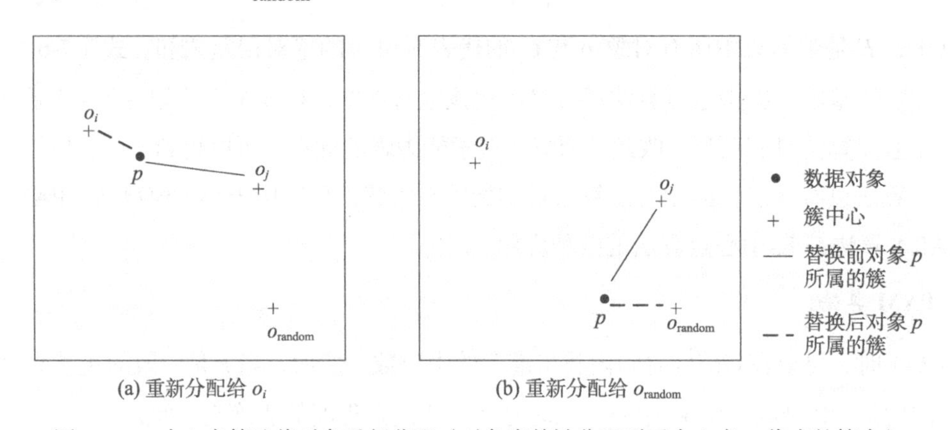

(a) 重新分配给 o_i　　(b) 重新分配给 o_{random}

图 7-7　K-中心点算法将对象重新分配（对象当前被分配到了中心点o_j代表的簇中）

若是对象p当前被分配到其他对象o_i（$i\neq j$）代表的簇中，只要对象p离o_i还比离o_{random}更近，那么它就仍然被分配到o_i代表的簇，如图 7-8(a)所示。否则，对象p被重新分配到o_{random}，如图 7-8(b)所示。

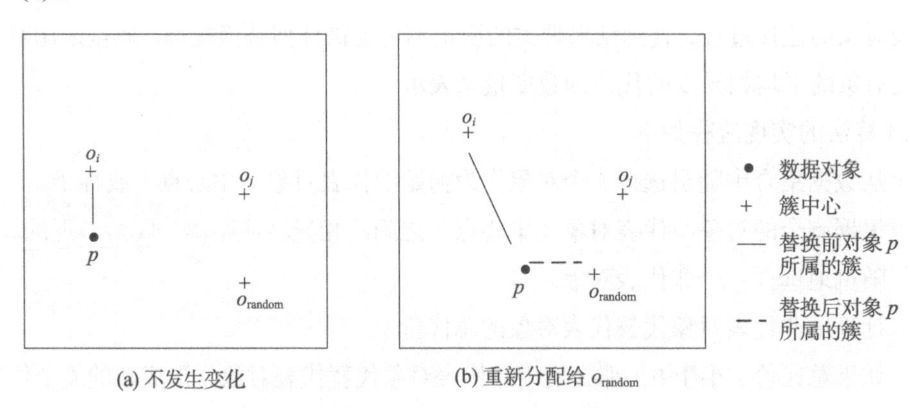

(a) 不发生变化　　(b) 重新分配给 o_{random}

图 7-8　K-中心点算法将对象重新分配（当前被分配到其他对象o_i代表的簇中）

假设已知有 10 个点，需要将数据划分成 3 个簇，PAM 算法与 K-Means 算法前面的步骤都比较相似，随机选择 3 个点作为中心点，然后分别计算各点彼此之间的距离，根据距离的远近划分到 3 个不同簇中，计算其他 7 个非中心点的总代价，若总代价的值小于 0，则将当前的点设置为当前簇的中心点，不断迭代，直到簇的中心点不发生变化，得到最终的 3 个簇。

根据 PAM 算法的实现流程，编写 PAM 算法代码，如代码 7-2 所示。

代码 7-2　PAM 算法的代码实现

```
import numpy as np
from scipy.spatial.distance import cdist
import random
import matplotlib.pyplot as plt
import copy

# 根据距离重新分配数据样本
def assment(dataMat, mediods):
    """
    dataMat: 样本数据集
    mediods: 中心点对象
    """
    med_index = mediods['center_index']  # 中心点索引
    med = dataMat[med_index]  # 获得中心点对象
    k = len(med_index)  # 类簇个数

    dist = cdist(dataMat, med, 'euclidean')  # 计算非代表对象到中心点的距离
    index = dist.argmin(axis=1)  # 获取最小距离的索引值

    for i in range(k):
        mediods[i] = np.where(index == i)

# 计算总代价
def total_cost(dataMat, medoids):
    """
    dataMat: 样本数据集
    mediods: 中心点对象
    """

    med_index = medoids['center_index']  # 中心对象索引
    k = len(med_index)  # 中心对象个数
    cost = 0
    medObject = dataMat[med_index, :]
    dis = cdist(dataMat, medObject, 'euclidean')  # 计算得到所有样本对象跟每个中心对象的距离
    cost = dis.min(axis=1).sum()
    medoids["t_cost"] = cost

# PAM 算法
def pam(data, k):
```

```python
    """
    data: 需要进行聚类的数据集
    k: 聚类个数
    """
    data = np.mat(data)
    N = len(data)  # 总样本个数
    cur_medoids = {}
    cur_medoids['center_index'] = random.sample(set(range(N)), k)  # 随机生成k个中心对象的索引
    assment(data, cur_medoids)
    total_cost(data, cur_medoids)
    old_medoids = {}
    old_medoids['center_index'] = []

    iter_counter = 1
    while not set(old_medoids['center_index']) == set(cur_medoids['center_index']):
        print('iteration counter:', iter_counter)
        iter_counter = iter_counter + 1
        best_medoids = copy.deepcopy(cur_medoids)
        old_medoids = copy.deepcopy(cur_medoids)
        for i in range(N):
            for j in range(k):
                if not i == j:  # 非中心点对象依次替换中心点对象
                    tmp_medoids = copy.deepcopy(cur_medoids)
                    tmp_medoids["center_index"][j] = i

                    assment(data, tmp_medoids)
                    total_cost(data, tmp_medoids)

                    if (best_medoids["t_cost"] > tmp_medoids["t_cost"]):
                        best_medoids = copy.deepcopy(tmp_medoids)  # 替换中心点对象

        cur_medoids = copy.deepcopy(best_medoids)  # 将最好的中心点对象对应的字典信息返回
        print("current total cost is:", cur_medoids["t_cost"])
    return cur_medoids

# 定义np.random.normal()函数的参数size，即输入数据的shape,例如(m,n)，m行n列
dim = 2
N = 100

# 构造数据集
d1 = np.random.normal(1, .2, (N, dim))
d2 = np.random.normal(2, .5, (N, dim))
d3 = np.random.normal(3, .3, (N, dim))
data = np.vstack((d1, d2, d3))

# 定义聚类个数
k = 3
medoids = pam(data, k)
```

```
# 使绘制图片显示中文
plt.rcParams['font.sans-serif'] = ['SimHei']
plt.rcParams['axes.unicode_minus'] = False

fig = plt.figure()
rect = [0.1, 0.1, 0.8, 0.8]  # figure的百分比,从figure 10%的位置开始绘制, 宽高是figure的80%

ax1 = fig.add_axes(rect, label='ax1', frameon=True)
ax1.set_title('PAM算法聚类结果')

# 画出聚类结果
ax1.scatter(data[medoids[0], 0], data[medoids[0], 1], c='r', marker='+')
ax1.scatter(data[medoids[1], 0], data[medoids[1], 1], c='g', marker=',')
ax1.scatter(data[medoids[2], 0], data[medoids[2], 1], c='y', marker='^')
ax1.scatter(data[medoids['center_index'],    0],    data[medoids['center_index'],    1],
marker='x', s=500)
plt.show()
```

运行代码7-2,能够得到聚类结果,如图7-9所示。PAM算法能够比较有效地消除K-Means算法对于孤立点的敏感性，除个别数据外，聚类效果比较明显。

PAM 算法聚类结果（彩图）

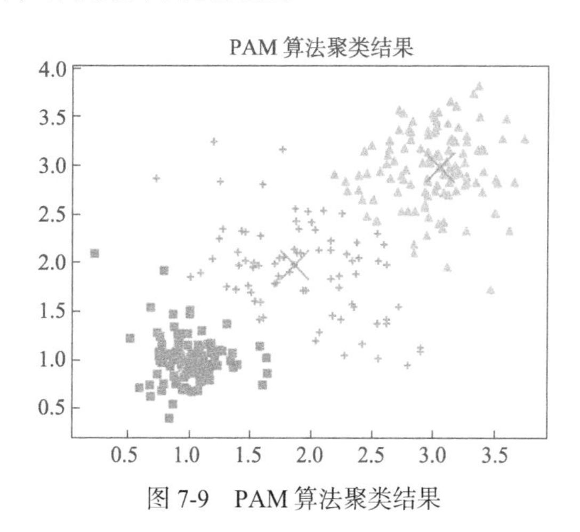

图7-9　PAM算法聚类结果

PAM算法的优点是，比K-Means算法更健壮，对“噪声”和孤立点数据不敏感； PAM算法对小数据集非常有效。

PAM算法的缺点是，K-中心点算法的资源占用和计算时间较多；必须指定k值；PAM对小的数据集非常有效，对大数据集效率不高。

2. CLARA 算法

PAM算法在小型数据集上运行良好，但是由于需要遍历簇中每一个数据点求取新的中心点，使得算法的时间成本和空间复杂度都比较大。为了处理大型数据集，可以使用CLARA算法。该算法是基于抽样的方法，并不考虑整个数据集合，而是使用数据集的一个随机样本，然后使用PAM算法，基于抽取的样本计算最佳中心点。理论上，样本应该近似地代表原数据集。在许多情况下，如果每个对象都是以相同的概率被选到样本中的话，那么可以认为算法在样本总体会有相同的聚类效果。被选中的代表对象（中心点）非常类似于从整个数据集选取的中心点。CLARA 算法由多个随机样本建立聚类，并返回最佳的聚类作为输出，如图 7-10 所示。

CLARA 算法的有效性依赖于样本的大小。值得注意的是，PAM 算法在给定的数据集上搜索 k 个最佳中心点，而 CLARA 算法则是在从数据集随机选取的样本上搜索 k 个最佳中心点。如果最佳的抽样中心点都远离最佳的 k 个中心点，则 CLARA 算法就不能发现好的聚类。如果一个对象是 k 个最佳中心点之一，但在抽样时没有被选中，则 CLARA 算法将不能找到最佳聚类。

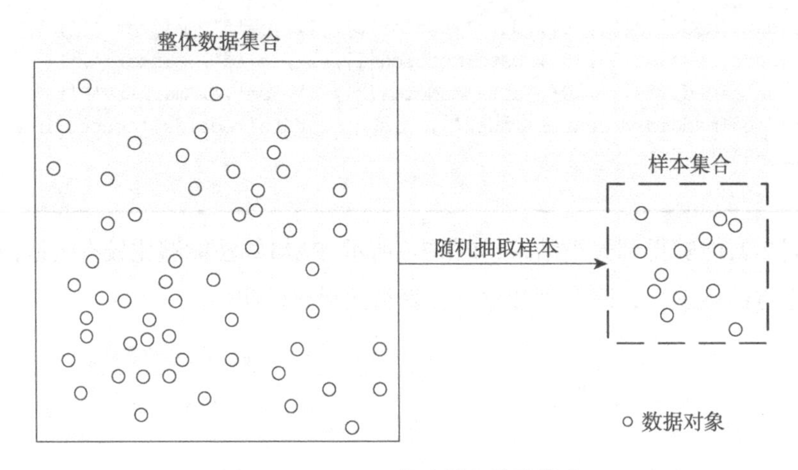

图 7-10　CLARA 算法随机抽取样本

7.3　层次聚类

层次聚类应用的广泛程度仅次于划分聚类，其核心思想是通过对数据集按照层次，把数据划分到不同层的簇中，从而形成一个树形的聚类结构。层次聚类可以揭示数据的分层结构，在树形结构上对不同层次进行划分，可以得到不同的聚类结果。按照层次聚类的过程可以分为自底向上的凝聚层次聚类和自顶向下的分裂层次聚类。层次聚类常用算法有自底向上凝聚算法（AGglomerative NESting，AGNES）、分裂层次聚类算法（DIvisive ANAlysis，DIANA）、综合层次聚类算法（Balanced Iterative Reducing and Clustering using Hierarchies，BIRCH）。

层次聚类方法是将数据对象组合成层次结构或簇的“树”。层次聚类方法选择合并或分裂的点是至关重要的，因为一旦对象的组群被合并或被分裂，则下一步处理将在新产生的簇上进行。层次聚类既不会撤销先前所做工作，也不会在簇之间进行对象交换。因此，若合并或分裂选择不当，则可能导致低质量的簇。此外，这些方法不具有很好的可伸缩性，因为每次合并或分裂的决定都需要考察和评估许多对象或簇。

7.3.1 凝聚的层次聚类

凝聚的层次聚类方法采用的是自底向上的策略。凝聚的层次聚类是先让每个数据对象形成自己的簇，即单个簇成为层次结构的根，然后通过循环的方式，每次循环都将簇合并形成更大的簇，直到所有的数据对象都在一个簇中，或满足某个终止条件。在合并的过程中，找出两个最接近的簇（根据某种相似性度量，如最短距离或最大相似度），并且将最接近的两个簇合并，形成一个新的簇。因为每次迭代合并两个簇，其中每个簇至少包含一个对象，因此凝聚方法最多需要进行 n–1 次迭代，其中，n 指的是数据对象的个数。

凝聚的层次聚类，从距离最近的两个元素开始进行合并，最后合并成一个簇，就像同桌、同组、同班、同级、同校的同学不断凝聚，最终成为一个学校的集体，体现出了众人划桨开大船的精神。

以自底向上凝聚算法（AGglomerative NESting，AGNES）在一个包含有五个对象的数据集合 $\{a,b,c,d,e\}$ 上的处理过程为例。首先，AGNES 将每个对象作为一个簇，然后这些簇根据某些准则被一步步地合并。例如，数据对象 a 和数据对象 b 的距离是所有属于不同簇的对象间的距离欧氏距离中最小的，a 和 b 会被合并，形成簇 ab；依次重复循环，直至所有数据对象最终合并形成簇 abcde。这是一种单链（Single-Link）方法，每个簇可以被簇中所有对象代表，两个簇间的相似度由这两个不同簇中距离最近的数据点对的相似度来确定。聚类的合并过程反复进行直到所有的对象最终合并形成一个簇，如图 7-11 所示。

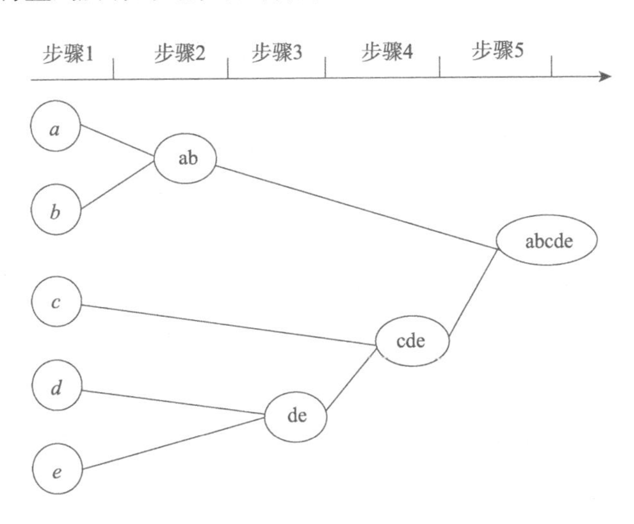

图 7-11 数据对象 $\{a,b,c,d,e\}$ 的凝聚的层次聚类

7.3.2 分裂的层次聚类

与凝聚的层次聚类相反，分裂的层次聚类先将所有数据对象置于一个簇中，这样一个包

含所有数据对象的大簇是层次结构的根。然后，它把根上的簇划分成多个较小的子簇，并递归地把这些簇划分成更小的簇。直到最底层的簇都足够凝聚或仅包含一个对象，或簇内的对象彼此都充分相似。

DIANA 是一个分裂的层次聚类方法，其在一个包含有五个对象的数据集合 $\{a,b,c,d,e\}$ 上的处理过程，与凝聚的层次聚类方法处理相反。例如，根据某种原则（如簇中最近的相邻对象的最大欧氏距离），将簇 abcde 进行分裂，分裂形成簇 ab 和簇 cde；依次重复循环执行簇的分裂过程，直到最终每个新的簇只包含一个数据对象，即最终分裂形成五个数据对象，分别是簇（数据对象）*a*、*b*、*c*、*d*、*e*，如图 7-12 所示。

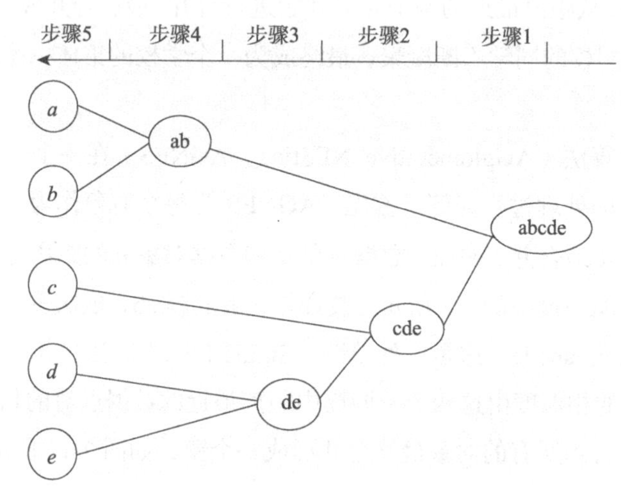

图 7-12　数据对象 $\{a,b,c,d,e\}$ 的分裂的层次聚类

使用分裂的层次聚类，将包含 n 个数据对象的集合划分成两个互斥的子集，有 $2^{n-1}-1$ 种可能的方法。当 n 很大时，考察所有可能性的计算量是很大的。因此，分裂的层次聚类通常使用启发式方法进行划分，但容易导致结果不精确。为了提高效率，分裂的层次聚类通常不对已经作出的划分决策进行回溯。一旦一个簇被划分，该簇的任何可供选择的其他划分都不再考虑。

7.3.3　簇间距离度量方法

对于任意两个簇之间的距离度量，有以下四种方法。

（1）最小距离（Single-Link，单链），是指用两个聚类所有数据点之间的最小距离代表两个聚类的距离，数据对象 a 与数据对象 b 分别是簇 A 与簇 B 的点，数据对象 a 到数据对象 b 之间的距离最小，就用数据对象 a 到数据对象 b 之间的距离代表簇 A 与簇 B 之间的距离，如图 7-13 所示。

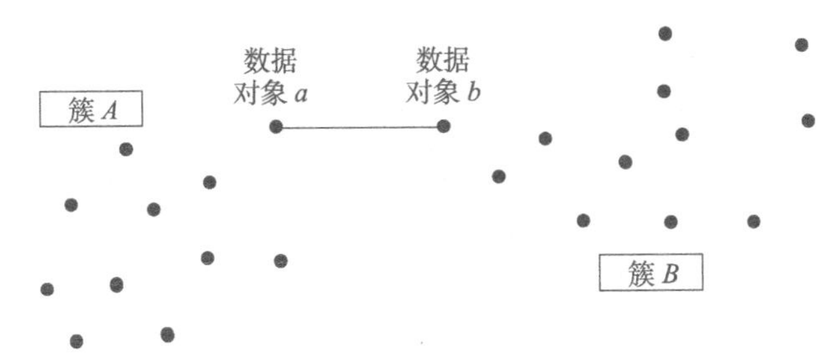

图 7-13　最小距离度量方法

（2）最大距离（Complete-Link，全链），是指用两个聚类所有数据点的最大距离代表两个聚类的距离，数据对象 c 与数据对象 d 分别是簇 A 与簇 B 的点，数据对象 c 到数据对象 d 之间的距离最大，就用数据对象 c 到数据对象 d 之间的距离代表簇 A 与簇 B 之间的距离，如图 7-14 所示。

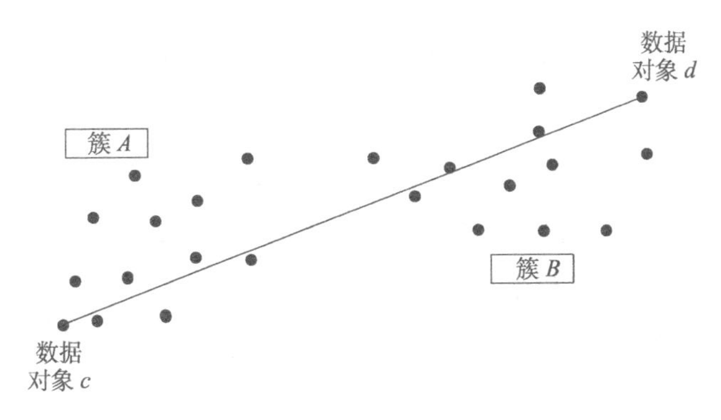

图 7-14　最大距离度量方法

（3）簇中心距离，是指用两个聚类各自中心点之间的距离代表两个聚类的距离，数据对象 f 与数据对象 e 分别是簇 A 与簇 B 的两个中心点，用数据对象 f 到数据对象 e 之间的距离代表簇 A 与簇 B 之间的距离，如图 7-15 所示。

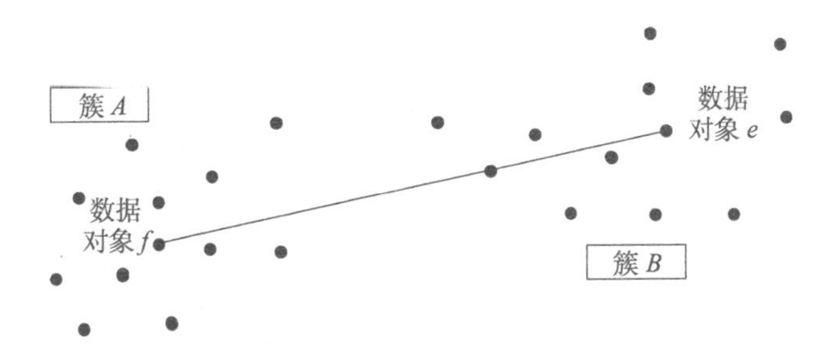

图 7-15　簇心距离度量方法

（4）平均距离（Average-Link），是指用两个聚类所有数据点间的距离的平均值代表两个聚类的距离，如图 7-16 所示。

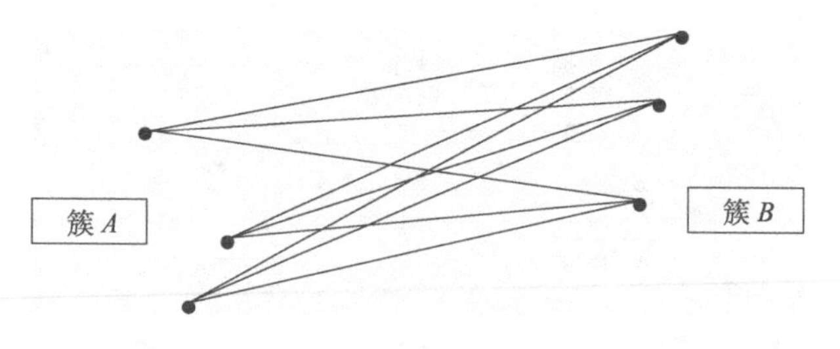

图 7-16　平均距离度量方法

7.3.4　不同距离度量的层次聚类

在层次聚类方法中，常用凝聚的层次聚类方法进行聚类。假定有 n 个数据对象，每个数据对象之间的距离采用大小为 $n \times n$ 的矩阵来表示，凝聚的层次聚类方法的最小距离方法的基本过程如下。

（1）将每一个数据对象视为一簇，每簇仅一个对象，计算它们之间距离 $d(i, j)$，得到初始化距离矩阵。

（2）将距离最近的 $d(i, j)$ 两个簇合并成一个新的簇。

（3）重新计算新的簇与所有其他簇之间的距离 $d(i, j)$，即将新合并的簇与原有簇的距离中选择距离最小的值作为两个簇间的相似度。

（4）重复（2）和（3），直到所有簇最后合并成一个簇为止或达到某个终止条件，例如，希望得到的簇的个数或两个相近的簇超过了某一个阈值。

如果需要基于最大距离和平均距离进行凝聚的层次聚类，只需要更换过程（3）中计算簇间距离的方法即可。

为对比 5 种灵长类动物之间的相似程度，需要将 5 种动物聚成不同的类。根据 5 种灵长类动物朊粒蛋白的氨基酸序列比较，得到 5 种动物氨基酸序列之间的距离矩阵 $\boldsymbol{X}_1$（经过数据变换处理），其中，A 代表长臂猿，B 代表合趾猿，C 代表人，D 代表大猩猩，E 代表黑猩猩，如表 7-3 所示。

表 7-3　距离矩阵 $\boldsymbol{X}_1$

	A	B	C	D	E
A	0	1	3.5	5	7
B		0	2.5	4	6
C			0	1.5	3.5
D				0	2
E					0

1. 最小距离

5 个物种各自构成 1 类，得到 5 类，由矩阵 $\boldsymbol{X}_1$ 可知，A 与 B 距离最相近，合并成一类 $\{A,B\}$，重新计算$\{A,B\}$到其他簇的距离，$\{A,B\}$到 E 的距离如式（7-7）所示。

$$\text{dist}(\{A,B\},E)=\min(\text{dist}(A,E),\text{dist}(B,E))=\min(7,6)=6 \tag{7-7}$$

将距离矩阵 $\boldsymbol{X}_1$ 更新为 $\boldsymbol{X}_2$，如表 7-4 所示。

表 7-4　最小距离矩阵 X_2

	C	D	E	$\{A,B\}$
C	0	1.5	3.5	2.5
D		0	2	4
E			0	6
$\{A,B\}$				0

由 $\boldsymbol{X}_2$ 可知，C 与 D 距离最相近，合并成一类$\{C,D\}$，重新计算$\{C,D\}$到其他簇的距离并将 $\boldsymbol{X}_2$ 更新为 $\boldsymbol{X}_3$，如表 7-5 所示。

由 $\boldsymbol{X}_3$ 可知，E 与$\{C,D\}$距离最相近，合并成一类$\{C,D,E\}$，重新计算$\{C,D,E\}$到其他簇的距离并将 $\boldsymbol{X}_3$ 更新为 $\boldsymbol{X}_4$，如表 7-6 所示。

表 7-5　最小距离矩阵 X_3

	E	$\{A,B\}$	$\{C,D\}$
E	0	6	2
$\{A,B\}$		0	2.5
$\{C,D\}$			0

表 7-6　最小距离矩阵 X_4

	$\{A,B\}$	$\{C,D,E\}$
$\{A,B\}$	0	2.5
$\{C,D,E\}$		0

由 $\boldsymbol{X}_4$ 可知，$\{A,B\}$与$\{C,D,E\}$距离最相近，合并成一类$\{A,B,C,D,E\}$，绘制出谱系聚类图，如图 7-17 所示。

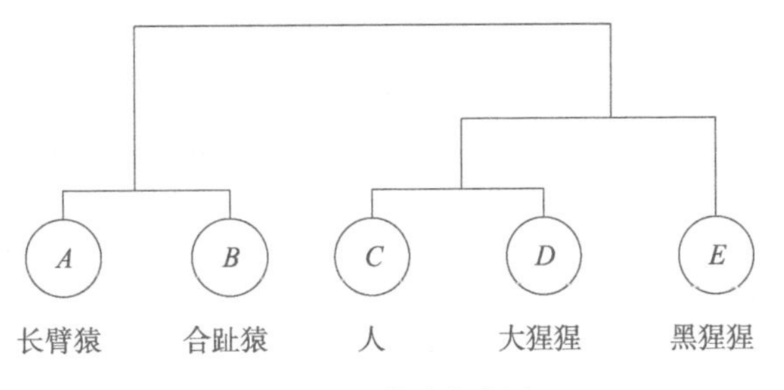

图 7-17　谱系聚类图

2. 最大距离

与最小距离类似，A 与 B 距离最相近，合并成一类$\{A,B\}$，重新计算$\{A,B\}$到其他簇的距离，$\{A,B\}$到 E 的距离如式（7-8）所示。

$$\text{dist}(\{A,B\},E)=\max(\text{dist}(A,E),\text{dist}(B,E))=\max(7,6)=7 \tag{7-8}$$

将距离矩阵 $\boldsymbol{X}_1$ 更新为 $\boldsymbol{X}_2$，如表 7-7 所示。

表 7-7　最大距离矩阵 X_2

	C	D	E	$\{A,B\}$
C	0	1.5	3.5	3.5
D		0	2	5
E			0	7
$\{A,B\}$				0

由 $\boldsymbol{X}_2$ 可知，依旧是 C 与 D 距离最相近，合并成一类$\{C,D\}$，重新计算$\{C,D\}$到其他簇的距离并将 $\boldsymbol{X}_2$ 更新为 $\boldsymbol{X}_3$，如表 7-8 所示。

表 7-8　最大距离矩阵 X_3

	E	$\{A,B\}$	$\{C,D\}$
E	0	7	3.5
$\{A,B\}$		0	5
$\{C,D\}$			0

由 $\boldsymbol{X}_3$ 可知，E 与$\{C,D\}$距离最相近，合并成一类$\{C,D,E\}$

3. 平均距离

合并$\{A,B\}$，重新计算$\{A,B\}$到其他簇的距离，$\{A,B\}$到 E 的距离如式（7-9）所示。

$$\text{dist}(\{A,B\},E)=\frac{\text{dist}(A,E)+\text{dist}(B,E)}{2}=\frac{7+6}{2}=6.5 \tag{7-9}$$

将距离矩阵 $\boldsymbol{X}_1$ 更新为 $\boldsymbol{X}_2$，如表 7-9 所示。

表 7-9　平均距离矩阵 X_2

	C	D	E	$\{A,B\}$
C	0	1.5	3.5	3
D		0	2	4.5
E			0	6.5
$\{A,B\}$				0

由 $\boldsymbol{X}_2$ 可知，C 与 D 距离最相近，合并成一类$\{C,D\}$，重新计算$\{C,D\}$到其他簇的距离，$\{A,B\}$到$\{C,D\}$的距离如式（7-10）所示。

$$\text{dist}(\{A,B\},(C,D))=\frac{\text{dist}(A,C)+\text{dist}(A,D)+\text{dist}(B,C)+\text{dist}(B,D)}{4}=3.75 \tag{7-10}$$

将 $\boldsymbol{X}_2$ 更新为 $\boldsymbol{X}_3$，如表 7-10 所示。

表 7-10　平均距离矩阵 X_3

	E	$\{A,B\}$	$\{C,D\}$
E	0	6.5	2.75
$\{A,B\}$		0	3.75
$\{C,D\}$			0

由 X_3 可知，E 与 $\{C,D\}$ 距离最相近，合并成一类 $\{C,D,E\}$。

层次聚类方法每合并完一个簇对象后，必须重新计算合并后簇对象之间的距离，也就是需要更新距离矩阵多次，对于大型数据库而言，其计算量是相当惊人的。而这必然将大大增加算法的复杂度，时间复杂度的增加会大大降低算法的可伸缩性，使得算法的应用受到影响。

使用 scipy.cluster.hierarchy 包下的 linkage 函数可以实现层次聚类，其语法格式如下。

```
scipy.cluster.hierarchy.linkage(y, method='single', metric= 'euclidean',
optimal_ordering=False)
```

linkage 函数常用的参数及其说明，如表 7-11 所示。

表 7-11　linkage 函数常用的参数及其说明

参数名称	说明
y	接收数组或矩阵。表示需要处理的矩阵。无默认值
method	接收 str。表示使用的连接算法，single 是最近点算法；complete 是最远点采样算法；average 是非加权平均组对法；weighted 是加权平均组对法；centroid 是非加权中心组对法；median 是加权中心组对法；ward 是沃德方差最小化算法。默认为 single
metric	接收 str 或函数。表示在 y 是观察向量集合的状况下使用的距离度量，euclidean 是欧式度量；minkowski 是 p 范数诱导的度量；cityblock 是曼哈顿度量；sqeuclidean 是欧式度量的平方；cosine 是余弦；correlation 是协方差。默认为 euclidean
optimal_ordering	接收 bool。表示是否对连接矩阵进行重新排序。默认为 False

层次聚类不需要指定聚类个数就能够对数据对象进行聚类，运用层次聚类的原理对指定城市的收入进行层次聚类，其中，需要聚类的数据有总体收入情况指数以及平均收入情况指数，如代码 7-3 所示。

代码 7-3　层次聚类的代码实现

```
import pandas as pd
import matplotlib.pyplot as plt
import scipy.cluster.hierarchy as sch

# 使绘制的图片显示中文
plt.rcParams['font.sans-serif'] = ['SimHei']
plt.rcParams['axes.unicode_minus'] = False

city_economy = pd.read_csv('../data/city_economy.csv', encoding='gbk')

# 生成点与点之间的距离矩阵，这里用的欧氏距离：euclidean
# X：根据什么来聚类，这里结合总体情况 Gross 与平均情况 Avg 两者
disMat = sch.distance.pdist(X=city_economy[['Gross', 'Avg']], metric='euclidean')
# 进行层次聚类：计算距离的方法使用 ward 法
Z = sch.linkage(disMat, method='ward')
# 将层级聚类结果以树状图表示出来并保存
```

```
# 需要手动添加标签
P = sch.dendrogram(Z, labels=city_economy.AREA.tolist())
plt.xlabel('城市', fontsize=12)
plt.axes().get_yaxis().set_visible(False)
plt.savefig('聚类结果.png')
plt.show()
```

首先，先对 A 市与 C 市、D 市与 J 市、B 市与 E 市进行层次聚类，然后将 H 市与 A 市、C 市进行层次聚类，以此类推，直到只有一个聚类结果，该聚类结果包含所有的 9 个城市，如图 7-18 所示。

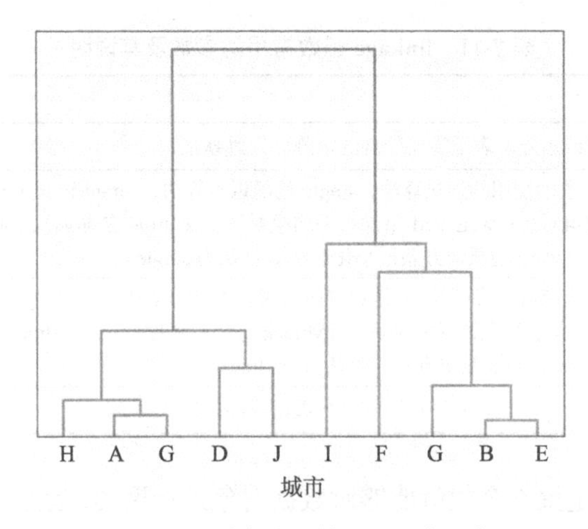

图 7-18　城市收入情况的层次聚类

层次聚类的优点是，距离和规则的相似度容易定义，限制较少；与 K-Means 算法、PAM 算法不同的是，层次聚类不需要预先制定聚类数；而且通过层次聚类能够发现不同类别的层次关系。

层次聚类的缺点是，计算复杂度较高；该算法很可能聚类成链状结构。

7.4　基于密度的聚类方法

基于密度的聚类方法是根据数据点之间的密度关系将数据点分为不同的簇，这种方法考虑了数据点之间的密度和连通性，而不是仅考虑数据点之间的距离。在基于密度聚类中，每个数据点都会对邻域内的其他数据点进行密度评估，并将数据点分配到不同的聚类中。这种聚类方法可以有效地发现任意形状的聚类，并且可以在不同的数据集中发现不同的聚类结构。

基于密度的聚类方法主要有三种，分别是 DBSCAN 算法、OPTICS 算法、DENCLUE 算法，如表 7-12 所示。本节主要介绍的是 DBSCAN 算法。

表 7-12　基于密度的聚类方法

算法名称	说明
DBSCAN 算法	DBSCAN 算法是一个比较有代表性的基于密度的聚类算法。与划分和层次聚类方法不同，DBSCAN 算法将簇定义为密度相连的点的最大集合，能够把具有足够高密度的区域划分为簇，并可在噪声的空间数据库中发现任意形状的聚类
OPTICS 算法	OPTICS 可以处理非球形聚类和复杂的数据集，通过构建邻域图来描述数据点之间的密度关系，然后通过图分割技术将数据点分为不同的聚类
DENCLUE 算法	DENCLUE 算法是一种基于一组密度分布函数的聚类算法。将每个数据点的影响用一个数学函数形式化地模拟出来，聚类簇通过密度吸引点（全局密度函数的局部最大值）来确定

7.4.1　基于中心方法的密度定义

在基于中心的方法中，数据集中特定点的密度是通过对该点 Eps 半径之内的点计数（包括点本身）来估计，其中，Eps 是指定的半径。基于中心的方法实现起来比较简单，但是指定的半径决定了点的密度。例如，如果半径足够大，那么所有点的密度都等于数据集中的点数 m。同理，如果半径太小，那么所有点的密度都是 1。点 A 的密度为 Eps 半径之内圆内点的个数（包括点本身），如图 7-19 所示。

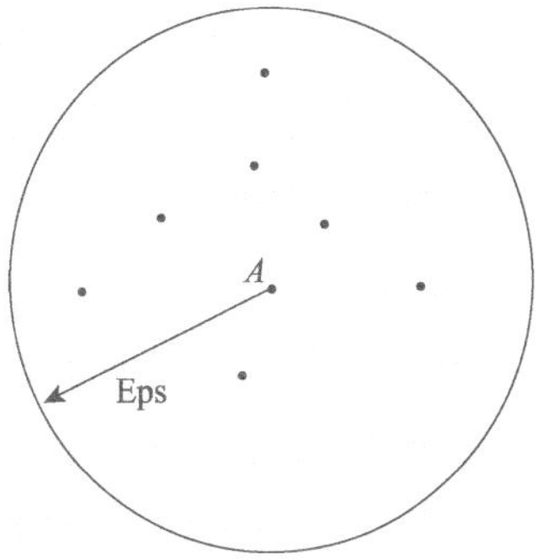

图 7-19　基于中心的密度图

在基于中心的方法中，可以将点分成三类，分别是核心点、边界点、噪声点，如图 7-20 所示。

其中，核心点是稠密区域（样本点分布较为稠密的区域）内部的点，如图 7-20 的点 A 所示；边界点是稠密区域边缘上的点，如图 7-20 的点 B 所示；噪声点是稀疏区域（样本点分布较为稀疏的区域）中的点，即既不是核心点也不是边界点的其他任何点，如图 7-20 的点 C 所示。

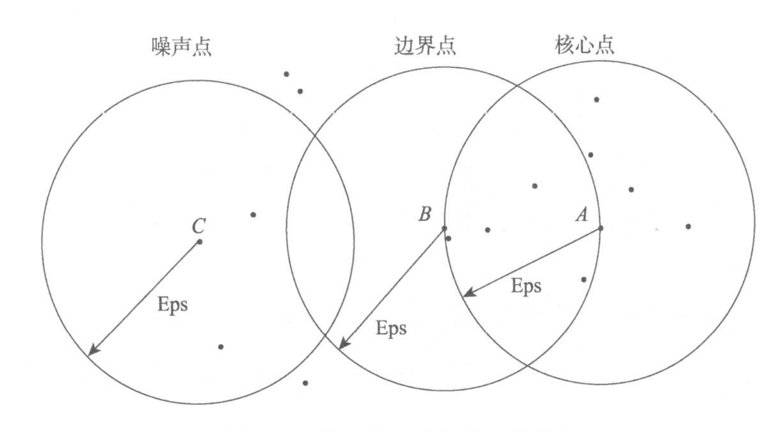

图 7-20　核心点、边界点、噪声点

7.4.2 DBSCAN 算法

DBSCAN 算法是一种基于密度的空间聚类算法。该算法将具有足够密度的区域划分为簇，能在具有噪声的空间数据库中发现任意形状的簇，它将簇定义为密度相连的点的最大集合。

DBSCAN 算法的实现流程如下。

（1）从数据集中任意选取一个数据对象点 p。

（2）如果选取的数据对象点 p 为核心点，那么找出所有从 p 密度可达的数据对象点，形成一个簇。

（3）如果选取的数据对象点 p 是边缘点，那么选取另一个数据对象点。

（4）重复（2）、（3）步，直到所有点被处理。

通过观察点到 k 个最近邻的距离（k 距离）能够确定参数 Eps（指定的半径）和 MinPts（集群的最小数据点数）。若点属于某个簇，如果 k 不大于簇的大小，那么 k 距离将很小；对于不在簇中的点（如噪声点），k 距离将较大。因此，对于某个 k 值，计算所有点的 k 距离。选取某个合适的 Eps 值为 Eps 参数，而 k 的值取为 MinPts 参数。k 距离小于 Eps 的点将被标记为核心点，其他点将被标记为噪声或边界点。

假设给定一个样本数据集，包含 13 个样本点，如表 7-13 所示，采用 DBSCAN 算法进行聚类，给定距离半径 Eps=3，MinPts=3。

表 7-13　13 个样本点数据集

样本点	A	B	C	D	E	F	G	H	I	J	K	L	M
坐标	(1,2)	(2,1)	(2,4)	(4,3)	(5,8)	(6,7)	(6,9)	(7,9)	(9,5)	(1,12)	(3,12)	(5,12)	(3,3)

将样本数据绘制到二维空间中，绘制出的样本点，如图 7-21 所示。

顺序扫描数据集的样本点，首先选取 $A(1,2)$，计算 A 的邻域，计算出每一点到 A 的距离，例如，点 A 到点 B 的距离，如式（7-11）所示。

$$\text{dist}(A,B)=\sqrt{(2-1)^2+(1-2)^2}=\sqrt{2} \tag{7-11}$$

根据每个样本点到 A 的距离，计算得出 A 的 Eps 邻域为 $\{A, B, C, M\}$，即到 A 的距离小于 Eps 的样本点。因为 A 的 Eps 邻域含有 4 个点，大于 MinPts，所以，A 为核心点，如图 7-22 所示。

以 A 为核心点建立簇 $C1$，找出所有从 A 密度可达的点。例如，A 邻域内的点都是 A 直接密度可达的点，点 A、B、C、M 都属于簇 $C1$。由于 B 的邻域为 $\{A, B, C, D, M\}$，因为 A 密度可达 B，B 密度可达 D，所以 A 密度可达 D，因此 D 也属于 $C1$。重复迭代循环，直到没有 A 没有新的密度可达点，即可得到簇 $C1$，簇 $C1$ 包含点 $\{A, B, C, D, M\}$，如图 7-23 所示。

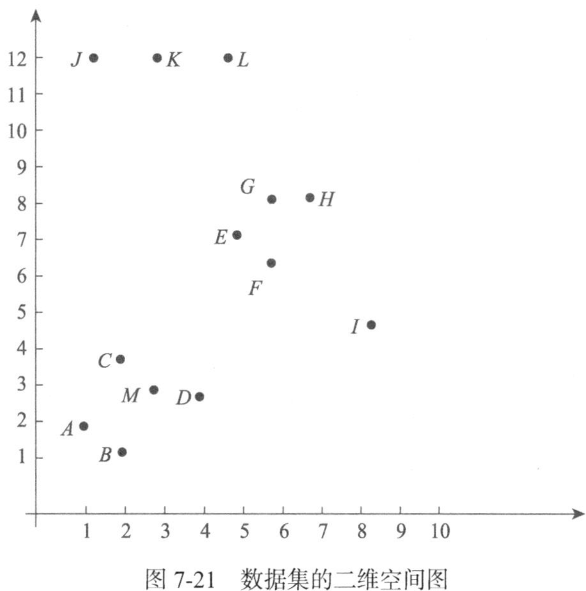

图 7-21　数据集的二维空间图

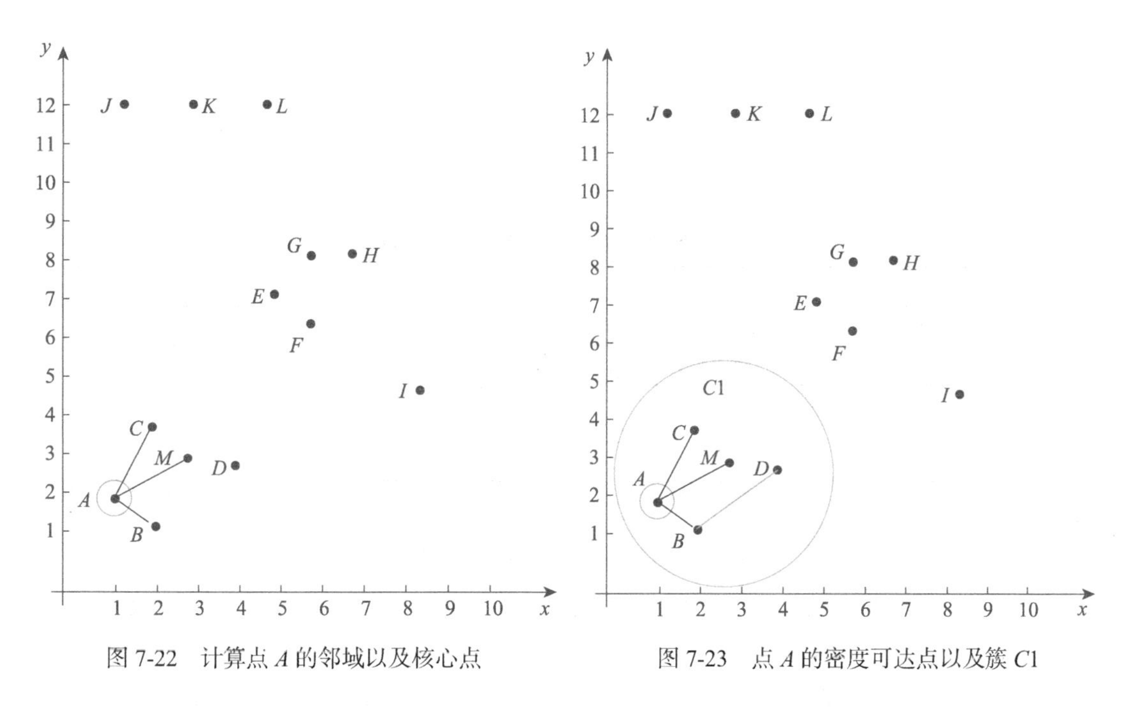

图 7-22　计算点 A 的邻域以及核心点　　　　图 7-23　点 A 的密度可达点以及簇 $C1$

同理，不断迭代循环分别计算出其余各点的距离以及邻域，建立新簇，找出所有密度可达的数据对象点，得出聚类结果，如图 7-24 所示。13 个样本点被分为了 3 个簇以及 1 个离群点，簇 $C1$ 包含点$\{A, B, C, D, M\}$，簇 $C2$ 包含点$\{E, F, G, H\}$，簇 $C3$ 包含点$\{J, K, L\}$。

使用 scikit-learn 库中 cluster 模块的 DBSCAN 类可以实现密度聚类，其语法格式如下。

```
sklearn.cluster.DBSCAN(eps=0.5,  min_samples=5,  metric_params=None,  algorithm='auto',
leaf_size=30, p=None, n_jobs=None)
```

DBSCAN 类常用的参数及其说明，如表 7-14 所示。

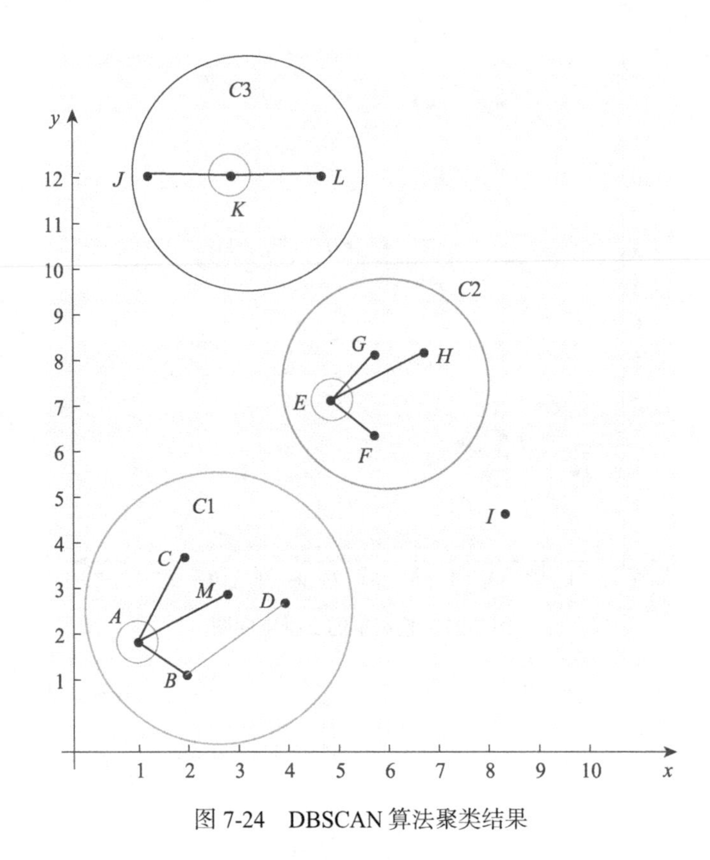

图 7-24　DBSCAN 算法聚类结果

表 7-14　DBSCAN 类常用的参数及其说明

参数名称	说明
eps	接收 float。表示邻域的距离阈值。默认为 0.5
min_samples	接收 int。表示邻域内样本数据的阈值。默认为 5
metric	接收 str。表示距离计算方式，euclidean 为欧几里得度量；precomputed 为稀疏半径邻域图。默认为 euclidean
metric_params	接收 str。表示度量函数的其他关键字参数。无默认值
algorithm	接收 str。表示用于计算逐点距离和查找最近邻居的算法，brute 为蛮力计算；kd_tree 为 KD 树计算；ball_tree 为球树计算。auto 表示自适应选择上述方法。默认为 auto
leaf_size	接收 int。表示传递给 BallTree 或 cKDTree 的叶大小，影响算法的运行速度和使用内存大小。默认为 30
p	接收 float。表示闵可夫斯基距离和带权重闵可夫斯基距离中 p 值的选择，p=1 为曼哈顿距离；p=2 为欧式距离。无默认值
n_jobs	接收 int。表示要运行的并行作业数。无默认值

以国内 31 个省份的进口额和出口额数据作为分析对象，使用 DBSCAN 算法进行密度聚类，如代码 7-4 所示。

代码 7-4　使用 DBSCAN 算法进行密度聚类

```
# 导入模块
import pandas as pd
import matplotlib.pyplot as plt
from sklearn import preprocessing  # 用于变量的标准化处理
```

```
from sklearn import cluster
import numpy as np
import seaborn as sns  # 用于绘制聚类的效果散点图
import warnings
warnings.filterwarnings('ignore')

# 用于 DataFrame 显示所有列
pd.set_option('display.max_columns', None)
# 显示所有行
pd.set_option('display.max_rows', None)

# 用于最后输出的图形汉字显示正常
plt.rcParams['font.sans-serif'] = ['SimHei']  # 显示中文
plt.rcParams['axes.unicode_minus'] = False  # 正常显示负号

# 读取外部数据
Province = pd.read_excel('../data/Province.xlsx')
Province.head()  # 显示表格的前五行

# 选取建模的变量
predictors = ['imports', 'exports']
# 变量的标准化处理
X = preprocessing.scale(Province[predictors])
X = pd.DataFrame(X)

# 构建空列表，用于保存不同参数组合下的结果
res = []
# 迭代不同的 eps 值
for eps in np.arange(0.001, 1, 0.05):
    # 迭代不同的 min_samples 值
    for min_samples in range(2, 10):
        dbscan = cluster.DBSCAN(eps=eps, min_samples=min_samples)
        # 模型拟合
        dbscan.fit(X)
        # 统计各参数组合下的聚类个数（-1 表示异常点）
        n_clusters = len([i for i in set(dbscan.labels_) if i != -1])
        # 异常点的个数
        outlines = np.sum(np.where(dbscan.labels_ == -1, 1, 0))
        # 统计每个簇的样本个数
        stats = str(pd.Series([i for i in dbscan.labels_ if i != -1]).value_counts().values)
        res.append({'eps': eps, 'min_samples': min_samples, 'n_clusters': n_clusters,
'outlines': outlines, 'stats': stats})

# 将迭代后的结果存储到数据框中
df = pd.DataFrame(res)
# 根据条件筛选合理的参数组合
print(df.loc[df.n_clusters == 3, :])
```

```
# 利用上述的参数组合值，重建密度聚类算法
dbscan = cluster.DBSCAN(eps=0.801, min_samples=3)
# 模型拟合
dbscan.fit(X)
Province['dbscan_label'] = dbscan.labels_
# 绘制聚类的效果散点图 hue用于聚类
sns.lmplot(x='imports', y='exports', hue='dbscan_label', data=Province,
        markers=['*', 'd', '^', 'o'], fit_reg=False, legend=False)
# 添加省份标签
for x, y, text in zip(Province.imports, Province.exports, Province.Province):
   plt.text(x+0.1, y-0.1, text, size=8)
# 添加参考线
plt.hlines(y=5.8, xmin=Province.imports.min(), xmax=Province.imports.max(),
        linestyles='--', colors='red')
plt.vlines(x=10, ymin=Province.exports.min(), ymax=Province.exports.max(),
        linestyles='--', colors='red')
# 添加轴标签
plt.xlabel('进口额')
plt.ylabel('出口额')
# 显示图形
plt.show()
```

运行代码 7-4，能够得到不同参数组合下的结果，如图 7-25 所示，通过观察不同参数的组合能够寻找较为合理的聚类结果。如果需要将数据聚合为3类，那么可以选择eps为0.801、min samples 为 3 的参数值，因为该参数组合下的异常点个数比较合理。

	eps	min_samples	n_clusters	outLines	stats
40	0.251	2	3	23	[3 3 2]
57	0.351	3	3	19	[6 3 3]
88	0.551	2	3	7	[17 5 2]
96	0.601	2	3	7	[17 5 2]
104	0.651	2	3	5	[17 7 2]
112	0.701	2		5	[17 7 2]
129	0.801	3	3	4	[17 7 3]
136	0.851	2	3	2	[24 3 2]
144	0.901	2	3	1	[24 4 2]
152	0.951	2	3	1	[24 4 2]

图 7-25　不同参数组合下的结果

进口额与出口额的密度聚类结果，如图 7-26 所示。三角形、菱形和圆形所代表的点即为三个不同的簇，五角星所代表的点即为异常点。从图 7-26 可知，以 *a*、*b*、*i* 为代表的省份，属于低进口额和低出口额类型；*s*、*d* 和 *e* 等省份属于高进口额和低出口额类型；以 *j*、*w*、*q* 为代表的省份属于高进口额和高出口额类型。*h*、*f*、*o*、*z* 四个省份是四个离群点，其中，*h*

省与 f 省比较相似，属于低进口额和高出口额类型；o 省属于极高进口额和高出口额的省份；z 省属于高进口额和低出口额的省份，但 z 省与 s、d 和 e 省更为相似。

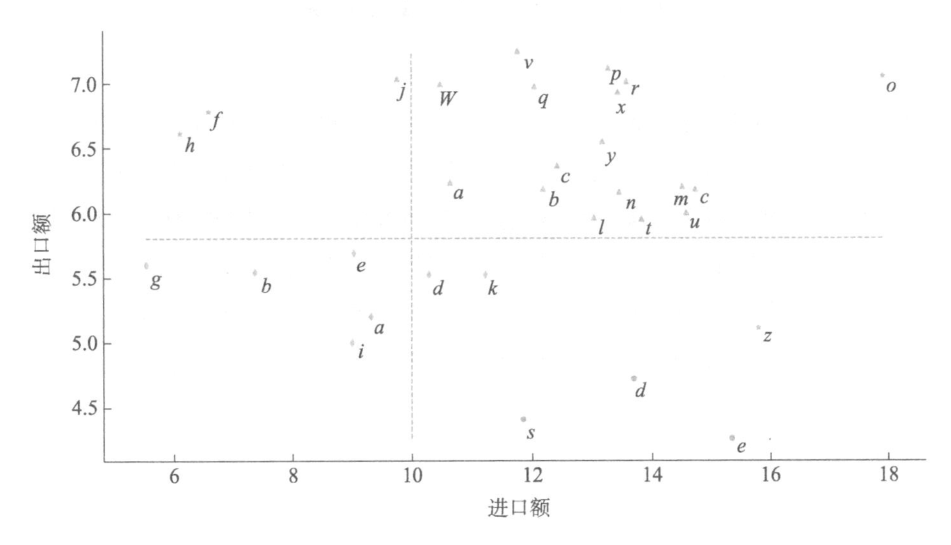

图 7-26　进口额与出口额的密度聚类结果

DBSCAN 算法的优点是，可以对任意形状的稠密数据集进行聚类；可以在聚类的同时发现异常点，对数据集中的异常点不敏感；算法的聚类结果受初始值的影响不大。

DBSCAN 算法的缺点是，当样本集的密度不均匀、聚类间距差相差很大时，聚类质量较差；样本集较大时，聚类收敛时间较长，在最坏的情况下时间复杂度是 $O(m^2)$，此时可以对搜索最近邻时建立的 KD 树或球树进行规模限制来改进，时间复杂度可以降到 $O(m\log m)$；算法调参比较复杂，主要需要对距离阈值 ϵ 和邻域样本数阈值 MinPts 联合调参，不同的参数组合对最后的聚类效果有较大影响。

若簇的密度变化很大，则 DBSCAN 算法可能会有问题。图 7-27 包含了 4 个埋藏在噪声中的簇，簇和噪声区域的密度通过灰度表示，灰度越大密度越大。较密的两个簇 A 和 B 周围的噪声的密度与簇 C 和 D 的密度相同。如果 Eps 值足够低，DBSCAN 算法可以发现簇 C 和 D，那么 A、B 和包围它们的点将变成单个簇；如果 Eps 值足够高，DBSCAN 算法能够发现簇 A 和 B，并且将包围簇 A 和 B 的点标记为噪声，那么簇 C、D 和包围簇 C 和 D 的点也将被标记为噪声。

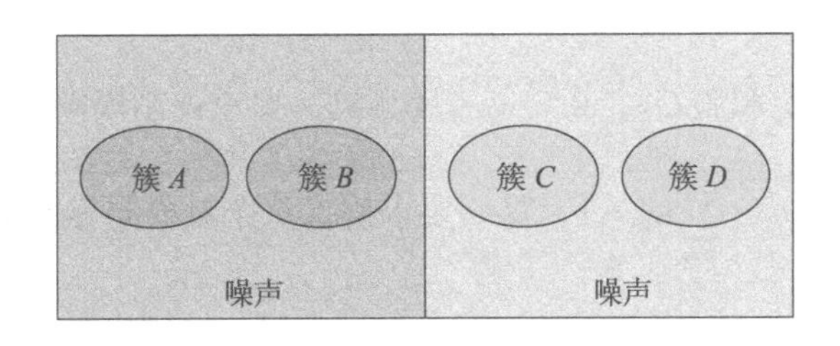

图 7-27　埋藏在噪声中的 4 个簇

7.5 概率模型聚类

基于模型的聚类方法，主要是指基于概率模型的聚类和基于神经网络模型的聚类。概率模型聚类是一种基于概率模型的聚类方法，它通过建立数据点的概率分布模型来识别聚类结构。在概率模型聚类中，每个数据点都被视为一个随机变量，并被分配到一个概率分布模型中。这个概率分布模型可以是一个混合模型，也可以是一个基于共享参数的模型。

概率模型聚类能够发现任意形状的聚类、自适应地确定聚类的大小和形状、处理噪声和异常值等。本节先介绍模糊簇的概念，然后将模糊簇的概念推广到基于概率模型的簇。

7.5.1 模糊簇

给定一个对象集 $X=\{x_1,\ldots,x_n\}$，模糊集 S 是 X 的其中一个子集。模糊集允许 X 中的每个对象都具有一个属于 S 的 0 到 1 之间的隶属度。例如，一款数码相机的销售量越大，就说明该数码相机越受欢迎，给定数码相机的销售量为 o，并假设当销售量达到 1000 时数码相机的受欢迎程度达到最高，则 o 的受欢迎程度如式（7-12）所示。

$$\text{pop}(o)=\begin{cases}1, & o\geqslant 1000\\ \dfrac{i}{1000}, & 0\leqslant o<1000\end{cases} \tag{7-12}$$

函数 pop 定义了一个流行的数码相机的模糊集，若数码相机 A 的销量为 50，数码相机 B 的销量为 1320，则流行的数码相机的模糊集为$\{A(0.05), B(1)\}$，括号里面的数字是隶属度。由此可知，对于给定对象的集合，一个簇就是对象的一个模糊集，这种簇称为模糊簇。为了更好地探索数据集中的聚类情况，往往需要将一个数据对象分配到多个簇中，即一个对象可能同时属于多个簇，其隶属度可以用对象与其被指派到的簇的中心之间的距离或相似度来衡量。

给定对象集 $\{o_1,\cdots,o_n\}$，k 个模糊簇 $C_1,\cdots,C_k$ 的模糊聚类可以用一个划分矩阵 $\boldsymbol{M}=[w_{ij}]\ (1\leqslant i\leqslant n, 1\leqslant j\leqslant k)$ 表示。其中，w_{ij} 是 o_i 在模糊簇 C_j 的隶属度。划分矩阵应该满足以下三个要求。

（1）对于每个对象 o_i 和簇 C_j，$0\leqslant w_{ij}\leqslant 1$，这一要求强制模糊簇是模糊集。

（2）对于每个对象 o_i，$\sum_{j=1}^{k} w_{ij}=1$，这一要求确保每个对象同等地参与聚类。

（3）对于每个簇 C_j，$0<\sum_{j=1}^{k} w_{ij}<n$，这一要求确保对于每个簇，最少有一个对象，其隶

属值非零。

7.5.2 概率模型聚类步骤

给定数据集 $D=\{o_1,\cdots,o_n\}$ 和所要求的簇数 k，概率模型聚类的任务是推导出最可能产生数据集 D 的 k 个概率簇。接下来就是，度量 k 个概率簇的集合和它们的概率产生观测数据集的似然函数，具体步骤如下。

（1）概率簇 $C_1,\cdots,C_k$ 的集合是 C，对应的概率密度函数分别是 $f_1,\cdots,f_k$，对应的概率分别为 $\omega_1,\cdots,\omega_k$。对于对象 o，o 由簇 C_j $(1\leqslant j\leqslant k)$ 产生的概率，如式（7-13）所示。

$$P(o\mid C_j)=\omega_j f_j(o) \tag{7-13}$$

（2）因此，对象 o 由簇的集合 C 产生的概率，如式（7-14）所示。

$$P(o\mid C)=\sum_{j=1}^{k}\omega_j f_j(o) \tag{7-14}$$

（3）由于假定的数据对象是独立地产生的，因此对于 n 个对象的数据集 $D=\{o_1,\cdots,o_n\}$，则数据集 D 由簇的集合 C 产生的概率，如式（7-15）所示。

$$P(D\mid C)=\prod_{i=1}^{n}P(o_i\mid C)=\prod_{i=1}^{n}\sum_{j=1}^{k}\omega_j f_j(o_i) \tag{7-15}$$

（4）由于使 $P(D\mid C)$ 最大化是比较难处理的，为了简化计算，可以假定概率密度函数是一个参数分布。

设 $o_1,\cdots,o_n$ 是 n 个观测对象，$\Theta_1,\cdots,\Theta_k$ 是 k 个分布的参数，分别令 $O=\{o_1,\cdots,o_n\}$，$\Theta=\{\Theta_1,\cdots,\Theta_k\}$。于是，对于任意对象 $o_i\in O$ $(1\leqslant i\leqslant n)$，可以将式（7-14）改写成式（7-16）。

$$P(o_i\mid \Theta)=\sum_{j=1}^{k}\omega_j P_j(o_i\mid \Theta_j) \tag{7-16}$$

其中，$P_j(o_i\mid \Theta_j)$ 是 o_i 使用参数 Θ_j，然后由第 j 个分布产生的概率。此时概率模型聚类的任务改变为推导出式（7-17）最大化的参数集 Θ。

$$P(o\mid \Theta)=\prod_{i=1}^{n}\sum_{j=1}^{k}\omega_j P_j(o_i\mid \Theta_j) \tag{7-17}$$

7.5.3 期望最大化算法

期望最大化（Expectation-Maximization，EM）算法是一种框架，用于求解统计模型参数的最大似然或最大后验估计问题。在模糊或概率模型聚类的情况下，EM 算法从初始参数集出发，迭代直到不能改善聚类结果，即直到聚类收敛或改变充分小（小于一个预先设定的阈值）。每次迭代由以下两步组成。

（1）期望步。根据当前的模糊聚类或概率簇的参数，把对象指派到簇中。

（2）最大化步。发现新的聚类或参数，最小化模糊聚类的 SSE（误差的平方和）或概率模型聚类的期望似然。

在期望步中，会给定当前的簇中心，每个对象都被指派到与其距离最近的簇，即期望每个对象都属于最近的簇。在最大化步中，通过算法调整每个簇的簇中心，使得指派到该簇的对象到该新中心的距离之和最小化，即将指派到一个簇的对象的相似度最大化。

在许多应用中，概率模型聚类已经表现出了很好的效果。例如，从某大学的学生中，抽取 10 个男生和 10 个女生作为样本数据集，再从包含 20 个男生和女生的数据集中抽取一个样本，但是这个抽取得到的样本不知道其性别以及身高。另外，性别与身高两者是有一定的依存关系，若样本是个女生，则能够推出她的身高大致分布在 150cm 到 165cm 这个区间内；若知道身高是 185cm，则可以推出该样本是个男生。EM 算法可以解决这种依存关系，首先，随意设定一个数，观察这个数的变化情况，然后根据这个数的变化调整解的结果，如此迭代着不断互相推导，最终就会收敛到一个解。

概率模型聚类的一个特点是，使用合适的统计模型以捕获潜在的簇。EM 算法因其简洁性，已经被广泛用来处理数据挖掘和统计学的许多学习问题。但是 EM 算法可能收敛不到最优解，而是可能收敛于局部极大。可以使用不同的随机初始值，多次运行 EM 算法过程从而避免收敛于局部极大。

EM 算法是一种迭代的算法，该算法的目标任务是估计出高斯混合的参数，参数为 k 组 $(\partial_k, \mu_k, \sigma_k)$。由于实际采集的数据往往是比较复杂的，通常无法只用一个高斯分布进行拟合，因此可以通过定义高斯混合模型（Gaussian Mixture Model，GMM）算法来拟合复杂数据。其中，高斯混合模型是 k 个高斯分布的组合，k 表示任意实数。

高斯混合模型在图像处理领域应用广泛，例如，其看作一个聚类模型，聚类对象即为像素点，通过对不同像素点的聚类，从而将图像划分为不同部分。

结合 EM 算法的原理，运用 GMM 算法对图像进行不同像素的聚类，将人物和背景区分开来，如代码 7-5 所示。

代码 7-5　GMM 算法的代码实现

```
import cv2
import numpy as np

# GMM算法
def GMM(img):
    print(img.shape)
    # 将一个像素点的rgb值作为一个单元处理
    data = img.reshape((-1, 3))
    print(data.shape)
```

```
    # 转换数据类型
    data = np.float32(data)
    # 生成模型
    em = cv2.ml.EM_create()
    # 设置参数，将像素分成 num 个类别
    num = 2
    em.setClustersNumber(num)
    em.setCovarianceMatrixType(cv2.ml.EM_COV_MAT_GENERIC)  # 默认
    # 训练返回的第三个元素包含了预测聚类标签
    best = em.trainEM(data)[2]
    # 筛选出面积小的一个聚类（认为背景是面积小的）
    index = 0
    length = len(data[best.ravel() == 0])
    for i in range(0, num):
        if len(data[best.ravel() == i]) > length:
            length = len(data[best.ravel() == i])
            index = i

    # 设置为绿色
    data[best.ravel() == index] = (255, 255, 255)
    # 将结果转换为图片需要的格式
    data = np.uint8(data)
    oi = data.reshape(img.shape)

    # 查看图片
    cv2.imshow('img', img)
    cv2.imshow('res', oi)

    # 保存图片
    saveFile = "../data/imgSave.png"  # 保存文件的路径
    cv2.imwrite(saveFile, oi)  # 保存图像文件
    cv2.waitKey()

img = cv2.imread('../data/photo2.jpg')
GMM(img)
```

运行代码 7-5，可以将图 7-28 中的前景和背景聚成两类，对背景的像素进行替换，实现将灰白色背景更换成纯白背景，如图 7-29 所示。

图 7-28　处理前的图像

图 7-29　图像处理后的结果

EM 算法的优点是，通过逐级稳定上升的步骤能非常可靠地找到“最优的收敛值”。

EM 算法的缺点是，EM 算法对初始值比较敏感，需要初始化参数 θ，而参数 θ 的选择直接影响收敛效率以及能否得到全局最优解。

EM 算法通过不断观察初始值，不断调整解的结果，就像一个不断取其精华去其糟粕的过程。

7.6　聚类评估

聚类评估是衡量聚类算法性能和效果的一种方法，它用于衡量聚类结果的质量，以确定聚类算法对数据集的划分是否合理和有效。聚类评估的主要任务有估计聚类趋势、确定正确的簇个数以及测定聚类质量。通过运用聚类评估方法，选择出较为合适的聚类簇的个数，就像人们只有选择适合自身的学习方法，才能事半功倍地发挥学习潜力，提高学习效果。

7.6.1　估计聚类趋势

评估聚类趋势用于判断数据集是否具有聚类结构，即样本是否倾向于聚集在一起形成簇。通过霍普金斯统计量能够评估数据集的聚类趋势，霍普金斯统计量是一种空间统计量，用于检验空间分布的变量的空间随机性，从而判断数据是否可以聚类。霍普金斯统计量的计算步骤如下。

（1）均匀地从数据集 D 中抽取 n 个点 $p_1,\cdots,p_n$，p_i 是数据集 D 中的点，对每个点 p_i ($1\leqslant i\leqslant n$)，找出 p_i 在数据集 D 中的最近邻，并令 x_i 为 p_i 与它在 D 中的最近邻之间的距离，如式（7-18）所示。

$$x_i=\min_{v\in D}\{\text{dist}(p_i,v)\} \tag{7-18}$$

（2）均匀地从数据集 D 所在数据空间中随机生成的点中抽取 n 个点 $q_1,\cdots,q_n$，q_i 不一定

是数据集 D 中的点，对每个点 $q_i(1 \leqslant i \leqslant n)$，找出 q_i 在 $D-\{q_i\}$ 中的最近邻，并令 y_i 为 q_i 与它在 $D-\{q_i\}$ 中的最近邻之间的距离，如式（7-19）所示。

$$y_i = \min_{v \in D, v \neq q_i} \{\text{dist}(q_i, v)\} \tag{7-19}$$

（3）计算霍普金斯统计量 H，如式（7-20）所示。

$$H = \frac{\sum_{i=1}^{n} y_i}{\sum_{i=1}^{n} x_i + \sum_{i=1}^{n} y_i} \tag{7-20}$$

如果样本接近随机分布，那么 H 的值接近于 0.5；如果聚类趋势明显，那么随机生成的样本点距离应该远大于实际样本点的距离，即 H 的值接近于 1。

结合霍普金斯统计量的推导过程，编写出计算霍普金斯统计量的代码，如代码 7-6 所示。

代码 7-6　计算霍普金斯统计量的代码实现

```
import matplotlib.pyplot as plt
import warnings
import pandas as pd
from numpy.random import uniform, normal
from scipy.spatial.distance import cdist

# 使绘制的图片显示中文
plt.rcParams['font.sans-serif'] = ['SimHei']
plt.rcParams['axes.unicode_minus'] = False
# 忽略警告
warnings.filterwarnings('ignore')
# 读取数据
retail_data = pd.read_csv('../data/Online Retail.csv', encoding='gbk')
k_retail_data = pd.read_csv('../data/Online Retail_RFM.csv', encoding='gbk',
index_col='CustomerID')
k_data_scaler = pd.read_csv('../data/Online Retail_RFM_scaler.csv', encoding='gbk',
index_col='CustomerID')

# 霍普金斯统计量计算
def hopkins_statistic(data:pd.DataFrame,sampling_ratio:float = 0.3) -> float:
    """
    data: DataFrame 类型的二维数据
    sampling_ratio: 抽样比例
    """
    # 抽样比例超过 0.1 到 0.5 区间任意一端,则用端点值代替
    sampling_ratio = min(max(sampling_ratio,0.1),0.5)
    # 抽样数量
    n_samples = int(data.shape[0] * sampling_ratio)
```

```
    # 原始数据中抽取的样本数据
    sample_data = data.sample(n_samples)
    # 原始数据抽样后剩余的数据
    data = data.drop(index = sample_data.index) #,inplace = True)
    # 原始数据中抽取的样本与最近邻的距离之和
    data_dist = cdist(data,sample_data).min(axis = 0).sum()
    # 人工生成的样本点，从平均分布中抽样(artificial generate samples)
ags_data = pd.DataFrame({col:uniform(data[col].min(),data[col].max(),n_samples)
# 人工样本与最近邻的距离之和
    ags_dist = cdist(data,ags_data).min(axis = 0).sum()
    # 计算霍普金斯统计量 H
    H_value = ags_dist / (data_dist + ags_dist)
    return H_value

# 生成符合均匀分布的数据集
data = pd.DataFrame(k_data_scaler)
print(hopkins_statistic(data))
```

运行代码 7-6，得出霍普金斯统计量约为 0.9，结果比较接近 1，说明该数据集是可聚类数据集。

7.6.2 确定正确的簇的个数

确定正确的簇的个数是很重要的，合适的簇的个数可以控制聚类分析的粒度。但是确定簇的个数并非易事，“正确的”簇数往往是含糊不清的。找出正确的簇数依赖于数据集分布的形状和尺度，也依赖于用户要求的聚类分辨率，常见的方法是手肘法。

手肘法的核心指标是误差平方和（Sum of the Squared Errors，SSE），随着聚类数 k 的增大，样本划分会更加精细，每个簇的聚合程度会逐渐提高，那么 SSE 自然会逐渐变小。并且当 k 小于真实聚类数时，由于 k 的增大会大幅增加每个簇的聚合程度，故 SSE 的下降幅度会很大，而当 k 达到真实聚类数时，再增加 k，则所得到的聚合程度回报会迅速变小，所以 SSE 的下降幅度会骤减，然后随着 k 值的继续增大而趋于平缓，也就是说 SSE 和 k 的关系图是一个手肘的形状，而这个肘部对应的 k 值就是数据的真实聚类数。

结合手肘法的原理，编写代码，如代码 7-7 所示。

代码 7-7　手肘法的代码实现

```
import pandas as pd
import matplotlib.pyplot as plt
import warnings
from sklearn.cluster import KMeans
# 使绘制的图片显示中文
plt.rcParams['font.sans-serif'] = ['SimHei']
```

```
plt.rcParams['axes.unicode_minus'] = False
# 忽略警告
warnings.filterwarnings('ignore')
# 读取数据
k_retail_data  =  pd.read_csv('../data/Online  Retail_RFM.csv',encoding='gbk',index_col=
'CustomerID')
k_data_scaler = pd.read_csv('../data/Online Retail_RFM_scaler.csv',encoding= 'gbk',index_
col='CustomerID')
# 选择k的范围，遍历每个值进行评估
inertia_list = []
for k in range(1,10):
   model = KMeans(n_clusters = k, max_iter = 500, random_state = 12)
   kmeans = model.fit(k_data_scaler)
   inertia_list.append(kmeans.inertia_)
# 绘图
fig,ax = plt.subplots(figsize=(8,6))
ax.plot(range(1,10), inertia_list, '*-', linewidth=1)
ax.set_xlabel('聚类个数')
ax.set_ylabel('得分')
ax.set_title('手肘法图')
plt.show()
```

如图 7-30 所示，可知 $k=2$ 时有明显的拐点，因此可以选择簇的数量为 2。

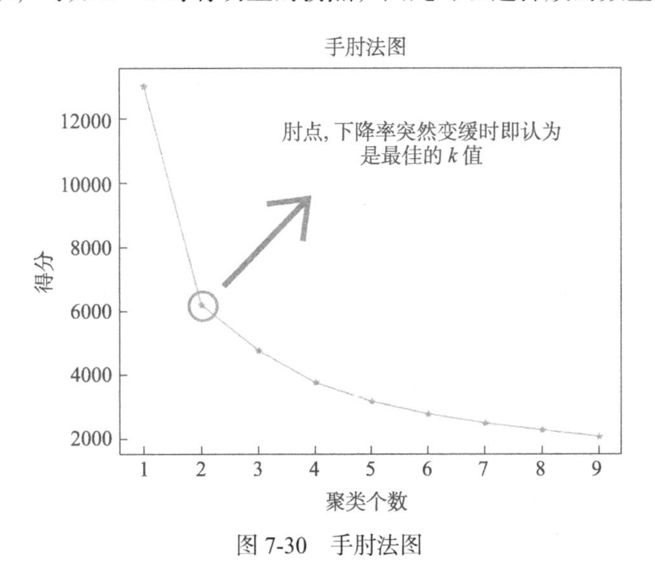

图 7-30　手肘法图

7.6.3 聚类质量评估

聚类质量评估是用于衡量聚类算法效果和聚类结果好坏的一种方法。根据数据集中是否给出标签，可以分为外部方法（Extrinsic Method）和内部方法（Intrinsic Method）两种。

1. 外部方法

当数据集有标签时，可以使用外部方法来评估聚类质量。外部方法是通过参考已知的真实标签来评估聚类算法的质量，可以客观地评估聚类算法的准确性和效果。本节将介绍一种聚类质量评估的方法——BCubed 精度和召回率。

设 $D=\{o_1,o_2,\cdots,o_n\}$ 是对象的集合，C 是 D 中的一个聚类。设 $L(o_i)$（$1\leqslant i\leqslant n$）是给定的 o_i 的类别，$C(o_i)$ 是 C 中 o_i 的聚类得到的类别。于是，对于两个对象 o_i 和 o_j（$1\leqslant i, j\leqslant n$，$i\neq j$），$o_i$ 和 o_j 之间在聚类 C 中的关系的正确性，如式（7-21）所示。

$$\text{Correctness}(o_i,o_j)=\begin{cases}1, L(o_i)=L(o_j)\Leftrightarrow C(o_i)=C(o_j)\\ 0, \quad\quad 其他\end{cases} \tag{7-21}$$

BCubed 精度是指聚类结果中属于同一类别的数据点之间的相似度，即聚类内数据点的相似度与聚类间数据点的相似度之比。BCubed 精度值越高，表示聚类结果越准确。BCubed 精度定义如式（7-22）所示。

$$\text{Precision BCubed}=\frac{1}{n}\sum_{i=1}^{n}\frac{\sum\limits_{o_j;i\neq j,C(o_i)=C(o_j)}\text{Correctness}(o_i,o_j)}{\|\{o_j\mid i\neq j,C(o_i)=C(o_j)\}\|} \tag{7-22}$$

BCubed 召回率是指聚类结果中真正属于同一类别的数据点在被正确聚类的数据点中所占的比例。BCubed 召回率值越高，表示聚类结果越全面。BCubed 召回率定义如式（7-23）所示。

$$\text{Recall BCubed}=\frac{1}{n}\sum_{i=1}^{n}\frac{\sum\limits_{o_j;i\neq j,L(o_i)=L(o_j)}\text{Correctness}(o_i,o_j)}{\|\{o_j\mid i\neq j,L(o_i)=L(o_j)\}\|} \tag{7-23}$$

2. 内部方法

当数据集没有标签时，可以使用内部方法来评估聚类的质量。内部方法通过考察簇的分离情况和簇的紧凑情况来评估聚类。簇的分离情况是指不同聚类之间的距离是否足够远，即聚类之间是否能够清晰地分开。簇的紧凑度是指每个聚类内部的数据点是否足够集中，即聚类内部的数据点之间是否紧密相连，轮廓系数就是常见的内部方法。

轮廓系数可以用来评价聚类效果的好与坏，轮廓系数的取值范围为[−1,1]，值越接近 1 表示聚类效果越好。值越接近−1 表示聚类效果越差。

对于 n 个对象的数据集 D，假设数据集 D 被划分成 k 个簇，k 个簇分别是 $C_1,\cdots,C_k$。对于每个对象 $o\in D$，$a(o)$ 是计算 o 与 o 所属的簇的其他对象之间的平均距离。类似地，$b(o)$ 是 o 到不属于 o 的所有簇的最小平均距离。

假设 $o\in C_i$ $(1\leqslant i\leqslant k)$，则 $a(o)$ 如（7-24）所示。

$$a(o)=\frac{\sum\limits_{o'\in C_i,o\neq o'}\text{dist}(o,o')}{|C_i|-1} \tag{7-24}$$

而$b(o)$的公式如（7-25）所示。

$$b(o)=\min_{C_j;1\leqslant j\leqslant k,j\neq i}\left\{\frac{\sum_{o'\in C_j}\text{dist}(o,o')}{|C_j|}\right\} \tag{7-25}$$

分别对簇中的每个向量计算它们的轮廓系数，轮廓系数的计算公式如式（7-26）所示。

$$S(o)=\frac{b(o)-a(o)}{\max\{a(o),b(o)\}} \tag{7-26}$$

结合轮廓系数的原理，编写出轮廓系数的代码，绘制出轮廓系数曲线，得到最佳聚类个数，如代码 7-8 所示。

代码 7-8　轮廓系数的代码实现

```
import matplotlib.pyplot as plt
import warnings
import pandas as pd
from sklearn.cluster import KMeans
from sklearn import metrics

# 使绘制的图片显示中文
plt.rcParams['font.sans-serif'] = ['SimHei']
plt.rcParams['axes.unicode_minus'] = False

# 忽略警告
warnings.filterwarnings('ignore')

# 读取数据
k_retail_data  =  pd.read_csv('../data/Online  Retail_RFM.csv',encoding='gbk',index_col=
'CustomerID')
k_data_scaler = pd.read_csv('../data/Online Retail_RFM_scaler.csv',encoding='gbk',index_
col='CustomerID')

# 绘制轮廓曲线
label_list = []
silhouette_score_list = []
for k in range(2,10):
model = KMeans(n_clusters = k, max_iter = 500, random_state=123 )
kmeans = model.fit(k_data_scaler)
silhouette_score = metrics.silhouette_score(k_data_scaler, kmeans.labels_) # 轮廓系数
silhouette_score_list.append(silhouette_score)
label_list.append({k: kmeans.labels_})

# 绘图
fig,ax = plt.subplots(figsize=(8,6))
ax.plot(range(2,10), silhouette_score_list, '*-', linewidth=1)
ax.set_xlabel('聚类个数')
```

```
ax.set_ylabel('得分')
ax.set_title('轮廓系数图')
plt.show()
```

观察轮廓系数可得出，分为 2 类的效果最好，3～6 类的效果相近，7～9 类的效果最差，如图 7-31 所示。

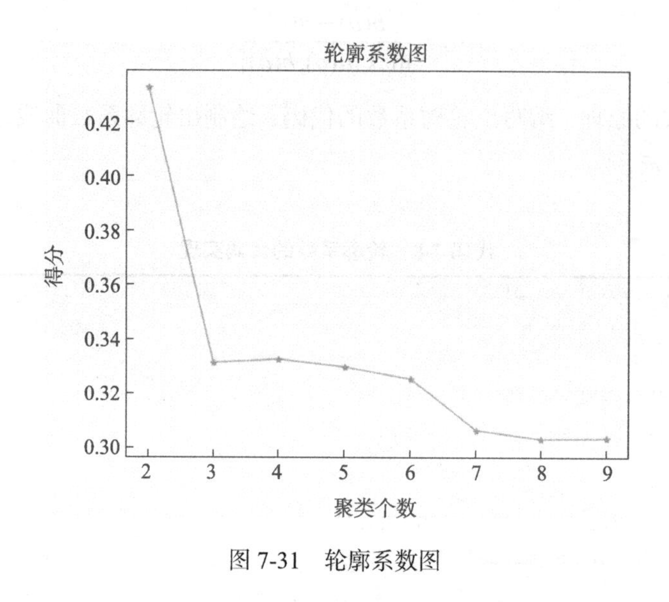

图 7-31　轮廓系数图

7.7　Python 聚类案例分析

为加快建设交通强国，各个航空公司都推出了更优惠的营销方式来吸引更多的客户。通过建立合理的客户价值评估模型，对客户进行分群，分析比较不同客户群的客户价值，并制定相应的营销策略，为不同的客户群提供个性化的客户服务。

7.7.1　数据说明

从航空公司系统内的客户基本信息、乘机信息以及积分信息等详细数据中，选取宽度为两年的时间段作为分析观测窗口，抽取观测窗口内有乘机记录的所有客户的详细数据形成数据，总共 62988 条记录。其中包含了如会员卡号、入会时间、性别、年龄、会员卡级别、工作地城市、工作地所在省份、工作地所在国家、观测窗口结束时间、总累计积分、观测窗口的总飞行公里数、观测窗口内的飞行次数、末次飞行日期、平均乘机时间间隔、平均折扣率等 44 个属性，如表 7-15 所示。

表 7-15　航空公司数据属性说明

	属性名称	属性说明
客户基本信息	MEMBER_NO	会员卡号
	FFP_DATE	入会时间
	FIRST_FLIGHT_DATE	第一次飞行日期
	GENDER	性别
	FFP_TIER	会员卡级别
	WORK_CITY	工作地城市
	WORK_PROVINCE	工作地所在省份
	WORK_COUNTRY	工作地所在国家
	AGE	年龄
乘机信息	FLIGHT_COUNT	观测窗口内的飞行次数
	LOAD_TIME	观测窗口结束时间
	LAST_TO_END	最后一次乘机时间至观测窗口结束时长
	AVG_DISCOUNT	平均折扣率
	SUM_YR	观测窗口的票价收入
	SEG_KM_SUM	观测窗口的总飞行公里数
	LAST_FLIGHT_DATE	末次飞行日期
	AVG_INTERVAL	平均乘机时间间隔
	MAX_INTERVAL	最大乘机间隔
积分信息	EXCHANGE_COUNT	积分兑换次数
	EP_SUM	总精英积分
	PROMOPTIVE_SUM	促销积分
	PARTNER_SUM	合作伙伴积分
	POINTS_SUM	总累计积分
	POINT_NOTFLIGHT	非乘机的积分变动次数
	BP_SUM	总基本积分

7.7.2　数据预处理

本案例主要采用数据清洗、属性归约与数据变换的预处理方法。

1. 数据清洗

通过对数据观察发现原始数据中存在票价为空值、票价最小值为 0、折扣率最小值为 0、总飞行公里数大于 0 的记录。票价为空值的数据可能是客户不存在乘机记录造成。其他的数据可能是客户乘坐 0 折机票或者积分兑换造成。由于原始数据量大，这类数据所占比例较小，对于问题影响不大，因此对其进行丢弃处理。同时，数据探索时发现部分年龄大于 100 记录，也进行丢弃处理，具体处理方法如下。

（1）丢弃票价为空的记录。

（2）保留票价不为 0 的，或者平均折扣率不为 0 且总飞行公里数大于 0 的记录。

（3）丢弃年龄大于 100 的记录。

使用 pandas 对满足清洗条件的数据进行丢弃，处理方法为满足清洗条件的一行数据全部丢弃，如代码 7-9 所示。

代码 7-9　清洗空值与异常值

```
import numpy as np
import pandas as pd

datafile = '../data/air_data.csv'  # 航空原始数据路径
cleanedfile = '../tmp/data_cleaned.csv'  # 数据清洗后保存的文件路径

# 读取数据
airline_data = pd.read_csv(datafile,encoding = 'utf-8')
print('原始数据的形状为：',airline_data.shape)

# 丢弃票价为空的记录
airline_notnull = airline_data.loc[airline_data['SUM_YR_1'].notnull() &
                                   airline_data['SUM_YR_2'].notnull(),:]
print('删除缺失记录后数据的形状为：',airline_notnull.shape)

# 只保留票价不为 0 的，或者平均折扣率不为 0 且总飞行公里数大于 0 的记录。
index1 = airline_notnull['SUM_YR_1'] != 0
index2 = airline_notnull['SUM_YR_2'] != 0
index3 = (airline_notnull['SEG_KM_SUM']> 0) & (airline_notnull['avg_discount'] != 0)
index4 = airline_notnull['AGE'] > 100  # 丢弃年龄大于 100 的记录
airline = airline_notnull[(index1 | index2) & index3 & ~index4]
print('数据清洗后数据的形状为：',airline.shape)

airline.to_csv(cleanedfile)  # 保存清洗后的数据
```

2. 属性归约

将客户关系长度 *L*、消费时间间隔 *R*、消费频率 *F*、飞行里程 *M* 和折扣系数的平均值 *C* 五个特征作为航空公司识别客户价值特征（如表 7-16 所示），记为 LRFMC 模型。

表 7-16　客户价值特征

模型	*L*	*R*	*F*	*M*	*C*
航空公司 LRFMC 模型	会员入会时间距观测窗口结束的月数	客户最近一次乘坐公司飞机距观测窗口结束的月数	客户在观测窗口内乘坐公司飞机的次数	客户在观测窗口内累计的飞行里程	客户在观测窗口内乘坐舱位所对应的折扣系数的平均值

原始数据中属性太多，根据航空公司客户价值 LRFMC 模型，选择与 LRFMC 指标相关的六个属性：FFP_DATE、LOAD_TIME、FLIGHT_COUNT、AVG_DISCOUNT、

SEG_KM_SUM、LAST_TO_END。删除与其不相关、弱相关或冗余的属性，如会员卡号、性别等。属性选择的代码如代码 7-10 所示。

代码 7-10　属性选择

```
import pandas as pd
import numpy as np
# 读取数据清洗后的数据
cleanedfile = '../tmp/data_cleaned.csv'  # 数据清洗后保存的文件路径
airline = pd.read_csv(cleanedfile, encoding = 'utf-8')
# 选取需求属性
airline_selection = airline[['FFP_DATE','LOAD_TIME','LAST_TO_END',
                             'FLIGHT_COUNT','SEG_KM_SUM','avg_discount']]
print('筛选的属性前 5 行为：\n',airline_selection.head())
```

3. 数据变换

数据变换是将数据转换成“适当的”格式，以适应挖掘任务及算法的需要。本案例中主要采用的数据变换方式有属性构造和数据标准化。

由于原始数据中并没有直接给出 LRFMC 五个指标，需要通过原始数据提取这五个指标。

（1）会员入会时间距观测窗口结束的月数 L = 会员入会时长，如式（7-27）所示。

$$L = \text{FFP\_LENGTH=LOAD\_TIME-FFP\_DATE} \tag{7-27}$$

（2）客户最近一次乘坐公司飞机距观测窗口结束的月数 R = 最后一次乘机时间至观察窗口末端时长（单位：月），如式（7-28）所示。

$$R\text{=LAST\_TO\_END} \tag{7-28}$$

（3）客户在观测窗口内乘坐公司飞机的次数 F = 观测窗口的飞行次数（单位：次），如式（7-29）所示。

$$F\text{=FLIGHT\_COUNT} \tag{7-29}$$

（4）客户在观测时间内在公司累计的飞行里程 M = 观测窗口总飞行公里数（单位：公里），如（7-30）所示。

$$M\text{=SEG\_KM\_SUM} \tag{7-30}$$

（5）客户在观测时间内乘坐舱位所对应的折扣系数的平均值 C = 平均折扣率（单位：无），如式（7-31）所示。

$$C\text{=AVG\_DISCOUNT} \tag{7-31}$$

在完成五个指标的数据提取后，对每个指标数据分布情况进行分析，其数据的取值范围如表 7-17 所示。从表中数据可以发现，五个指标的取值范围数据差异较大，为了消除数量级数据带来的影响，需要对数据进行标准化处理。

表 7-17　LRFMC 指标取值范围

指标	*L*	*R*	*F*	*M*	*C*
最小值	12.23	0.03	2	368	0.14
最大值	114.63	24.37	213	580717	1.5

属性构造与数据标准化的代码如代码 7-11 所示。

代码 7-11　属性构造与数据标准化

```
# 构造属性L
L = pd.to_datetime(airline_selection['LOAD_TIME']) - pd.to_datetime(airline_selection
['FFP_DATE'])
L = L.astype('str').str.split().str[0]
L = L.astype('int')/30

# 合并属性
airline_features = pd.concat([L,airline_selection.iloc[:,2:]],axis = 1)
airline_features.columns = ['L','R','F','M','C']
print('构建的LRFMC属性前5行为：\n',airline_features.head())

# 数据标准化
from sklearn.preprocessing import StandardScaler
data = StandardScaler().fit_transform(airline_features)
np.savez('../tmp/airline_scale.npz',data)
print('标准化后LRFMC五个属性为：\n',data[:5,:])
```

标准化处理后，形成 ZL、ZR、ZF、ZM、ZC 五个属性的数据，如表 7-18 所示。

表 7-18　标准化处理后的数据集

ZL	ZR	ZF	ZM	ZC
1.43571897	−0.94495516	14.03412875	26.76136996	1.29555058
1.30716214	−0.9119018	9.07328567	13.1269701	2.86819902
1.32839171	−0.88986623	8.71893974	12.65358345	2.88097321
0.65848092	−0.41610151	0.78159082	12.54072306	1.99472974
0.38603481	−0.92291959	9.92371591	13.89884778	1.3443455
…	…	…	…	…

7.7.3　构建聚类模型

采用 K-Means 算法对标准化后的客户数据进行客户聚类，聚成五类（需要结合业务的理解与分析来确定客户的类别数量），如代码 7-12 所示。

代码 7-12　采用 K-Means 算法进行聚类

```
import pandas as pd
import numpy as np
from sklearn.cluster import KMeans  # 导入 kmeans 算法

# 读取标准化后的数据
airline_scale = np.load('../tmp/airline_scale.npz')['arr_0']
k = 5  # 确定聚类中心数
# 构建模型，随机种子设为 123
kmeans_model = KMeans(n_clusters = k,n_jobs=4,random_state=123)
fit_kmeans = kmeans_model.fit(airline_scale)  # 模型训练

# 查看聚类结果
kmeans_cc = kmeans_model.cluster_centers_  # 聚类中心
print('各类聚类中心为：\n',kmeans_cc)
kmeans_labels = kmeans_model.labels_  # 样本的类别标签
print('各样本的类别标签为：\n',kmeans_labels)
r1 = pd.Series(kmeans_model.labels_).value_counts()  # 统计不同类别样本的数
print('最终每个类别的数为：\n',r1)
# 输出聚类分群的结果
cluster_center = pd.DataFrame(kmeans_model.cluster_centers_,\
          columns = ['ZL','ZR','ZF','ZM','ZC'])  # 将聚类中心放在数据框中
cluster_center.index = pd.DataFrame(kmeans_model.labels_ ).\
              drop_duplicates().iloc[:,0]  # 将样本类别作为数据框索引
print(cluster_center.round(2))
```

对数据进行聚类分群的结果如表 7-19 所示

表 7-19　聚类分群的结果

聚类类别	聚类个数	聚类中心				
		ZL	ZR	ZF	ZM	ZC
客户群 1	24630	1.16	–0.38	–0.09	–0.09	–0.156
客户群 2	4226	0.04	–0.002	–0.23	0.23	2.18
客户群 3	5337	–0.70	–0.42	–0.16	–0.16	–0.26
客户群 4	15733	0.48	–0.80	2.48	2.42	0.31
客户群 5	12117	–0.31	1.69	–0.579	–0.54	–0.17

针对聚类结果进行特征分析，绘制客户分群雷达图，如代码 7-13 所示。

代码 7-13　绘制客户分群雷达图

```
%matplotlib inline
import matplotlib.pyplot as plt
# 客户分群雷达图
labels = ['ZL','ZR','ZF','ZM','ZC']
legen = ['客户群' + str(i + 1) for i in cluster_center.index]  # 客户群命名，作为雷达图的图例
```

```
lstype = ['-','--',(0, (3, 5, 1, 5, 1, 5)),':','-.']
kinds = list(cluster_center.iloc[:, 0])
# 由于雷达图要保证数据闭合，因此再添加 L 列，并转换为 np.ndarray
cluster_center = pd.concat([cluster_center, cluster_center[['ZL']]], axis=1)
centers = np.array(cluster_center.iloc[:, 0:])

# 分割圆周长，并让其闭合
n = len(labels)
angle = np.linspace(0, 2 * np.pi, n, endpoint=False)
angle = np.concatenate((angle, [angle[0]]))

# 绘图
fig = plt.figure(figsize = (8,6))
ax = fig.add_subplot(111, polar=True)  # 以极坐标的形式绘制图形
plt.rcParams['font.sans-serif'] = ['SimHei']  # 用来正常显示中文标签
plt.rcParams['axes.unicode_minus'] = False  # 用来正常显示负号
# 画线
for i in range(len(kinds)):
   ax.plot(angle, centers[i], linestyle=lstype[i], linewidth=2, label=kinds[i])
# 添加属性标签
ax.set_thetagrids(angle * 180 / np.pi, labels)
plt.title('客户特征分析雷达图')
plt.legend(legen)
plt.show()
plt.close
```

通过代码 7-13 得到客户分群雷达图，如图 7-32 所示。

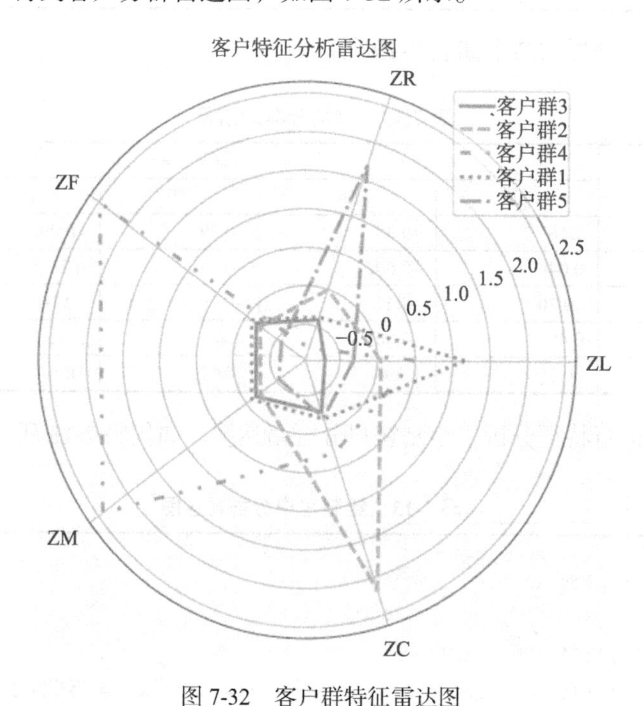

图 7-32　客户群特征雷达图

结合业务，通过比较各个特征在群间的大小对某一个群的特征进行评价分析。

客户群 1 在特征 ZL 处的值最大，在特征 ZR 处的值较小，其他特征值都比较适中，说明客户群 1 入会时间较长，但飞行频率不是很高，是中价值的客户群。

客户群 2 在特征 ZC 处的值最大，在特征 ZF、ZM 处的值较小，说明客户群 2 是偏好乘坐打折舱位的客户群。

客户群 3 在所有特征上的值都很小，且在特征 ZL 处的值最小，说明客户群 3 属于新入会的客户群。

客户群 4 在特征 ZF 和 ZM 上的值最大，且在特征 ZR 上的值最小，说明客户群 4 的会员频繁乘机且近期都有乘机记录，是高价值的客户群。

客户群 5 在特征 ZR 处的值最大，在其他特征处的值都较小，说明客户群 5 已经很久没有乘机，是入会时间较短的低价值的客户群。

小结

聚类分析可以作为独立的数据挖掘工具来获得对数据分布的了解，也可以作为在检测的簇上运行的其他数据挖掘算法的预处理步骤。本章介绍了如下几类主要的基本聚类方法：划分聚类、层次聚类、基于密度的聚类方法、概率模型聚类以及聚类评估。

划分聚类是首先创建 k 个分区的初始集合，其中参数 k 是要构建的分区数。然后，划分聚类采用迭代重定位技术，试图通过把对象从一个簇移到另一个簇来改进划分的质量。典型的划分聚类包括 K-Means 算法、K-中心点算法、CLARA 算法。

层次聚类是创建给定数据对象集的层次分解。根据层次分解的形成方式，层次聚类可以分为凝聚的（自底向上）和分裂的（自顶向下）。

基于密度的聚类方法基于密度的概念来聚类对象。该方法可以根据邻域中对象的密度（例如 DBSCAN）来聚类。

聚类评估用于衡量在数据集上进行聚类分析的可行性和由聚类方法产生的结果的质量，包括评估聚类趋势、确定簇数和测定聚类的质量。

习题

1. 选择题

（1）下列不属于聚类的是（　　）。

A. 划分聚类　　B. 密度聚类　　C. 回归分析　　D. 层次聚类

（2）聚类分析是数据挖掘的一种重要技术，以下不属于聚类算法的是（　　）。

第 7 章选择题答案

A. K-Means 算法　B. DBSCAN 算法　C. SVM 算法　D. PAM 算法

（3）关于 K-Means 算法说法错误的是（　　）。

A. 结果受到初始簇中心的影响

B. 簇的数 K 必须事先给定

C. 对噪声和离群点数据敏感

D. 适合发现非凸形状的簇

（4）关于 K-Means 算法说法正确的是（　　）。

A. 初始化聚类中心时，一定要将各个聚类中心的坐标设置为相同的值

B. k 值的选取往往需要依靠经验或数据集的情况来确定

C. 该算法不会存在陷入局部极值的情况

D. K-Means 算法属于层次聚类

（5）下面属于 K-中心点算法的是（　　）。

A. EM 算法　B. DBSCAN 算法　C. SVM 算法　D. CLARA 算法

（6）PAM 算法属于（　　）聚类方式。

A. 划分聚类　B. 层次聚类　C. 密度聚类　D. 概率模型聚类

（7）层次聚类的聚类方式分为两种，分别是凝聚聚类和（　　）。

A. 划分聚类　B. 分解聚类　C. 模糊簇聚类　D. 密度聚类

（8）AGNES 算法采用聚类策略是（　　）。

A. 自底向上的策略　B. 自顶向下的策略　C. 贪心策略　D. 递推策略

（9）基于密度聚类的点不包括（　　）。

A. 核心点　B. 边界点　C. 噪音点　D. 拐点

（10）常见的基于密度的聚类算法是（　　）。

A. K-Means 算法　B. 高斯混合聚类　C. DBSCAN 算法　D. 层次聚类

（11）如果有 m 个点，DBSCAN 算法在最坏的情况下的时间复杂度为（　　）。

A. $O(m)$　B. $O(m\log m)$　C. $O(m^2)$　D. $O(\log m)$

（12）在 DBSCAN 算法的参数选择方法中，点到该算法的 k 个最近邻的距离中的 k 作为（　　）参数。

A. Eps　B. MinPts　C. 质心　D. 边界

（13）EM 算法是（　　）算法。

A. 有监督　B. 无监督　C. 半监督　D. 都不是

（14）霍普金斯统计量的值接近 0.5，表明数据分布为（　　）。

A. 随机分布　B. 高度左倾斜　C. 高度右倾斜　D. 不确定

（15）对聚类进行评估包括（　　）。

①确定聚类趋势

②确定簇个数

③比较两个簇集，确定哪个更好

④分析聚类结果

A. ①②　　B. ②③④　　C. ①②③　　D. ①②③④

（16）使用簇内方差和关于簇数的曲线拐点来估计簇数的方法为（　　）。

A. 经验方法　　B. 手肘法　　C. 交叉验证　　D. 以上都不是

（17）在聚类中，手肘法则是选择（　　）。

A. 从 k 值和代价函数的二维图中找出代价函数下降变平滑的拐点对应的 k 值

B. 最大 k 值

C. 最小 k 值

D. 随机 k 值

（18）关于轮廓系数的说法正确的是（　　）。

A. 轮廓系数综合考虑了簇的密集性和分散性

B. 轮廓系数越接近于 0，说明聚类效果越好

C. 轮廓系数越接近于–1，说明聚类效果越好

D. 轮廓系数越接近于 1，说明聚类效果越不好

（19）轮廓系数的取值范围是（　　）。

A. [0,1]　　B. [–1,1]　　C. [–1,0]　　D. [0,∞)

2. 应用题

第 7 章应用题答案

（1）简略介绍划分聚类、层次聚类、基于密度的方法和概率模型聚类这 4 种聚类方法，并给出对应的例子。

（2）假设将如下的 8 个点，$A(2,10),B(2,5),C(8,4),D(5,8),E(7,5),F(6,4),G(1,2),H(4,9)$，采用 (x,y) 代表位置，运用欧氏距离作为距离函数，运用 K-Means 算法对这 8 个点进行聚类，并聚类成 3 个簇。

（3）使用表 7-20 中的相似度矩阵进行最小距离的层次聚类，需要注意相似度越高，表示点的距离越小，并且绘制出树状图显示聚类结果。其中，树状图应该清楚地显示合并的次序。

表 7-20　应用题（3）的相似度矩阵

点	p_1	p_2	p_3	p_4	p_5
p_1	1	0.10	0.41	0.55	0.35
p_2	0.1	1.00	0.64	0.47	0.98
p_3	0.41	0.64	1	0.44	0.85
p_4	0.55	0.47	0.44	1	0.76
p_5	0.35	0.98	0.85	0.76	1

（4）结合理解，解释使用 EM 算法进行 GMM 算法中的期望步和最大化步。

（5）计算每个点、每个簇和整个聚类的轮廓系数，数据如表 7-21、表 7-22 所示。

表 7-21　应用题（5）的簇标号表

点	簇标号
p_1	1
p_2	1
p_3	2
p_4	2

表 7-22　应用题（5）的相似度矩阵

点	p_1	p_2	p_3	p_4
p_1	1	0.8	0.65	0.55
p_2	0.8	1	0.7	0.6
p_3	0.65	0.7	1	0.9
p_4	0.55	0.6	0.9	1

3. 操作题

第 7 章操作题答案

（1）car_price.csv 是各种汽车的价格数据，请结合 K-Means 算法原理，将给出的价格数据划分成 3 个簇，并对数据进行聚类分析。

（2）blogdata.txt 是博客数据，数据集中的每行为一个文档（链接或文档名），每列为一个文档特征（单词），每个单元格的取值为单词在文档中出现的次数。请结合层次聚类的原理，进行聚类分析。

（3）fond_item.csv 记录了食物的卡路里等各元素数据，请运用 DBSCAN 算法，对食物数据进行聚类。

（4）结合 EM 算法原理，修改 people.png 的背景为红色。

（5）car_price.csv 是各种汽车的价格数据，分别运用手肘法和轮廓系数计算出最佳的簇个数。

第8章 关联规则

在互联网领域，关联规则的应用十分广泛，如利用关联规则进行购物推荐，通过分析用户的历史购物记录，可以发现哪些物品是联系在一起的，从而根据情况，向消费者销售商品。关联规则已被广泛用于现实生活中的各种情境中，在许多方面提高了生活质量。本章将介绍关联规则中的基本概念、关联规则的实现原理和实现方式以及关联规则评估方法等。

学习目标

（1）了解关联规则中常用的基本概念。

（2）掌握 Apriori 算法的实现方法。

（3）掌握 FP-Growth 算法的实现方法。

（4）了解常用关联规则算法的评估方法。

（5）了解多维关联规则和多层关联规则挖掘。

8.1 基本概念

关联规则（Association Rules）挖掘用于从大量数据中挖掘出有价值的数据项之间的相关关系，反映了一个事物与其他事物之间的相互依存性和关联性。关联规则挖掘离不开项目、支持度、频繁项集等基本元素，为了加速关联规则挖掘速度，还需要用到闭频繁项集和极大频繁项集。

关联规则挖掘可以从数据集中发现项与项之间的关系，就像人与人之间是联系的，人类是一种社会性动物，不能脱离社会而存在，任何事物与周围其他事物都是有条件地联系着，但也并不是任何两个事物都存在联系。

8.1.1 基本元素的概念

关联规则挖掘可以寻找隐藏在数据中的关系，这些关系可以为决策提供支持和参考。关联规则中有许多的基本元素，本节将结合表 8-1 所示的订单商品信息介绍关联规则中的基本元素的概念，包括项目、事务、项集、支持度、置信度、提升度、频繁项集。

表 8-1　订单商品信息表

订单编号	订单商品
1	牛奶、面包、尿不湿、啤酒、榴莲
2	可乐、面包、尿不湿、啤酒、牛仔裤
3	牛奶、尿不湿、啤酒、鸡蛋、咖啡
4	面包、牛奶、尿不湿、啤酒、睡衣
5	面包、牛奶、尿不湿、可乐、鸡翅

（1）项目也称为项，是指不可分割的最小单位，可以看作每次交易的基本组成元素。例如，编号为 1 的订单中的牛奶、面包、尿不湿等单个商品。

（2）事务是指客户在一次交易中，发生的所有项目的集合，是一个不可分割单位。例如，编号为 1 的订单中所有商品的集合，{牛奶、面包、尿不湿、啤酒、榴莲}是一个事务。

（3）项集是指包含 0 个或多个项目的集合。若一个项集包含 k 个项，则称为 k 项集。若一个项集不包含任何项，则称为空集。例如，{牛奶、面包、尿不湿}是一个 3 项集。

a、b、c、d、e 这 5 个项可以形成的项集，如图 8-1 所示。可以看到一个包含 5 个项的数据集可以产生 2^5-1 个项集，不包括空集在内。由于在许多实际应用中项的数量可能非常大，需要探查的项集搜索空间可能是指数规模的。

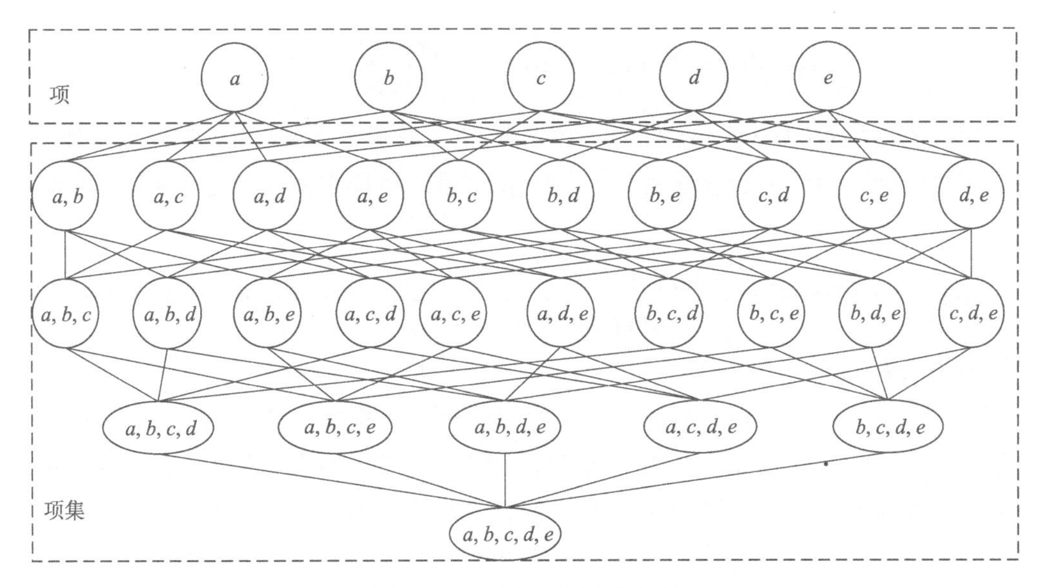

图 8-1　5 个项可以形成的项集

（4）关联规则是形如 $A \rightarrow B$ 的蕴涵式，其中 A 和 B 是不相交的非空项集，分别是关联规则的先导(antecedent 或 Left-Hand-Side, LHS)和后继(consequent 或 Right-Hand-Side, RHS)。如{牛奶、面包、尿不湿}三项集中可以产生 12 个规则：{牛奶} → {面包}、{尿不湿} → {面包}、{牛奶} → {尿不湿}、{面包} → {尿不湿}、{面包} → {牛奶}、{尿不湿} → {牛奶}、{牛奶、尿不湿} → {面包}、{牛奶、面包} → {尿不湿}、{面包、尿不湿} → {牛奶}、{面包} → {牛奶、尿不湿}、{尿不湿} → {牛奶、面包}、{牛奶} → {面包、尿不湿}。

（5）支持度(support)是指某规则在所有事务中出现的频率，支持度的计算公式如式(8-1)所示。

$$\text{support}(A \rightarrow B) = P(A \cup B) \tag{8-1}$$

其中，$P(A \cup B)$ 是指事务 A 与事务 B 同时出现的概率。

在表 8-2 中，可以看到{牛奶、啤酒}的组合出现在 3 笔订单中，那么在这个数据集中{牛奶、啤酒}的支持度是 3 ÷ 5=0.6。

表 8-2　订单商品的支持度计算

订单编号	订单商品
1	**牛奶**、面包、尿不湿、**啤酒**、榴莲
2	可乐、面包、尿不湿、啤酒、牛仔裤
3	**牛奶**、尿不湿、**啤酒**、鸡蛋、咖啡
4	面包、**牛奶**、尿不湿、**啤酒**、睡衣
5	面包、牛奶、尿不湿、可乐、鸡翅

（6）置信度（confidence）是指当购买了商品 A 的条件下，会有多大的概率购买商品 B，置信度的计算如式（8-2）所示。

$$\text{confidence}(A \rightarrow B) = P(B \mid A) = \frac{\text{support}(A \rightarrow B)}{\text{support}(A)} \tag{8-2}$$

其中，$\text{confidence}(A \rightarrow B)$指当事务 A 出现时，B 是否也会出现或有多大概率出现。若置信度为 100%，则 A 和 B 可以捆绑销售。若置信度太低，则说明 A 的出现与 B 是否出现关系不大。

confidence (牛奶→啤酒)$=\dfrac{\text{support}(\text{牛奶} \rightarrow \text{啤酒})}{\text{support}(\text{牛奶})} = \dfrac{0.6}{0.8} = 0.75$，代表在购买了牛奶后，会有 75%概率购买啤酒。

（7）提升度（lift）是指出现商品 A 的情况下，同时出现商品 B 的概率与出现 B 的整体概率的比值。在进行商品推荐的时候，可以重点考虑提升度，因为提升度代表的是商品 A 的出现对商品 B 的出现概率提升的程度，提升度的计算公式如式（8-3）所示。

$$\text{lift}(A \rightarrow B) = \frac{\text{confidence}(A \rightarrow B)}{\text{support}(B)} \tag{8-3}$$

其中，当 $\text{lift}\,(A \rightarrow B) > 1$ 时，代表商品 B 的出现概率有提升；$\text{lift}\,(A \rightarrow B) = 1$，代表商品 B 的出现概率没有提升，也没有下降；$\text{lift}\,(A \rightarrow B) < 1$，代表商品 B 的出现概率有下降。

例如，$\text{lift}\,(\text{牛奶} \rightarrow \text{啤酒}) = \dfrac{\text{confidence}(\text{牛奶} \rightarrow \text{啤酒})}{\text{support}(\text{啤酒})} = \dfrac{0.75}{0.8} = 0.9375$。可以理解为，牛奶的出现对啤酒的出现没有影响。

（8）频繁项集，指支持度大于等于最小支持度（Min Support）阈值的项集，而小于最小支持度的项就是非频繁项集。

一般而言，关联规则挖掘的两个步骤如下。

（1）找出所有的频繁项集，频繁项集出现的次数要大于或等于预定义的最小支持度。

（2）由频繁项集产生强关联规则，必须满足最小支持度和最小置信度。

使用 mlxtend.frequent_patterns 包的 apriori 函数可以挖掘频繁项集，其语法格式如下。

```
mlxtend.frequent_patterns.apriori(df, min_support=0.5, use_colnames=False, max_len=None,
verbose=0, low_ memory=False)
```

apriori 函数常用的参数及其说明如表 8-3 所示。

表 8-3　apriori 函数常用的参数及其说明

参数名称	说明
df	接收 DataFrame。表示需要进行挖掘频繁项集和频繁规则的数据。无默认值
min_support	接收 float。表示对返回的项集的最小支持度。默认为 0.5
use_colnames	接收 bool。若为 True，则在返回的 DataFrame 中使用 DataFrame 的列名；若为 False，则返回为列索引。默认为 False
max_len	接收 int。表示生成的项目集的最大长度。默认为 None
verbose	接收 int。表示如果接收值大于 1 且 low_memory 为 True 时，显示迭代次数；如果大于 1 且 low_memory 为 False，显示组合的数。默认为 0
low_memory	接收 bool。若为 True，则使用迭代器搜索 min_support 之上的组合。low _ memory =True 通常只在内存资源有限的情况下用于大型数据集。默认为 False

使用 mlxtend.frequent_patterns 包的 association_rules 函数可以挖掘关联规则，其语法格式如下。

```
mlxtend.frequent_patterns.association_rules (df, metric="confidence", min_threshold=0.8, support_only=False)
```

association_rules 函数常用的参数及其说明如表 8-4 所示。

表 8-4 association_rules 函数常用的参数及其说明

参数名称	说明
df	接收 DataFrame。表示需要进行挖掘频繁项集和频繁规则的数据。无默认值
metric	接收 string。表示用于评估规则是否有意义的度量。可选参数有 confidence、lift、leverage 和 conviction。Confidence 表示置信度；lift 表示提升度；leverage 表示杠杆值；conviction 表示确定性。默认为 confidence
min_threshold	接收 float。表示评估度量的最小阈值，通过度量参数确定候选规则是否有意义。默认为 0.8
support_only	接收 bool。表示只计算规则支持并用 NaN 填充其他度量列。默认为 False

某企业为了解哪些商品通常被一起购买，从而进行交叉销售，需要对商品零售数据进行关联规则挖掘，商品零售数据包括 54 万多条商品的销售记录。使用 apriori 函数和 association_rules 函数挖掘频繁项集和频繁规则，并打印查看置信度、支持度以及提升度，如代码 8-1 所示。将预处理后的数据送入频繁项集模型，最小支持度设置为 0.07；然后将得到的频繁项集数据送入关联规则模型中，得到关联规则并对前五项关联规则进行打印；最后筛选出“提升度>=6，置信度>=0.8”的关联规则并且进行打印。

代码 8-1 apriori 函数的代码实现

```
from IPython.core.interactiveshell import InteractiveShell
InteractiveShell.ast_node_interactivity = "all"
import pandas as pd
from mlxtend.frequent_patterns import apriori,association_rules
# apriori 找频繁项集、association_rules 找关联规则
import warnings

warnings.filterwarnings('ignore') # 忽略警告

# 导入数据
df = pd.read_csv('../data/Online Retail.csv',encoding='gbk')

# 数据预处理
df['Description'] = df['Description'].str.strip()
df.dropna(axis=0,subset=['InvoiceNo'],inplace=True)
df['InvoiceNo'] = df['InvoiceNo'].astype('str')
df = df[~df['InvoiceNo'].str.contains('C')]
df.dropna(axis=0,subset=['Description'],inplace=True)

# 数据编码
basket = (df[df['Country'] == "France"]
```

```
    .groupby(['InvoiceNo', 'Description'])['Quantity'].sum()
    .unstack().reset_index().fillna(0)
    .set_index('InvoiceNo'))

def encode_units(x):
  if x <= 0:
    return 0
  if x >= 1:
    return 1

basket_sets = basket.applymap(encode_units)
basket_sets.drop('POSTAGE', inplace=True, axis=1)

# 关联规则分析
pd.set_option('display.max_columns', None)
frequent_itemsets = apriori(basket_sets, min_support=0.07, use_colnames=True)
print('频繁项集的数是：', len(frequent_itemsets))
rules = association_rules(frequent_itemsets, metric="lift", min_threshold=1)
print('关联规则的数是：', len(rules))
print('前五项关联规则分别是：')
print(rules.head())

selected_rules = rules[(rules['lift'] >= 6) & (rules['confidence'] >= 0.8)]
print('符合"提升度>=6，置信度>=0.8"的规则数是：', len(selected_rules))
print('提升度>=6，置信度>=0.8 的关联规则有：')
print(selected_rules.head())
```

代码 8-1 的运行结果如下。

```
频繁项集的数是： 51

关联规则的数是： 26

前五项关联规则分别是：
                antecedents                consequents  \
0  (ALARM CLOCK BAKELIKE PINK)  (ALARM CLOCK BAKELIKE GREEN)
1 (ALARM CLOCK BAKELIKE GREEN)   (ALARM CLOCK BAKELIKE PINK)
2 (ALARM CLOCK BAKELIKE GREEN)    (ALARM CLOCK BAKELIKE RED)
3   (ALARM CLOCK BAKELIKE RED)  (ALARM CLOCK BAKELIKE GREEN)
4  (ALARM CLOCK BAKELIKE PINK)    (ALARM CLOCK BAKELIKE RED)

  antecedent support  consequent support   support  confidence      lift  \
0           0.102041            0.096939  0.073980    0.725000  7.478947
1           0.096939            0.102041  0.073980    0.763158  7.478947
2           0.096939            0.094388  0.079082    0.815789  8.642959
3           0.094388            0.096939  0.079082    0.837838  8.642959
4           0.102041            0.094388  0.073980    0.725000  7.681081

  leverage  conviction  zhangs_metric
0 0.064088    3.283859       0.964734
1 0.064088    3.791383       0.959283
```

```
2  0.069932   4.916181     0.979224
3  0.069932   5.568878     0.976465
4  0.064348   3.293135     0.968652
符合"提升度>=6，置信度>=0.8"的规则数是： 8
提升度>=6，置信度>=0.8 的关联规则有：
                 antecedents                        consequents  \
2     (ALARM CLOCK BAKELIKE GREEN)        (ALARM CLOCK BAKELIKE RED)
3      (ALARM CLOCK BAKELIKE RED)       (ALARM CLOCK BAKELIKE GREEN)
17  (SET/6 RED SPOTTY PAPER PLATES)  (SET/20 RED RETROSPOT PAPER NAPKINS)
18    (SET/6 RED SPOTTY PAPER CUPS)       (SET/6 RED SPOTTY PAPER PLATES)
19  (SET/6 RED SPOTTY PAPER PLATES)         (SET/6 RED SPOTTY PAPER CUPS)

    antecedent support  consequent support   support  confidence     lift  \
2             0.096939            0.094388  0.079082    0.815789  8.642959
3             0.094388            0.096939  0.079082    0.837838  8.642959
17            0.127551            0.132653  0.102041    0.800000  6.030769
18            0.137755            0.127551  0.122449    0.888889  6.968889
19            0.127551            0.137755  0.122449    0.960000  6.968889

    leverage  conviction  zhangs_metric
2   0.069932    4.916181       0.979224
3   0.069932    5.568878       0.976465
17  0.085121    4.336735       0.956140
18  0.104878    7.852041       0.993343
19  0.104878   21.556122       0.981725
```

从运行结果中能够看出，网上零售商品的频繁项集和关联规则的数分别是 51 和 26。在打印的前五项关联规则中，当用户购买了“ALARM CLOCK BAKELIKE PINK”时，大概率会同时购买“ALARM CLOCK BAKELIKE GREEN”。当将提升度以及置信度分别设置为≥6 和≥0.8 时，用户购买“ALARM CLOCK BAKELIKE GREEN”商品时大概率会购买“ALARM CLOCK BAKELIKE RED”。

8.1.2 闭频繁项集和极大频繁项集

在大型的数据集中挖掘频繁项集，会因为阈值设置过低，导致产生大量满足最小支持度阈值的项集。这是因为如果一个项集是频繁的，则该项集的每个子集都是频繁的。一个长项集将包含组合个数较短的频繁子项集。若项集的个数都太多，可能导致计算机资源被大量占用，从而难以计算和存储。为了克服项集个数太多这一问题，引入闭频繁项集和极大频繁项集的概念。

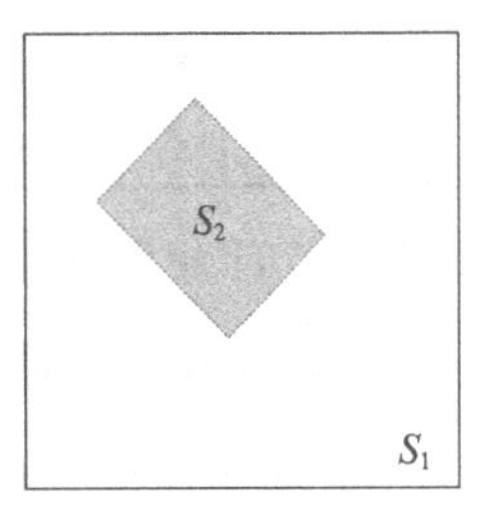

图 8-2　超集的定义

1. 闭频繁项集

如果一个项集 A 的超集的支持度计数都不等于项集 A 的支持度计数，那么项集 A 称为闭项集。项集 A 的支持度计数可以理解为项集 A

在总体数据中出现的次数。超集的定义如图 8-2 所示，集合 S_2 中的每一个元素都在集合 S_1 中，且集合 S_1 中可能包含 S_2 中没有的元素，则集合 S_1 就是 S_2 的一个超集。若 S_1 中一定有 S_2 中没有的元素，则 S_1 中是 S_2 的真超集。

如果一个项集是闭项集，并且支持度大于或等于最小支持度阈值，那么称该项集为闭频繁项集。

闭频繁项集的示例，如图 8-3 和表 8-5 所示，由于节点$\{b,c\}$与事务 ID1、2 和 3 相关联，因此节点$\{b,c\}$的支持度计数为 3。从表 8-5 中给定的事务可以看出，包含 b 的每个事务也包含 c。因此，由于$\{b\}$和$\{b,c\}$的支持度计数是相同的，所以$\{b\}$不是闭频繁项集。同样，由于 c 出现在所有包含 a 和 d 的事务中，所以项集$\{a,d\}$不是闭频繁项集。另一方面，$\{b,c\}$是闭频繁项集，因为$\{b,c\}$的支持度计数与$\{b,c\}$的任何超集都不同。

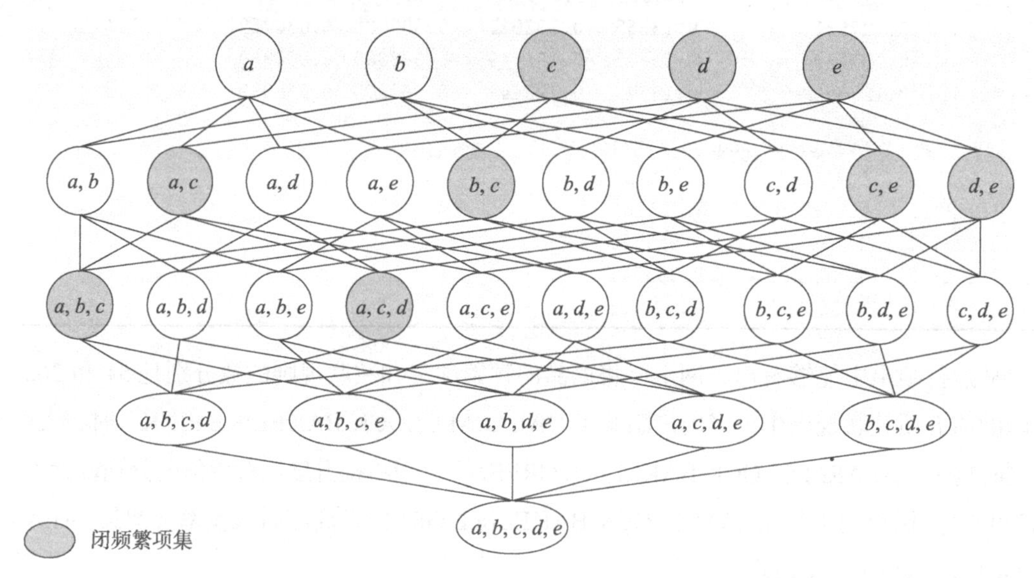

图 8-3　闭频繁项集的示例（最小支持度为 40%）

表 8-5　闭频繁项集示例的事务与项

事务 ID	项
1	a，b，c
2	a，b，c，d
3	b，c，e
4	a，c，d，e
5	d，e

事务数据集中包含了 10 个事务和 15 个项，如表 8-6 所示。将 15 个项分为 3 组，第 1 组为 A 组，包含有项 a_1 到 a_5；第二组为 B 组，包含项 b_1 到 b_5；第三组 C 组，包含项 c_1 到 c_5。注意，每一组的项与同组的项有极好的关联，并且不与其他组中的项同时出现。假定支持度阈值为 20%，频繁项集的总数为 $3\times(2^5-1)=93$。然而，该数据只有 3 个闭频繁项集，即 $\{a_1,a_2,a_3,a_4,a_5\}$、$\{b_1,b_2,b_3,b_4,b_5\}$ 和 $\{c_1,c_2,c_3,c_4,c_5\}$，只需针对这些闭频繁项集进行关联规则分析即可，而不需要考虑所有的频繁项集。

2. 极大频繁项集

如果一个项集是频繁的且其所有真超集都是非频繁的，则该项集是极大频繁项集。

表 8-6　事务数据集

序号	A 组					B 组					C 组				
	a_1	a_2	a_3	a_4	a_5	b_1	b_2	b_3	b_4	b_5	c_1	c_2	c_3	c_4	c_5
1	1	1	1	1	1	0	0	0	0	0	0	0	0	0	0
2	1	1	1	1	1	0	0	0	0	0	0	0	0	0	0
3	1	1	1	1	1	0	0	0	0	0	0	0	0	0	0
4	0	0	0	0	0	1	1	1	1	1	0	0	0	0	0
5	0	0	0	0	0	1	1	1	1	1	0	0	0	0	0
6	0	0	0	0	0	1	1	1	1	1	0	0	0	0	0
7	0	0	0	0	0	0	0	0	0	0	1	1	1	1	1
8	0	0	0	0	0	0	0	0	0	0	1	1	1	1	1
9	0	0	0	0	0	0	0	0	0	0	1	1	1	1	1
10	0	0	0	0	0	0	0	0	0	0	1	1	1	1	1

极大频繁项集的示例，如图 8-4 所示。$\{a,d\}$,$\{a,c,e\}$和$\{b,c,d,e\}$都是极大频繁项集，因为$\{a,d\}$、$\{a,c,e\}$和$\{b,c,d,e\}$的直接超集都是非频繁的。例如，项集$\{a,d\}$的所有直接超集$\{a,b,d\}$,$\{a,c,d\}$和$\{a,d,e\}$都是非频繁的，因此，项集$\{a,d\}$是极大频繁的。相反，项集$\{a,c\}$的一个直接超集$\{a,c,e\}$是频繁的，因此，项集$\{a,c\}$不是极大频繁项集。

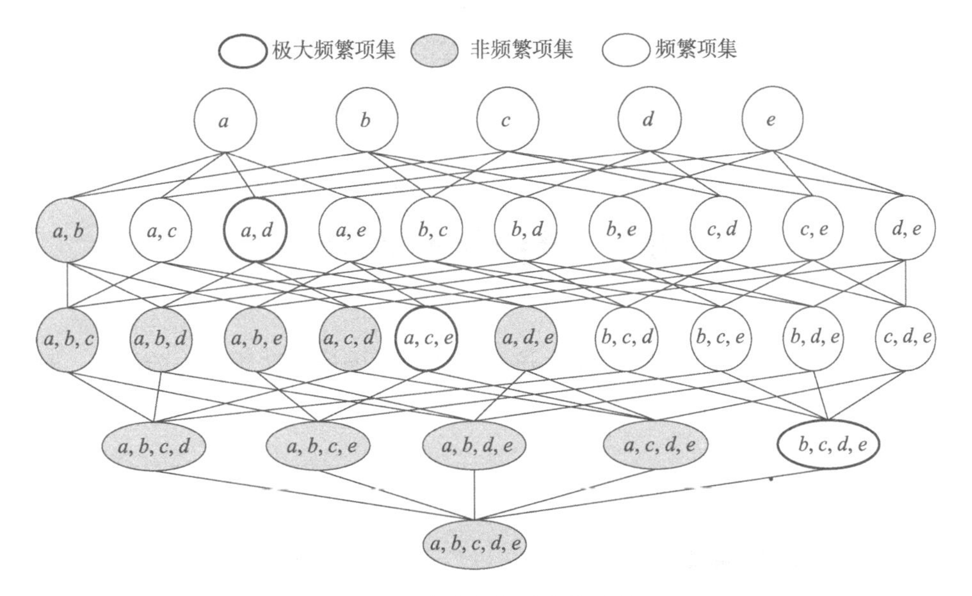

图 8-4　极大频繁项集的示例

极大频繁项集能够有效地提供频繁项集的紧凑表示，即极大频繁项集形成了可以导出所有频繁项集的最小的项集的集合。例如，可以将频繁项集分为以下两组。

（1）以项 a 开始、可能包含项 c、d 和 e 的频繁项集。这一组包含的项集有$\{a\}$、$\{a,c\}$、$\{a,d\}$、$\{a,e\}$和$\{a,c,e\}$。

（2）以项 b、c、d 或 e 开始的频繁项集。这一组包含的项集有$\{b\}$、$\{b,c\}$、$\{c,d\}$、$\{b,c,d,e\}$等。

属于第一组的频繁项集是$\{a,c,e\}$或$\{a,d\}$的子集，而属于第二组的频繁项集都是$\{b,c,d,e\}$的子集。因此，极大频繁项集$\{a,c,e\}$、$\{a,d\}$和$\{b,c,d,e\}$提供了图 8-4 中显示的频繁项集的紧凑表示。

3. 极大频繁项集、闭频繁项集、频繁项集的关系

任何极大频繁项集都不可能与它的直接超集具有相同的支持度计数，因此，极大频繁项集都是闭频繁项集。频繁项集、极大频繁项集和闭频繁项集之间的关系，如图 8-5 所示。

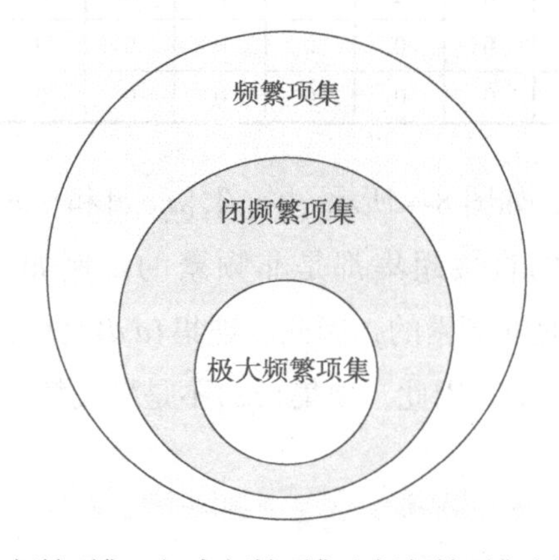

图 8-5　频繁项集、极大频繁项集和闭频繁项集之间的关系

8.2　Apriori 算法

Apriori 算法是在 1994 年被提出的，该算法使用频繁项集性质的先验知识，即频繁项集的子集也是频繁的。Apriori 算法使用逐层搜索的迭代方法，其中，k 项集用于探索 k+1 项集。

8.2.1　Apriori 算法简介

Apriori 算法实际上是一个比较简单的算法。该算法使用逐层搜索的迭代方法，并使用先验性质来压缩搜索空间，提高效率。其中，先验性质指的是频繁项集的所有非空子集一定是频繁的。

在 Apriori 算法中，会使用到先验性质中的反单调性，即如果一个集合是非频繁的，那么这个集合的所有超集都是非频繁的。

1. Apriori 算法实现过程

Apriori 算法的主要思想是找出存在于事务数据集中的频繁项集，即挖掘频繁项集。再利用得到的频繁项集与预先设定的最小置信度阈值挖掘关联规则。

（1）挖掘频繁项集

找出所有的频繁项集，即支持度必须大于等于给定的最小支持度阈值，在这个过程中连接步和剪枝步互相融合，最终得到极大频繁项集。

① 连接步

连接步的目的是找到极大频繁项集。对给定的最小支持度阈值，对 1 项候选集 C_1，剔除小于该阈值的项集得到 1 项频繁项集 L_1；下一步由 L_1 自身连接产生 2 项候选集 C_2，保留 C_2 中满足约束条件的项集得到 2 项频繁项集 L_2；再下一步由 L_2 与 L_1 连接产生 3 项候选集 C_3，保留 C_3 中满足约束条件的项集得到 3 项频繁项集 L_3，直到获得 k 项繁项集 L_k，且无法产生 k+1 项繁项集，则 L_k 为极大频繁项集。

② 剪枝步

剪枝步紧跟着连接步，在产生候选项 C_k 的过程中起到减小搜索空间的目的。由于 C_k 是 L_{k-1} 与 L_1 连接产生的，根据 Apriori 的性质，频繁项集的所有非空子集也必须是频繁项集，所以不满足该性质的项集将不会存在于 C_k 中，该过程就是剪枝。

（2）挖掘关联规则

由挖掘频繁项集可知，未超过预定的最小支持度阈值的项集已被剔除，如果剩下的项集满足了预定的最小置信度阈值，那么就挖掘出了强关联规则。

Apriori 算法适合稀疏数据集，同时，该算法原理简单、易实现并且适合事务数据的关联规则挖掘。Apriori 算法也有缺点，可能产生庞大的候选集，而且该算法需多次遍历数据集，所以该算法的效率低，比较耗时。

2. 使用 Apriori 算法实现超市商品关联分析

结合体育用品店的订单商品实例讲解 Apriori 关联规则算法挖掘的实现过程。数据集中部分订单数据如表 8-7 所示。表 8-7 中展示了数据集中每个产品的一条订单数据，一条订单数据包含的属性有订单日期、客户 ID、产品 ID 以及产品名称。

表 8-7 数据集中部分订单商品数据

订单日期	客户 ID	产品 ID	产品名称
2022-1-1	14432BA	528	棒球手套
2021-12-31	14954BA	225	帽子
2021-7-2	13110BA	485	三角网架
2021-10-8	24064BA	606	硬式棒球
2021-7-3	13282BA	222	棒球头盔

（续）

订单日期	客户 ID	产品 ID	产品名称
2022-1-2	31222BA	479	球棒与球棒袋
2022-1-5	30253BA	483	球网

将表 8-7 中的事务数据（一种特殊类型的记录数据）整理成关联规则模型所需的数据结构，从中抽取 10 个订单作为事务数据集，设最小支持度为 0.2（最小支持度计数为 2），为方便起见，将$\{528,225,485,606,222\}$分别简记为$\{a,b,c,d,e\}$，如表 8-8 所示。

表 8-8　某体育用品店事务数据集

订单号	原产品 ID	转换后的 ID
1	528, 485,222	a,c,e
2	225,606	b,d
3	225,485	b,c
4	528,225,485,606	a,b,c,d
5	528,225	a,b
6	225,485	b,c
7	528,225	a,b
8	528,225,485,222	a,b,c,e
9	528,225,485	a,b,c
10	528,485	a,c

Apriori 算法过程如图 8-6 所示，具体步骤如下。

寻找极大 k 项频繁项集的步骤如下。

（1）简单扫描所有的事务，事务中的每一项都是候选 1 项集的集合 C_1 的成员，计算每一项的支持度。如 $P(\{a\})=\dfrac{\text{项集}\{a\}\text{的支持度计数}}{\text{所有事务个数}}=\dfrac{7}{10}=0.7$。

（2）将 C_1 中各项集的支持度与预先设定的最小支持度阈值进行比较，保留大于或等于该阈值的项，得 1 项频繁项集 L_1。

（3）扫描所有事务，L_1 与 L_1 连接得候选 2 项集 C_2，并计算每一项的支持度，如 $P(\{a,b\})=\dfrac{\text{项集}\{a,b\}\text{的支持度计数}}{\text{所有事务个数}}=\dfrac{5}{10}=0.5$。接着是剪枝步，由于 C_2 的每个子集（L_1）都是频繁项集，所以没有项集从 C_2 中剔除。

（4）将 C_2 中各项集的支持度与预先设定的最小支持度阈值进行比较，保留大于或等于该阈值的项，得 2 项频繁项集 L_2。

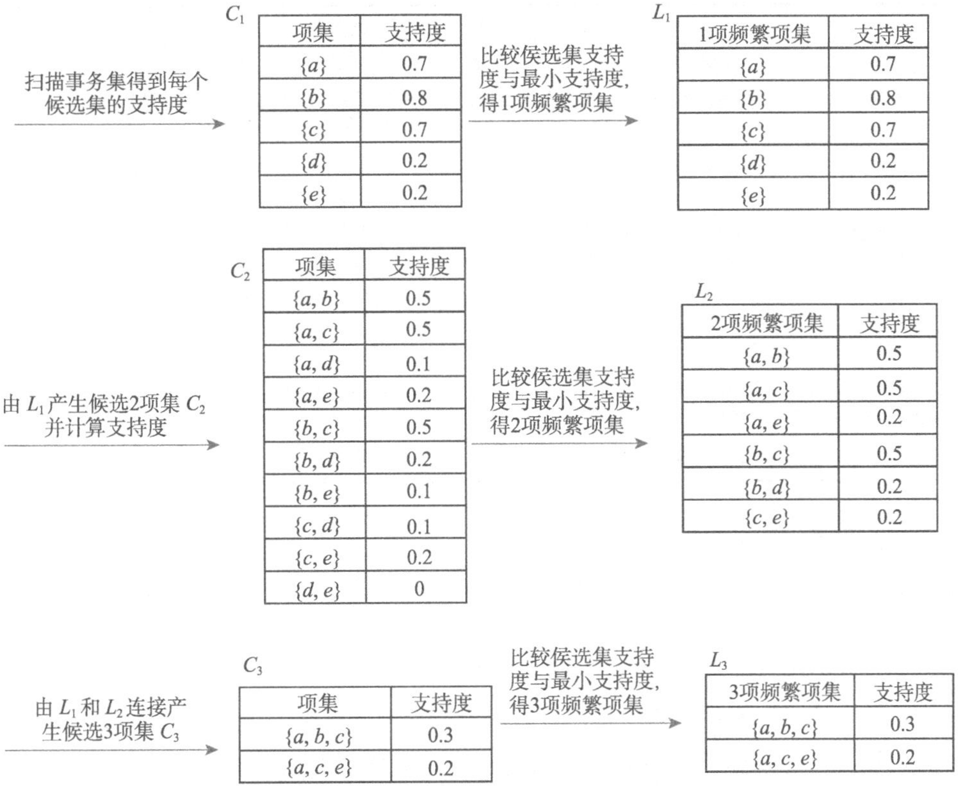

扫描事务集得到每个候选集的支持度 →

C_1

项集	支持度
$\{a\}$	0.7
$\{b\}$	0.8
$\{c\}$	0.7
$\{d\}$	0.2
$\{e\}$	0.2

比较侯选集支持度与最小支持度，得1项频繁项集 →

L_1

1项频繁项集	支持度
$\{a\}$	0.7
$\{b\}$	0.8
$\{c\}$	0.7
$\{d\}$	0.2
$\{e\}$	0.2

由 L_1 产生候选2项集 C_2 并计算支持度 →

C_2

项集	支持度
$\{a, b\}$	0.5
$\{a, c\}$	0.5
$\{a, d\}$	0.1
$\{a, e\}$	0.2
$\{b, c\}$	0.5
$\{b, d\}$	0.2
$\{b, e\}$	0.1
$\{c, d\}$	0.1
$\{c, e\}$	0.2
$\{d, e\}$	0

比较侯选集支持度与最小支持度，得2项频繁项集 →

L_2

2项频繁项集	支持度
$\{a, b\}$	0.5
$\{a, c\}$	0.5
$\{a, e\}$	0.2
$\{b, c\}$	0.5
$\{b, d\}$	0.2
$\{c, e\}$	0.2

由 L_1 和 L_2 连接产生候选3项集 C_3 →

C_3

项集	支持度
$\{a, b, c\}$	0.3
$\{a, c, e\}$	0.2

比较侯选集支持度与最小支持度，得3项频繁项集 →

L_3

3项频繁项集	支持度
$\{a, b, c\}$	0.3
$\{a, c, e\}$	0.2

图 8-6　Apriori 算法实现过程

（5）扫描所有事务，L_2 与 L_1 连接得候选 3 项集 C_3，并计算每一项的支持度，如 $P\{a,b,c\}=\dfrac{\text{项集}\{a,b,c\}\text{的支持度计数}}{\text{所有事务个数}}=\dfrac{3}{10}=0.3$。接着是剪枝步，$L_2$ 与 L_1 连接的所有项集为 $\{a,b,c\},\{a,b,d\},\{a,b,e\},\{a,c,d\},\{a,c,e\},\{b,c,d\},\{b,c,e\},\{b,d,e\},\{c,d,e\}$，根据 Apriori 算法，频繁项集的所有非空子集也必须是频繁项集，因为 $\{a,d\},\{c,d\},\{b,e\},\{d,e\}$ 不包含在频繁项集 L_2 中，即不是频繁项集，应剔除，最后的 C_3 中的项集只有 $\{a,b,c\}$ 和 $\{a,c,e\}$。

（6）将 C_3 中各项集的支持度与预先设定的最小支持度阈值进行比较，保留大于或等于该阈值的项，得 3 项频繁项集 L_3。

（7）L_3 与 L_1 连接得候选 4 项集 C_4，剪枝后得到的项集为空集。因此最后得到极大 3 项频繁项集 $\{a,b,c\}$ 和 $\{a,c,e\}$。

由以上过程可知 L_1,L_2,L_3 都是频繁项集，L_3 是极大频繁项集。

使用 Apriori 算法生成关联规则，如代码 8-2 所示。

代码 8-2　使用 Apriori 算法生成关联规则

```
import pandas as pd
from efficient_apriori import apriori
```

```
# 导入数据
product_data = pd.read_csv('../data/order.csv')
product_data_group = product_data.groupby(['订单日期','客户 ID'])['产品名称'].unique()

# 创建列表
product_transactions = []
for product_value in product_data_group:
    product_transactions.append(list(product_value))
# print(meal_transactions[0:5])

# 挖掘频繁项集和强关联规则
product_itemsets,  product_rules  =  apriori(product_transactions,  min_support=0.035,
min_confidence=0.2)
print("强关联规则如下：\n",product_rules)
```

代码 8-2 的运行结果如下。

```
强关联规则如下：
 [{棒球手套} -> {头盔}, {头盔} -> {棒球手套}, {球棒与球棒袋} -> {头盔}, {头盔} -> {硬式棒球}, {球棒与球棒袋} -> {硬式棒球}]
```

从运行结果中可以看出，从体育用品店事务数据中挖掘出了 5 组强关联规则，第一条规则为{棒球手套} -> {头盔}，表示购买了棒球手套大概率会购买头盔。

8.2.2 改进的 Apriori 算法

能够提高 Apriori 原算法效率的 Apriori 变形算法有许多种，本节主要介绍以下三种。

（1）基于散列的技术

基于散列的技术可以用于压缩候选 k 项集的集合 C_k $(k>1)$，将项集散列（映射）到不同的桶中。桶是一种数据结构，相当于一个容器，主要用于存储元素数量不确定的数据集合。数据被分配到一个或多个桶中，每个桶具有相同的容量和大小，可以通过将数据映射到桶的索引来快速访问和操作数据，有效提高数据的访问效率和处理速度。

（2）事务压缩

事务压缩是指减少进一步迭代扫描的事务数，因为不包含任何频繁 k 项集的事务不可能包含任何频繁 k+1 项集，所以这种事务可以加上标记或删除，产生 k 项集（$k>1$）的时候，不再需要考虑这些事务。

（3）动态项集计数

动态项集计数是指动态地评估被计数的所有项集的支持度。动态项集计数可以在任何开始点添加新的候选项集，不需要在每次完整的数据扫描之前确定新的候选。如果一个项集的所有子集都被确定为频繁的，则将其添加为新的候选。动态项集计数减少了数据扫描的次数，提高了挖掘的效率。

8.3 FP-Growth 算法

Apriori 算法需要多次扫描数据集来生成频繁项集，因此在大规模数据集上效率较低。为了解决这个问题，提出了 FP-Growth（Frequent Pattern-Growth）算法。FP-Growth 算法通过构造频繁模式树（FP-Tree）来挖掘关联规则，具有处理大数据集的能力，且能够在不知道最大项集大小的情况下有效运行。

FP-Growth 算法是一种高效发现频繁集的方法。例如，人们在搜索引擎中搜索一个词，搜索引擎会自动补全查询词项，然后通过查看互联网上的用词来找出经常在一块出现的词。

8.3.1 FP-Growth 算法的实现过程

相比于 Apriori 对每个潜在的频繁项集都需要扫描数据集判定是否满足支持度，FP-Growth 算法只需要遍历两次数据集，因此它在大数据集上的速度显著优于 Apriori 算法。

FP-Growth 算法的基本步骤如下。

（1）建立项头表。扫描数据，得到所有 1 项频繁项集的计数；然后删除支持度低于阈值的项，将 1 项频繁项集放入项头表，并按照支持度降序排列。项头表是用于构建 FP-Tree 的一种表，用于存放 1 项频繁项集的计数。

（2）建立 FP-Tree。读入排序后的数据集，插入 FP-Tree，插入时将项集按照排序后的顺序插入 FP-Tree 中，排序靠前的节点是祖先节点，而靠后的是子孙节点。如果有共用的祖先节点，那么对应的公用祖先节点计数加1。插入后，如果有新节点出现，那么项头表对应的节点会通过节点链表连接新节点。直到所有的数据都插入 FP-Tree 后，FP-Tree 的建立完成。

（3）挖掘频繁项集。从项头表的底部项依次向上，找到项头表项对应的条件模式基。从条件模式基递归挖掘得到项头表项的频繁项集。

若不限制频繁项集的项数，则返回步骤（3）所有的频繁项集，否则只返回满足项数要求的频繁项集。

1. 建立项头表

要建立 FP-Tree 首先需要建立项头表，建立项头表需要先对数据集进行一次扫描，得到所有 1 项频繁项集的计数，将低于设定的支持度阈值的项过滤掉后，将 1 项频繁项集放入项头表并按照项集的支持度进行降序排序。之后对数据集进行第二次扫描，从原始数据中剔除

1 项非频繁项集，并按照项集的支持度降序排序。

以一个含有 10 条数据的数据集为例，数据集中的数据如表 8-9 所示。

表 8-9　示例数据集

序号	数据	序号	数据
1	*a*，*b*，*c*，*e*，*f*，*h*	6	*e*，*j*
2	*a*，*c*，*g*	7	*a*，*b*，*c*，*e*，*f*，*p*
3	*e*，*i*	8	*a*，*c*，*d*
4	*a*，*c*，*d*，*e*，*g*	9	*a*，*c*，*e*，*g*，*m*
5	*a*，*d*，*e*，*l*	10	*a*，*c*，*e*，*g*，*k*

对数据集进行扫描，支持度阈值设为 20%，由于 *h*、*i*、*l*、*j*、*k*、*p*、*m* 都仅出现一次，小于设定的 20%的支持度阈值，因此将不进入项头表。将 1 项频繁项集按降序排序后构建的项头表如表 8-10 所示。

第二次扫描数据，将每条数据中的 1 项非频繁项集删去，并按照项集的支持度降序排列，如数据项“*a*，*b*，*c*，*e*，*f*，*h*”，其中“*h*”为 1 项非频繁项集，剔除后按项集的支持度降序排列后的数据项为“*a*，*e*，*c*，*b*，*f*”，得到排序后的数据集如表 8-11 所示。

表 8-10　项头表

频繁项	计数
a	8
e	8
c	7
g	4
d	3
b	2
f	2

表 8-11　排序后的数据集

序号	数据
1	*a*，*e*，*c*，*b*，*f*
2	*a*，*c*，*g*
3	*e*
4	*a*，*e*，*c*，*g*，*d*
5	*a*，*e*，*d*
6	*e*
7	*a*，*e*，*c*，*b*，*f*
8	*a*，c，*d*
9	*a*，*e*，*c*，*g*
10	*a*，*e*，*c*，*g*

2. 构建 FP-Tree

构建项头表并对数据集排序后，即可开始构建 FP-Tree。构建 FP-Tree 时按顺序读入排序后的数据集，插入 FP-Tree 中时按照排序的顺序插入，排序最为靠前的是父节点，之后的是子节点。如果出现共同的父节点，那么对应父节点的计数增加 1 次。插入时如果有新节点加入树中，那么将项头表中对应的节点通过节点链表连接上新节点。直至所有的数据项都插入 FP-Tree 后，FP-Tree 完成构建过程。

以构建项头表的数据集为例，构建 FP-Tree 的过程如图 8-7 所示。

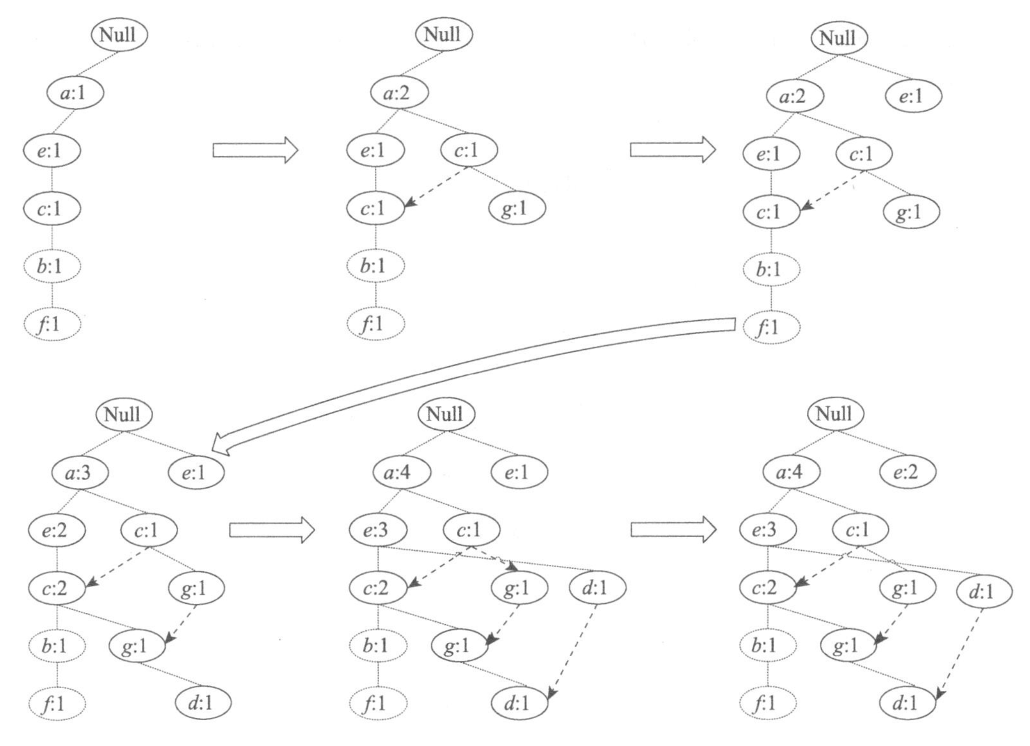

图 8-7　FP-Tree 构建过程

构建 FP-Tree 具体步骤如下。

（1）读入第一条数据“*a*，*e*，*c*，*b*，*f*”，此时 FP-Tree 中没有节点，按顺序构成一条完整路径，每个节点的计数为 1。

（2）读入第二条数据“*a*，*c*，*g*”，在 *a* 节点处延伸一条新路径，并且 *a* 节点计数加 1，其余节点计数为 1。

（3）读入第三条数据“*e*”，从根节点位置延伸一条新路径，计数为 1。

（4）读入第四条数据“*a*，*e*，*c*，*g*，*d*”，在 *c* 节点处延伸一条新路径，共用的“*a*，*e*，*c*”计数加 1，新建的节点计数为 1。

（5）重复以上步骤，直至整个 FP-Tree 构建完成，最终得到的 FP-Tree 如图 8-8 所示。

3. 挖掘频繁项集

在构建 FP-Tree、项头表和节点链表后，需要从项头表的底部项依次向上挖掘频繁项集。这需要找到项头表中对应于 FP-Tree 的每一项的条件模式基。条件模式基是以要挖掘的节点作为子节点所对应的 FP 子树。得到该 FP 子树后，将子树中每个节点的计数设置为子节点的计数，并删除计数低于最小支持度的节点。基于这个条件模式基即可递归挖掘得到频繁项集了。

以构建 *f* 节点的条件模式基为例，*f* 节点在 FP-Tree 中只有一个子节点，因此只有一条路径{*a*:8,*e*:6,*c*:5,*b*:2, *f*:2}，得到 *f* 节点的 FP 子树如图 8-9 所示。接着将所有的父节点的计数设置为子节点的计数，即 FP 子树变成{a:2,e:2,c:2,b:2, f:2}。通常条件模式基可以不写子节点，如图 8-10 所示。

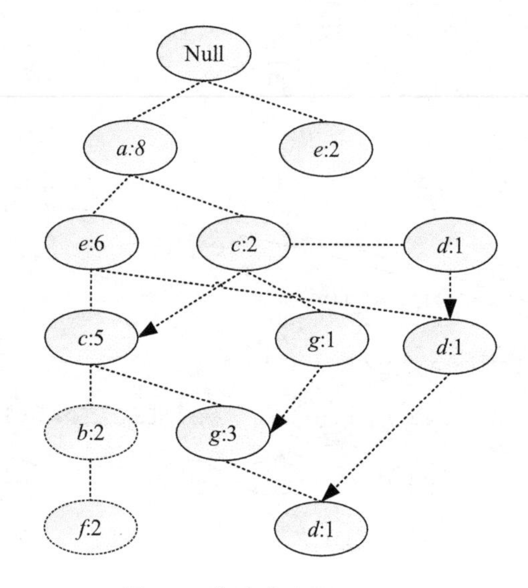

图 8-8　构建完成的 FP-Tree

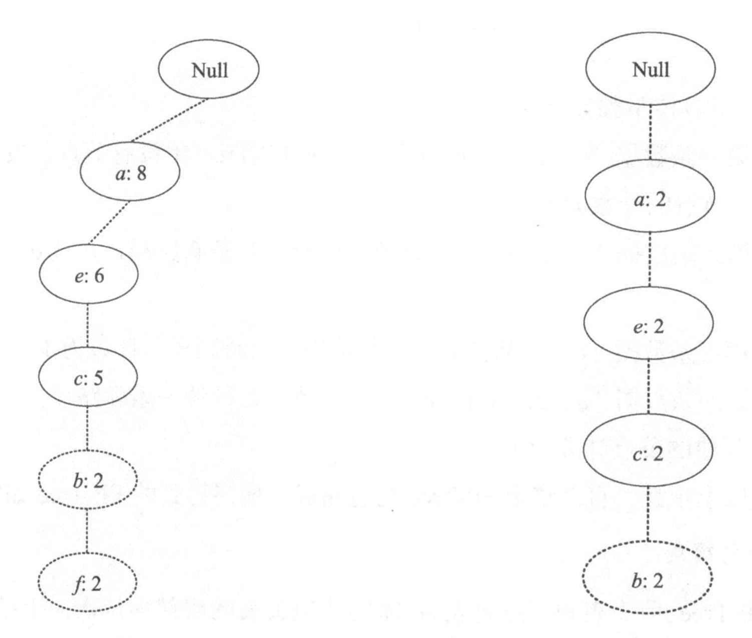

图 8-9　f 节点的 FP 子树　　　　图 8-10　f 节点条件模式基

通过 f 节点的条件模式基可以得到 f 的频繁 2 项集为{a:2,f:2}、{e:2,f:2}、{c:2,f:2}、{b:2, f:2}。将频繁 2 项集递归合并得到频繁 3 项集为{a:2,c:2,f:2}、{a:2,e:2,f:2}等。最终递归得到最大的频繁项集为频繁 5 项集{a:2, e:2,c:2, b:2,f:2}。

获取 b 节点的频繁项集的过程与 f 节点类似，此处不再列出，需要特别提一下 d 节点。

d 节点在树中有 3 个子节点，得到 d 节点的 FP 子树如图 8-11 所示。接着将所有的父节点计数设置为子节点的计数，即变成{a:3,e:2,c:2,g:1,d:1,d:1,d:1}，由于 g 节点在子树中的支持度低于阈值，最终在去除低支持度节点并不包括子节点后，d 的条件模式基为{a:3,e:2,c:2}。通过 d 的条件模式基得到 d 的频繁 2 项集为{a:3,d:3}、{e:2,d:2}、{c:2,d:2}。递归合并频繁 2 项集，得到频繁 3 项集为{a:2,e:2,d:2}、{a:2,c:2,d:2}。d 节点对应的最大的频繁项集为频繁 3 项集。其余节点可以用类似的方法得出对应的频繁项集。

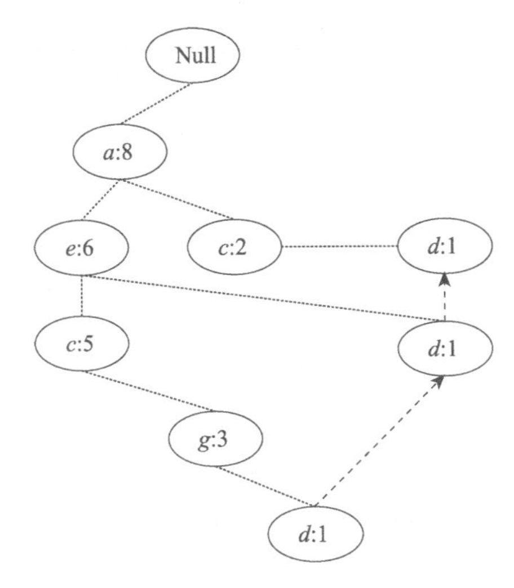

图 8-11　d 节点的 FP 子树

8.3.2 使用 FP-Growth 算法实现新闻网站点击数据频繁项集挖掘

使用 FP-Growth 算法挖掘新闻网站的点击流数据 kosarak.dat 中的频繁项集，该数据有近 100 万条记录，每一行包含某个用户浏览过的新闻报道。新闻报道被编码成整数编号，使用 FP-Growth 算法挖掘其中的频繁项集，查看哪些新闻 ID 被用户大量浏览过。

fpGrowth 函数代码

利用 FP-Growth 算法挖掘新闻网站点击流中的频繁项集，如代码 8-3 所示。其中 fpGrowth 为自定义的函数，在代码中，直接进行调用。

代码 8-3　使用 FP-Growth 算法挖掘新闻网站的点击流中的频繁项集

```
# 自定义函数，在本节中直接进行调用
import fpGrowth

# 读取数据并转换格式
newsdata = [line.split() for line in open('../data/kosarak.dat').readlines()]
indataset = fpGrowth.createInitSet(newsdata)
```

```
# 构建树寻找其中浏览次数在5万次以上的新闻
news_fptree, news_headertab = fpGrowth.createTree(indataset, 50000)
# 创建空列表用于保存频繁项集
newslist = []
fpGrowth.mineTree(news_fptree, news_headertab, 50000, set([]), newslist)
# 查看结果
print('浏览次数在5万次以上的新闻报道集合个数：', len(newslist))
print('浏览次数在5万次以上的新闻：\n', newslist)
```

代码8-3的运行结果如下。

```
浏览次数在5万次以上的新闻报道集合个数： 29
浏览次数在5万次以上的新闻：
 [{'4'}, {'27'}, {'6', '27'}, {'148'}, {'148', '11'}, {'6', '148', '11'}, {'218', '148'},
{'6', '218', '148'}, {'6', '148'}, {'7'}, {'11', '7'}, {'6', '11', '7'}, {'6', '7'}, {'218'},
{'218', '11'}, {'6', '218', '11'}, {'6', '218'}, {'1'}, {'1', '3'}, {'1', '11'}, {'1', '6',
'11'}, {'1', '6'}, {'3'}, {'11', '3'}, {'6', '11', '3'}, {'6', '3'}, {'11'}, {'6', '11'},
{'6'}]
```

从运行结果可以看出，网站上浏览次数超过5万次的新闻集合的个数为29个，在浏览次数超过5万次的新闻中，一些用户只浏览过第4篇新闻报道，一些用户浏览了第6篇的同时也浏览了第27篇。

8.4 关联规则评估方法

关联规则评估是判断关联规则是否具有有效性和实用性的关键步骤。常用的关联规则评估包括兴趣度的评估和相关度的评估。

8.4.1 关联规则兴趣度评估

评估关联规则兴趣度的方法有很多种，包括客观度量和主观度量。客观度量基于数据统计显著性，如支持度、置信度和提升度等指标；主观度量则是在领域知识或用户反馈的基础上进行的，如用户对关联规则的兴趣度评分。

一对二元变量 A 和 B 的相依表如表8-12所示。交叉表描述两个或多个变量的联合分布及其结果的统计，反映了有限分类或取值的离散变量的联合分布。当交叉表只涉及两个定类变量时，交叉表又叫相依表。

使用记号$\overline{A}$、$\overline{B}$分别表示A、B不在事务中出现。在这个表中，每个f_{ij}都代表一个频度计数。例如，f_{11}表示A和B同时出现在一个事务中的次数；f_{01}表示包含B但不包含A的事务的个数；f_{1+}表示A的支持度计数；f_{+1}表示B的支持度计数。

表 8-12 变量A和B的相依表

	B	$\overline{B}$	支持度计数
A	f_{11}	f_{10}	f_{1+}
$\overline{A}$	f_{01}	f_{00}	f_{0+}
支持度计数	f_{+1}	f_{+0}	N

1000个人的饮料偏爱如表8-13所示，根据表8-13的信息评估关联规则$\{茶\} \to \{咖啡\}$。似乎喜欢喝茶的人也喜欢喝咖啡，因为该规则的支持度为$150 \div 1000 \times 100\% = 15\%$，置信度为$150 \div 200 \times 100\% = 75\%$，两者都相当高。但是在所有人中，不管人们是否喝茶，喝咖啡的人的比例为80%，而饮茶者中喝咖啡的人却只占75%。也就是说，一个人如果喝茶，则他喝咖啡的可能性由80%减到了75%。因此，虽然规则$\{茶\} \to \{咖啡\}$有很高的置信度，但是该规则却是一个误导。

表 8-13 1000个人的饮料偏爱

	咖啡	$\overline{咖啡}$	支持度计数
茶	150	50	200
$\overline{茶}$	650	150	800
支持度计数	800	200	1000

从茶与咖啡的例子可以知道，置信度忽略了规则中项集的支持度，例如，$\{茶\} \to \{咖啡\}$规则中，$\{咖啡\}$的支持度本身就很高，高置信度的规则可能会出现误导的情况，可以引入提升度来解决这一问题，提升度的计算公式如式（8-3）所示。

在8.1.1节中已经简单提及过提升度这一概念，对于二元变量，提升度等价于兴趣因子（Interest Factor），兴趣因子的定义如式（8-4）所示。

$$I(A,B)=\frac{s(A,B)}{s(A)\times s(B)}=\frac{\frac{f_{11}}{N}}{\frac{f_{1+}}{N}\times\frac{f_{+1}}{N}}=\frac{Nf_{11}}{f_{1+}f_{+1}} \tag{8-4}$$

对于变量A和B，分数$\frac{f_{11}}{N}$是联合概率$P(A,B)$的估计，即支持度，而$\frac{f_{1+}}{N}$和$\frac{f_{+1}}{N}$分别是概率$P(A)$和$P(B)$的估计。如果A和B是相互独立的，那么$P(A,B)=P(A)\times P(B)$，从而产生公式（8-5）。

$$\frac{f_{11}}{N}=\frac{f_{1+}}{N}\times\frac{f_{+1}}{N} \tag{8-5}$$

两词对$\{p,q\}$和$\{r,s\}$出现的频率如表8-14和表8-15所示。使用式（8-4）进行兴趣因子的计算，得到$\{p,q\}$和$\{r,s\}$的兴趣因子分别为$(1000\times880)\div(930\times930)\approx1.02$和$(1000\times20)\div(70\times70)\approx4.08$。虽然$p$和$q$同时出现在88%的文档中，但是$p$和$q$的兴趣因子接近于1，表明二者是相互独立的；另一方面，$\{r,s\}$的兴趣因子比$\{p,q\}$的高，尽管r和s很少同时出现在同一个文档中。

表 8-14　词对$\{p,q\}$的相依表

	p	$\overline{p}$	支持度计数
q	880	50	930
$\overline{q}$	50	20	70
支持度计数	930	70	1000

表 8-15　词对$\{r,s\}$的相依表

	r	$\overline{r}$	支持度计数
s	20	50	70
$\overline{s}$	50	880	930
支持度计数	70	930	1000

8.4.2 关联规则相关度评估

相关分析是基于统计学分析一对变量之间关系的技术。对于连续变量，相关度用皮尔森相关系数定义。对于二元变量，相关度可以用ϕ系数度量。ϕ系数定义如式（8-6）所示。

$$\phi=\frac{f_{11}f_{00}-f_{01}f_{10}}{\sqrt{f_{1+}f_{+1}f_{0+}f_{+0}}} \tag{8-6}$$

相关度的值从–1（完全负相关）到1（完全正相关）。如果变量是统计独立的，那么$\phi=0$。

相关度的缺点，可以通过表8-14和表8-15所给出词的关联看出。虽然词p和q同时出现的次数比r和s多，但p和q的ϕ系数与r和s的ϕ系数是相同的，即$\phi(p,q)=\phi(r,s)=\frac{880\times20-50\times50}{\sqrt{930\times70\times70\times930}}=\frac{15100}{65100}\approx0.232$。这是因为$\phi$系数把项在事务中同时出现和同时不出现视为同等重要。因此，相关度更适合分析对称的二元变量。相关度的另一个局限性是，当样本大小成比例变化时，不能够保持不变。

8.4.3 其他评估度量方法

兴趣度和支持度度量（IS度量）是另一种评估度量方法，用于处理非对称二元变量。IS度量定义如式（8-7）所示。

$$\mathrm{IS}(A,B)=\sqrt{I(A,B)\times s(A,B)}=\frac{s(A,B)}{\sqrt{s(A)\times s(B)}} \tag{8-7}$$

注意，当兴趣度和支持度都很大时，IS也很大。例如，词对$\{p,q\}$和$\{r,s\}$的IS值分别是$\mathrm{IS}(p,q)=\frac{0.88}{\sqrt{0.93\times0.93}}\approx0.946$和$\mathrm{IS}(r,s)=\frac{0.02}{\sqrt{0.07\times0.07}}\approx0.286$。与兴趣度和$\phi$系数给出的结果

相反，IS 度量表明$\{p,q\}$之间的关联强于$\{r,s\}$。

IS 度量在数学上等价于二元变量的余弦度量，可以将 $\boldsymbol{A}$ 和 $\boldsymbol{B}$ 看作一对位向量，$\boldsymbol{A}\bullet\boldsymbol{B}=s(\boldsymbol{A},\boldsymbol{B})$ 表示两个向量的点积，$|\boldsymbol{A}|=\sqrt{s(\boldsymbol{A})}$ 表示向量 $\boldsymbol{A}$ 的大小，则 IS 的定义如式（8-8）所示。

$$\mathrm{IS}(\boldsymbol{A},\boldsymbol{B})=\frac{s(\boldsymbol{A},\boldsymbol{B})}{\sqrt{s(\boldsymbol{A})\times s(\boldsymbol{B})}}=\frac{\boldsymbol{A}\bullet\boldsymbol{B}}{|\boldsymbol{A}|\times|\boldsymbol{B}|}=\mathrm{cosine}(\boldsymbol{A},\boldsymbol{B}) \tag{8-8}$$

IS 度量也可以表示为从一对二元变量中提取出的关联规则的置信度的几何均值，此时 IS 的定义如式（8-9）所示。

$$\mathrm{IS}(A,B)=\sqrt{\frac{s(A,B)}{s(A)}\times\frac{s(A,B)}{s(B)}}=\sqrt{c(A\to B)\times c(B\to A)} \tag{8-9}$$

由于两个数的几何均值总是接近于较小的数，所以只要规则 $p\to q$ 或 $q\to p$ 中的一个具有较低的置信度，项集$\{p,q\}$的 IS 值就较低。

一对相互独立的项集 A 和 B 的 IS 值，如式（8-10）所示。

$$\mathrm{IS}_{\mathrm{indep}}(A,B)=\frac{s(A,B)}{\sqrt{s(A)\times s(B)}}=\frac{s(A)\times s(B)}{\sqrt{s(A)\times s(B)}}=\sqrt{s(A)\times s(B)} \tag{8-10}$$

因为 IS 值取决于 $s(A)$ 和 $s(B)$，所以使用 IS 度量存在与置信度度量类似的问题，也就是说即使是不相关或负相关的模式，IS 值也可能相当大。例如，项$\{p,q\}$的相依表如表 8-16 所示，求得项 p 和 q 之间的 IS 为 $\mathrm{IS}(p,q)=\frac{0.8}{\sqrt{0.9\times0.9}}\approx0.889$，当项 p、q 相互独立时，IS 值仍小于期望值（$\mathrm{IS}_{\mathrm{indep}}=\sqrt{0.9\times0.9}=0.9$）。

表 8-16　项$\{p,q\}$的相依表

	q	$\bar{q}$	支持度计数
p	800	100	900
$\bar{p}$	100	0	100
支持度计数	900	100	1000

8.5　多维关联规则挖掘

沿用多维数据使用的术语，把规则中每个不同的谓词称作维，谓词是一种限制或条件，用于指定数据应如何分类或划分。式（8-11）为单维或维内关联规则，因为规则只包含了“购买”一个谓词。

$$\text{购买}(\text{顾客},\text{"数码相机"})\Rightarrow\text{购买}(\text{顾客},\text{"HP打印机"}) \tag{8-11}$$

通常，在超市的数据库中，除了在销售事务中记录购买的商品之外，数据库还可能记录与商品和销售有关的其他属性，如商品的描述或销售分店的位置。还可能存储有关购物的顾客的附加信息，例如顾客的年龄、职业、信誉度、收入和地址等。把每个数据库属性看作一个谓词，则可以挖掘包含多个谓词的关联规则。

多维关联规则是指涉及两个或多个维或谓词的关联规则。

每个谓词在规则中仅出现一次，可称该规则具有不重复谓词，例如，式（8-12）包含三个谓词，分别是“年龄”“职业”和“购买”。

$$年龄(顾客,"20\cdots29")\wedge职业(顾客,"student")\Rightarrow购买(顾客,"笔记本电脑") \quad (8\text{-}12)$$

具有不重复谓词的关联规则称作维间关联规则。相反，具有重复谓词的关联规则称作混合维关联规则。例如，式（8-13），谓词“购买”是重复的。

$$\begin{aligned}&年龄(顾客,"20\cdots29")\wedge购买(顾客,"笔记本电脑")\\&\Rightarrow购买(顾客,"HP打印机")\end{aligned} \quad (8\text{-}13)$$

数据属性可能是标称的或数值的。标称（或分类）属性的值是“事物的名称”。标称属性具有有限多个可能值，值之间无序，如“职业”“品牌”“颜色”。数值属性的取值是数字，并在值之间具有一个隐序，如“年龄”“收入”“价格”。

数值属性的处理方式如下。

（1）使用预先定义的概念分层对数值属性离散化

数值属性离散化在关联规则挖掘之前进行。例如，可以使用“年龄”这一概念进行分层，用区间值，如“0～20”“21～30”“31～40”等替换属性原来的数值。离散化的数值属性具有区间标号，可以像标称属性一样处理，其中，每个区间看作一个类别。可以称这种方法为使用数值属性的静态离散化挖掘多维关联规则。

（2）根据数据分布将数值属性离散化或聚类到“箱”

将数值转换为离散值，这一过程称为离散化，也称为“分箱”。例如，将年龄分为 20 岁以下、20 岁至 30 岁、30 岁以上三个区间。离散化的过程是动态的，以满足某种挖掘标准，如最大化所挖掘规则的置信度。由于该策略将数值属性的值处理成数量，而不是预先定义的区间或类别，所以由这种方法挖掘的关联规则称为（动态）数值关联规则。

8.6 多层关联规则挖掘

多层关联规则挖掘是一种基于概念分层的关联规则挖掘方法，它可以在多个层次上挖掘数据集中的关联规则。

在多层关联规则中，数据集被分成多个层次，每个层次包含不同的属性。例如，在一个销售数据集中，可以将数据集分成多个层次，每个层次包含不同的产品类别。在每个层次中，可以挖掘出不同的关联规则，这些关联规则可以帮助企业了解产品之间的关联关系，从而制定更好的销售策略。

一般而言，多层关联规则挖掘可以采用自顶向下策略，由概念层 1 开始，向下到较低的、更特定的概念层，在每个概念层累积计数，计算频繁项集，直到不能再找到频繁项集。对于每一层，可以使用发现频繁项集的算法，如 Apriori 算法。

挖掘多层关联规则方法的变形有以下三种。

（1）对于所有层使用一致的最小支持度（一致支持度）

在每个抽象层上挖掘时，使用相同的最小支持度阈值。例如图 8-12 所示的示例，使用最小支持度阈值 5%，发现“计算机”和“笔记本电脑”都是频繁的，但“台式计算机”却不是，其中，min_sup 是支持度阈值。

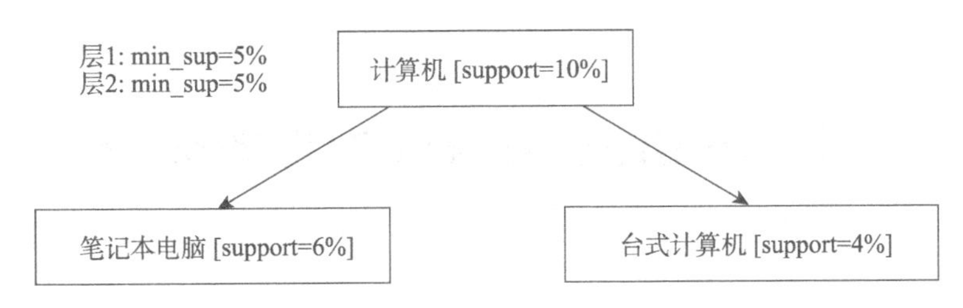

图 8-12　具有一致支持度的多层挖掘

使用一致的最小支持度阈值时，只需要指定一个最小支持度阈值，搜索过程被简化。然而，一致支持度方法有一些缺点，较低抽象层的项不大可能像较高抽象层的项那样频繁出现。如果最小支持度阈值设置太高，那么可能错失在较低抽象层中出现的有意义的关联。如果阈值设置太低，那么可能会产生出现在较高抽象层的无意义关联。

（2）在较低层使用递减的最小支持度（递减支持度）

每个抽象层有自己的最小支持度阈值。抽象层越低，对应的阈值越小。例如，层 1 和层 2 的最小支持度阈值分别为 5%和 3%，“计算机”“笔记本电脑”和“台式计算机”都被看作频繁的，如图 8-13 所示。

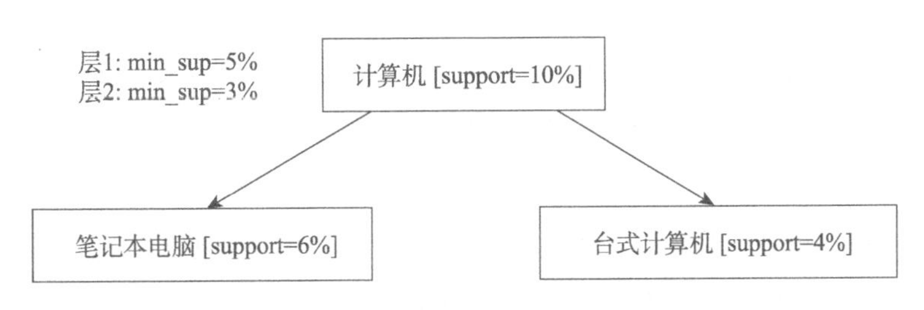

图 8-13　具有递减支持度的多层挖掘

（3）使用基于项或基于分组的最小支持度（基于分组的支持度）

由于用户或专家通常清楚哪些组比其他组更重要，在挖掘多层规则时，有时更希望建立用户指定的基于项或基于分组的最小支持度阈值。例如，用户可以根据产品价格或根据感兴趣的商品设置最小支持度阈值。如对“价格超过 1000 元的照相机”或“平板电脑”设置特别低的支持度阈值，以便特别关注包含这类商品的关联模式。

注意，在挖掘多层关联规则过程中，由于项之间的包含关系，可能会产生冗余规则。例如，“笔记本电脑”是包含“D 式笔记本电脑”的，因此在式（8-14）和式（8-15）中，式（8-15）不提供新的信息，则应当删除。

$$\text{购买}(\text{顾客},\text{"笔记本电脑"}) \Rightarrow \text{购买}(\text{顾客},\text{"HP打印机"}) \\ [\text{support}=8\%,\text{confidence}=70\%] \tag{8-14}$$

$$\text{购买}(\text{顾客},\text{"D式笔记本电脑"}) \Rightarrow \text{购买}(\text{顾客},\text{"HP打印机"}) \\ [\text{support}=2\%,\text{confidence}=72\%] \tag{8-15}$$

8.7 Python 关联规则案例分析

关联规则被广泛应用于各种领域，如零售、金融、医疗和电子商务等。然而，纸上得来终觉浅，绝知此事要躬行，仅通过理论学习很难真正理解和掌握关联规则的应用技巧。因此，只有通过实践操作，才能更好地掌握关联规则的挖掘和分析方法。

8.7.1 基于 Apriori 算法实现电影观看规则挖掘

随着经济的发展，人们的娱乐消费需求也随之增加。电影作为一种大众娱乐方式，能够满足人们对休闲娱乐的需求，通过向观众推荐高质量、具有吸引力的电影，可以刺激电影市场，增加电影的票房收入，从而促进电影产业的发展。同时，电影产业的发展也可以带动相关产业的发展，如影院、电影制作公司、电影发行公司等，从而为国家经济带来新的增长点。

1. 背景与目标

电影能够反映现实和历史，通过电影中的故事和人物，让观众更好地了解社会、文化和历史。通过向用户推荐高质量的电影，能够刺激电影市场，增加电影消费者的消费欲望，增加票房收入。

根据用户的观影记录或喜好的电影列表，通过加载数据、数据预处理、生成频繁项集和关联规则这几个步骤，最终通过关联规则生成电影推荐的列表。从而推荐相应的电影列表或单部电影。

本案例采用的是电影元数据和评分数据文件，其中，电影元数据包含了 45000 条电影记录，每条记录包含了 24 个属性，如表 8-17 所示。评分数据包含 700 多个用户对 9000 多部电影的评分数据，一共包含 4 个属性，如表 8-18 所示。

表 8-17　电影元数据说明表

数据列名	解释	数据列名	解释
adult	成人	production_companies	发行公司
belongs_to_collection	归属	production_countries	发行国家
budget	预算	release_date	发布时间
genres	流派	revenue	收入
homepage	主页	runtime	运行
id	编码	spoken_languages	语言
imdb_id	imdb 编码	status	状态
original_language	初始语言	tagline	标题
original_title	初始标题	title	题目
overview	概述	video	视频
popularity	声望	vote_average	平均投票
poster_path	宣传路径	vote_count	投票数

表 8-18　评分数据说明表

数据列名	解释
userId	用户编码
movieId	电影编码
rating	等级
timestamp	时间戳

2. 数据预处理

在明确案例的背景以及目的以后，需要对电影数据进行数据预处理，数据预处理的代码见代码 8-4，步骤如下。

（1）导入需要的包，读取电影及评分数据。

（2）删除电影及评分数据中使用不到的属性列。

（3）对缺失值进行处理并且去除重复值。

（4）对电影的 id 列进行类型转换。

（5）将评分数据中 movieId 和电影元数据中的 id 进行对齐合并。

代码 8-4　电影推荐系统的数据预处理

```
import numpy as np
import pandas as pd

# 导入数据
movies_data = pd.read_csv('./data/movies_metadata.csv')
ratings_data = pd.read_csv('./data/ratings_small.csv')

# 数据预处理
# 截取title和id这两列的数据
```

```
movies_data = movies_data[['title', 'id']]

# 删掉timestamp列的数据
ratings_data.drop(['timestamp'], axis=1, inplace=True)

# 缺失属性处理
np.where(pd.to_numeric(movies_data['id'], errors='coerce').isna())
movies_data.iloc[[19730, 29503, 35587]]

# 结果赋值给id列数据，删除id非法的行
movies_data['id'] = pd.to_numeric(movies_data['id'], errors='coerce')
movies_data.drop(np.where(movies_data['id'].isna())[0], inplace=True)

# 返回重复项总数,数据去重
movies_data.duplicated(['id', 'title']).sum()
movies_data.drop_duplicates(['id'], inplace=True)
ratings_data.duplicated(['userId', 'movieId']).sum()

# 对于movies_df的id列进行类型转换
movies_data['id'] = movies_data['id'].astype(np.int64)

# 数据合并
# 将左边的dataframe的movieId和右边的Dataframe的id进行对齐合并成新的Dataframe
ratings_data = pd.merge(ratings_data, movies_data, left_on='movieId', right_on='id')

# 去掉多余的id列
ratings_data.drop(['id'], axis=1, inplace=True)
print(ratings_data.head(10))
```

代码 8-4 的运行结果如下。

```
   userId  movieId  rating      title
0       1     1371     2.5  Rocky III
1       4     1371     4.0  Rocky III
2       7     1371     3.0  Rocky III
3      19     1371     4.0  Rocky III
4      21     1371     3.0  Rocky III
5      22     1371     2.0  Rocky III
6      41     1371     3.5  Rocky III
7      78     1371     4.0  Rocky III
8     118     1371     3.0  Rocky III
9     130     1371     3.0  Rocky III
```

从结果可以看出，预处理后的数据集包括用户编码、电影编码、等级和题目 4 个属性。

3. 属性工程

在对数据进行数据预处理后，需要进行属性工程，即将原始数据转化成更好的表达问题本质的属性的过程，将这些属性运用到关联模型中，提高关联模型的精确度，属性工程的操作步骤如下。

（1）统计每部电影的评分记录的总个数并且对记录有总个数的这一列进行重命名。

（2）将统计得出的记录有评分总个数的列添加到数据预处理后的数据集中。

（3）查看分位点并且选取评分总个数超过阈值的电影评分数据。

（4）检查数据集中是否有缺失值和重复值。

（5）调整表样式。

（6）对数据集中的每个数据应用有效评分规则，即 1 表示有效，0 表示无效，缺失值填充 0。

进行属性工程，如代码 8-5 所示。

代码 8-5　电影推荐系统的属性工程

```
# 属性工程
# 统计每部电影的评分记录的总个数
ratings_count = ratings_data.groupby(['title'])['rating'].count().reset_index()

# 列的属性重命名
ratings_count = ratings_count.rename(columns={'rating':'totalRatings'})

# 添加 totalRatings 属性
ratings_total = pd.merge(ratings_data,ratings_count, on='title', how='left')

# 数据分析以截取合适的数据,获得关于 totalRatings 属性的统计信息
print(ratings_count['totalRatings'].describe())

# 查看分位点
print(ratings_count['totalRatings'].quantile(np.arange(.6,1,0.01)).head(10) )

# 选取评分总个数超过阈值的电影评分数据
votes_count_threshold = 20
ratings_top = ratings_total.query('totalRatings > @votes_count_threshold')
print(ratings_top.head(10))

# 只保留每个用户对每个电影的一条评分记录
ratings_top = ratings_top.drop_duplicates(['userId','title'])
ratings_top.duplicated(['userId','title']).sum()

# 调整表样式
df_for_apriori = ratings_top.pivot(index='userId',columns='title',values='rating')
# 缺失值填充 0,对每个数据应用有效评分规则，1 表示有效，0 表示无效
df_for_apriori = df_for_apriori.fillna(0)
def encode_units(x):
   if x <= 0:
      return 0
   if x > 0:
      return 1
df_for_apriori = df_for_apriori.applymap(encode_units)
```

代码 8-5 的运行结果如下。

```
totalRatings 属性的统计信息:
count    2794.000000
mean       16.102004
std        31.481795
min         1.000000
25%         1.000000
50%         4.000000
75%        15.750000
max       324.000000
Name: totalRatings, dtype: float64

分位点数据:(仅显示部分数据)
0.70    12.00
0.71    12.00
0.72    13.00
0.73    14.00
0.74    14.00
0.75    15.75
0.76    17.00
0.77    18.00
0.78    19.00
0.79    20.00
0.80    21.00

超过阈值的电影评分数据:
   userId  movieId  rating      title  totalRatings
0       1     1371     2.5  Rocky III            47
1       4     1371     4.0  Rocky III            47
2       7     1371     3.0  Rocky III            47
3      19     1371     4.0  Rocky III            47
4      21     1371     3.0  Rocky III            47
5      22     1371     2.0  Rocky III            47
6      41     1371     3.5  Rocky III            47
7      78     1371     4.0  Rocky III            47
8     118     1371     3.0  Rocky III            47
9     130     1371     3.0  Rocky III            47
```

运行代码 8-5，可以得到 totalRatings 属性的统计信息和分位点数据，从分位点数据可以知道，21%的电影的评分记录个数超过 20 个，从而筛选出超过阈值的电影评分数据。其中，分位点是指，将一个随机变量的概率分布范围分为几个等份的数值点。

4. Apriori 算法关联分析

在对数据进行数据预处理、属性工程之后，可以运用 Apriori 算法进行关联分析，挖掘关联规则，挖掘关联规则的步骤如下。

（1）导入关联规则算法相关包。

（2）运用 apriori 函数，生成符合条件的频繁项集，并降序排列频繁项集。

（3）生成关联规则，只保留 lift 大于 1 的部分。

（4）输出结果，得到对应的推荐列表。

电影推荐系统的关联分析，如代码 8-6 所示。

代码 8-6　电影推荐系统的关联分析

```
# 构建 Apriori 算法模型
from mlxtend.frequent_patterns import apriori
from mlxtend.frequent_patterns import association_rules

# 生成符合条件的频繁项集,并降序排列频繁项集
frequent_itemsets = apriori(df_for_apriori, min_support=0.10, use_colnames=True)
frequent_itemsets.sort_values('support', ascending=False)

# 生成关联规则，只保留 lift 大于 1 的部分
rules = association_rules(frequent_itemsets, metric="lift", min_threshold=1)
rules.sort_values('lift', ascending=False)

# 输出结果进行观察
all_antecedents = [list(x) for x in rules['antecedents'].values]
desired_indices = [i for i in range(len(all_antecedents))
               if len(all_antecedents[i])==1 and all_antecedents[i][0]=='Batman Returns']
apriori_recommendations=rules.iloc[desired_indices,].sort_values(by=['lift'],ascending=
False)
pd.set_option('display.max_columns',None)
print('Apriori 算法推荐的前五个电影数据：\n',apriori_recommendations.head())

apriori_recommendations_list = [list(x) for x in apriori_recommendations['consequents'].
values]
print('用户观看过的电影记录：《Batman Returns》')

for i in range(5):
   print('{0}：{1} 提升度为 {2}'
       .format(i+1,apriori_recommendations_list[i],apriori_recommendations.iloc[i,6]))

apriori_data_rec = [x for x in range(len(apriori_recommendations_list))
                if len(apriori_recommendations_list[x])==1]
apriori_single_recommendations = apriori_recommendations.iloc[apriori_data_rec,]
apriori_single_recommendations_list    =    [list(x)    for    x    in    apriori_single_
recommendations['consequents'].values]
print('单部电影推荐结果如下：')
for i in range(5):
   print('{0}：{1}，提升度为 {2}'
       .format(i+1,apriori_single_recommendations_list[i][0],apriori_single_recommenda
tions.iloc[i,6]))
```

代码 8-6 的运行结果如下。

```
Apriori 算法推荐的前五个电影数据:
          antecedents                                          consequents  \
63981  (Batman Returns)  (The Hours, Monsoon Wedding, Reservoir Dogs, S...
36086  (Batman Returns)       (Reservoir Dogs, Wag the Dog, Silent Hill)
63891  (Batman Returns)  (Sissi, Monsoon Wedding, Reservoir Dogs, Silen...
63352  (Batman Returns)  (Monsoon Wedding, Reservoir Dogs, Rain Man, Si...
36016  (Batman Returns)         (The Hours, Reservoir Dogs, Silent Hill)

     antecedent support  consequent support   support  confidence     lift  \
63981          0.298063            0.107303  0.102832       0.345  3.215208
36086          0.298063            0.105812  0.101341       0.340  3.213239
63891          0.298063            0.107303  0.101341       0.340  3.168611
63352          0.298063            0.107303  0.101341       0.340  3.168611
36016          0.298063            0.116244  0.108793       0.365  3.139936

      leverage  conviction  zhangs_metric
63981  0.070849    1.362897       0.981538
36086  0.069803    1.354830       0.981266
63891  0.069358    1.352572       0.975022
63352  0.069358    1.352572       0.975022
36016  0.074145    1.391741       0.970916
用户观看过的电影记录: Batman Returns
1: ['The Hours', 'Monsoon Wedding', 'Reservoir Dogs', 'Silent Hill'] 提升度为 3.215208333333333
2: ['Reservoir Dogs', 'Wag the Dog', 'Silent Hill'] 提升度为 3.2132394366197183
3: ['Sissi', 'Monsoon Wedding', 'Reservoir Dogs', 'Silent Hill'] 提升度为 3.168611111111111
4: ['Monsoon Wedding', 'Reservoir Dogs', 'Rain Man', 'Silent Hill'] 提升度为 3.168611111111111
5: ['The Hours', 'Reservoir Dogs', 'Silent Hill'] 提升度为 3.139935897435898
单部电影推荐结果如下:
1: Reservoir Dogs, 提升度为 2.6094444444444447
2: Ariel, 提升度为 2.5397663551401872
3: Wag the Dog, 提升度为 2.496744186046512
4: To Kill a Mockingbird, 提升度为 2.478125
5: Romeo + Juliet, 提升度为 2.4705000000000004
```

从运行结果可以看出，对于观看过 *Batman Returns* 这部电影的用户，推荐的电影列表分别是['The Hours', 'Monsoon Wedding', 'Reservoir Dogs', 'Silent Hill']、['Reservoir Dogs', 'Wag the Dog', 'Silent Hill']等；对于观看过 *Batman Returns* 的用户，可以给这些用户推荐单部电影，推荐的电影分别是 *Reservoir Dogs*、*Ariel* 等。

8.7.2 基于 FP-Growth 算法实现商品购买规则挖掘

坚定不移地实现改革开放，给我国的经济发展带来了极大的促进，与此同时，经济发展也带动了消费者对各类商品的需求，包括日常生活用品、奢侈品、高科技产品等。这为商品推荐提供了广阔的市场空间，因为商家可以通过对不同类型的产品进行推荐，满足消费者的需求，从而获得更多的销售机会。

1. 背景与目标

本案例以电商企业为立足点，通过对商品进行关联分析，构建出面向移动电子商务的商品推荐系统。关联分析可以用于发现用户购买不同的商品之间存在的关联，比如A商品和B商品存在很强的相关性，常用于实体商店或在线电商的推荐系统，例如，客户购买A商品，那么该客户很有可能会购买B商品，通过大量销售数据找到经常在一起购买的商品组合，可以了解用户的购买行为，根据销售的商品推荐关联商品从而给出购买建议，寻找销售新的增长点。

本文从数据集中选取包含了2014年11月18日至2014年12月18日之间，10000名随机用户共12256906条行为数据，数据集的每一行表示一条用户行为的记录，共6个属性，用户行为数据说明如表8-19所示。

表8-19　用户行为数据说明表

数据列名	解释
user_id	用户身份
item_id	商品ID
behavior_type	用户行为类型（包含点击、收藏、加购物车、购买四种行为，分别用数字1、2、3、4表示）
user_geohash	地理位置
item_category	品类ID
time	用户行为发生的时间

2. FP-Growth算法关联分析

generate_association_rules自定义函数

对商品使用FP-Growth算法进行关联分析，具体的步骤如下。

（1）读取用户行为数据并将数据转换为同一单号包含多个商品的列表。

（2）构建包含频繁项集的字典。

（3）生成关联规则，计算支持度、置信度和提升度。

（4）输出频繁集与关联规则，并分别保存到不同的csv文件中。

使用FP-Growth算法关联分析，如代码8-7所示。在代码中，FP-Growth算法关联分析中所使用到的fp_growth函数，是已经事先定义好的，直接进行调用即可。

代码8-7　FP-Growth算法关联分析

```
import pandas as pd
import itertools  # itertools用于高效循环的迭代函数集合
import time
```

```
from generate_association_rules import * # 自定义函数生成关联规则
import fp_growth as fpg # 导入 fp_growth 函数

start = time.time()

# 数据转换为同一单号包含多个商品的列表
def convertData(data):
    """
    data:数据
    """
    # 关联规则中不考虑多次购买同一件物品，删除重复数据
    data = data.drop_duplicates()
    # 初始化列表
    itemSets = []
    it_list = []
    # 分组聚合，同一用户购买多种商品的合并为一条数据，只有 1 件商品的没有意义，需要进行过滤
    groups = data.groupby(by=['user_id'])
    for group in groups:
        if len(group[1]) >= 2:
            itemSets.append(group[1]['item_id'].tolist())
    return itemSets

# 导入数据
mobile_recommend_data = pd.read_csv(r'./data/mobile_recommend_train_user.zip', encoding=
'ansi')
mobile_recommend_data = mobile_recommend_data[['user_id', 'item_id']]

# 转换数据
mobile_recommend_dataset = convertData(mobile_recommend_data)
order_total = len(mobile_recommend_dataset)
print('总订单数：', order_total)

'''
find_frequent_itemsets()调用函数生成频繁项集和频数
minimum_support 表示设置最小支持度（频数），即频数大于等于 minimum_support，保存此频繁项，否则删除
include_support 表示返回结果是否包含支持度（频数），若 include_support=True，返回结果中包含 itemset
和 support，否则只返回 itemset
'''
frequent_itemsets = fpg.find_frequent_itemsets(mobile_recommend_dataset,
                        minimum_support=50, include_support=True)

result = []
for itemset, support in frequent_itemsets: # 将 generator 结果存入 list
    result.append((itemset, support))

result = sorted(result, key=lambda i: i[0]) # 排序后输出

item_list = []
```

```
itemset_list = []
support_list = []
for itemset, support in result:
    # print(str(itemset) + ' ' + str(support)) #频繁项集和出现次数
    item_list.append(itemset) # 保存为列表，用于输出频繁项集结果

    itemset = tuple(sorted(itemset)) # 先转换为元组，用于后续生成关联规则
    itemset_list.append(itemset)
    support_list.append(support)

# 构建字典
patterns = dict(zip(itemset_list, support_list))
print('频繁项集总数：', len(patterns))

# 生成关联规则，计算支持度、置信度和提升度
# min_confidence 代表最小置信度
rules = generate_association_rules(patterns, order_total, min_confidence=0.3)
print('关联规则：\n', rules.head())
print('结果总数：', len(rules))

# 输出结果，输出到同一份 excel 文件不同的工作表中
# 输出频繁集
sup = {'item_id': item_list, 'frequency': support_list}
sup = pd.DataFrame(sup)
sup['support'] = round(sup['frequency'] / float(order_total), 6)
sup.sort_values(by=['support'], ascending=False, inplace=True)
sup_col = ['item_id', 'frequency', 'support']
sup = sup[sup_col]

writer_sup = '../tmp/mobile_fp-growth_sup.csv'
writer_rules = '../tmp/mobile_fp-growth_rules.csv'
sup.to_csv(writer_sup, index=False)

# 输出关联规则
rules.to_csv(writer_rules,index=False)

end = time.time()
print('运行时间：%s 秒' % (end - start))
```

运行代码 8-7 得到用户行为数据的频繁项集如表 8-20 所示，用户行为数据的关联规则如表 8-21 所示。频繁项集按支持度进行了排序，编号为 112921337 的商品最受欢迎，远远高于其他商品；所有商品组合按支持度从高到低排序，商品组合中[387911330]→[97655171]和[97655171]→[387911330]支持度最高，但是商品组合[387911330]→[97655171]的置信度最高，表示购买编号为 387911330 的商品的用户中有 44%会购买编号为 97655171 的商品，可以对这两种商品进行捆绑销售。

表 8-20　用户行为数据的频繁项集

item_id	frequency	support
[112921337]	518	0.051847
[128186279]	341	0.034131
[135104537]	339	0.033931
[97655171]	332	0.03323
[2217535]	317	0.031729
[5685392]	302	0.030227
[374235261]	300	0.030027
[387911330]	298	0.029827
[275450912]	288	0.028826
[209323160]	282	0.028225

表 8-21　用户行为数据的关联规则

antecedent	consequent	support	confidence	lift
[387911330]	[97655171]	0.013112	0.439597315436241	13.2289662003719
[97655171]	[387911330]	0.013112	0.394578313253012	13.2289662003719
[2217535]	[112921337]	0.012812	0.40378548895899	7.78807108144647
[135104537]	[112921337]	0.01101	0.324483775811209	6.25852780720037
[217213194]	[112921337]	0.007807	0.367924528301886	7.09639761054855
[182983546]	[135104537]	0.007307	0.528985507246376	15.5902483861314
[13435395]	[147989252]	0.007206	0.541353383458646	31.8156567890314
[147989252]	[13435395]	0.007206	0.423529411764705	31.8156567890314
[355491322]	[112921337]	0.006906	0.381215469613259	7.35274856545574
[393301758]	[14087919]	0.006806	0.5	24.25

小结

本章节首先介绍了项、事务、支持度、置信度、提升度、闭频繁项集和极大频繁项集等的基本概念。然后深入介绍了关联规则挖掘的算法，包括 Apriori 算法和 FP-Growth 算法。接着对关联规则进行评估。最后介绍了多维和多层关联规则挖掘。

习题

1. 选择题

第 8 章选择题答案

（1）某超市研究销售记录数据后发现，买啤酒的人很大概率也会购买尿布，这种属于数据挖掘的（　　）问题。

A. 关联规则　　B. 聚类　　C. 分类　　D. 自然语言处理

（2）以下属于关联分析的是（　　）。

A. CPU 性能预测　B. 购物篮分析　　C. 自动判断鸢尾花类别　　D. 股票趋势建模

（3）对频繁项集、频繁闭项集、极大频繁项集的关系描述正确的是（　　）。

A. 极大频繁项集可以还原出无损的频繁项集

B. 频繁闭项集可以还原出无损的频繁项集

C. 极大频繁项集与频繁闭项集是完全等价的

D. 频繁闭项集与频繁项集是完全等价的。

（4）以下属于频繁项集的是（　　）。

A. 该项集的条目数超过一定阈值

B. 该项集的支持度超过一定阈值

C. 该项集的子集的是频繁项集

D. 以上都是

（5）Apriori 算法的加速过程依赖于以下哪个策略（　　）。

A. 抽样　　　　B. 剪枝　　　　C. 缓冲　　　　D. 并行

（6）以下哪个会降低 Apriori 算法的挖掘效率（　　）。

A. 支持度阈值增大　　B. 项数减少　C. 事务数减少　　D. 减小硬盘读写速率

（7）下面哪种不属于 Apriori 算法的变形（　　）。

A. 基于散列的技术　　B. 事务压缩　C. FP-Growth 算法 D. 动态项集计数

（8）针对 Apriori 算法的缺点，可以进行哪些方面的改进（　　）。

A. 事务压缩

B. 在较低层使用递减的最小支持度

C. 用预先定义的概念分层对量化属性离散化

D. 使用基于项或基于分组的最小支持度

（9）关于 FP-Growth 算法，下列说法不正确的是（　　）。

A. FP-Growth 算法通过构造一个树结构来压缩数据记录

B. 挖掘频繁项集只需要扫描两次数据记录

C. 算法需要生成候选集合

D. 生成 1 频繁项集，并按出现次数由多到少排序

（10）关于 Apriori 算法和 FP-Growth 算法说法正确的是（　　）。

A. Apriori 算法比 FP-Growth 算法操作更麻烦

B. FP-Growth 算法需要对项目进行配对，因此处理速度慢

C. FP-Growth 算法只需要一次遍历数据，扫描效率高

D. FP-Growth 算法在数据较大时，不适宜共享内存

（11）关联规则的相关度评估主要采用什么进行定义（　　）。

A. 皮尔森相关系数　　B. 余弦相似度　　C. Jaccard 系数　　　D. 简单匹配系数

（12）对购买黄油和购买面包的消费者进行了相关分析，发现二者是相互独立的，即购买黄油的，不一定购买面包，则相关度是（　　）。

A. 0　　B. 1　　C. –1　　D. 0.5

（13）IS 度量是主要用于处理（　　）。

A. 寄存器变量　B. 对称二元变量　C. 非对称二元变量　D. 静态变量

（14）“购买计算机”和“购买台式计算机”属于下面哪种模式的数据（　　）。

A. 稀有模式　B. 多层模式　C. 多维模式　D. 负模式

（15）下面哪种不属于挖掘多层关联规则的方法（　　）。

A. 对于所有层使用一致的最小支持度

B. 在较低层使用递减的最小支持度

C. 使用基于项或基于分组的最小支持度

D. 使用预先定义的概念分层对量化属性离散化

（16）涉及两个或多个维或谓词的关联规则，被称为（　　）。

A. 多维关联规则　B. 多层关联规则　C. 单维关联规则　D. 单层关联规则

3. 应用题

（1）根据表 8-22 所示的交易数据记录，请给出项集和其中的事务。

（2）根据表 8-23 所示的交易数据记录，其项集 $I=\{a,b,c,d,e\}$，设最小支持度为 0.4，最小置信度为 0.6，请找出所有的频繁项目集，求出极大频繁项集的集合以及所有的强关联规则。

第 8 章应用题答案

表 8-22　应用题（1）交易数据记录

订单 ID	顾客 ID	购买商品
1	01	*a,b*
2	02	*b,c,d*
3	02	*b,d*

表 8-23　应用题（2）交易数据记录

订单 ID	顾客 ID	购买商品
1	01	*a,b,c,d*
2	02	*b,c,e*
3	02	*a,b,c,e*
4	03	*b,d,e*
5	03	*a,b,c,d*

（3）某超市经营 *a,b,c,d,e* 等 5 种商品，即超市的项集 $I=\{a,b,c,d,e\}$，表 8-24 是其交易数据 *T*，请试构造一棵最小支持数为 2 的 FP-Tree。

表 8-24　有 10 个事务和 5 种商品的交易数据 *T*

订单 ID	顾客 ID	购买商品	订单 ID	顾客 ID	购买商品
1	C02	$\{a,b\}$	6	C04	$\{a,b,c,d\}$
2	C05	$\{b,c,d\}$	7	C03	$\{a\}$
3	C04	$\{a,c,d,e\}$	8	C02	$\{a,b,c\}$
4	C02	$\{a,d,e\}$	9	C01	$\{a,b,d\}$
5	C01	$\{a,b,c\}$	10	C06	$\{b,c,e\}$

（4）对于表 8-25 所示的相依表，试计算该依存表提升度或兴趣度。

表 8-25 购买商品 A 和 B 的相依表

项目	B	$\overline{B}$	合计
A	4000	2000	6000
$\overline{A}$	3500	500	4000
合计	7500	2500	10000

（5）请列举一个关于多维关联规则的例子。

（6）请列举一个关于多层关联规则的例子。

4. 操作题

（1）order_description.csv 中包含有顾客在某商场中购买的订单商品信息，请求出订单商品中的支持度、置信度。

第 8 章操作题答案

（2）order.csv 里面包含了订单信息，请结合 Apriori 算法的原理，挖掘订单中的频繁项集及关联规则。

（3）order_description.csv 中包含有顾客在某商场中购买的订单商品信息，请结合 FP-Growth 算法原理，对订单中的商品数据进行关联分析。

（4）order_description.csv 中包含有顾客在某商场中购买的订单商品信息，请求出订单商品中的提升度并进行兴趣度评估。

第9章 时间序列

时间序列分析是一种强大的数据分析方法，在不同领域发挥着重要作用。例如，在气象学领域，时间序列分析被用来探索天气模式、气候变化、环境污染等。通过对观测数据进行分析，可以识别出周期性的气候现象、预测暴雨、洪水和干旱等极端天气事件。在学习时间序列的同时，也要意识到时间的宝贵，它不曾因为任何人或事而停下脚步，莫等闲，白了少年头，空悲切。本章将介绍时间序列基本概念、时间序列预处理以及平稳时间序列分析和非平稳时间序列分析。

学习目标

（1）了解时间序列的基本概念。

（2）掌握时间序列的平稳性检验和白噪声检验。

（3）了解常见的时间序列模型。

（4）掌握平稳时间序列的建模方法。

（5）掌握非平稳时间序列的建模方法。

9.1 时间序列基本概念

时间序列是在时间上按照一定的间隔或顺序取得的一系列观测值或数据点的集合。时间序列数据本质上反映的是某个或某些随机变量随时间不断变化的趋势，而时间序列预测方法的核心就是从数据中挖掘出这种规律，并利用其对将来的数据进行估计。

在统计研究中，常用按时间顺序排列的一组随机变量 $X_1, X_2, \cdots, X_t$ 来表示一个随机事件的时间序列，简记为 $\{X_t, t \in T\}$。通过了解时间序列的特征统计量和特点，可以有效帮助读者了解时间序列。

9.1.1 特征统计量

一种简单、实用的描述时间序列统计特征的方法是研究该时间序列的低阶矩，时间序列的低阶矩是指时间序列的低阶统计量，可以提供关于时间序列分布的特征信息。低阶矩主要包括均值（一阶矩）、方差（二阶矩）、自协方差和自相关函数，也被称为特征统计量。

1. 均值

对时间序列 $\{X_t, t \in T\}$ 而言，任意时刻的序列值 X_t 都是一个随机变量，都有它自己的概率分布，记 X_t 的分布函数为 $F_t(x)$，只要满足条件 $\int_{-\infty}^{\infty} x\mathrm{d}F_t(x) < \infty$，就一定存在某个常数 μ_t，使得随机变量 X_t 总是围绕在常数值 μ_t 附近随机波动，称 μ_t 为序列 $\{X_t\}$ 在 t 时刻的均值函数，其中 $\mu_t = E(X_t) = \int_{-\infty}^{\infty} x\mathrm{d}F_t(x)$。

当 t 取遍所有的观察时刻时，就得到一个均值函数序列 $\{\mu_t, t \in T\}$。

2. 方差

当 $\int_{-\infty}^{\infty} x\mathrm{d}F_t(x) < \infty$ 时，可以定义时间序列的方差函数用于描述序列值围绕均值随机波动时的平均波动程度，如式（9-1）所示。

$$\sigma_t^2 = D(X_t) = E(X_t - \mu_t)^2 = \int_{-\infty}^{\infty} (x - \mu_t)^2 \mathrm{d}F_t(x) \qquad (9\text{-}1)$$

当 t 取遍所有的观察时刻时，就得到一个方差函数序列 $\{\sigma_t^2, t \in T\}$。

3. 自协方差和自相关函数

协方差和相关函数度量的是两个不同事件彼此之间的相互影响程度，与之类似，在时间序列中定义了自协方差和自相关函数，自协方差和自相关函数度量的是同一事件在两个不同时期之间的相关程度，即度量历史数据对现在产生的影响。就如同吾日三省吾身，只有不断审视过去的自己才能得到提高。

对于时间序列$\{X_t, t \in T\}$，任取$t, s \in T$，定义序列$\{X_t\}$的自协方差函数如式（9-2）所示。

$$\gamma(t,s) = E[(X_t - \mu_t)(X_s - \mu_s)] \tag{9-2}$$

定义序列$\{X_t\}$的自相关函数如式（9-3）所示。

$$\rho(t,s) = \frac{\gamma(t,s)}{\sqrt{D(X_t) \cdot (DX_s)}} \tag{9-3}$$

9.1.2 时间序列的特点

时间序列常被看作一种独特的数据来处理，具有以下特点。

（1）时间序列的趋势性和周期性。时间序列数据与其他类型的数据的最大区别在于当前时刻的数据值与之前时刻的数据值存在着联系，过去的数据蕴含着现在或将来数据发展变化的规律。趋势性反映的是时间序列在一个较长时间内的发展方向，可以在一个相当长的时间段内表现为一种近似直线的持续向上或持续向下或平稳的趋势。周期性反映的是时间序列受各种周期因素影响所形成的一种长度和幅度固定的周期波动。

（2）时间序列的平稳性和非平稳性。时间序列的平稳性表明了时间序列的均值和方差在不同时间上没有系统的变化，而非平稳性意味着均值和方差随着时间推移会发生变化。也就是说，时间序列的平稳性保证了时间序列的本质特征不仅存在于当前时刻，还会延伸到未来，是时间序列能够进行回归预测的基础。

（3）时间序列数据的规模不断变大。一方面，随着各方面硬件技术的不断发展，实际应用中数据的采样频率不断提高，因此时间序列的长度也不断增加，如果仅把时间序列看作单纯的一维向量数据来处理，不可避免地会带来维数灾难等问题。因此，在生活中也要注意“福兮，祸之所伏”。

时间序列法是一种定量预测方法，亦称简单外延方法。作为一种常用的预测手段被广泛应用。时间序列分析（Time Series Analysis）是一种动态数据处理的统计方法。该方法研究随机数据序列所遵从的统计规律，以用于解决实际问题。

常用的时间序列模型如表 9-1 所示。

表 9-1　常用的时间序列模型

模型名称	描述
平滑法	平滑法常用于趋势分析和预测，利用修匀技术，削弱短期随机波动对序列的影响，使序列平滑化。根据所用平滑技术的不同，可具体分为移动平均法和指数平滑法

（续）

模型名称	描述
趋势拟合法	趋势拟合法将时间作为自变量，相应的序列观察值作为因变量，建立回归模型。根据序列的特征，可具体分为线性拟合和曲线拟合
组合模型	时间序列的变化主要受到长期趋势（T）、季节变动（S）、周期变动（C）和不规则变动（ε）这4个因素的影响。根据序列的特点，可以构建加法模型和乘法模型 加法模型：$x_t = T_t + S_t + C_t + \varepsilon_t$；乘法模型：$x_t = T_t \cdot S_t \cdot C_t \cdot \varepsilon_t$
AR 模型	$x_t = \phi_0 + \phi_1 x_{t-1} + \phi_2 x_{t-2} + \cdots + \phi_p x_{t-p} + \varepsilon_t$ 以前 p 期的序列值 $x_{t-1}, x_{t-2}, \ldots, x_{t-p}$ 为自变量、随机变量 X_t 的取值 x_t 为因变量建立线性回归模型
MA 模型	$x_t = \mu + \varepsilon_t - \theta_1 \varepsilon_{t-1} - \theta_2 \varepsilon_{t-2} - \cdots - \theta_q \varepsilon_{t-q}$ 随机变量 X_t 的取值 x_t 与以前各期的序列值无关，建立 x_t 与前 q 期的随机扰动 $\varepsilon_{t-1}, \varepsilon_{t-2}, \ldots, \varepsilon_{t-q}$ 的线性回归模型
ARMA 模型	$x_t = \phi_0 + \phi_1 x_{t-1} + \phi_2 x_{t-2} + \cdots + \phi_p x_{t-p} + \varepsilon_t - \theta_1 \varepsilon_{t-1} - \theta_2 \varepsilon_{t-2} - \cdots - \theta_q \varepsilon_{t-q}$ 随机变量 X_t 的取值 x_t 不仅与前 p 期的序列值有关，还与前 q 期的随机扰动有关
ARIMA 模型	许多非平稳序列差分后会显示出平稳序列的性质，称这个非平稳序列为差分平稳序列。对差分平稳序列可以使用 ARIMA 模型进行拟合
ARCH 模型	ARCH 模型能准确地模拟时间序列变量的波动性的变化，适用于序列具有异方差性并且异方差函数短期自相关
GARCH 模型及其衍生模型	GARCH 模型称为广义 ARCH 模型，是 ARCH 模型的拓展。相比于 ARCH 模型，GARCH 模型及其衍生模型更能反映实际序列中的长期记忆性、信息的非对称性等性质

本章将重点介绍 AR 模型、MA 模型、ARMA 模型和 ARIMA 模型。

9.2 时间序列预处理

针对一个时间序列，首先要对它的平稳性和白噪声进行检验，这两个重要的检验称为时间序列的预处理。根据检验结果可以将序列分为白噪声序列、平稳时间序列、非平稳时间序列，对不同类型的序列会采取不同的分析方法。

9.2.1 平稳性

时间序列的平稳性是保证数据过去与未来的相似性，如果数据是平稳的，那么可以认为过去的数据表现出的某些性质，未来也会表现。

1. 平稳性的定义

平稳性的基本思想是，决定过程特性的统计规律不随时间的变化而变化。平稳时间序列有两种定义，根据限制条件的严格程度，分为严平稳和宽平稳。

严平稳是一种条件苛刻的平稳定义，它认为只有当序列的所有统计性质都不会随时间的推移而变化时，序列才被认为是平稳的，即时间序列 $\{X_t\}$，对于任意正整数 m，任取

$t_1,t_2,\cdots,t_m \in T$，对任意整数 τ，需要满足式（9-4）。

$$F_{t_1,t_2,\cdots,t_m}(x_1,x_2,\cdots,x_m)=F_{t_1+\tau,t_2+\tau,\cdots,t_m+\tau}(x_1,x_2,\cdots,x_m) \quad (9\text{-}4)$$

但是，严平稳时间序列只具有理论意义，在实际的使用中更多的是宽平稳时间序列。宽平稳时间序列认为序列的统计性质由低阶矩决定，只要保证序列的低阶矩（二阶）平稳，就能保证序列的近似稳定。

对于时间序列 $\{X_t\}$，宽平稳的条件如下。

（1）任取 $t \in T$，有 $E(X_t^2)<\infty$。

（2）任取 $t \in T$，有 $E(X_t)=\mu$，μ 为常数。

（3）任取 $t,s,k \in T$，且 $k+s-t \in T$，有 $\gamma(t,s)=\gamma(k,k+s-t)$。

2. 平稳性的检验

常见的时间序列平稳性的检验有三种，分别是时序图检验、自相关图检验和单位根检验。时序图检验和自相关图检验是根据图的特征作出判断，该方法操作简单，应用广泛，缺点是带有主观性。单位根检验是通过检验统计量进行的检验，相对严谨。

（1）时序图检验

根据平稳时间序列的均值和方差都为常数的性质，平稳时间序列的时序图显示该序列值始终在一个常数附近随机波动，而且波动的范围有界；如果有明显的趋势性或者周期性那它通常不是平稳时间序列。一个均值为 0 的平稳时间序列时序图如图 9-1 所示。

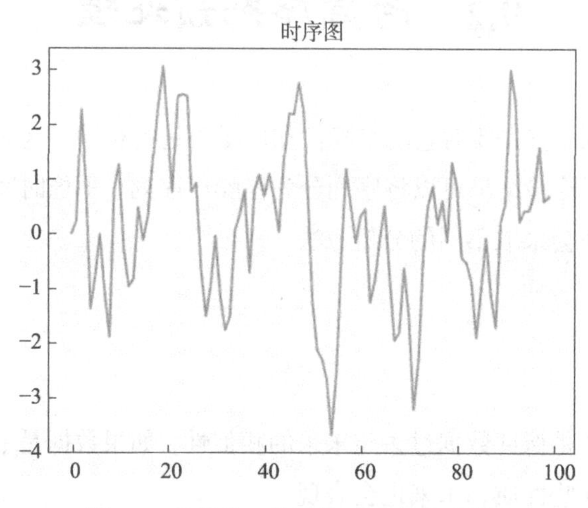

图 9-1　均值为 0 的平稳时间序列时序图

（2）自相关图检验

平稳时间序列具有短期相关性，这个性质表明对平稳时间序列而言通常只有近期的序列值对当前值的影响比较明显，间隔越远的过去值对当前值的影响越小。随着延迟期数 k 的增加，平稳序列的自相关函数 ρ_k（延迟 k 期）会比较快地衰减至趋向于 0，并在 0 附近随机波动，如图 9-2 所示。而非平稳时间序列的自相关函数衰减的速度比较慢，这就是利用自相关图进行平稳性检验的标准。

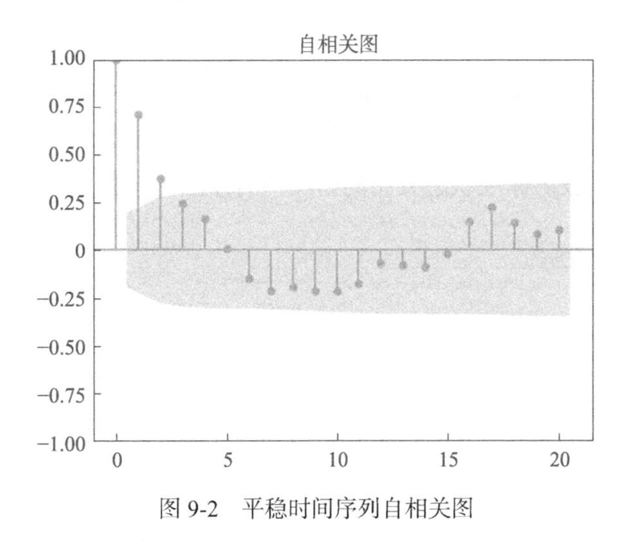

图 9-2　平稳时间序列自相关图

（3）单位根检验

单位根检验是指检验序列中是否存在单位根，也就是是否存在非平稳时间序列。单位根是数学中的一个概念，它是指一个数列的 n 阶方根。单位根存在时，时间序列通常是非平稳的。这是因为单位根表示序列中的趋势成分，即序列中的变化是持续的，不会回归到均值。当存在单位根时，时间序列的均值和方差可能会随着时间的推移发生变化，导致序列不具有平稳性。

单位根检验通常使用 ADF（Augmented Dickey-Fuller）检验，其基本思想是通过对一阶差分序列的检验来间接检验原序列的平稳性。

9.2.2　白噪声

对于平稳时间序列，已经有一套成熟的建模方法，但是，并非所有的平稳时间序列都值得建模，只有那些序列值之间具有密切相关关系，历史数据对未来数据有影响的序列，才是时间序列需要分析的数据。

1. 白噪声的定义

如果序列值之间没有任何的相关关系，那就意味着该序列是一个没有记忆的序列，过去的行为对未来没有任何影响，这种序列被称为纯随机序列，也称为白噪声序列，没有任何分析价值。

时间序列 $\{X_t\}$ 是白噪声序列时，具有的性质如下。

任取 $t \in T$，有 $E(X_t) = \mu$。

任取$t,s\in T$，有$\gamma(t,s)=\begin{cases}\sigma^2, t=s\\0, \ t\neq s\end{cases}$。

2. 白噪声的检验

如果一个序列是纯随机序列，那么它的序列值之间应该没有任何关系，这是一种理论上才会出现的理想状态，实际上纯随机序列的样本自相关函数不会绝对为 0，但是很接近 0，并在 0 附近随机波动。服从标准状态分布的白噪声时序图和自相关图如图 9-3 所示。

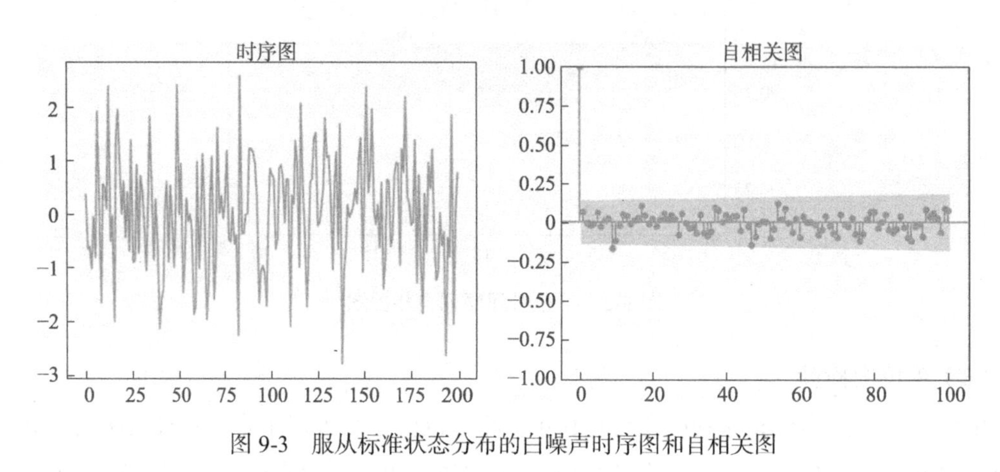

图 9-3　服从标准状态分布的白噪声时序图和自相关图

白噪声检验也称纯随机性检验，一般是构造检验统计量来检验序列的白噪声，常用的检验统计量有 Q 统计量、LB 统计量，由样本各延迟期数的自相关函数可以计算得到检验统计量，然后计算出对应的p值，如果p值显著大于显著性水平α，则表示该序列不能拒绝纯随机的原假设，可以停止对该序列的分析。假设检验的思想为小概率事件原理，即一次实验中几乎不可能发生的事件重复多次后必然会发生。这一原理阐明，经历了量的积累，最终会产生质的变化。

9.3　平稳时间序列分析

ARMA 模型是时间序列分析的基本模型，是用来估计平稳的不规则波动或季节性变动时间序列的常见模型。ARMA 模型可以视为 AR 模型和 MA 模型的组合，这 3 个模型都可以看作多元线性回归模型。

9.3.1　AR 模型

具有式(9-5)所示结构的模型称为p阶自回归模型(Auto Regressive Model)，简记为 AR(p)。

$$x_t = \phi_0 + \phi_1 x_{t-1} + \phi_2 x_{t-2} + \cdots + \phi_p x_{t-p} + \varepsilon_t \tag{9-5}$$

即在 t 时刻的随机变量 X_t 的取值 x_t 是前 p 期 $x_{t-1}, x_{t-2}, \ldots, x_{t-p}$ 的多元线性回归，认为 x_t 主要是受过去 p 期的序列值的影响。误差项是当期的随机干扰 ε_t，为零均值白噪声时间序列。

对于一个平稳AR模型，求出延迟 k 期自相关函数 ρ_k 时，实际上得到的并不是 X_t 与 X_{t-k} 之间单纯的相关关系，因为 X_t 同时还会受到中间 $k-1$ 个随机变量 $X_{t-1}, X_{t-2}, \cdots, X_{t-k+1}$ 的影响，所以自相关函数 ρ_k 里实际上掺杂了其他变量对 X_t 与 X_{t-k} 的相关影响，为了单纯地测度 X_{t-k} 对 X_t 的影响，引进偏自相关函数（PACF）的概念。

平稳 AR 模型的性质如表 9-2 所示。

表 9-2 平稳 AR 模型的性质

统计量	性质	统计量	性质
均值	常数均值	自相关函数（ACF）	拖尾
方差	常数方差	偏自相关函数（PACF）	p 阶截尾

截尾是指时间序列的自相关函数（ACF）或偏自相关函数（PACF）在某阶后均为 0 的性质；拖尾是 ACF 或 PACF 并不在某阶后均为 0 的性质。

9.3.2 MA 模型

具有式（9-6）所示结构的模型称为 q 阶移动平均模型（Moving Averaga Model），简记为 MA(q)。

$$x_t = \mu + \varepsilon_t - \theta_1 \varepsilon_{t-1} - \theta_2 \varepsilon_{t-2} - \cdots - \theta_q \varepsilon_{t-q} \tag{9-6}$$

即在 t 时刻的随机变量 X_t 的取值 x_t 是前 q 期的随机扰动 $\varepsilon_{t-1}, \varepsilon_{t-2}, \cdots, \varepsilon_{t-q}$ 的多元线性函数，误差项是当期的随机干扰 ε_t，为零均值白噪声时间序列，μ 是序列 $\{X_t\}$ 的均值。认为 x_t 主要是受过去 q 期的误差项的影响。

平稳 MA 模型的性质如表 9-3 所示。

表 9-3 平稳 MA 模型的性质

统计量	性质	统计量	性质
均值	常数均值	自相关函数（ACF）	q 阶截尾
方差	常数方差	偏自相关函数（PACF）	拖尾

9.3.3 ARMA 模型

具有式（9-7）所示结构的模型称为自回归移动平均模型（AutoRegressive Moving Average

Medel），简记为 ARMA(p,q)。

$$x_t = \phi_0 + \phi_1 x_{t-1} + \phi_2 x_{t-2} + \cdots + \phi_p x_{t-p} + \varepsilon_t - \theta_1 \varepsilon_{t-1} - \theta_2 \varepsilon_{t-2} - \cdots - \theta_q \varepsilon_{t-q} \tag{9-7}$$

即在 t 时刻的随机变量 X_t 的取值 x_t 是前 p 期 $x_{t-1}, x_{t-2}, ..., x_{t-p}$ 和前 q 期 $\varepsilon_{t-1}, \varepsilon_{t-2}, ..., \varepsilon_{t-q}$ 的多元线性函数，误差项是当期的随机干扰 ε_t，为零均值白噪声时间序列。认为 x_t 主要是受过去 p 期的序列值和过去 q 期的误差项的共同影响。

特别地，当 $q=0$ 时，是 AR 模型；当 $p=0$ 时，是 MA 模型。

平稳 ARMA 模型的性质如表 9-4 所示。

表 9-4　平稳 ARMA 模型的性质

统计量	性质	统计量	性质
均值	常数均值	自相关函数（ACF）	拖尾
方差	常数方差	偏自相关函数（PACF）	拖尾

9.3.4　平稳时间序列建模

某个时间序列经过预处理，被判定为平稳非白噪声时间序列，就可以利用 ARMA 模型进行建模。计算出平稳非白噪声时间序列 $\{X_t\}$ 的自相关函数和偏自相关函数，再由 AR、MA 和 ARMA 模型的自相关函数和偏自相关函数的性质，选择合适的模型。平稳时间序列建模步骤如图 9-4 所示，具体步骤如下。

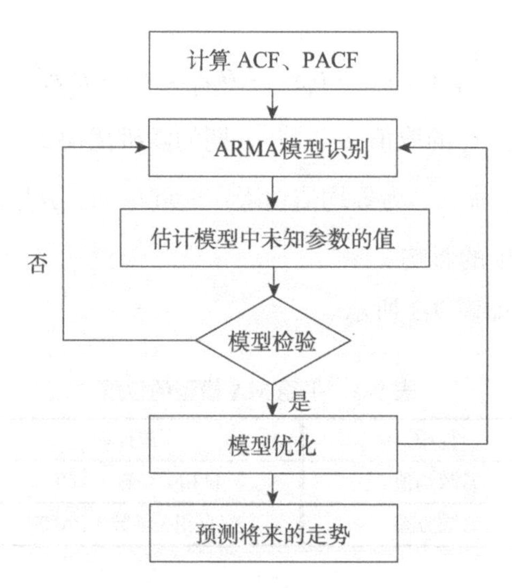

图 9-4　平稳时间序列 ARMA 模型建模步骤

（1）计算 ACF 和 PACF。先计算平稳非白噪声时间序列的自相关函数（ACF）和偏自相关函数（PACF）。

（2）ARMA 模型识别。也称为模型定阶，由 AR、MA 和 ARMA 模型的自相关函数和偏自相关函数的性质，选择合适的模型。识别的原则如表 9-5 所示。

表 9-5　ARMA 模型识别原则

模型	自相关函数（ACF）	偏自相关函数（PACF）
AR	拖尾	p 阶截尾
MA	q 阶截尾	拖尾
ARMA	拖尾	拖尾

（3）估计模型中未知参数的值，如自回归系数、滑动平均系数。

（4）模型检验。对模型的效果进行评估检验，例如残差序列的白噪声检验，通过检验的模型即可进行下一步操作，否则需要重新建模。

（5）模型优化。建立多个拟合模型，从所有通过检验的拟合模型中选择最优模型。

（6）模型应用。进行短期预测。

9.4　非平稳时间序列分析

实际上，在自然界中绝大部分序列都是非平稳的，因而对非平稳时间序列的分析更普遍、更重要，创造出来的分析方法也更多。

对非平稳时间序列的分析方法可以分为确定性因素分解的时序分析和随机时序分析两大类。

确定性因素分解的时序分析将序列的变化拆分为 4 个因素（长期趋势、季节变动、循环变动和随机波动），如同中国式现代化包含了人与自然和谐共生的现代化、走和平发展道路的现代化等。其中长期趋势和季节变动的规律性信息通常比较容易提取，而由随机因素导致的波动则非常难以确定和分析，对随机信息浪费严重，会导致模型拟合精度不够理想。

随机时序分析的发展就是为了弥补确定性因素分解方法的不足。根据时间序列的不同特点，随机时序分析可以建立的模型有 ARIMA 模型、残差自回归模型、季节模型、异方差模型等。本节重点介绍 ARIMA 模型对非平稳时间序列进行建模。

9.4.1　差分运算

差分运算具有强大的确定性信息提取能力，许多非平稳时间序列差分后会显示出平稳时间序列的性质，这时称这个非平稳时间序列为差分平稳时间序列。常用的差分计算分为 p 阶差分和 k 步差分两种。假设有一个时间序列数据为 $\{x_t\}$ =[5, 7, 8, 10, 12, 14]。

（1）p 阶差分

记∇x_t为x_t的 1 阶差分，如式（9-8）所示。则$\{x_t\}$的 1 阶差分为[2, 1, 2, 2, 2]。

$$\nabla x_t = x_t - x_{t\text{-}1} \tag{9-8}$$

记$\nabla^2 x_t$为x_t的 2 阶差分，如式（9-9）所示。则$\{x_t\}$的 2 阶差分为[-1, 1, 0, 0]。

$$\nabla^2 x_t = \nabla x_t - \nabla x_{t\text{-}1} \tag{9-9}$$

以此类推，记$\nabla^p x_t$为x_t的 p 阶差分：$\nabla^p x_t = \nabla^{p\text{-}1} x_t - \nabla^{p\text{-}1} x_{t\text{-}1}$。

（2）k 步差分

记$\nabla_k x_t$为x_t的 k 步差分，如式（9-10）所示。则$\{x_t\}$的 2 步差分为[3, 3, 4, 4]。

$$\nabla x_t = x_t - x_{t\text{-}k} \tag{9-10}$$

9.4.2 ARIMA 模型

如果非平稳时间序列$\{x_t\}$的 d 次差分 $w_t = \nabla^d x_t$ 是一个平稳时间序列，再对差分平稳时间序列$\{w_t\}$使用 ARMA 模型进行拟合。这个过程称为差分自回归移动平均模型（AutoRegressive Integrated Moving Average Model，ARIMA），其具有式（9-11）所示结构，简记为 ARIMA(p,d,q)。

$$w_t = \phi_0 + \phi_1 w_{t-1} + \phi_2 w_{t-2} + \cdots + \phi_p w_{t-p} + \varepsilon_t - \theta_1 \varepsilon_{t-1} - \theta_2 \varepsilon_{t-2} - \cdots - \theta_q \varepsilon_{t-q} \tag{9-11}$$

ARIMA 模型的实质就是差分运算与 ARMA 模型的组合，非平稳时间序列建模步骤如图 9-5 所示，具体步骤如下。

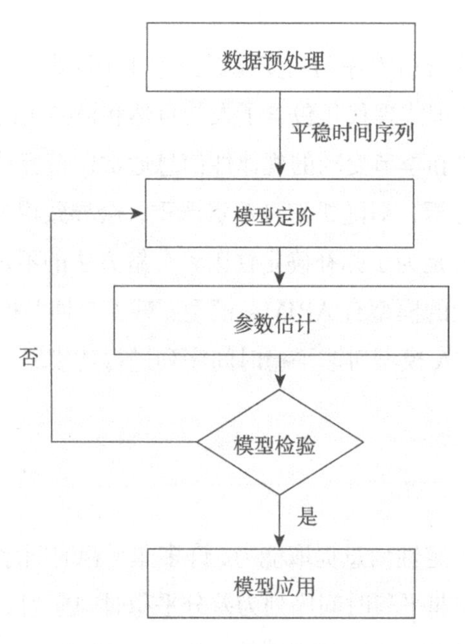

图 9-5　非平稳时间序列建模步骤

（1）数据预处理：包括平稳性检验、白噪声检验、差分平稳等操作，以获得平稳的时间序列。

（2）模型定阶：根据信息准则函数法（AIC 准则、BIC 准则），来确定模型的阶数。

（3）参数估计：估计模型中的未知参数，如自回归系数、滑动平均系数等，通常在实际建模过程中，模型完成定阶时，参数也已确定。

（4）模型检验：较为常见的模型检验包括参数估计显著性检验和残差序列白噪声检验，参数估计显著性检验是为了判断模型的假设是否成立，残差序列白噪声检验是为了判断模型是否将有用的信息全部提取出来。

（5）模型应用：如果模型符合假设，且能够解释原始数据的特征，那么就可以使用该模型进行未来值的预测。

为帮助读者更好地掌握 ARIMA 模型，将用一个简单的示例来演示 ARIMA 模型的建模过程。

随着互联网走进千家万户，上网人数越来越多，对于上网用户的流量监控就显得十分重要，上网人数预测可以看作基于时间序列的短期数据预测，预测对象为具体的每分钟连接到互联网的上网人数。按差分平稳时间序列建模步骤，对 100 分钟内每分钟通过服务器连接到互联网的用户人数数据构建 ARIMA 模型，前 10 分钟的数据如表 9-6 所示。

表 9-6　前 10 分钟内每分钟通过服务器连接到互联网的用户人数数据

分钟	用户人数	分钟	用户人数
1	88	6	85
2	84	7	83
3	85	8	85
4	85	9	88
5	84	10	89

1. 数据预处理

数据预处理的主要目的是获得平稳且非白噪声的时间序列，常用的方法分别为差分和单位根检验。

（1）查看时间序列平稳性

通过时间序列的时序图和自相关图可以查看时间序列平稳性。

使用 statsmodel 库中的 tsa 模块的 plot_acf 函数可以绘制自相关函数图，基本使用格式如下。

```
statsmodels.tsa.stattools.plot_acf(x, ax = None, lags = None, *, alpha = 0.05, use_vlines
= True, unbiased = False, fft = False, missing = 'none', title = 'Autocorrelation', zero
= True, vlines_kwargs = None, **kwargs)
```

plot_acf 函数常用的参数及其说明如表 9-7 所示。

表 9-7　plot_acf 函数常用的参数及其说明

参数名称	参数说明
x	接收 array_like。表示时间序列数据。无默认值
lags	接收 int、array_like。表示滞后值。默认为 None
alpha	接收 float。表示给定级别的置信区间。默认为 0.05
use_vlines	接收 bool。表示是否返回 Ljung-Box q。默认为 True
unbiased	接收 bool。表示是否使用无偏估计计算自相关系数。默认为 False
fft	接收 bool。表示通过 FFT 计算 ACF。默认为 False
missing	接收 str。表示如何处理 NaN。默认为 None
title	接收 str。表示标题。默认为 Autocorrelation
zero	接收 bool。表示是否包括 0 滞后自相关。默认为 True

对原始序列绘制时序图和自相关图，查看时间序列平稳性，如代码 9-1 所示。

代码 9-1　绘制时序图和自相关图

```
import pandas as pd
usage = pd.read_csv('../data/WWWusage.csv')
usage = usage['x']
# 时序图
import matplotlib.pyplot as plt
plt.rcParams['font.sans-serif'] = ['SimHei']  # 用于正常显示中文标签
plt.rcParams['axes.unicode_minus'] = False  # 用于正常显示负号
usage.plot()
plt.show()
# 自相关图
from statsmodels.graphics.tsaplots import plot_acf
plot_acf(usage)
plt.title('自相关图')
plt.show()
```

绘制原始序列的时序图，如图 9-6 所示，绘制原始序列的自相关图，如图 9-7 所示。

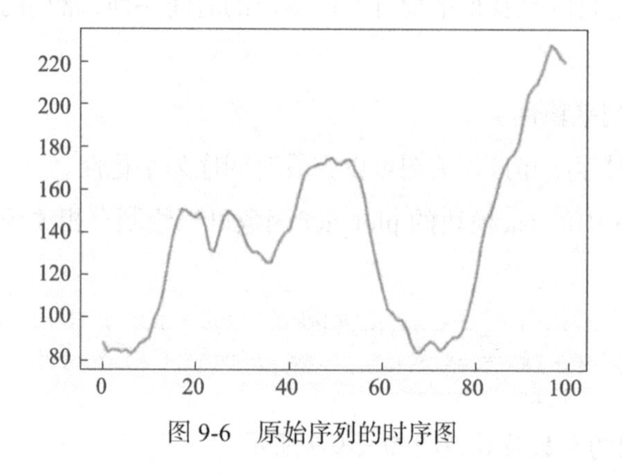

图 9-6　原始序列的时序图

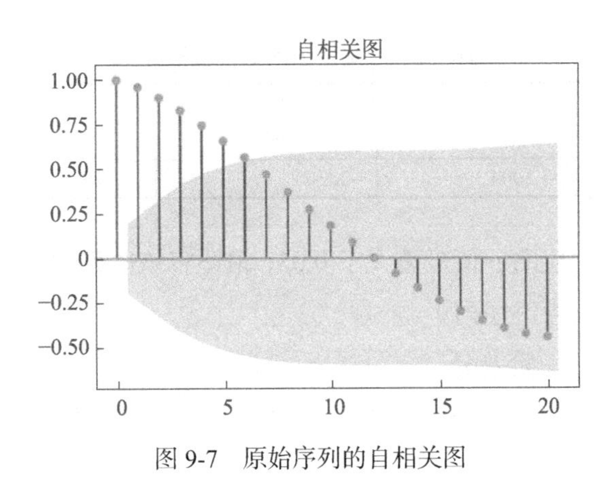

图 9-7　原始序列的自相关图

从图 9-6 可以看出，时序图显示该序列具有明显的递增趋势，可以判断为非平稳时间序列；图 9-7 的自相关图显示自相关函数长期大于 0，说明序列间具有很强的长期相关性。

（2）单位根检验

单位根检验是指检验序列中是否存在单位根，因为存在单位根就是非平稳时间序列了。单位根检验可以检验时间序列的平稳性。

使用 statsmodels 库中的 tsa 模块的 adfuller 函数可以对原始序列进行单位根检验，查看数据的平稳性，基本使用格式如下。

```
statsmodels.tsa.stattools.adfuller(x, maxlag = None, regression = 'c', autolag =
'AIC', store = False, regresults = False)
```

adfuller 函数常用的参数及其说明如表 9-8 所示

表 9-8　adfuller 函数常用的参数及其说明

参数名称	参数说明
x	接收 array_like。表示要检验的数据集。无默认值
maxlag	接收 int。表示最大滞后数。默认为 None
regression	接收 str。表示回归中的包含项（c：只有常数项；ct：常数项和趋势项；ctt：常数项，线性二次项；nc：没有常数项和趋势项）。默认为 c
autolag	接收 str。表示自动选择滞后数（AIC：赤池信息准则；BIC：贝叶斯信息准则；t-stat：基于 maxlag，从 maxlag 开始并删除一个滞后，直到最后一个滞后长度基于 t-statistic 显著性小于 5%为止；None：使用 maxlag 指定的滞后）。默认为 AIC
store	接收 bool。表示是否将结果实例另外返回到 adf 统计信息。默认为 False
regresults	接收 bool。表示是否将完整的回归结果返回。默认为 False

对原始序列进行单位根检验，如代码 9-2 所示。

代码 9-2　单位根检验

```
from statsmodels.tsa.stattools import adfuller as ADF
print('原始序列的单位根检验结果为: ', ADF(usage))
```

原始序列的单位根检验，如表 9-9 所示。

表 9-9　原始序列的单位根检验

adf	cValue			p 值
	1%	5%	10%	
0.3061	−3.5004	−2.8922	−2.5831	0.1244

单位根检验统计量对应的 p 值显著大于 0.05，最终将该序列判断为非平稳时间序列（非平稳时间序列一定不是白噪声序列）。

（3）对原始序列进行一阶差分

使用 pandas 库中的 DataFrame 模块的 diff()方法可以对观测值序列进行差分计算，基本使用格式如下。

```
pandas.DataFrame.diff(periods=1, axis=0)
```

diff()方法常用的参数及其说明如表 9-10 所示。

表 9-10　diff()方法常用的参数及其说明

参数名称	参数说明
periods	接收 int。表示差分周期。默认为 1
axis	接收 int、str。表示对行还是列差分。默认为 0

对原始序列进行差分，并绘制时序图和自相关图，如代码 9-3 所示。

代码 9-3　进行差分并绘制时序图和自相关图

```
D_usage = usage.diff().dropna()
D_usage.plot()  # 时序图
plt.show()
plot_acf(D_usage)
plt.title('自相关图')
plt.show()
```

对原始序列进行一阶差分并绘制时序图，如图 9-8 所示，绘制差分后数据的自相关图，如图 9-9 所示，查看一阶差分时间序列数据的平稳性和自相关性。

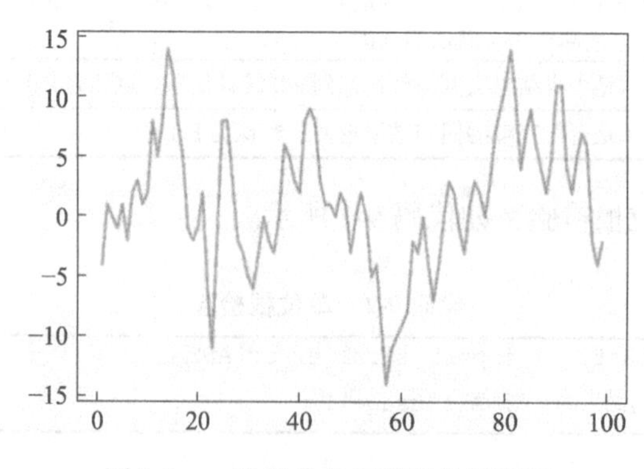

图 9-8　一阶差分之后序列的时序图

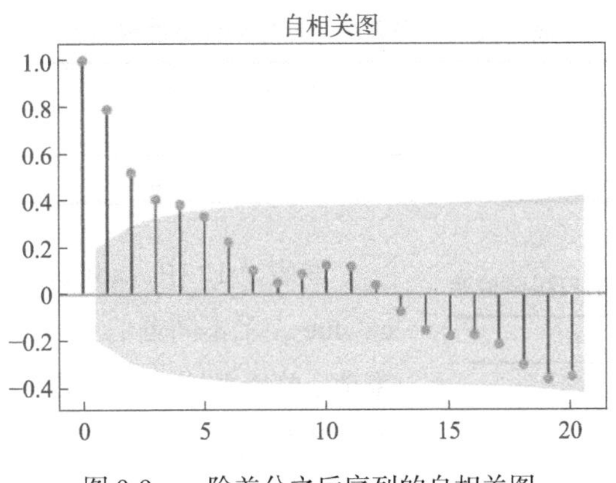

图 9-9　一阶差分之后序列的自相关图

由图 9-8 可知，数据一阶差分后的趋势呈现一定的波动性，原始数据属于平稳时间序列；从图 9-9 可以看出，因为两头的趋势逐渐趋向于平稳，所以原时间序列数据属于平稳时间序列。

（4）平稳性和白噪声检验

使用 statsmodels 库中的 stats 模块的 acorr_ljungbox 函数可以检测是否为白噪声序列，基本使用格式如下。

```
statsmodels.stats.diagnostic.acorr_ljungbox(x, lags = None, boxpierce = False, model_df = 0, period = None, return_df = None)
```

acorr_ljungbox 函数常用的参数及其说明如表 9-11 所示

表 9-11　acorr_ljungbox 函数常用的参数及其说明

参数名称	参数说明
x	接收 array_like。接收时间序列数据。无默认值
lags	接收 int。表示滞后数。默认为 None
boxpierce	接收 bool。表示是否返回 Box-Pierce 测试结果。默认为 False
model_df	接收 int。表示模型消耗的自由度数。默认为 0
period	接收 int。表示季节性时间序列的周期。默认为 None

对差分后数据进行单位根检验和白噪声检验，如代码 9-4 所示。

代码 9-4　单位根检验和白噪声检验

```
# 单位根检验
print('差分序列的单位根检验结果为: ', ADF(D_usage))
# 白噪声检验
from statsmodels.stats.diagnostic import acorr_ljungbox
print('差分序列的白噪声检验结果为: ', acorr_ljungbox(D_usage, lags=1))  # 返回统计量和p值
```

对一阶差分之后序列进行单位根检验，结果如表 9-12 所示，白噪声检验结果如表 9-13 所示。

表 9-12　一阶差分之后序列的单位根检验

adf	cValue			p 值
	1%	5%	10%	
−3.3407	−3.4989	−2.8915	2.5828	0.0132

表 9-13　一阶差分之后序列的白噪声检验

stat	p 值
63.96	1.2685e-15

在表 9-12 中，adf 表示单位根检验统计量的值，cValue 表示不同置信水平下的临界值，p 值是一个概率值。单位根检验的结果显示，一阶差分之后的时序图在均值附近比较平稳地波动、自相关图有很强的短期相关性、单位根检验 p 值小于 0.05，所以一阶差分之后的序列是平稳时间序列。

在表 9-13 中，stat 表示白噪声检验统计量的值，输出的 p 值远小于 0.05，所以一阶差分之后的序列是平稳非白噪声时间序列。

2. 对 ARIMA 模型定阶

读取训练后 ARIMA 模型的 BIC 属性值进行模型定阶。模型定阶的过程就是确定 p 和 q。当 p 和 q 均小于等于 3 时，计算 ARMA 模型中所有组合的 BIC 信息量，取其中 BIC 信息量最小的模型阶数，如代码 9-5 所示。

代码 9-5　模型定阶

```
from statsmodels.tsa.arima.model import ARIMA
# 定阶
usage = usage.astype(float)
pmax = 3
qmax = 3
bic_matrix = []  # BIC 矩阵
for p in range(pmax + 1):
    tmp = []
    for q in range(qmax + 1):
        try:  # 存在部分报错，所以用 try 来跳过报错
            tmp.append(ARIMA(usage,  (p,  1,  q)).fit().bic)
        except:
            tmp.append(None)
    bic_matrix.append(tmp)
bic_matrix = pd.DataFrame(bic_matrix)  # 从中可以找出最小值
print(bic_matrix)
```

运行代码 9-5 得到的结果如下。

```
           0           1           2           3
0  633.590115  554.996087  527.661292  530.653190
1  534.428497  522.085614  526.633128  527.552846
2  529.964234  526.672700  530.139569  531.344950
3  522.375295  526.914099  531.489105  530.243433
```

当 p 值为 1、q 值为 1 时，BIC 取得最小值为 522.085614。p、q 定阶完成。

3. 模型检验

建立 ARIMA 模型，并提取模型的残差序列，对残差序列进行白噪声检验，如代码 9-6 所示。

代码 9-6　对残差序列进行白噪声检验

```
arima = ARIMA(usage, order=(1, 1, 1)).fit()
acorr_ljungbox(arima.resid, lags=1)
```

白噪声检验结果如表 9-14 所示。

表 9-14　残差序列的白噪声检验

stat	p 值
0.227231	0.633585

输出的 p 值大于 0.05，所以残差序列是白噪声序列，说明残差序列中不包含有用信息，可以使用模型进行预测。

4. ARIMA 模型应用

使用 statsmodels 库中的 tsa 模块的 ARIMA 类可以设置时序模式的建模参数，创建 ARIMA 时序模型，基本使用格式如下。

```
statsmodels.tsa.arima.model.ARIMA(endog, order, exog = None, dates = None, freq
= None, missing = 'none')
```

ARIMA 类常用的参数及其说明如表 9-15 所示。

表 9-15　ARIMA 类常用的参数及其说明

参数名称	参数说明
order	接收 str。表示模型的(p,d,q)顺序。无默认值
dates	接收 array_like。表示日期。默认为 None
freq	接收 str。表示时间序列的频率。默认为 None

statsmodels 库中的 tsa 模块的 forecast()方法可以用于得到的时序模型进行预测，基本使用格式如下。

```
statsmodels.tsa.arima.model.ARIMAResults.forecast(steps = 1, exog = None, alpha = 0.05)
```

forecast()方法常用的参数及其说明如表 9-16 所示。

表 9-16　forecast()方法常用的参数及其说明

参数名称	参数说明
step	接收 int。表示从开始到结束的样本预测数。默认为 1
alpha	接收 float。表示给定级别的置信区间。默认为 0.05

应用 ARIMA 模型对未来 10 分钟内每分钟通过服务器连接到互联网的用户人数进行预测，如代码 9-7 所示，结果如表 9-17 所示。

代码 9-7　预测未来 10 分钟内每分钟通过服务器连接到互联网的用户人数

```
p, q = bic_matrix.stack().idxmin()  # 先用stack展平，然后用idxmin找出最小值位置
print('BIC最小的p值和q值为：%s、%s' %(p, q))
model = ARIMA(usage, (p, 1, q)).fit()  # 建立ARIMA模型
print('模型报告为：\n', model.summary2())
print('预测未来10分钟，其预测结果。\n', model.forecast(10))
```

表 9-17　未来 10 分钟内每分钟通过服务器连接到互联网的用户人数预测结果

分钟	用户人数	分钟	用户人数
1	219	6	221
2	219	7	222
3	219	8	223
4	220	9	225
5	84	10	226

需要说明的是，利用模型对未来预测的时期越长，预测误差将会越大，这是时间预测的典型特点。

9.5　Python 时间序列案例分析

销售预测是指在未来一段时间内，基于过去的销售数据、市场环境、经济情况等因素，对某个产品或服务未来的销售量进行预测的过程，是较为常见的时间序列分析。

9.5.1　背景与目标

销售额是企业决策的重要依据之一，可以帮助企业规划生产、采购、物流、市场营销等，也可以优化资源配置，降低成本，提高效益。同时，销售预测也是企业制定销售计划、预估市场需求、制定战略决策等方面的基础。

表 9-18　数据说明

属性名称	含义
InvoiceNo	发票编号
StockCode	库存代码
Description	商品描述
Quantity	销量
InvoiceDate	发票日期
UnitPrice	单价
CustomerID	客户编号

目前某线上销售企业已经累计了大量销售数据，本数据集包含 2022 年 12 月 1 日~2023 年 12 月 9 日的共计 54 万多条销售记录，并已经过随机采样和脱敏处理。数据属性包括发票编号、库存代码、商品描述、销量、发票日期、单价、客户编号。

基于企业希望精确地预测未来一个月内销售情况，

可得到本案例的目标为：预测该企业次月每天销售额，并与真实值进行对比，评价模型的合理性。实现步骤如下。

（1）对数据进行预处理，通过差分使不平稳的时间序列平稳。

（2）确定模型的阶数，建立模型，并对时间序列进行预测。

时间序列分析的目的是用一个模型对时间序列数据进行拟合，分析因变量和自变量之间的关系，与回归分析类似。因此本节选用平均相对误差来对时间序列模型进行评价。

9.5.2 数据预处理

原始数据将单件商品的购买作为一条记录。而时间序列预测输入的数据是每天的销售额，因此需要将商品的单价乘销量得到销售额，同时按日期进行汇总。

根据汇总后的数据绘制数据时序图与自相关图，查看数据的平稳性，直观地掌握时间序列的一些基本分布特征，如代码 9-8 所示。得到的销售额的时序图如图 9-10 所示，得到的销售额的自相关图如图 9-11 所示。

代码 9-8 根据汇总后的数据绘制数据时序图与自相关图

```
import pandas as pd
import numpy as np
import matplotlib.pyplot as plt
from statsmodels.graphics.tsaplots import plot_acf
from statsmodels.tsa.stattools import adfuller as ADF
from statsmodels.tsa.arima.model import ARIMA

data_online = pd.read_csv('../data/线上零售交易数据集 new.csv')
data_online['volume'] = data_online['Quantity'] * data_online['UnitPrice']

df = data_online.loc[:, ('InvoiceDate','volume')]
df.Timestamp = pd.to_datetime(df.InvoiceDate,format='%d-%m-%Y %H:%M')
df.index = df.Timestamp
df_ts = df.resample('D').sum()

df_ts[df_ts['volume'] == 0] = np.nan
df_ts = df_ts.interpolate()
df_ts.plot()

plot_acf(df_ts, lags=40)
plt.title('自相关图')
plt.show()
```

由图 9-11 可知，序列自相关函数长期位于 x 轴的一侧，这是具有单调趋势序列的典型特征。同时自相关图呈现出明显的正弦波动规律，这是具有周期变化规律的非平稳序列的典型特征。

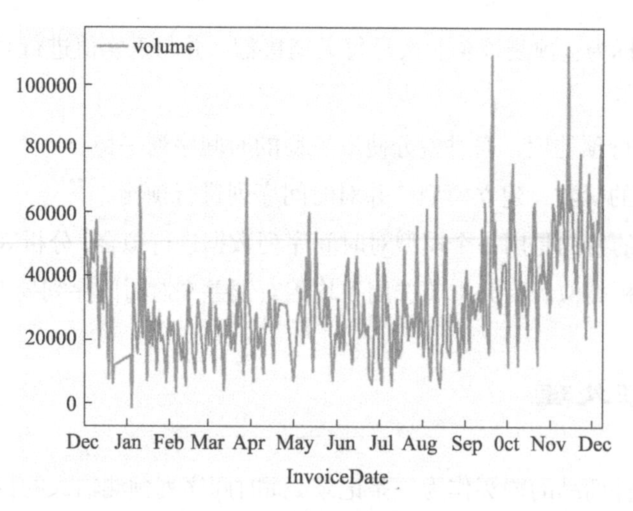

图 9-10　销售额的时序图

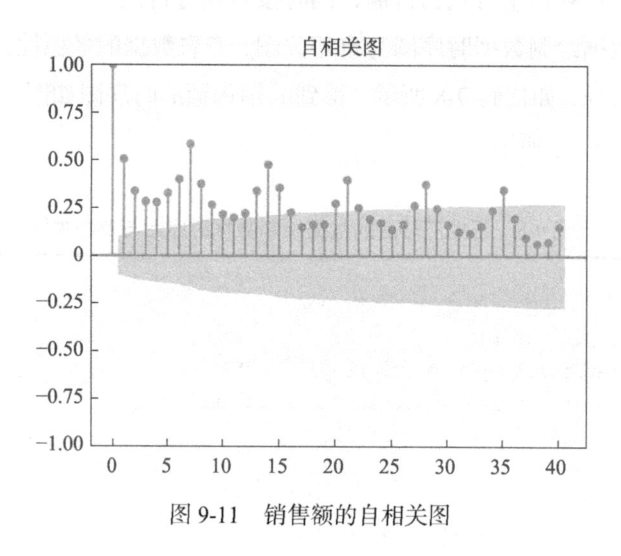

图 9-11　销售额的自相关图

因此需要对时间序列以 7 天为步长进行一阶差分，并绘制一阶差分后数据的自相关图，如代码 9-9 所示。训练数据一阶差分后的自相关图如图 9-12 所示。

代码 9-9　训练数据一阶差分并绘制自相关图

```
from statsmodels.tsa.stattools import adfuller
def test_stationarity(timeseries):
    # 使用单位根检验时间序列是否平稳
    print('单位根检验结果：')
    dftest = adfuller(timeseries, autolag='AIC')
    dfoutput = pd.Series(dftest[0:4], index=['统计量','p值','滞后阶数','观测值数量'])
    for key,value in dftest[4].items():
        dfoutput['Critical Value (%s)'%key] = value
    print(dfoutput)
seasonal_difference = df_ts.volume - df_ts.volume.shift(7)
seasonal_difference.dropna(inplace=True)
```

```
seasonal_difference.plot()
plot_acf(seasonal_difference, lags=40)
plt.title('训练数据一阶差分后的自相关图')
plt.savefig('3.png', dpi=1080)
plt.show()
test_stationarity(seasonal_difference)
print('白噪声检验结果为: ', acorr_ljungbox(seasonal_difference, lags=1))  # 返回统计量和p值
```

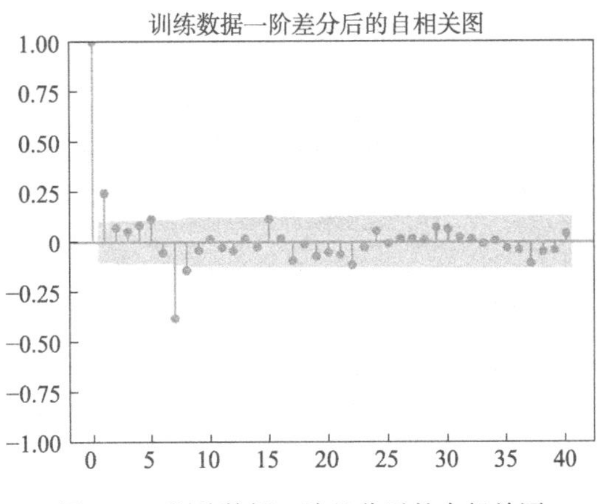

图 9-12　训练数据一阶差分后的自相关图

数据的周期性已消失，自相关函数多数控制在两倍的标准差范围内，可以认为该数据自始至终都在 x 轴附近波动，属于平稳序列。

为了了解序列中有用的信息是否已被提取完毕，需要对序列进行白噪声检验。得到 p 值远小于 0.05，说明序列中有用的信息已经被提取完毕，序列残差为随机扰动，无法进行预测和使用。

9.5.3 分析建模

在对通过平稳性检验和白噪声检验的数据建立时间序列模型之前，需要确定模型的阶数。目前常用的定阶方式有 AIC 准则定阶和 BIC 准则定阶。这里采用 BIC 准则对模型进行定阶，如代码 9-10 所示。

代码 9-10　模型定阶

```
import itertools
import warnings
import statsmodels.api as sm
df_ts.index = range(len(df_ts))
train1 = pd.DataFrame(df_ts.iloc[0:350, 0])
test1 = pd.DataFrame(df_ts.iloc[350:, 0])
p = q = range(4)
```

```
d = range(2)
pdq = list(itertools.product(p, d, q))
seasonal_pdq = [(x[0], x[1], x[2], 7)for x in list(itertools.product(p, d, q))]
warnings.filterwarnings("ignore")  # 忽略警告
sa =[]
for param in pdq:
    for param_seasonal in seasonal_pdq:
        try:
            mod = sm.tsa.statespace.SARIMAX(train1,
                                            order=param,
                                            seasonal_order=param_seasonal,
                                            enforce_stationarity=False,
                                            enforce_invertibility=False)
            results = mod.fit()
            print('ARIMA{}x{}7 - AIC:{}'.format(param, param_seasonal, results.aic))
            sa.append(param)
            sa.append(param_seasonal)
            sa.append(results.aic)
        except:
            continue
AIC = [i for i in sa if type(i) == np.float64]
AIC_min = min(AIC)
for i in np.arange(2,len(sa),3):
    if sa[i] == min(AIC):
        param = sa[i-2]
        param_seasonal = sa[i-1]
mod = sm.tsa.statespace.SARIMAX(train1,
                                order=(param),
                                seasonal_order=(param_seasonal),
                                enforce_stationarity=False,
                                enforce_invertibility=False)
print('模型最终定阶为: ', (param, param_seasonal))  # ((3, 1, 3), (0, 1, 3, 7))
```

根据结果可知，时间序列模型的参数值确定为((3, 1, 3), (0, 1, 3, 7))。

计算每天的平均误差，计算公式如式（9-12）所示，其中 X_i 是第 i 天的真实值，$\hat{X}_i$ 是第 i 天的预测值。

$$\text{error} = \frac{1}{n}\sum_{i=1}^{n}\frac{\left|\hat{X}_i - X_i\right|}{X_i} \tag{9-12}$$

计算模型的平均相对误差如代码 9-11 所示，同时得到未来 30 天真实值与预测值的对比如图 9-13 所示。

代码 9-11　计算模型的平均相对误差

```
results = mod.fit()
print(results.summary().tables[1])
results.plot_diagnostics(figsize=(15, 12))
```

```
pre_10 = results.predict(start=350, end=350+23,dynamic=True)
out_pre = pd.DataFrame(np.zeros([24,3]),columns = ['real', 'pre', 'error'])
out_pre['real'] = test1.values
out_pre['pre'] = pre_10.values

# 计算相对误差
error_seasonal = (out_pre.loc[:, 'pre']-out_pre.loc[:,'real'])/out_pre.loc[:,'real']
# 平均相对误差
error_mean = abs(error_seasonal).mean()
print('预测平均相对误差为：', error_mean)
plt.plot(out_pre[['real']])
plt.plot(out_pre[['pre']],':')
plt.legend(['real', 'pre'])
plt.title('未来 30 天真实值与预测值的对比')
plt.xlabel('天')
plt.ylabel('销售额')
```

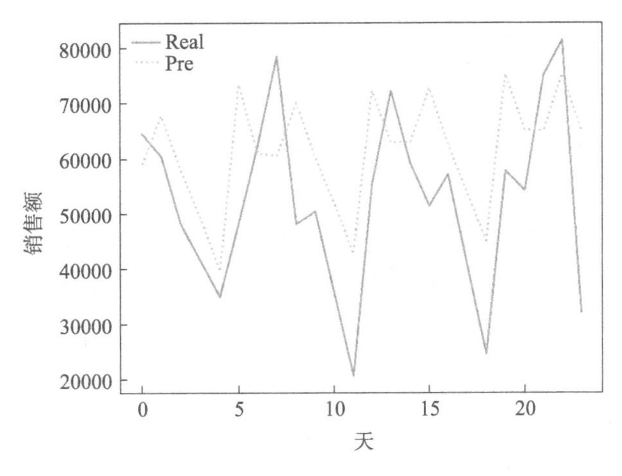

图 9-13　未来 30 天真实值与预测值的对比

运行代码 9-11 得到平均相对误差为：0.31582252076185807，同时，从图 9-13 可以看出预测值曲线的变化趋势与真实值的近似，说明模型具有较好的预测效果。

小结

本章首先介绍了时间序列的概念，并介绍了常见的时间序列模型。然后对时间序列的平稳性检验、白噪声检验进行说明。接着介绍了平稳时间序列模型 AR、MA、ARMA 和非平稳时间模型 ARIMA。时间序列建模的流程主要包括数据平稳、模型定阶、参数估计、模型检验和模型应用等。最后结合案例实现了非平稳时间序列的建模，并根据真实值与预测值的对比结果对模型进行评价。

习题

1. 选择题

（1）下面不可以用时间序列模型解决的问题是（　　）。

第 9 章选择题答案

A. 估计未来 6 个月酒店客房预订数量

B. 估计保险公司未来三年的总销售额

C. 估计下一周的通话次数

D. 估计传送带中下一个产品的好坏

（2）在应用时间序列分析时，下列哪项操作不能使数据平稳化（　　）。

A. 差分　　B. 累计求和　　C. 移动平均　　D. Z-score 标准化

（3）下列哪个属性的表现为近似直线的持续向上或持续向下或平稳（　　）。

A. 平稳性　　B. 趋势性　　C. 周期性　　D. 季节性

（4）时间序列的什么性质保证了时间序列的本质特征不仅存在于当前时刻，还会延伸到未来（　　）。

A. 平稳性　　B. 趋势性　　C. 周期性　　D. 季节性

（5）常见的时间序列模型不包括（　　）。

A. AR 模型　　B. MA 模型　　C. ARMA 模型　　D. HMM 模型

（6）对于差分后平稳的时间序列，建议选择哪个模型进行建模（　　）。

A. AR 模型　　B. GARCH 模型　　C. ARMA 模型　　D. ARIMA 模型

（7）下列关于平稳性描述错误的是（　　）。

A. 时间序列在某一常数附近波动且波动范围有限

B. 时间序列具有常数均值和常数方差

C. 时间序列存在单位根

D. 时间序列具有短期相关性，间隔越远的过去值对现时值的影响越小

（8）时间序列在一年内重复出现的周期性波动称为（　　）。

A. 长期趋势　　B. 季节变动　　C. 循环变动　　D. 随机变动

（9）对于时间采样间隔为 1 天的时间序列进行步长为 1 的差分主要是为了消除什么波动（　　）。

A. 长期趋势　　B. 季节变动　　C. 循环变动　　D. 随机变动

（10）下面关于拖尾和截尾描述错误的是（　　）。

A. 截尾是 ACF 在某阶后均为 0 的性质

B. 截尾是 PACF 在某阶后均为 0 的性质

C. 拖尾是 ACF 在某阶后均为 0 的性质

D. 拖尾 PACF 不在某阶后均为 0 的性质

（11）下列对于平稳 ARMA 模型性质描述正确的是（　　）。

A. 均值、方差为常数，ACF、PACF 拖尾

B. 均值、方差不为常数，ACF、PACF 拖尾

C. 均值、方差为常数，ACF 拖尾，PACFp 阶截尾

D. 均值、方差为常数，ACFq 阶截尾，PACF 拖尾

（12）如果时间序列检验为白噪声序列，下列描述正确的是（　　）。

A. 需要对序列进行差分处理　　　　B. 需要重新采集数据

C. 可以直接进行建模　　　　D. 需要对其检验平稳性

（13）如果时间序列的需要进行的操作为 $X_{t-k}-X_t$，其中 k=2，则下列描述正确的是（　　）。

A. 进行了 1 阶 2 步差分　　　　B. 进行了 2 阶 1 步差分

C. 进行了 2 阶 2 步差分　　　　D. 进行了 1 阶 1 步差分

（14）adfuller 函数的作用是（　　）。

A. 进行单位根检验　　B. 进行白噪声检验　　C. 进行差分　　D. 模型训练

（15）下列哪个函数能够绘制 ACF 图（　　）。

A. plot_acf　　B. plot　　C. adfuller　　D. diff

（16）如果模型的残差序列为白噪声序列，则下列描述正确的是（　　）。

A. 是拟合模型后剩余的值　　　　B. 模型的拟合效果很差

C. 需要重新进行模型拟合　　　　D. 需要更换模型进行拟合

（17）forecast()方法的作用是（　　）。

A. 时间序列进行预测　　B. 计算模型的 BIC　　C. 进行模型拟合　　D. 计算模型的 AIC

（18）下列描述正确的是（　　）。

A. 非平稳序列一定是白噪声序列

B. 白噪声序列是平稳序列

C. 平稳序列中一定不含白噪声序列

D. 白噪声序列具有较高的研究价值

（19）若零均值平稳序列，其样本 ACF 和 PACF 均呈现拖尾，则序列可能建立（　　）。

A. MA(2)　　B. ARMA(1,1)　　C. AR(2)　　D. MA(1)

（20）若零均值一阶差分平稳序列，其样本 ACF 呈现二阶截尾，PACF 出现拖尾，则序列可能建立（　　）。

A. IMA(1,2)　　B. MA(2)　　C. ARI(2,1)　　D. ARIMA(2,1,2)

2. 应用题

已知模型两个时间序列模型如下。

a　$Y_t=0.8Y_{t-1}+e_t-0.4e_{t-1}$

b $Y_t = 0.8Y_{t-1} - 1.4Y_{t-2} + e_t + 1.6e_{t-1} + 0.5e_{t-2}$

第 9 章应用题答案

（1）若 AR 模型特征方程 $x_t - \phi_1 x - \phi_2 x^2 + \cdots + \phi_p x^p = 0$ 根的模大于 1，则模型平稳，判定模型 a、b 的平稳性。

（2）若 MA 模型特征方程 $\varepsilon_t - \theta_1 x - \theta_2 x^2 - \cdots - \theta_q x^q = 0$ 根的模大于 1，则模型可逆，判定模型 a、b 的可逆性。如果一个时间序列模型是可逆的，那么可以通过观察过去的数据来预测未来的情况。

3. 操作题

第 9 章操作题答案

（1）superstore_train.csv 是某超市的销售数据，请绘制该数据以月为单位的时序图和自相关图，并判断时间序列的平稳性。

（2）随着流量的增大，某网站的数据信息量也在以一定的幅度增长。该网站 2022 年 9 月～2023 年 2 月每天的访问量保存在 jc_content_viewlog.csv 中，请绘制原数据的时序图与自相关图，检验数据的平稳性。

（3）基于问题（2）的结果对数据进行平稳，并对平稳后的数据进行白噪声检验。

（4）基于问题（3）得到的平稳序列，使用 BIC 准则对模型进行定阶，然后预测未来 7 天的访问量。

第10章 离群点检测

随着数据挖掘技术的不断发展，人们除了关注数据的整体趋势，也关注那些明显偏离整体趋势的离群数据点，简称离群点。因为这些离群点可能蕴含着有用的信息。离群点检测的目的是有效地识别出与大部分其他对象不同的数据对象，并且挖掘出数据集中有意义的潜在信息。离群点检测广泛应用于多个领域，包括诈骗检测、网络入侵、天气预报等。本章将介绍离群点的概念、常用的离群点检测方法以及高维数据中的离群点检测方法。

学习目标

（1）了解离群点的概念和类型。

（2）熟悉基于统计学的离群点检测方法。

（3）熟悉基于邻近性的离群点检测方法。

（4）熟悉基于聚类的离群点检测方法。

（5）熟悉基于分类的离群点检测方法。

（6）了解高维数据中的离群点检测方法。

10.1 离群点概述

离群点在数据的散布图中远离其他数据点，与其他数据对象有着明显的不同，例如，区域 R 中的数据对象远离数据集 A，则称 R 中的数据对象是离群点，如图 10-1 所示。为了方便理解，本章会将非离群点称为“正常数据”，将离群点称为“异常数据”。

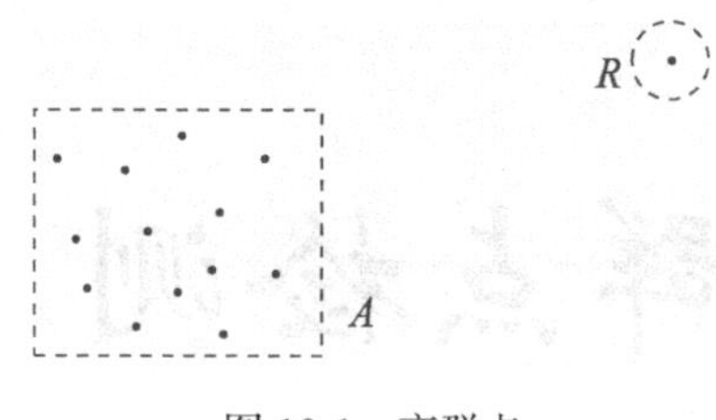

图 10-1　离群点

例如，学校里的一场考试中存在一小部分学生在考试中取得非常低的分数，这些低分数的学生可以被视为离群点。在这个例子中，低分数产生可能与多种因素有关，比如学生的学习方法、学习态度等。对于教育工作者来说，了解这些因素并采取相应的教育措施，通过因材施教的方式帮助这些学生获得更好的成绩，提高学校的平均水平。

离群点与噪声不同。噪声是观测值的随机误差或方差。离群点属于观测值，可能是由真实数据或噪声产生，是与大部分观测值相比明显不同的观测值。

一般按照数据的表现形式，可以将离群点分成三类，分别是全局离群点、情境（或条件）离群点和集体离群点。

（1）全局离群点

给定一个数据集，若一个数据对象明显地偏离该数据集中的其余对象，则称为全局离群点，有时也称为点异常。全局离群点是最简单的一类离群点。大部分的离群点检测方法都旨在找出全局离群点。

例如，在某超市的商品销售数据库中，存在一位客户的购买行为与正常模式相比非常不同（例如，购买了同一类别不同品牌的全部商品），则可以将该客户看作一个全局离群点。

（2）情境离群点

给定一个数据集，若一个数据对象在某一特定情境下明显偏离其他数据对象，则称该数据对象是情境离群点。由于情境离群点依赖于特定的具体情境，故情境离群点又称为条件离群点。

例如，小明的身高为 2.2 米，是一名职业的篮球队队员，小明的身高在普通人中可以算作一个离群点，因为该身高明显高于其他普通人的身高，但是小明这个身高在篮球队的球员中却不是离群点，因为该篮球队队员的身高大部分都在 2 米以上。判定小明的身高是否是离群点，需要根据小明与哪类人群进行对比而确定。因此，在日常的分析和问题评价时，需要将问题与具体的环境和情景相结合，具体问题具体分析。

一般地，在情境离群点检测中，将数据对象的属性划分成两组：一组是情境属性，是指定义数据对象的情境，如上下文、时间、空间等；另一组是行为属性，是指定义数据对象的行为，如浏览历史、购买历史等。与全局离群点检测不同，在情境离群点检测中，判断一个对象是否是离群点不仅依赖行为属性，而且还依赖情境属性。

（3）集体离群点

给定一个数据集，若该数据集中的多个数据对象作为一个集合，而这个集合显著偏离整个数据集，则这个集合就是集体离群点。值得注意的是，这个集合中的单个数据对象有可能不是离群点。

例如，由于这些对象的密度比数据集中的其他对象高得多，黑色对象作为集合形成一个集体离群点。然而，单个黑色对象个体对于整个数据集并非离群点，如图 10-2 所示。

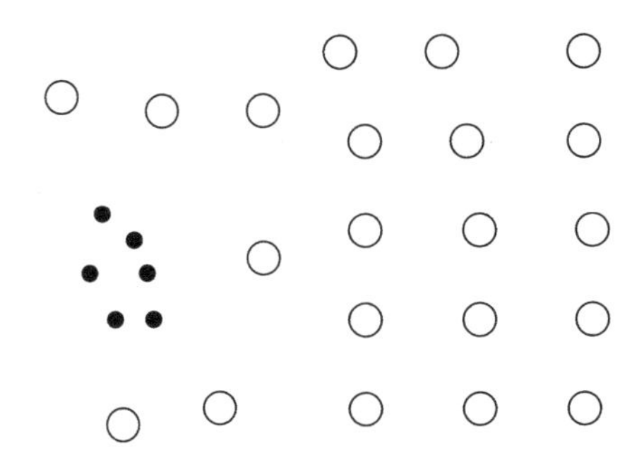

图 10-2　黑色对象形成集体离群点

集体离群点检测被应用在许多方面。例如，在入侵检测时，从一台计算机到另一台计算机的拒绝服务包是正常的，完全不视为离群点。然而，如果多台计算机不断地相互发送拒绝服务包，则它们就有可能被看作集体离群点，所涉及的计算机可能会被怀疑遭受攻击。

10.2　离群点检测方法

本节将详细地介绍离群点检测方法，这些方法按类别可以分为基于统计学的方法、基于邻近性的方法、基于聚类的方法和基于分类的方法。

10.2.1　基于统计学的方法

基于统计学的方法使用统计模型进行数据拟合，正常的数据对象会出现在该随机模型的高概率区域中，而出现在低概率区域中的对象则是异常的。一般而言，离群点检测的统计学方法可以划分成两个主要类型，分别是参数方法和非参数方法。

1. 参数方法

参数方法是假定正常的数据对象由一个以Θ为参数的参数分布产生。参数分布的概率密度函数$f(x,\Theta)$给出对象x由该分布产生的概率。$f(x,\Theta)$值越小，x越可能是离群点。常见的三种简单、实用的参数方法，分别为基于正态分布的一元离群点检测、多元离群点检测以及混合参数分布检测。

（1）基于正态分布的一元离群点检测

仅涉及一个属性或变量的数据称为一元数据。为检测一元离群点，首先假定数据由一个正态分布产生；然后由输入数据拟合正态分布的参数，得到每个数据由该正态分布产生的概率；最后把概率低的点识别为离群点。

例如，可以使用最大似然方法检测一元离群点。假设某学校进行体检时，某班级18位同学的身高如表10-1所示。

表 10-1　18 位同学的身高

编号	身高（cm）	编号	身高（cm）
1	160	10	170
2	165	11	170
3	170	12	160
4	175	13	155
5	180	14	165
6	185	15	185
7	190	16	175
8	180	17	180
9	175	18	300

假定这18位同学的身高服从正态分布，由两个参数决定，分别是均值μ和标准差σ。可以使用最大似然方法来估计参数μ和σ。即最大化对数似然函数，如式（10-1）所示。

$$\ln L(\mu,\sigma^2)=\sum_{i=1}^{n}\ln f(x_i|(\mu,\sigma^2))=-\frac{n}{2}\ln(2\pi)-\frac{n}{2}\ln\sigma^2-\frac{1}{2\sigma^2}\sum_{i=1}^{n}(x_i-\mu)^2 \quad (10\text{-}1)$$

在式（10-1）中，n是样本总数，在该例中为18。

对μ和σ求导并对结果求解得到最大似然估计，如式（10-2）、式（10-3）所示。

$$\hat{\mu}=\bar{x}=\frac{1}{n}\sum_{i=1}^{n}x_i \quad (10\text{-}2)$$

$$\hat{\sigma}^2=\frac{1}{n}\sum_{i=1}^{n}(x_i-\bar{x})^2 \quad (10\text{-}3)$$

当n=18时，对μ和σ求导并对结果求解得到最大似然估计，如式（10-4）、式（10-5）所示。

$$\hat{\mu}=\frac{160+165+170+\cdots+175+180+300}{18}=180 \tag{10-4}$$

$$\hat{\sigma}^2=((160\text{-}180)^2+(165\text{-}180)^2+(170\text{-}180)^2+\cdots+(175\text{-}180)^2+ \\ (180\text{-}180)^2+(300\text{-}180)^2)/18\approx 933.33 \tag{10-5}$$

标准差为 $\hat{\sigma}=\sqrt{933.33}\approx 30.55$ 。

在正态分布的假定下，数据点落在偏离均值 ±1 倍标准差内的概率为 68.3%；数据点落在偏离均值 ±2 倍标准差内的概率为 95.4%；数据点落在偏离均值 ±3 倍标准差内的概率为 99.7%。即如果数据点落在偏离均值 ±3 倍标准差之外的概率将会很小，可以认为这些数据点为离群点。

因为 $180+3\times 30.55=271.65<300$ ，所以 300 被均值为 180 和标准差为 30.55 的正态分布产生的概率小于 0.15%，因此 300 被识别为离群点。

根据正态分布的定义，对某地点不同时间的二氧化碳浓度数据集进行离群点检测，如代码 10-1 所示。

代码 10-1　利用正态分布进行离群点检测

```
import pandas as pd

# 读入外部数据
air_data =pd.read_csv('../data/air_quality.csv', index_col='date', parse_dates=['date'])
data_CO2 = air_data['CO2']
print('总共的数据条数为: ', len(data_CO2))

# 计算判断离群点的临界值
extreme_outlier_ll = air_data['CO2'].mean() - 3* air_data['CO2'].std()
extreme_outlier_ul = air_data['CO2'].mean() + 3* air_data['CO2'].std()
# 寻找离群点
cnts2   =air_data[(air_data['CO2']   >   extreme_outlier_ul)   |   (air_data['CO2']   <
extreme_outlier_ll)]
print('离群点数量为: ',len(cnts2['CO2']))
```

代码 10-1 的运行结果如下。

```
总共的数据条数为: 9752
离群点数量为: 64
```

从代码 10-1 的运行结果可以知道，检测出离群点数量为 64 个。

（2）多元离群点检测

多元离群点检测的核心思想是，把多元离群点检测任务转换成一元离群点检测任务。通过计算马哈拉诺比斯距离（马氏距离）可以将多元数据转换为一元变量，从而使多元离群点检测任务转换成一元离群点检测任务。

对于一个多元数据集，设 $\bar{\boldsymbol{o}}$ 为均值向量，$\boldsymbol{S}$ 是协方差矩阵。对于数据集中的对象 $\boldsymbol{o}$，从

$\boldsymbol{o}$ 到 $\overline{\boldsymbol{o}}$ 的马氏距离，如式（10-6）所示。

$$\text{MDist}(\boldsymbol{o},\overline{\boldsymbol{o}})=(\boldsymbol{o}-\overline{\boldsymbol{o}})^{\mathrm{T}}\boldsymbol{S}^{-1}(\boldsymbol{o}-\overline{\boldsymbol{o}}) \tag{10-6}$$

$\text{MDist}(\boldsymbol{o},\overline{\boldsymbol{o}})$ 是一元变量，可以对它进行格拉布斯（Grubbs）检验。Grubbs 检验是一种统计检验，可以用来检验单一变量和多变量样本中的异常值。该检验方法是，先计算样本中偏离均值最多的数据点，然后检验是否太偏离均值从而说明该数据为异常值。

假设某数据的分布如图 10-3 所示，其中原点 O 表示数据的均值，点 A 到原点的欧氏距离大于点 B 到原点的欧氏距离。但从统计角度进行分析，点 B 比点 A 更加“离群”，这种矛盾源于属性 x_1 和 x_2 呈现某种（线性）相关性。

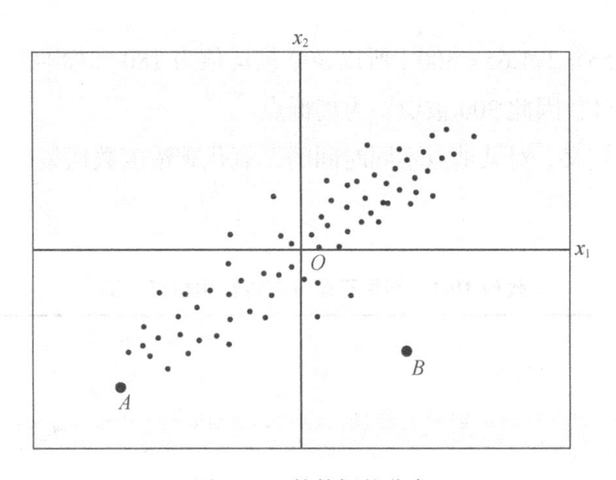

图 10-3　某数据的分布

为了解决属性之间的相关性影响，可以采用马氏距离来解决。计算马氏距离需要先将坐标系按逆时针旋转形成新的坐标系 y_1Oy_2，如图 10-4 所示，使得数据在新的坐标系上不相关。

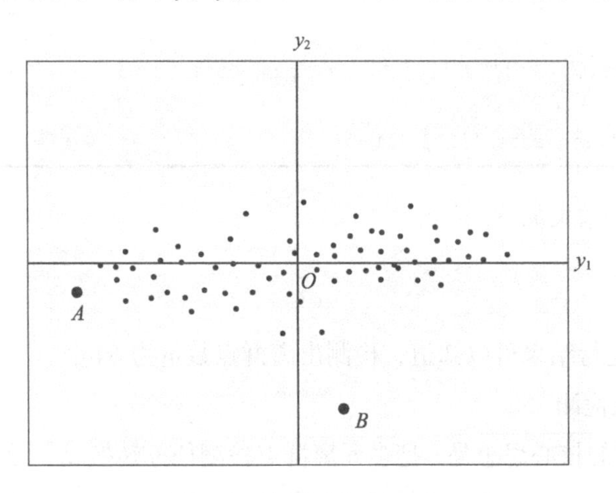

图 10-4　新的坐标系 y_1Oy_2

在旋转坐标系后，首先将数据在不同维度上的方差统一，即使得数据在各维度上的方差相同，然后计算点之间的欧式距离，此距离等价于马氏距离，如图 10-5 所示。

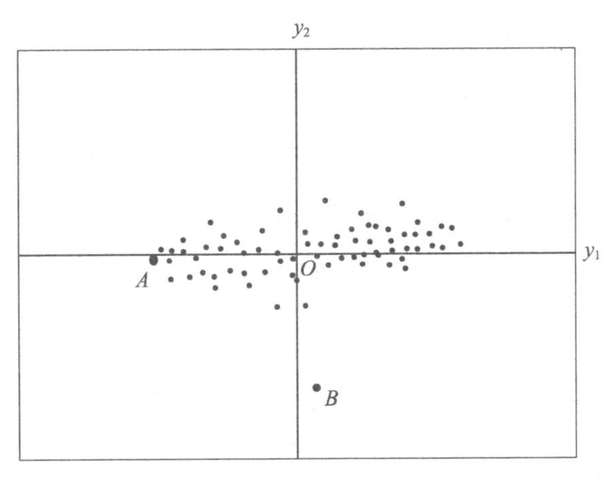

图 10-5　马氏距离

多元离群点检测任务的具体步骤如下。

① 计算多元数据集的均值向量。

② 对于每个对象 $\boldsymbol{o}$，计算从 $\boldsymbol{o}$ 到 $\overline{\boldsymbol{o}}$ 的马氏距离 $\mathrm{MDist}(\boldsymbol{o},\overline{\boldsymbol{o}})$。

③ 在变换后的一元数据集 $\{\mathrm{MDist}(\boldsymbol{o},\overline{\boldsymbol{o}}) \mid \boldsymbol{o} \in D\}$ 中检测离群点。

④ 如果 $\mathrm{MDist}(\boldsymbol{o},\overline{\boldsymbol{o}})$ 被确定为离群点，则 $\boldsymbol{o}$ 也被视为离群点。

（3）混合参数分布检测

在实际的生产环境中，数据是相对复杂的，可能呈现出多种不同的分布，在这种情况下，可以假定数据是由混合参数分布产生的。混合参数分布允许将多个分布的参数合并在一起，从而创建一个新的分布。

一个有多分布的数据集，如图 10-6 所示。在这个数据集中，估计的均值会落在簇 C_1 和 C_2 之间，而不是任何一个簇的内部。由于 C_1 和 C_2 簇的对象离均值较远，这些对象可能会被检测为离群点。

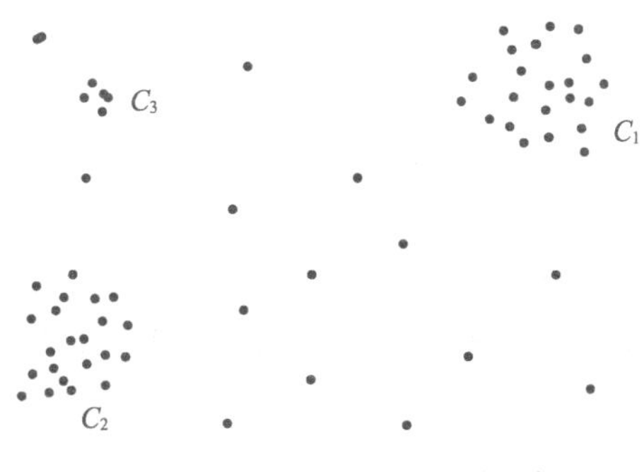

图 10-6　一个有多分布的数据集

为了克服这一困难，假定正常的数据对象被多个正态分布产生（这里是两个）。也就是说，假定两个正态分布 $\Theta_1(\mu_1,\sigma_1)$ 和 $\Theta_2(\mu_2,\sigma_2)$。对于数据集中的任意对象 $\boldsymbol{o}$，$\boldsymbol{o}$ 被这两个分布产生的概率，如式（10-7）所示。

$$\Pr(\boldsymbol{o} \mid \Theta_1, \Theta_2) = f_{\Theta_1}(\boldsymbol{o}) + f_{\Theta_2}(\boldsymbol{o}) \tag{10-7}$$

在式（10-7）中，$f_{\Theta_1}(\boldsymbol{o})$ 和 $f_{\Theta_2}(\boldsymbol{o})$ 分别是 Θ_1 和 Θ_2 的概率密度函数。可以使用期望最大化（EM）算法，对参数 μ_1、σ_1、μ_2、σ_2 进行估计。如果对象 $\boldsymbol{o}$ 不属于任何簇，即对象 $\boldsymbol{o}$ 被这两个分布的组合产生的概率很低，对象 $\boldsymbol{o}$ 被检测为离群点。

2. 非参数方法

非参数方法并不假定先验统计模型，而是试图从输入数据中确定模型。注意，大多数非参数方法都不假定模型是完全无参的。非参数方法通常假定参数的个数和性质都是灵活的、不预先确定的。在离群点检测的非参数方法中，“正常数据”的模型不是假定一个先验，而是从输入数据中学习。

使用直方图作为非参数统计模型可以捕获离群点。假设每个事务的购买金额的直方图如图 10-7 所示。60%事务的购买金额为 0～1000 元，一个购买金额为 7500 元的事务可能被视为离群点，因为只有 1– (60%+20%+10%+6.7%+3.1%)=0.2%的事务的购买量超过 5000 元。另一方面，由于购买量为 385 元的事务落入包含 60%事务的箱中，则这一事务可以看作正常的。

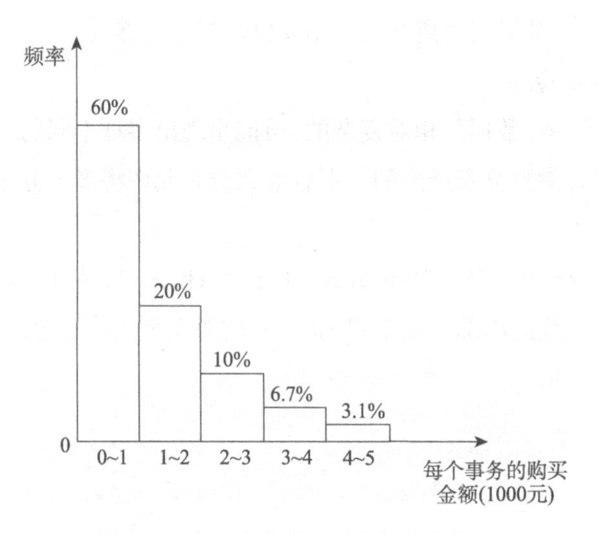

图 10-7　每个事务的购买金额的直方图

使用直方图检测离群点的具体步骤如下。

（1）构造直方图。使用输入数据（训练数据）构造一个直方图。该直方图可以是一元的或多元的。

（2）检测离群点。为了确定一个对象 $\boldsymbol{o}$ 是否是离群点，可以对照直方图进行检查。在最简单的方法中，如果该对象落入直方图的一个箱中，那么该对象被看作正常的，否则被认为是离群点。对于更复杂的方法，可以使用直方图赋予每个对象一个离群点得分。例如，可以令对象的离群点得分为该对象落入的箱的容积的倒数。购买金额为 7500 元的事务的离群点

得分为 $\frac{1}{0.2\%}=500$，而购买金额为385元的事务的离群点得分为 $\frac{1}{60\%}=1.67$。这些得分表明，7500 元的事务比 385 元的事务更可能是离群点。

使用直方图作为离群点检测的非参数模型的一个缺点是，很难选择一个合适的箱尺寸。一方面，如果箱尺寸太小，那么会有正常对象落入稀疏箱或没有落入任何箱中，被误识别为离群点；另一方面，如果箱尺寸太大，那么离群点对象可能会落入某个箱内，被识别为正常对象。

为了解决箱尺寸的问题，可以采用核密度估计来估计数据的概率密度分布。把每个观测对象看作一个周围区域中的高概率密度指示子。一个点上的概率密度依赖于该点到观测对象的距离。核函数 $K(\ )$ 是一个非负实数值可积函数，满足如下两个条件。

（1）$\int_{-\infty}^{\infty} K(u)\mathrm{d}u = 1$。

（2）对于所有的 u 值，$K(-u)=K(u)$。

均值为 0、方差为 1 的标准高斯函数是常用的核函数，如式（10-8）所示。

$$K\left(\frac{x-x_i}{h}\right)=\frac{1}{\sqrt{2\pi}}\mathrm{e}^{-\frac{(x-x_i)^2}{2h^2}} \tag{10-8}$$

设 $x_1,\cdots,x_n$ 是随机变量 f 的独立的、同分布的样本。该概率密度函数可通过核函数近似得到，如式（10-9）所示。

$$\hat{f}_h(x)=\frac{1}{nh}\sum_{i=1}^{n}K\left(\frac{x-x_i}{h}\right) \tag{10-9}$$

在式（10-9）中，$K(\ )$ 是核函数；h 是带宽，充当光滑参数；n 为样本数。

一旦通过核函数近似得到概率密度函数 $\hat{f}$，就可以使用该密度函数来检测离群点。对于对象 $\boldsymbol{o}$，$\hat{f}(\boldsymbol{o})$ 是概率密度函数在 $\boldsymbol{o}$ 点处的值。$\hat{f}(\boldsymbol{o})$ 越大，那么该对象出现的概率就越大，即表示该对象可能是正常的；否则，$\boldsymbol{o}$ 可能是离群点。

10.2.2 基于邻近性的方法

基于邻近性的方法有两种，分别是基于距离的方法和基于密度的方法。基于距离的方法，考虑对象给定半径的邻域。若该对象的邻域内没有足够多的其他数据点，则该对象被认为是离群点。基于密度的方法，考察数据对象和该对象近邻的密度。若数据对象的密度比该对象近邻的密度要低，则该数据对象被识别为离群点。

1. 基于距离的方法

对于待分析的数据对象集 D，用户可以指定一个距离阈值 r，用 r 来定义对象的合理邻域。对于每个数据对象 $\boldsymbol{o}$，可以考察 $\boldsymbol{o}$ 的 r-邻域中的其他对象的个数。若 D 中大多数对象都远离 $\boldsymbol{o}$，则 $\boldsymbol{o}$ 可以被视为一个离群点，如图 10-8 所示。

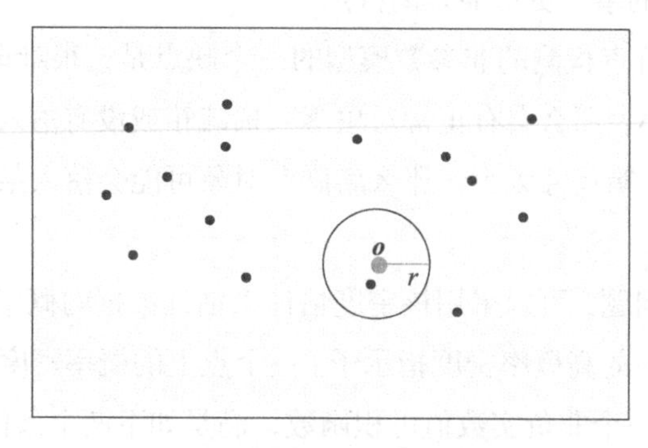

图 10-8　基于距离的离群点检测原理图

令 $r\ (r \geqslant 0)$为距离阈值，$\pi\ (0<\pi \leqslant 1)$为分数阈值。若对象 $\boldsymbol{o}$ 满足式（10-10）的条件，则 $\boldsymbol{o}$ 是一个 DB (r, π)-离群点。

$$\frac{\left\|\{\boldsymbol{o}_k \mid \operatorname{dist}(\boldsymbol{o},\boldsymbol{o}_k) \leqslant r\}\right\|}{\|D\|} \leqslant \pi \tag{10-10}$$

在式（10-10）中，$\operatorname{dist}(\boldsymbol{o},\boldsymbol{o}_k)$ 是距离度量，π 的值越小，意味着 $\boldsymbol{o}$ 被视为离群点的可能性越高。

通过检查对象 $\boldsymbol{o}$ 与该对象的第 k 个最近邻 $\boldsymbol{o}_k$ 之间的距离，可以确定对象 $\boldsymbol{o}$ 是否是离群点。若 $\operatorname{dist}(\boldsymbol{o},\boldsymbol{o}_k) > r$，则对象 $\boldsymbol{o}$ 是离群点，因为在 $\boldsymbol{o}$ 的 r-邻域中，除 $\boldsymbol{o}$ 之外少于 k 个对象。

使用一种简单的嵌套循环，可以检查每个对象的 r-邻域，检测 DB(r,π) -离群点的具体步骤如下。

（1）对于每个对象 $\boldsymbol{o}_i (1 \leqslant i \leqslant n)$，计算 $\boldsymbol{o}_i$ 与其他对象之间的距离，统计 $\boldsymbol{o}_i$ 的 r-邻域中其他对象的个数。

（2）一旦在到 $\boldsymbol{o}_i$ 的 r 距离内找到 $\pi \cdot n$ 个其他对象，则内循环可以立即中止，因为 $\boldsymbol{o}_i$ 已经违反式（10-10），因而不是 DB(r,π) -离群点。另一方面，如果对于 $\boldsymbol{o}_i$，内循环完成，则这意味在半径 r 内，$\boldsymbol{o}_i$ 的近邻数少于 $\pi \cdot n$，因而是 DB(r,π) -离群点。

2. 基于密度的方法

假定非离群点对象周围的密度与其邻域周围的密度类似，而离群点对象周围的密度显著不同于其邻域周围的密度，基于密度的离群点检测方法使用数据对象和该对象近邻的相对密度指示对象是离群点的程度。

给定对象集 D，如何度量对象 $\boldsymbol{o}$ 的相对密度。对象 $\boldsymbol{o}$ 的 k-距离记为 $\operatorname{dist}_k(\boldsymbol{o})$，是 $\boldsymbol{o}$ 与另一个对象 $\boldsymbol{p} \in D$ 之间的距离 $\operatorname{dist}(\boldsymbol{o},\boldsymbol{p})$，能够得出以下结论。

（1）至少有 k 个对象 $\boldsymbol{o}' \in D - \{\boldsymbol{o}\}$，使得 $\operatorname{dist}(\boldsymbol{o},\boldsymbol{o}') \leqslant \operatorname{dist}(\boldsymbol{o},\boldsymbol{p})$。

（2）至少有 k–1 个对象 $\boldsymbol{o}'' \in D-\{\boldsymbol{o}\}$，使得 $\text{dist}(\boldsymbol{o},\boldsymbol{o}'') < \text{dist}(\boldsymbol{o},\boldsymbol{p})$。

换言之，$\text{dist}_k(\boldsymbol{o})$ 是 $\boldsymbol{o}$ 与其第 k 个最近邻之间的距离。因此，$\boldsymbol{o}$ 的 k-距离邻域包含所有到 $\boldsymbol{o}$ 的距离不大于 $\text{dist}_k(\boldsymbol{o})$ 的对象，如式（10-11）所示。

$$N_k(\boldsymbol{o}) = \{\boldsymbol{o}' \mid \boldsymbol{o}' \in D, \text{dist}(\boldsymbol{o},\boldsymbol{o}') \leqslant \text{dist}_k(\boldsymbol{o})\} \tag{10-11}$$

注意，由于可能会有多个对象到 $\boldsymbol{o}$ 的距离相等，$N_k(\boldsymbol{o})$ 中的对象有可能超过 k 个。

可以使用 $N_k(\boldsymbol{o})$ 中的对象到 $\boldsymbol{o}$ 的平均距离作为 $\boldsymbol{o}$ 的局部密度的度量。然而，使用平均距离作为 $\boldsymbol{o}$ 的局部密度的度量会出现一个问题，如果 $\boldsymbol{o}$ 有一个非常近的近邻 $\boldsymbol{o}'$，使得 $\text{dist}(\boldsymbol{o},\boldsymbol{o}')$ 非常小，则距离度量的统计波动可能会很高。为了解决统计波动这一问题，可以通过加上光滑效果，转换成可达距离，此时局部密度转换成局部可达密度，即根据可达距离衡量数据集中数据点的密度。

对于两个对象 $\boldsymbol{o}$ 和 $\boldsymbol{o}'$，若 $\text{dist}(\boldsymbol{o},\boldsymbol{o}') > \text{dist}_k(\boldsymbol{o})$，则从 $\boldsymbol{o}'$ 到 $\boldsymbol{o}$ 的可达距离是 $\text{dist}(\boldsymbol{o},\boldsymbol{o}')$，否则是 $\text{dist}_k(\boldsymbol{o})$，如式（10-12）所示。

$$\text{reachdist}_k(\boldsymbol{o} \leftarrow \boldsymbol{o}') = \max\{\text{dist}_k(\boldsymbol{o}), \text{dist}(\boldsymbol{o},\boldsymbol{o}')\} \tag{10-12}$$

在式（10-12）中，k 是用户指定的参数，用于控制光滑效果。本质上，k 指定需要考察以便确定对象密度的最小邻域。需要注意的是，可达距离不是对称的，即 $\text{reachdist}_k(\boldsymbol{o} \leftarrow \boldsymbol{o}') \neq \text{reachdist}_k(\boldsymbol{o}' \leftarrow \boldsymbol{o})$。

$\boldsymbol{o}$ 的局部可达密度，如式（10-13）所示。

$$\text{lrd}_k(\boldsymbol{o}) = \frac{\|N_k(\boldsymbol{o})\|}{\sum_{\boldsymbol{o}' \in N_k(\boldsymbol{o})} \text{reachdist}_k(\boldsymbol{o}' \leftarrow \boldsymbol{o})} \tag{10-13}$$

$\boldsymbol{o}$ 的局部离群点因子，如式（10-14）所示。

$$\text{LOF}_k(\boldsymbol{o}) = \frac{\sum_{\boldsymbol{o}' \in N_k(\boldsymbol{o})} \frac{\text{lrd}_k(\boldsymbol{o}')}{\text{lrd}_k(\boldsymbol{o})}}{\|N_k(\boldsymbol{o})\|} \tag{10-14}$$

换言之，局部离群点因子是 $\boldsymbol{o}$ 的 k 个最近邻的局部可达密度 $\text{lrd}_k(\boldsymbol{o}')$ 与 $\boldsymbol{o}$ 的局部可达密度 $\text{lrd}_k(\boldsymbol{o})$ 之比的平均值。对象 $\boldsymbol{o}$ 的局部可达密度越低，并且 $\boldsymbol{o}$ 的 k 个最近邻的局部可达密度越高，LOF 值越高。

局部离群点因子具有的两个优良性质如下。

（1）对于一个深藏在一致簇内部的对象，簇 C_2 中心的数据点，局部离群点因子接近于 1。这一性质确保无论簇是稠密的还是稀疏的，簇内的对象不会被错误地标记为离群点，如图 10-9 所示。

$$\text{direct}_{\min}(\boldsymbol{o}) = \min\{\text{reachdist}_k(\boldsymbol{o}' \leftarrow \boldsymbol{o}) \mid \boldsymbol{o}' \in N_k(\boldsymbol{o})\} \tag{10-15}$$

$$\text{direct}_{\max}(\boldsymbol{o}) = \max\{\text{reachdist}_k(\boldsymbol{o}' \leftarrow \boldsymbol{o}) \mid \boldsymbol{o}' \in N_k(\boldsymbol{o})\} \tag{10-16}$$

还需考虑 $\boldsymbol{o}$ 最小和最大可达对象的最小和最大可达距离，如式（10-17）、式（10-18）所示。

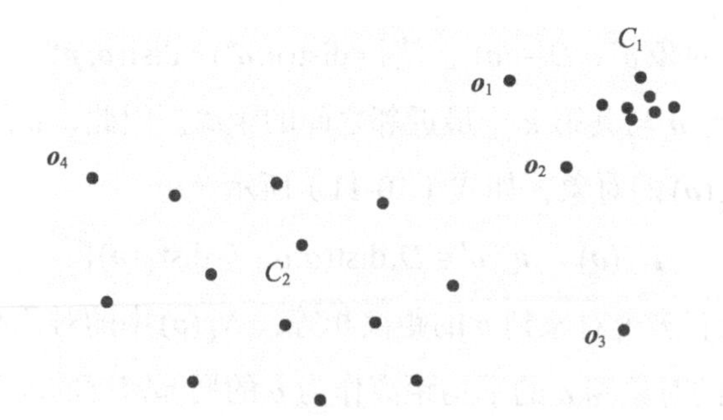

图 10-9　全局离群点和局部离群点

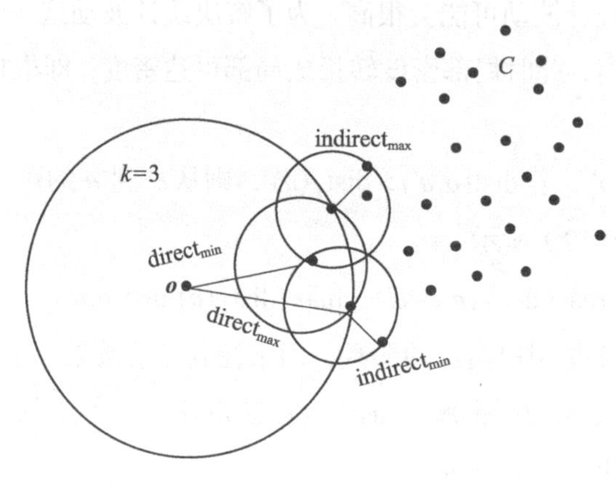

图 10-10　LOF($\boldsymbol{o}$) 的性质

$$\text{indirect}_{\min}(\boldsymbol{o}) = \min\{\text{reachdist}_k(\boldsymbol{o}'' \leftarrow \boldsymbol{o}') \mid \boldsymbol{o}' \in N_k(\boldsymbol{o}) \text{ and } \boldsymbol{o}'' \in N_k(\boldsymbol{o}')\} \tag{10-17}$$

$$\text{indirect}_{\max}(\boldsymbol{o}) = \max\{\text{reachdist}_k(\boldsymbol{o}'' \leftarrow \boldsymbol{o}') \mid \boldsymbol{o}' \in N_k(\boldsymbol{o}) \text{ and } \boldsymbol{o}'' \in N_k(\boldsymbol{o}')\} \tag{10-18}$$

因此，可以证明 LOF($\boldsymbol{o}$) 受限于式（10-19）。

$$\frac{\text{direct}_{\min}(\boldsymbol{o})}{\text{indirect}_{\max}(\boldsymbol{o})} \leqslant \text{LOF}(\boldsymbol{o}) \leqslant \frac{\text{direct}_{\max}(\boldsymbol{o})}{\text{indirect}_{\min}(\boldsymbol{o})} \tag{10-19}$$

这一结果清楚地表明，LOF($\boldsymbol{o}$)捕获了对象的相对密度。

在外卖配送任务价格的制定中，地区任务的密度反映了任务的密集程度，会影响任务的定价。使用 LOF 算法可以刻画任务的密集程度，同时也可以找出离群点。外卖配送任务价格数据集包含任务号码、任务 gps 纬度、任务 gps 经度、任务标价和任务执行情况 5 个属性，共 835 条数据。

利用 LOF 算法对外卖配送任务价格数据集进行离群点检测，如代码 10-2 所示。定义好的 LOF 算法函数已经封装到 practise_task_dentisy_lof.py 文件中。

代码 10-2　利用 LOF 算法对外卖配送任务进行离群点检测

```
import numpy as np
import pandas as pd
import matplotlib.pyplot as plt
```

```
from practise_task_dentisy_lof import lof # 导入自定义函数
plt.rcParams['font.sans-serif'] = ['SimHei'] # 设置中文字体

# 指定文件名称
position = pd.read_excel('../data/外卖配送任务数据.xls')

lon = np.array(position['任务gps经度'][:]) # 经度
lat = np.array(position['任务gps 纬度'][:]) # 纬度
A = list(zip(lat, lon)) # 按照纬度-经度匹配

# 获取外卖配送任务密度，LOF大于2认为是离群值
outliers1, inliers1 = lof(A, k=5, method=2)

print('离群点信息如下：\n', outliers1)
```

代码 10-2 的运行结果如下。

```
离群点信息如下：
             0           1   k distances  local outlier factor
425  23.454574  113.498304    0.132545              5.861116
296  23.878398  113.539711    0.324031             14.444743
295  23.625476  113.431396    0.178774             18.943854
297  23.723118  113.739427    0.222326             27.284010
302  23.816108  113.957929    0.443798             27.810731
```

10.2.3 基于聚类的方法

使用 K-Means 聚类方法，将数据点划分成 3 个簇，不同簇采用不同符号表示。每个簇的中心用“+”标记，如图 10-11 所示。

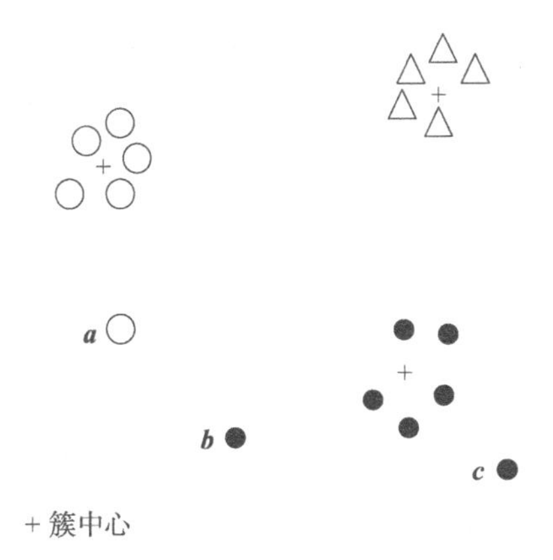

图 10-11 离群点(***a***,***b***,***c***)都远离最近的簇

对于每个对象 $\boldsymbol{o}$，都可以根据该对象与最近簇中心的距离，赋予该对象一个离群点得分。假设到 $\boldsymbol{o}$ 的最近中心为 $\boldsymbol{c}_0$，则 $\boldsymbol{o}$ 与 $\boldsymbol{c}_0$ 之间的距离为 $\mathrm{dist}(\boldsymbol{o},\boldsymbol{c}_0)$，$\boldsymbol{c}_0$ 与指派到 $\boldsymbol{c}_0$ 的对象之间的

平均距离为 l_{c_0}。$\frac{\text{dist}(\boldsymbol{o},\boldsymbol{c}_0)}{l_{c_0}}$ 用于度量 $\text{dist}(\boldsymbol{o},\boldsymbol{c}_0)$ 与平均值的差异程度。点 ***a***、***b*** 和 ***c*** 都相对远离对应中心，因而均被怀疑为离群点。

如果在检测离群点前必须先找出簇，那么基于聚类的方法可能导致很大的计算开销。固定宽度聚类是一种线性时间技术，可以用来解决传统聚类方法计算开销大的问题。固定宽度聚类思想是简单而有效的，若一个点到该簇中心的距离在预先定义的距离阈值内，则该点被指派到一个簇。若一个点不能指派到任何已存在的簇，则创建一个新簇。在某些条件下，距离阈值可以由数据学习。固定宽度聚类可以通过指定距离阈值，从而使数据点属于某个簇，也能用来检测离群点；而一般聚类则需要先计算样本间的相似性，才能将样本划分到具体的簇中。

基于聚类的方法的优点是，该方法检测离群点不要求数据是有标签的，即以无监督方式检测。该方法对许多类型的数据都有效。在得到簇后，基于聚类的方法只需要把对象与簇进行比较，即可确定该对象是否是离群点，过程相对较快。

基于聚类的方法的缺点是，有效性高度依赖于所使用的聚类方法，而聚类方法对于簇确定可能不是最优的，导致离群点不一定是最正确的。并且对于大型数据集，聚类方法通常需要很大的计算和时间开销。

根据基于聚类的方法的检测原理，可以对用户的消费行为进行离群点检测，如代码 10-3 所示。

代码 10-3　基于聚类的消费行为离群点检测

```
import numpy as np
import pandas as pd
import matplotlib.pyplot as plt
from sklearn.cluster import KMeans

plt.rcParams['font.sans-serif'] = ['SimHei']  # 设置中文字体

# 参数初始化
inputfile = '../data/Online Retail_RFM.csv'  # 销量及其他属性数据
k = 3  # 聚类的类别
threshold = 2  # 离散点阈值
iteration = 500  # 聚类最大循环次数
data = pd.read_csv(inputfile, index_col='CustomerID')  # 读取数据
data_zs = 1.0 * (data - data.mean()) / data.std()  # 数据标准化

model = KMeans(n_clusters=k, max_iter=iteration)  # 分为k类，并发数4
model.fit(data_zs)  # 开始聚类
# 标准化数据及其类别
r = pd.concat([data_zs, pd.Series(model.labels_, index=data.index)], axis=1)  # 每个样本对应的类别
r.columns = list(data.columns) + ['聚类类别']  # 重命名表头
```

```
norm = []
for i in range(k): # 逐一处理
    norm_tmp = r[['R', 'F', 'M']][r['聚类类别'] == i] - model.cluster_centers_[i]
    norm_tmp = norm_tmp.apply(np.linalg.norm, axis=1) # 求出绝对距离
    norm.append(norm_tmp / norm_tmp.median()) # 求相对距离并添加

norm = pd.concat(norm) # 合并

norm[norm <= threshold].plot(style='g^') # 正常点

discrete_points = norm[norm > threshold] # 离群点
discrete_points.plot(style='ro')

for i in range(len(discrete_points)): # 离群点标记
    id = discrete_points.index[i]
    n = discrete_points.iloc[i]
    plt.annotate('(%s, %0.2f)' % (id, n), xy=(id, n), xytext=(id, n))

fontsize = 12
plt.title('基于聚类的消费行为离群点检测', fontsize=fontsize)
plt.xlabel('编号', fontsize=fontsize)
plt.ylabel('相对距离', fontsize=fontsize)
plt.show()
```

运行代码 10-3，可以检测出 9 个离群点，即圆点就是离群点，如图 10-12 所示。

基于聚类的消费行为离群点检测

（彩图）

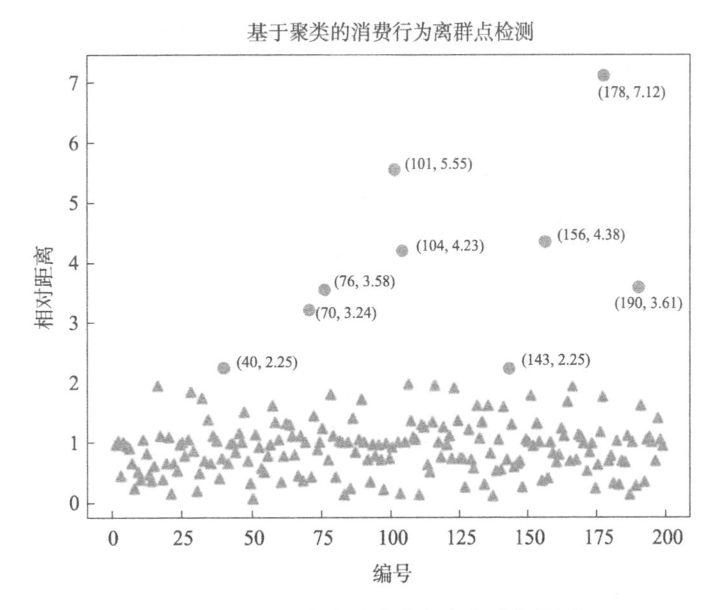

图 10-12　基于聚类的消费行为离群点检测

10.2.4 基于分类的方法

若训练数据具有类标签，则离群点检测可以看作分类问题。基于分类的方法的一般思想是，训练一个可以区分“正常”数据和离群点的分类模型。

基于分类的离群点检测方法，通常使用单分类模型（One-Class Model），即可以构建一个仅用来描述“正常”数据的分类器，而不属于“正常”数据这一类别的任何样本都被视为离群点。

为了构建一个离群点检测模型，可以使用支持向量机（Support Vector Machine，SVM）这样的分类方法来学习“正常”数据的决策边界。给定一个新的数据对象，若该对象在“正常”数据的决策边界内，则被视为正常的；若该对象在该决策边界外，则被视为离群点，如图 10-13 所示，黑色空心点标记为“正常数据”，黑点实心点标记为“离群数据”。

单分类模型检测离群点的优点是，可以检测可能不靠近训练集中的任何离群点的新离群点。只要新的数据点落在“正常数据”的决策边界外，就会被判定为离群点。

基于分类的方法和基于聚类的方法可以进行联合使用，以半监督学习的方式检测离群点，如图 10-14 所示。在图 10-14 有一个大簇 C 和一个小簇 C_1。因为 C 中的某些数据对象携带了“正常”标签，因此可以把簇 C 中的所有对象（包括没有标签的对象）都视为正常对象。在离群点检测中，使用这个簇的单分类模型来识别离群点。类似地，因为簇 C_1 中的某些对象携带标签“离群点”，因此簇 C_1 中的所有对象都是离群点。未落入簇 C 中的任何对象（如 $\boldsymbol{a}$）也被视为离群点。

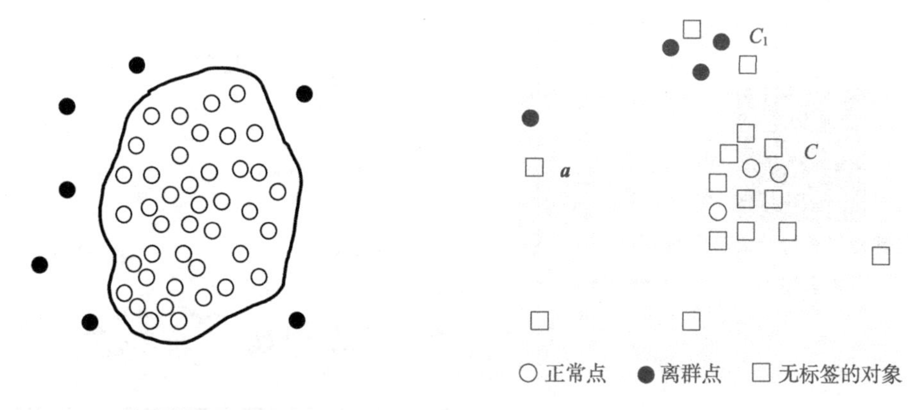

图 10-13　分类模型检测离群点　　图 10-14　以半监督学习的方式检测离群点

使用 sklearn 库中 svm 模块的 OneClassSVM 函数可以构建单分类模型实现离群点检测，其语法格式如下。

```
sklearn.svm.OneClassSVM(*, kernel='rbf', degree=3, gamma='scale', coef0=0.0, tol=0.001,
nu=0.5, shrinking=True, cache_size=200, verbose=False, max_iter=- 1)
```

OneClassSVM 函数常用的参数及其说明如表 10-2 所示。

表 10-2 OneClassSVM 函数常用的参数及其说明

参数名称	说明
kernel	接收 str。表示指定要在算法中使用的核函数。Linear 为线性核；poly 为多项式核；sigmoid 为 Sigmoid 核。默认为 rbf
degree	接收 int。表示多项式核函数的阶数。默认为 3
gamma	接收 str。表示核系数，scale 表示使用输入向量的标准偏差来计算；auto 表示使用样本的特征数来计算。默认为 scale
coef0	接收 float。表示核函数中的偏置项。默认为 0.0
tol	接收 float。表示停止标准的容差。默认为 0.001
nu	接收 float。表示训练误差分数的上限和支持向量分数的下限，应该在(0, 1]区间内。默认为 0.5
shrinking	接收 bool。表示是否使用收缩启发式，当为 True 时，每次迭代都会更新模型，而不仅是在训练集上进行迭代。默认为 True
cache_size	接收 float。表示指定内核缓存的大小。默认为 200
verbose	接收 bool。表示启用详细输出。默认为 False
max_iter	接收 int。表示求解器内迭代的次数，–1 表示无限制。默认为–1

结合单分类模型的原理，可以对部分基站中随机用户的实时流量使用情况进行离群点检测，如代码 10-4 所示。

代码 10-4 利用单分类模型进行离群点检测

```
import numpy as np
import matplotlib.pyplot as plt
import matplotlib.font_manager
import pandas as pd
from sklearn import svm

plt.rcParams['font.sans-serif'] = ['SimHei']  # 设置中文字体

# np.linspace()用于创建数值序列
xx, yy = np.meshgrid(np.linspace(-5, 5, 500), np.linspace(-5, 5, 500))

# 导入数据，设置训练集
baseStation1_traffic = pd.read_csv('../data/baseStation1_traffic.csv')
baseStation1_traffic_array = baseStation1_traffic[['user1', 'user2']].values
X_train = baseStation1_traffic_array

# 导入数据，设置测试集
baseStation2_traffic = pd.read_csv('../data/baseStation2_traffic.csv')
baseStation2_traffic_array = baseStation2_traffic[['user1', 'user2']].values
X_test = baseStation2_traffic_array

# 导入数据
baseStation3_traffic = pd.read_csv('../data/baseStation3_traffic.csv')
baseStation3_traffic_array = baseStation3_traffic[['user1', 'user2']].values
```

```
X_outliers = baseStation3_traffic_array

# 训练模型
clf = svm.OneClassSVM(nu=0.1, kernel="rbf", gamma=0.1)
clf.fit(X_train)  # 根据训练样本和上面两个参数探测边界
y_pred_train = clf.predict(X_train)  # predict(x)：返回预测值，+1 为正常样本，-1 为异常样本
y_pred_test = clf.predict(X_test)
y_pred_outliers = clf.predict(X_outliers)
n_error_train = y_pred_train[y_pred_train == -1].size
n_error_test = y_pred_test[y_pred_test == -1].size
n_error_outliers = y_pred_outliers[y_pred_outliers == 1].size

# 绘制直线、点和与平面最近的向量
# decision_function()：返回各样本点到超平面的函数距离,正的为正常样本，负的为异常样本
Z = clf.decision_function(np.c_[xx.ravel(), yy.ravel()])
Z = Z.reshape(xx.shape)

plt.title("利用单分类模型进行离群点检测")
plt.contourf(xx, yy, Z, levels=np.linspace(Z.min(), 0, 7), cmap=plt.cm.PuBu)  # 绘制异常样本的区域
a = plt.contour(xx, yy, Z, levels=[0], linewidths=2, colors='darkred')  # 绘制正常样本和异常样本的边界
plt.contourf(xx, yy, Z, levels=[0, Z.max()], colors='palevioletred')  # 绘制正常样本的区域
s = 40
b1 = plt.scatter(X_train[:, 0], X_train[:, 1], c='white', s=s, edgecolors='k')
b2 = plt.scatter(X_test[:, 0], X_test[:, 1], c='blueviolet', s=s,
                 edgecolors='k', marker='^')
c = plt.scatter(X_outliers[:, 0], X_outliers[:, 1], c='gold', s=s,
                edgecolors='k', marker='s')
plt.axis('tight')
# plt.xlim((-5, 5))
# plt.ylim((-5, 5))
plt.xticks([])
plt.yticks([])
plt.legend([a.collections[0], b1, b2, c],
           ["学习边界", "训练数据",
            "新的正常数据", "新的异常数据"],
           loc="upper left",
           prop=matplotlib.font_manager.FontProperties(size=11))
plt.show()
```

运行代码 10-4，可以检测出离群点数据，即正方形的数据点，如图 10-15 所示。

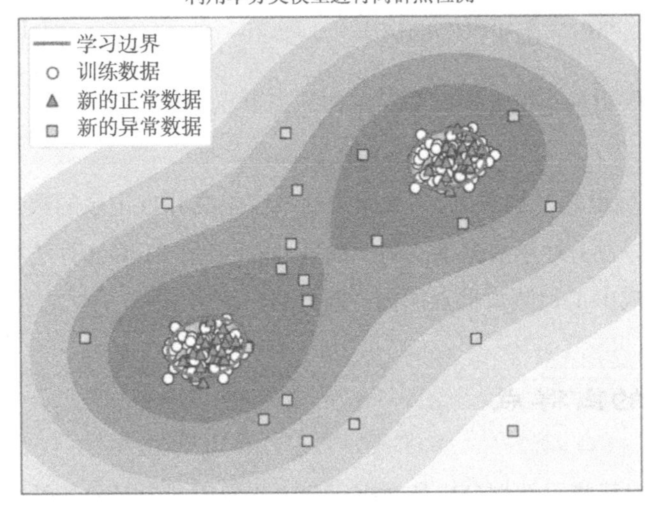

图 10-15　利用单分类模型进行离群点检测

利用单分类模型进行离群点检测（彩图）

10.3　高维数据中的离群点检测

随着维度的增加，对象之间的距离可能会被噪声所干扰，即在高维空间中，两点之间的距离或相似性可能并不反映点之间的实际联系。同时，数据体积会急剧扩大，处理和存储的难度也会显著增加。这使得传统的离群点检测方法在处理高维数据时变得非常低效。

高维数据的统计特性也变得难以把握，这进一步增加了离群点检测的难度。随着维度的增加，数据集的空间分布趋于集中。这是由于在高维空间中，大多数数据点都聚集在较低的子空间中，导致高维空间中的离群点比例显著降低。这种趋势使得离群点的检测变得更加困难，因为离群点在高度密集的数据中变得不够明显。

在本节中，主要会介绍扩充的传统离群点检测、发现子空间中的离群点和高维离群点建模这三种在高维数据中的离群点检测方法。

10.3.1　扩充的传统离群点检测

扩充的传统离群点检测方法，使用传统的基于邻近性的离群点检测模型。然而，为了克服高维空间中邻近性度量恶化问题，该方法使用其他度量，或构造子空间并在其中检测离群点。

HilOut 算法可以找出基于距离的离群点，但在离群点检测中使用距离的秩，而不是绝对距离。具体地说，对于每个对象 $\boldsymbol{o}$，HilOut 算法找出 $\boldsymbol{o}$ 的 k 个最近邻，记作 $nn_1(\boldsymbol{o}),\cdots, nn_k(\boldsymbol{o})$，其中 k 是一个依赖于应用的参数。对象 $\boldsymbol{o}$ 的权重定义如式（10-20）所示。

$$\omega(\boldsymbol{o}) = \sum_{i=1}^{k} \text{dist}(\boldsymbol{o}, nn_i(\boldsymbol{o})) \tag{10-20}$$

所有对象按权重降序定秩。权重最高的 $\text{top}-l$ 个对象作为离群点输出，其中，l 是另一个用户指定的参数。

由于计算每个数据对象的 K 最近邻开销很大，当数据集的维度很高并且记录的数量很大时，数据集将难以进行数据归约。为了处理数据维度高、数量大的问题，HilOut 算法利用空间填充曲线得到一个近似算法，减少了检测离群点所需的时间。

10.3.2 发现子空间中的离群点

在数据挖掘中，子空间是根据某些属性划分出的数据子集。若发现一个对象是低维度的子空间中的离群点，则可以解释该对象在何种程度上是离群点。就像是在日常生活中，超市里会有一个大规模的顾客信息数据库，数据库中包含了顾客的许多属性和购物史，即这个数据库是高维的。在包含平均购买量和购买频率两个属性的低维子空间上，顾客 A 是一个离群点，因为顾客 A 的平均购买量显著地高于大多数顾客，但购买频率却非常低。了解到顾客 A 的购买频率比较低，则可以向顾客 A 建议可能提高购买频率的项目。

使用一种基于网格的子空间离群点检测方法（发现子空间中的离群点），可以对离群点进行检测，该检测方法的主要步骤如下。

（1）考虑数据在各种子空间上的投影。如果在一个子空间中，发现一个区域的密度比平均密度低很多，那么该区域很可能包含离群点。为了找出这种投影，先以等深的方式把数据离散化到网格中。也就是说，每个维被划分成 ϕ 个等深的区间，其中每个区间包含对象的 $f\left(f=\dfrac{1}{\phi}\right)$ 部分。选择等深划分是因为数据对象沿不同的维可能具有不同的局部性。空间的等宽划分可能无法反映出这种局部性差异。

（2）在子空间中搜索被这些区间定义的显著稀疏的区域。为了量化何为“显著稀疏”，考虑 k 维上 k 个区间形成的 k 维立方体。假设数据集包含 n 个对象，如果对象是独立分布的，则落入 k 维区域中的期望对象数为 $\left(\dfrac{1}{\phi}\right)^k n = f^k n$。在一个 k 维区域中点数的标准差为 $\sqrt{f^k(1-f^k)n}$。假设特定的 k 维立方体 C 有 $n(C)$ 个对象。可以定义 C 的稀疏系数，如式（10-21）所示。

$$S(C) = \frac{n(C) - f^k n}{\sqrt{f^k(1-f^k)n}} \tag{10-21}$$

（3）如果 $S(C) < 0$，那么 C 包含的对象少于期望，$S(C)$ 值越小，C 越稀疏，并且 C 中

的对象越可能是子空间中的离群点。

通过假定 $S(C)$ 服从正态分布，可以对数据服从均匀分布的先验假定，使用标准正态分布表来确定对象显著地偏离平均值的水平。一般而言，均匀分布的假定不成立。然而，稀疏性系数还是提供了一个区域的“离群点性”的直观度量。

为了找出显著小的稀疏性系数值，可以搜索每个可能的子空间中的每个立方体，然而，这种方法的计算开销是指数上升的。

10.3.3 高维离群点建模

高维离群点检测的另一种方法试图直接为高维离群点建立一个新模型，这种方法没有使用邻近性度量，而是采用新的启发式方法来检测离群点，并且这种方法不会在高维数据中退化，如基于角的离群点检测。

假设一个点集，除点 $\boldsymbol{c}$ 之外的点形成一个簇，$\boldsymbol{c}$ 是离群点，对于簇中的每个点，都可以与簇中另外的两个点形成一个角，如图 10-16 所示。

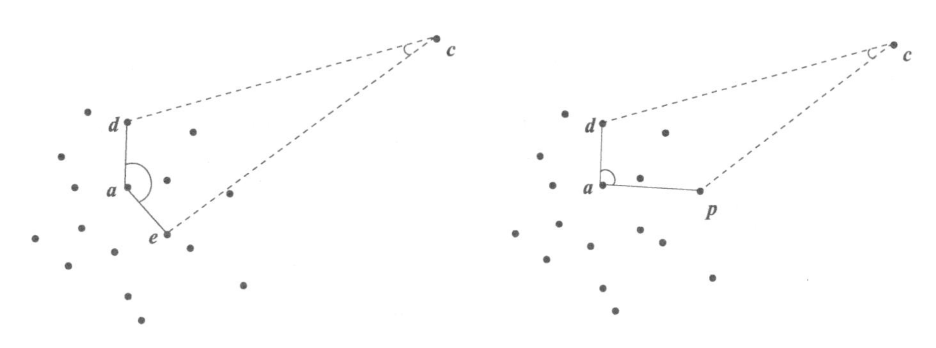

图 10-16　基于角度的离群点

对于簇中心附近的点 $\boldsymbol{a}$，形成了两个角为 $\angle \boldsymbol{dae}$ 和 $\angle \boldsymbol{dap}$。对于离群点 $\boldsymbol{c}$，形成的两个角为 $\angle \boldsymbol{dce}$ 和 $\angle \boldsymbol{dcp}$。对 4 个角进行对比可以看出，$\angle \boldsymbol{dae}$ 和 $\angle \boldsymbol{dap}$ 的角度变化大于 $\angle \boldsymbol{dce}$ 和 $\angle \boldsymbol{dcp}$ 的角度变化。因此，可以使用点的角度方差来确定一个点是否是离群点。

结合角度和距离来对离群点建模，对于每个点 $\boldsymbol{o}$，使用距离加权的角度方差作为离群点得分。即给定一个点集 D，对于每个点 $\boldsymbol{o} \in D$，基于角度的离群点因子（Angle-Based Outlier Factor，ABOF）的定义，如式（10-22）所示。

$$\text{ABOF} = \text{var}_{\boldsymbol{x},\boldsymbol{y} \in D, \boldsymbol{x} \neq \boldsymbol{o}, \boldsymbol{y} \neq \boldsymbol{o}} \frac{\langle \overrightarrow{\boldsymbol{ox}}, \overrightarrow{\boldsymbol{oy}} \rangle}{\text{dist}(\boldsymbol{o},\boldsymbol{x})^2 \, \text{dist}(\boldsymbol{o},\boldsymbol{y})^2} \tag{10-22}$$

在式（10-22）中，$\langle \overrightarrow{\boldsymbol{ox}}, \overrightarrow{\boldsymbol{oy}} \rangle$ 是点积操作，而 $\text{dist}(\boldsymbol{o},\boldsymbol{x})$ 和 $\text{dist}(\boldsymbol{o},\boldsymbol{y})$ 是标准距离。

显然，点离簇越远，点的角度的方差越小，ABOF 越小，点越可能是离群点。基于角度的离群点检测方法（Angle-Based Outlier Detection）对每个点计算 ABOF，并且按 ABOF 递增的顺序输出数据集中点的列表。

ABOD 会对数据中的每个点计算精确的 ABOF 值，时间复杂度为 $O(n^3)$，n 是数据数量。因此，该算法难以应用到大型数据集，需要使用基于角度的离群点检测的思想开发近似算法来加快计算速度。

10.4 Python 离群点检测案例分析

离群点检测广泛应用于金融、医疗、销售等领域，例如，在汽车销售数据中，通过离群点检测，可以检测出某类汽车的销售数据中的异常，这可能代表着市场的新趋势或特定因素影响了销售。

10.4.1 背景与目标

汽车数据是由成千上万的二手汽车卖家提供的，并且是公开的。由于这些数据是由用户进行记录的，因此容易受到人为失误的影响，例如，用户在错误的字段中提交值，或无意中发生错误等。检测汽车价格数据中的离群值有利于纠正错误，基于汽车数据进行离群点检测，也可以降低选到问题车辆的概率，降低买家的购车风险，节约了选车时间。

汽车数据包含有汽车的价格（price）、已行驶英里数（mileage）、上市年份（year）、档次（trim）、引擎缸数（engine）、换挡方式（trainsmission），如表 10-3 所示。

表 10-3 汽车数据

price	mileage	year	trim	engine	transmission
12995	68265	2006	ex	4 Cyl	Automatic
9690	92778	2006	ex	4 Cyl	Automatic
8995	136000	2006	ex	4 Cyl	Automatic
11995	72765	2006	lx	6 Cyl	Automatic
17999	36448	2006	ex	6 Cyl	Automatic

10.4.2 使用 LOF 算法进行离群点检测

在导入 LOF 算法所需函数之后，可以对汽车数据进行离群点检测：首先计算第 k 可达距离；然后计算局部可达密度；最后计算 LOF 因子。

使用 LOF 算法进行汽车数据的离群点检测代码，如代码 10-5 所示。

代码 10-5　使用 LOF 算法进行汽车数据的离群点检测

```
import pandas as pd
import seaborn as sns
import matplotlib.pyplot as plt
# 导入自定义的函数
from practise_task_dentisy_lof import k_Distance, reach_density, cal_lof
import warnings
warnings.filterwarnings('ignore')  # 不显示 warning 信息

car_data = pd.read_csv('../data/accord_sedan_testing.csv')
mprice_data = car_data[['mileage', 'price']]

# 计算第 k 可达距离
dists, neighbor_info = k_Distance(mprice_data.values, 2)

# 计算局部可达密度
lrd_list = reach_density(mprice_data, dists, neighbor_info)

nums = mprice_data.shape[0]

lof_list = []

for index in range(nums):
    # 计算 LOF 因子
    lof = cal_lof(index, mprice_data.values, neighbor_info, lrd_list)
    lof_list.append(lof)

boolean_array = [item > 5 for item in lof_list]

indicy = []

for key, value in enumerate(boolean_array):
    if value:
        indicy.append(key)
```

10.4.3　绘制离群点检测图

在使用 LOF 算法进行离群点检测后，可以将离群点检测前的已行驶英里数与价格关系图和离群点检测后进行对比，从而更清晰的观察离群点。绘制离群点检测图，如代码 10-6 所示。

代码 10-6　绘制离群点检测图

```
# 绘制已行驶英里数与价格的原始关系图
fontsize = 12
fig = plt.figure(figsize=(7, 7))

plt.scatter(car_data['mileage'],
         car_data['price'],
         c='#EE5150',
```

```
        marker='^',
        label='汽车数据')

plt.title('已行驶英里数与价格的原始关系图',fontsize=fontsize)
plt.xlabel('已行驶英里数')
plt.ylabel('汽车价格')
plt.grid('on')
plt.legend(loc='upper right',
        frameon=True,
        edgecolor='k',
        framealpha=1,
        fontsize=12)
sns.set_style('dark')

# 画出离群点
fig = plt.figure(figsize=(7, 7))
for i in mprice_data.index:
   if i not in indicy:
      plt.scatter(mprice_data.iloc[i]['mileage'],
              mprice_data.iloc[i]['price'],
              c='#2d9ed8',
              s=50,
              marker='^',
              label='inliers')
   else:
      plt.rcParams['font.sans-serif'] = ['SimHei']  # 用来正常显示中文标签
      plt.rcParams['axes.unicode_minus'] = False  # 用来正常显示负号

      plt.scatter(mprice_data.iloc[i]['mileage'],
              mprice_data.iloc[i]['price'],
              c='#EE5150',
              s=50,
              marker='o',
              label='outliers')
      plt.title('离群点检测后的已行驶英里数与价格的关系图',fontsize=fontsize)
      plt.xlabel('已行驶英里数')
      plt.ylabel('汽车价格')
      plt.grid('on')
plt.show()
```

汽车数据的原始分布，如图 10-17 所示。检测出离群点的分布，如图 10-18 所示

根据日常的生活经验可知，二手车的行驶英里数越高，汽车卖出去的价格应该会越低，所以对于处在右上和左下区域的点可能是一些离群点。例如，图 10-18 左下区域的圆点数据，行驶里程数低，只有 60000 英里，但汽车售出价格却非常低，可能该车辆是事故车辆或有损坏。图 10-18 左上区域的另一个圆点，则是已行驶了约 20000 英里，是所有行驶公里数中的最小值，第二小的行驶英里数将近是其两倍，因此该车辆的行驶英里数可能记录有误。

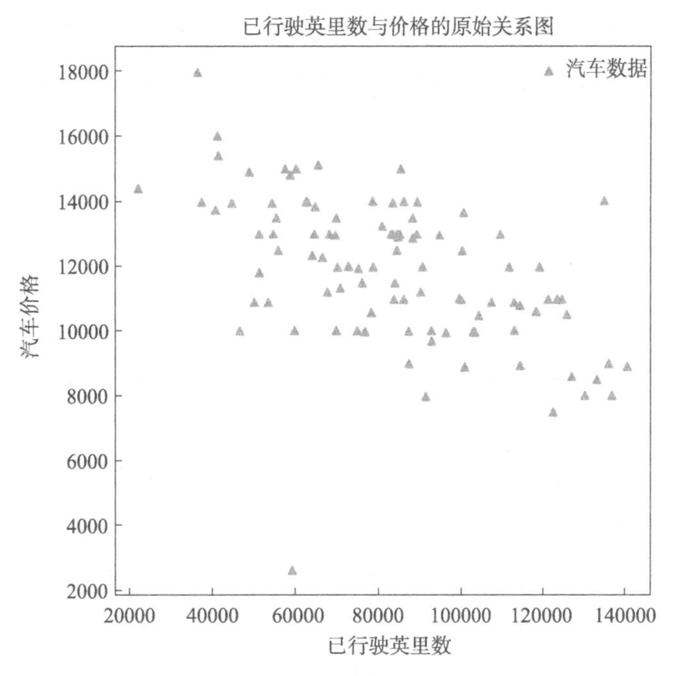

图 10-17　汽车数据的原始分布

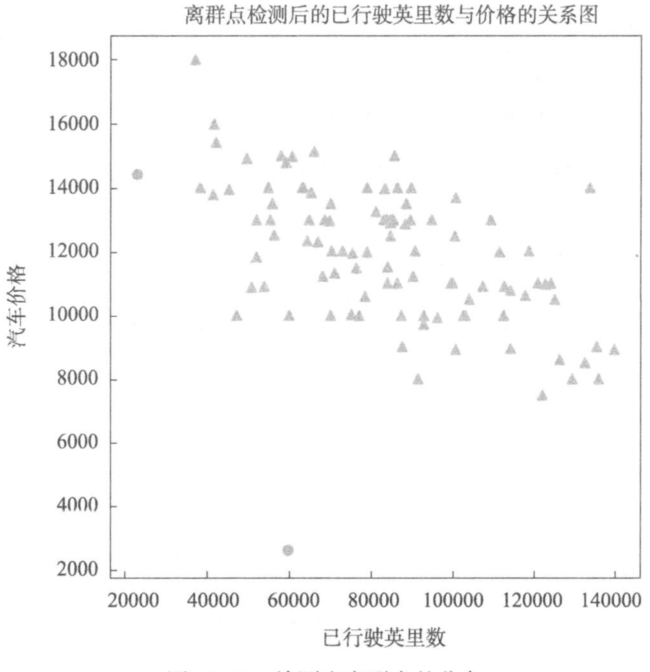

图 10-18　检测出离群点的分布

小结

本章主要介绍了离群点的相关内容，首先介绍了离群点的类型，包括全局离群点、情境离群点和集体离群点。然后介绍了常用的离群点检测方法，包括基于统计学的方法、基于邻近性的方法、基于聚类的方法和基于分类的方法。最后介绍了高维数据中的离群点检测。

习题

1. 选择题

第 10 章选择题答案

（1）一个观测值与其他观测值的差别很大，以至于怀疑该观测者是由不同的机制产生的，则该观测值是一个（　　）。

A. 边界点　　B. 质心　　C. 离群点　　D. 核心点

（2）离群点分为全局离群点、（　　）。

A. 部分离群点和条件离群点　　B. 条件离群点和集体离群点

C. 部分离群点和集体离群点　　D. 异常离群点和集体离群点

（3）下列关于基于统计的离群点检测的说法，错误的是（　　）。

A. 可以基于正态分布检测一元离群点

B. 可以基于随机分布检测多元离群点

C. 可以使用混合参数分布检测多元离群点

D. 可以使用直方图作为非参数统计模型捕获离群点

（4）一个对象的离群点得分是该对象周围密度的逆。这是基于（　　）的离群点定义。

A. 概率　　B. 邻近性　　C. 密度　　D. 聚类

（5）基于邻近性的方法包括基于距离的离群点检测和（　　）。

A. 基于密度的离群点检测　　B. 基于位置的离群点检测

C. 基于数据的离群点检测　　D. 基于概率的离群点检测

（6）如果一个对象不属于任何簇，那么该对象是（　　）。

A. 基于距离的离群点　　B. 基于统计的离群点

C. 基于聚类的离群点　　D. 基于密度的离群点

（7）基于分类的方法和（　　）可以进行联合使用，以半监督学习的方式检测离群点。

A. 基于距离的方法　　B. 基于统计的方法

C. 基于聚类的方法　　D. 基于密度的方法

（8）基于分类的离群点检测方法通常使用（　　）模型。

A. 一类　　B. 二类　　C. 三类　　D. 四类

（9）下列不属于高维数据中的离群点检测方法是（　　）。

A. 扩充的传统离群点检测　　B. 多元离群点检测

C. 发现子空间中的离群点　　　　　　D. 对高维离群点建模

（10）扩充的传统离群点检测方法，使用传统的（　　）模型。

A. 基于邻近性的离群点　　　　　　B. 基于统计的离群点

C. 基于聚类的离群点　　　　　　　D. 基于密度的离群点

2. 应用题

（1）儿童上学的具体年龄总体服从正态分布，所给的数据集是某地区随机选取的开始上学的 20 名儿童，具体的年龄特征为：年龄={6，7，6，8，9，10，8，11，7，9，12，7，11，8，13，7，8，14，9，12}，那么相应的统计参数是：均值=9.1；标准差=2.3。如果选择数据分布的阈值为：阈值=均值±2×标准差，请求出年龄数据中潜在离群点。

第 10 章应用题答案

（2）假设一个二维数据集 D_1 经过聚类后得到聚类结果为 $C=\{C_1,C_2,C_3\}$，三个簇的质心分别为 $C_1(5.5,7.5)$、$C_2(5,2)$、$C_3(1.75,2.25)$，试计算所有对象的离群因子，如图 10-19 所示。

给定一个二维数据集 D_2，当 k=2 时，使用欧式距离，求 P_1、P_2 哪个点具有更高的离群点得分，如图 10-20 所示。

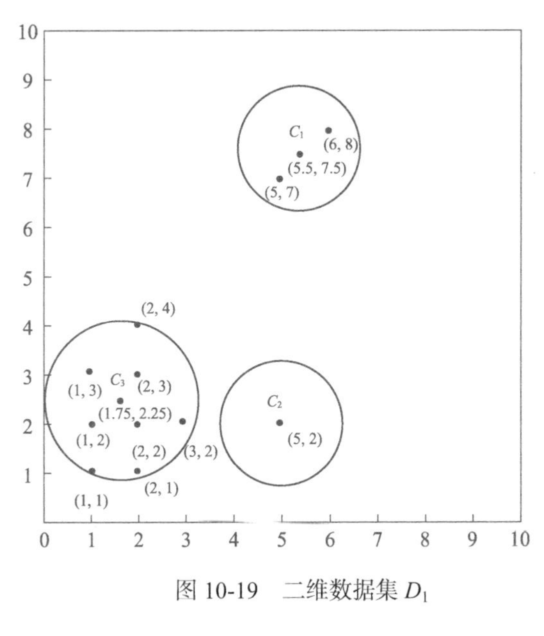

图 10-19　二维数据集 D_1

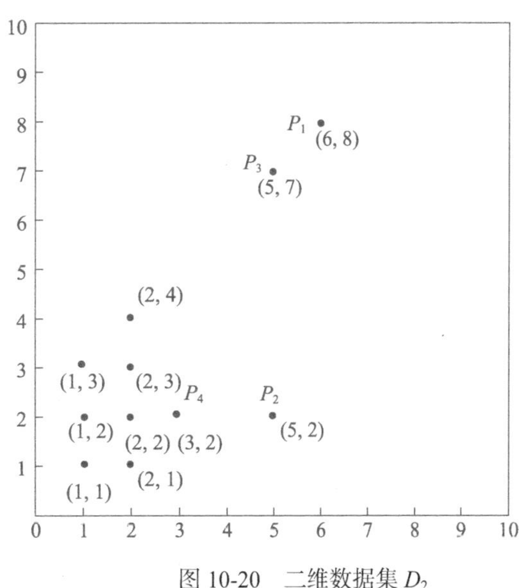

图 10-20　二维数据集 D_2

3. 操作题

（1）Online Retail_RFM.csv 包含了用户交易行为数据，请结合 K-Meansj 聚类对数据进行离群点检测以及可视化展示。·

第 10 章操作题答案

第11章 大数据分析与挖掘的发展前沿

我国数据产生能力巨大，各行业数据资源的采集使得数据不断积累，大数据的挖掘也愈发复杂。大数据产业是以数据生成、采集、存储、加工、分析、服务为主的新兴产业，是激活数据要素潜能的关键支撑，同时也是建设现代化产业体系不可或缺的一部分，为实现中华民族伟大复兴，必须推进新型工业化，加快建设网络强国、数字中国。本章将介绍大数据挖掘的复杂性，以及大数据挖掘与人工智能的联系。

学习目标

（1）了解大数据挖掘的复杂性。

（2）了解大数据挖掘与深度学习、知识图谱、迁移学习、强化学习、联邦学习的联系。

（3）了解深度学习、知识图谱、迁移学习、强化学习、联邦学习的基本概念。

11.1　复杂的大数据挖掘

数据、数据挖掘任务和数据挖掘方式的复杂性，给大数据挖掘提出了许多具有挑战性的问题。这些问题存在于大数据存储、分析、挖掘等多个环节中。

11.1.1　复杂的数据

近年来，随着互联网、物联网、云计算等技术的迅猛发展，数据的快速增长成了许多行业共同面对的严峻挑战和宝贵机遇，信息社会已经进入了大数据时代. 大数据的涌现不仅改变着人们的生活与工作方式、企业的运作模式，还引起科学研究模式的根本性改变。大数据的复杂性主要包括数据类型的复杂性、数据结构的复杂性。

1. 数据类型的复杂性

信息技术的发展使得数据产生的途径不断增加，数据的来源和类型也变得更加复杂。例如，社交媒体、物联网、传感器等数据源的出现，使数据的来源更加广泛，而且数据的产生是实时的、大规模的，这就使得大数据挖掘变得更加复杂。常见的复杂的数据类型如图 11-1 所示。

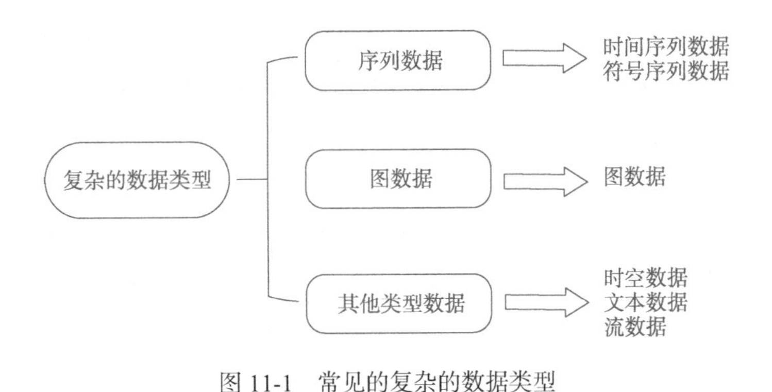

图 11-1　常见的复杂的数据类型

序列数据是事件的有序表。常见的序列数据有时间序列数据和符号序列数据，时间序列数据已经在第 9 章中详细介绍，符号序列数据由事件或标称数据的长序列组成，通常不是相等的时间间隔观测。例如，基因序列就是一种符号序列数据，对于许多这样的序列数据，间隙（记录的事件之间的时间间隔）是无关紧要的。

图数据是顶点和边的集合，如图 11-2 所示，可简单地理解为，图数据是一些节点和关联这些节点的联系（Relationship）的集合。图数据将实体表现为节点，实体与其他实体连接的方式表现为联系。通过图数据的结构可以对各种场景进行建模，例如，某购物平台的供应链。随着场景范围的变大和细节的加深，图数据也相应变得复杂。

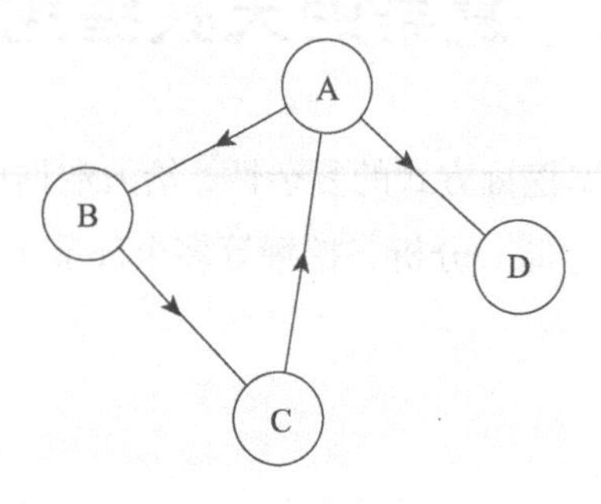

图 11-2　图数据

除序列数据和图数据外，还有许多其他类型的半结构或非结构数据，如时空数据、流数据等。在许多情况下，时空数据是指存放在地理数据库中与地球空间有关的数据，这些数据通常具有高度的时空分辨率和复杂的结构性，如气象数据、地球观测数据、移动位置数据等。流数据是指实时产生的、连续不断的数据，从数据源（如传感器、摄像头、系统等）不断流入，并且以连续的顺序产生。流数据的特点是实时性、连续性和无限性，它们可以以高速度实时产生，并且可以持续不断地产生，没有明确的开始和结束。这对有效地挖掘流数据提出了巨大挑战。

2. 数据结构的复杂性

结构化数据通常储存在关系数据库中，是能够用数据或统一的结构加以表示的信息，如数字、符号。如今，结构化数据有各种不同的来源，如社交媒体、电子商务、医疗保健、金融等领域。这些来源的数据具有不同的特征和格式，需要专门的技术和方法进行数据清洗和预处理。

随着信息技术和互联网的快速发展，非结构化数据产生了许多变化，这些变化使得对非结构化数据的处理变得更加复杂。各种智能设备、传感器、社交媒体和其他数字化平台的普及，非结构化数据的产生速度和能力大大提高。这使得存储、处理和分析非结构化数据变得更加具有挑战性。

同时，半结构化数据也产生了许多变化。其中一个体现就是，半结构化数据的异构性增强。随着各种不同类型的数据源的涌现，半结构化数据的形式和结构变得更加多样化和复杂。

11.1.2　复杂的挖掘方式

由于数据结构的复杂性，单一的挖掘方式难以应对全部数据的挖掘，因此针对不同的数据会有不同的挖掘方式。Web 挖掘和图挖掘都需要处理大量的非结构化数据，需要综合运用多个领域的知识和技术。

1. Web 挖掘

Web 挖掘可以理解为，从与网页相关的资源和行为中抽取感兴趣的、有用的模式和隐含信息。Web 挖掘一般可以分为三类：Web 内容挖掘、Web 结构挖掘、Web 使用挖掘。

Web 内容挖掘是在 Web 上的网页内容中提取有用的信息和知识的过程，这些网页内容包括文本、图片、音频、视频等。提取有用信息包括商品描述、论坛回帖等，这些信息可以被用作进一步分析和挖掘。Web 内容挖掘的应用领域非常广泛，包括搜索引擎、信息推荐、知识发现、决策支持等。例如，通过分析用户搜索记录和点击行为，可以优化搜索引擎的排序算法，提高搜索结果的质量；通过分析用户的评论和反馈，可以改进产品和服务，提高用户满意度。

Web 结构挖掘是对 Web 的链接结构进行分析。Web 结构包括不同网页之间的超链接结构、一个网页内部可以用 HTML 表示的树结构、文档 URL 中的目录路径结构等。Web 结构挖掘可以将 Web 页面进行分类，分析一个网页链接和被链接数量以及对象来建立 Web 自身的链接结构模式，确定不同页面间的相似度和关联度信息，定位相关主题的权威站点。

Web 使用挖掘通过挖掘 Web 日志记录来发现用户访问 Web 页面的模式。通过分析和探究 Web 日志记录中的规律，可以识别电子商务的潜在客户，增强对最终用户的因特网信息服务的质量和交付，并改进 Web 服务器系统的性能和结构。目前研究较多的 Web 使用记录挖掘技术和工具可分为模式发现和模式分析两大类。

2. 图挖掘

图挖掘是一种分析和挖掘图结构数据的技术，图挖掘旨在从图中发现模式、关联、特征和结构，以便进行数据分析。11.1.1 节中介绍过，通过图数据的结构可以对各种场景进行建模。因此挖掘和管理图数据可以很自然地解决科学与工程领域中的很多关键问题。例如，在药物设计方面，研究人员经常需要从大量的化合物集合中寻找对病原体具有强烈抑制作用的化学子结构，以便进一步检测并以此合成新的药物。使用频繁子图挖掘算法可以较为轻松地解决该问题。因此用图数据来对复杂结构的数据进行建模，然后使用图挖掘方法进行生物信息分析的技术具有较大的应用价值。除了生物分析，图挖掘还可用于社交网络分析、知识图谱、推荐系统、金融领域等。

图模式挖掘是图挖掘中极为基本也极为重要的一个研究分支。因为图模式在几乎所有图挖掘和图数据管理问题中都有广泛的应用价值。通过分析挖掘出来的图模式，可以获取图数据库中有用的信息，例如不同实体之间的关联。在图查询和相似性搜索方面，利用图模式作为索引特征建立有效的索引结构，可以明显提高查询处理效率。在图分类方面，利用图模式作为分类特征建立有效的分类模型，可以提高分类准确率。此外，在图聚类，复杂网络演化规律预测等方面，挖掘算法也需要利用图模式来进行聚类和预测。

11.2 大数据挖掘与人工智能

人工智能为社会发展带来巨大的推动力，而大数据挖掘与人工智能密不可分。大数据挖掘通过分析大量数据，提取有价值的信息和模式，为人工智能提供数据支持和应用场景。而人工智能的实现又离不开深度学习、知识图谱、迁移学习、强化学习、联邦学习等技术的发展，如图 11-3 所示。

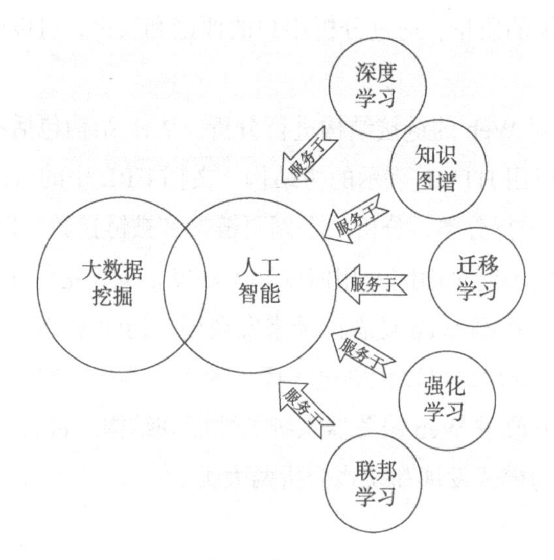

图 11-3 大数据挖掘与人工智能的关系

深度学习使人工智能能够自动地学习到数据的高维特征；知识图谱的构建则赋予了人工智能类人的知识体系；迁移学习则降低了人工智能应用在不同场景之间的困难；强化学习可以让人工智能学习如何在各种环境下采取最优行动，从而实现智能化决策；联邦学习则是一种重要的分布式人工智能技术，为人工智能的发展提供了一种新的思路。

深度学习、知识图谱、迁移学习、强化学习、联邦学习之间相互渗透、相互支持，共同构建了人工智能的技术基础。随着技术的不断进步和创新，这些技术将会在各个领域得到更广泛的应用和推广，为人类社会带来巨大变革和机遇。

11.2.1 深度学习

深度学习目前在很多领域的表现都优于过去的方法，在图像分类与识别、语音识别与合成、人脸识别、视频分类与行为识别等领域都有着不俗的表现。

1. 深度学习简介

深度学习（Deep Learning，DL）是机器学习（Machine Learning，ML）领域中一个新的研究方向，深度学习的目标是学习样本数据的内在规律和表示层次。在 2015 年发表的《自然》杂志第 9 期中，存在与深度学习定义相关的内容，深度学习是具有多层次特征描述的特征学习，通过一些简单但非线性的模块将每一层特征描述（从未加工的数据开始）转化为更高一层的、更为抽象的特征描述。深度学习的关键在于这些层次的特征不是由人工设计的，而是使用一种通用的学习步骤从数据中学习获取的。这些学习过程中获得的信息对文字、图像和声音等数据的解释有很大的帮助。

2. 深度学习的应用

深度学习最早兴起于图像识别，但是在短短几年时间内，深度学习已经被推广到了机器学习的各个领域。如今，深度学习在很多应用领域都有非常出色的表现，如计算机视觉、自然语言处理、语音识别等。

在计算机视觉方面，深度学习技术首次应用于图像分类便取得了不错的效果。在不断研究中，深度学习打破了传统机器学习在图像分类上的瓶颈，使得图像分类问题得到了更好的解决。基于深度学习在计算机视觉领域的优异表现，深度学习在图像识别、图像分割、图像生成中的运用也得到了发展。

在自然语言处理方面，基于深度学习的自然语言处理可避开对中间元素的需求，并且可以针对通用任务学习其自身的层次表示。深度学习在自然语言处理中较为突出的应用是问答系统，因为其涉及了众多的技术，如人机交互、阅读理解、句法分析、情景分析等。

在语音识别方面，深度学习技术常见的应用是语音识别，通过语音识别能够让计算机自动地识别语音中所携带的信息。基于深度学习长短期记忆网络的结合，使得语音识别的正确率得到了提高。

11.2.2 知识图谱

在大数据挖掘中，知识图谱可以用于知识发现、知识推理和知识可视化。随着人工智能技术的发展，知识图谱将更加智能化，例如，利用机器学习技术进行知识的自动抽取和推理，以提高知识的质量和效率。

1. 知识图谱简介

知识图谱是 2012 年被提出的一个概念。知识图谱本质上是结构化的语义网络（Semantic Network）的知识库，用于以符号形式描述物理世界中的概念及其相互关系。现在的知识图谱已被用来泛指各种大规模的知识库。

三元组是知识图谱的一种通用表示方式，三元组的基本形式主要包括（实体 1、关系、实体 2）和（概念、属性、属性值）等。例如，实体 1 为北京大学，实体 2 为京师大学堂，关系为曾用名，即可得到北京大学的曾用名是京师大学堂。

实体是知识图谱中的最基本元素，不同的实体间存在不同的关系。概念主要指集合、类别、对象类型、事物的种类，如人物、地理等。属性主要指对象可能具有的属性、特征、特性、特点以及参数，如国籍、生日等。属性值主要指对象指定属性的值，如中国、1988-09-08 等。

每个实体可用一个全局唯一确定的 ID 来标识，每个属性–属性值对可用来刻画实体的内在特性，而关系可用来连接两个实体，刻画它们之间的关联。知识图谱构建如图 11-4 所示。

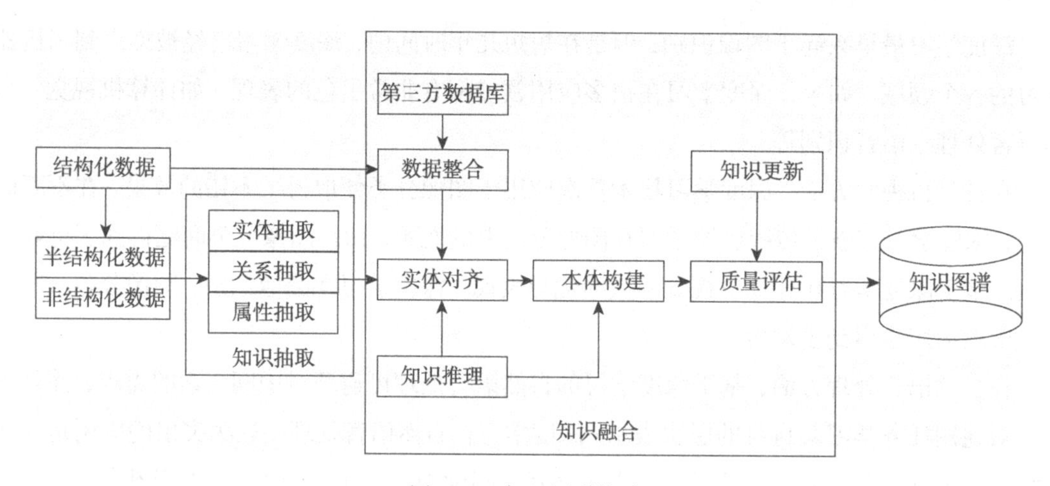

图 11-4　知识图谱构建

（1）知识抽取

知识抽取是构建知识图谱的第一步，为了从不同结构的数据源中获取候选知识单元，知识抽取技术将自动从半结构化和非结构数据中抽取实体、关系以及属性等结构化信息。

① 实体抽取

实体抽取，也称为命名实体识别，指从源数据中自动识别命名实体，这一步是信息抽取中最基础和关键的部分，因为实体抽取的准确率和召回率对后续知识获取效率和质量影响很大。

2008 年，提出了根据已知实体实例进行特征建模的方法，利用模型从海量数据集中得到新的命名实体列表，然后针对新实体建模，迭代地生成实体标注语料库。2010 年，则提出一种面向开放域的无监督学习算法，事先不给实体分类，而是基于实体的语义特征从搜索日志中识别命名实体，然后采用聚类算法对识别出的实体对象进行聚类。

② 关系抽取

经过实体抽取，知识库得到的仅是一系列离散的命名实体。为了得到更准确的语义信息，还需要从文本语料中提取出实体之间的关联关系，以此形成网状的知识结构，这种技术称为关系抽取技术。

③ 属性抽取

属性抽取是从不同信息源中采集特定实体的属性信息，例如针对某个公众人物，可以从网络公开信息中得到其昵称、生日、国籍、教育背景等信息。属性抽取技术能够从各个数据源中汇集属性信息，更完整地表述实体属性。

（2）知识融合

知识融合是将不同的知识在同一框架规范下，进行实体对齐、知识推理、本体构建、质量评估等一系列步骤的过程，从而形成知识图谱。

① 实体对齐

实体对齐也称为实体匹配或实体解析，主要是用于消除异构数据中实体冲突、指向不明等不一致性问题，可以从顶层创建一个大规模的统一知识库，从而形成高质量的知识。

② 知识推理

知识推理是在已有的知识库基础上进一步挖掘隐含的知识，从而丰富、扩展知识库。在推理的过程中，往往需要关联规则的支持。知识推理的对象可以是实体、实体的属性、实体间的关系、本体库中概念的层次结构等。

③ 本体构建

本体是同一领域内不同主体之间进行交流、连通的语义基础，其主要呈现树状结构，相邻的层次节点或概念之间具有严格的关系，有利于进行约束、推理等，却不利于表达概念的多样性。本体可通过人工编辑的方式手动构建，也可通过数据驱动自动构建，然后经质量评估方法与人工审核相结合的方式加以修正与确认。

④ 质量评估

知识库的质量评估任务通常是与实体对齐任务一起进行的，其意义在于，可以对知识的可信度进行量化，保留置信度较高的，舍弃置信度较低的，有效确保知识的质量。

2. 知识图谱的应用

随着技术的不断发展，知识图谱的应用领域也将不断扩展。一方面，随着数据的不断增长和质量的不断提升，知识图谱将能够更加准确地表示和组织复杂的知识，提供更加精准和智能的服务。另一方面，随着自然语言处理、计算机视觉等技术的不断发展，知识图谱的表现形式也将更加丰富和多样化，更好地满足人们的需求。

在智能搜索领域，知识图谱可以用于增强搜索引擎的能力，提供更加准确和智能的搜索结果。通过将搜索问题转化为图谱中的查询，知识图谱可以帮助搜索引擎更好地理解用户的需求，并从图谱中获取更准确的信息进行反馈。

在金融领域，知识图谱可以用于风险评估、客户关系管理、投资决策等方面。通过将金融领域的知识构建成知识图谱，可以帮助金融机构更好地理解客户和市场的需求，提高决策的准确性和效率。

11.2.3 迁移学习

迁移学习在大数据挖掘中有着广泛的应用，尤其是在缺乏足够训练数据的情况下。迁移学习可以通过将已有知识从一个任务或领域迁移到另一个任务或领域，从而缓解数据不足的问题。

1. 迁移学习简介

迁移学习是运用已有的知识对不同但相关领域的问题进行求解的一种新的机器学习方法，其目的是使从辅助领域中学习到的知识在目标领域创造更好地表现。它放宽了传统机器学习中的两个基本假设：用于学习的训练样本与新的测试样本满足独立同分布；必须有足够可利用的训练样本。

迁移学习的原理是迁移已有的知识来解决目标领域中仅有少量有标注样本数据的学习问题，如图 11-5 所示。只有将目标领域中的少量标注数据应用到模型中，才能使得模型适用于目标领域，从而对大量无标注的数据进行分类和回归。

迁移学习广泛存在于人类的活动中，两个不同领域共享的因素越多，迁移学习就越容易，例如，学会自行车的人可以快速学会电动自行车。

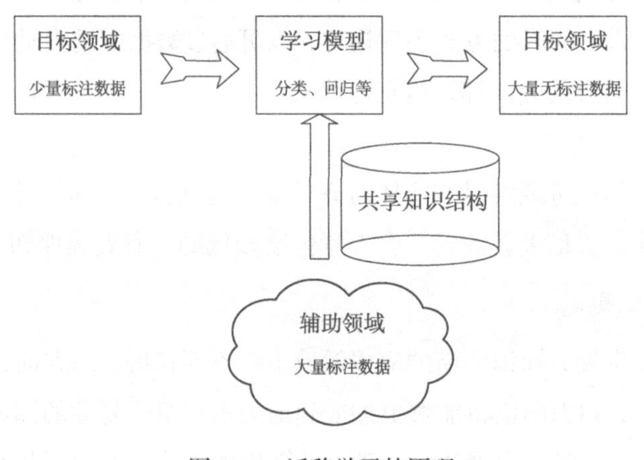

图 11-5　迁移学习的原理

按特征空间、类别空间、边缘分布、条件分布等问题因素在领域间的异同，迁移学习可大致地划分为同构迁移学习和异构迁移学习。

（1）同构迁移学习

根据边缘概率分布和条件概率分布的异同，同构迁移学习可进一步分为数据集偏移、领域适配、多任务学习三种子类型，三种子类型的简介如下。

① 领域间的边缘概率分布和条件概率分布都不相同的同构迁移学习称为数据集偏移，

这是较难的迁移学习场景。

② 满足领域间边缘概率分布不同的同构迁移学习称为领域适配，是迁移学习中研究得较为充分的问题。

③ 满足领域间条件概率分布不同的同构迁移学习称为多任务学习，它通过同时学习多个任务、挖掘公共知识结构，完成知识在多个任务间的共享和迁移。

（2）异构迁移学习

异构迁移学习的特点是辅助领域和目标领域位于不同特征空间，例如，不同语种文本的分类和检索，其中训练数据和测试数据来自不同种类的语言。对于不同种类语言的问题，可以将辅助领域语言翻译到目标领域语言，然后处理统一语言的概率分布失配问题，从而将异构迁移学习转化为同构迁移学习。或从不同语言的训练文档中学习语言相关的特征投影，从而将不同特征空间映射到同一个“与语言无关”的抽象空间。

2. 迁移学习的应用

迁移学习和深度学习之间有着紧密的联系。深度学习架构中的许多技术和方法都可以被用于迁移学习。在迁移学习中，深度学习模型通常被用作预训练模型，然后在使用新数据集进行微调的过程中，调整模型的参数以适应新的任务。因此可以认为迁移学习的应用领域与深度学习的相同。

例如，在图像分类和目标检测领域，迁移学习将已有的图像特征和分类器迁移到新的任务中，可以提高模型的学习效率和准确率。在目标检测中，可以将已经训练好的分类器作为预训练模型，然后使用新的数据集进行微调，以提高检测的准确性和效率。

11.2.4 强化学习

强化学习（Reinforcement Learning，RL）不依赖大规模标注的数据，而是通过与环境的交互来学习最优行为。这种方法在许多领域得到了广泛的应用，如游戏、自动驾驶、机器人等领域。

1. 强化学习的简介

强化学习是一种人工智能方法，具有试错学习和延迟回报两个关键特点。强化学习已经广泛应用于工业制造、仿真模拟、机器人控制、优化与调度、游戏博弈等领域。强化学习的基本思想是通过最大化智能体（agent）从环境中获得的累计奖赏值，学习到完成目标的最优策略，因此强化学习更加侧重于学习解决问题的策略。强化学习框架结构如图 11-6 所示。

agent 由状态感知器 I 、学习器 L 和动作选择器 P 三个模块组成。状态感知器 I 把环境状态 s 映射成 agent 内部感知 i，动作选择器 P 根据当前策略选择动作 a 作用于环境 W，学习器 L 根据环境状态的奖赏值 r 以及内部感知 i，更新 agent 的策略知识。W 在动

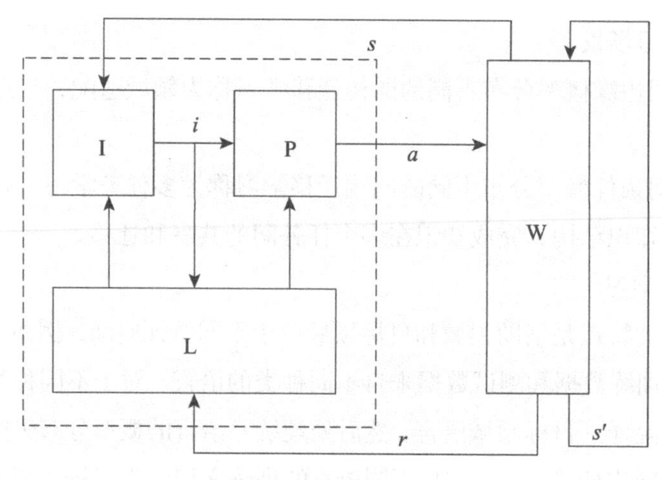

图 11-6　强化学习架构

作 a 的作用下将导致环境状态的变迁 s'。强化学习技术的基本原理是，如果 agent 的某个动作导致环境正的奖赏（强化信号），那么 agent 以后产生这个动作的趋势便会加强；反之 agent 产生这个动作的趋势减弱。

强化学习还被广泛应用在一些游戏中，通过设计目标函数和奖赏函数，经过上百万次的自我学习，计算机系统能够击败人类玩家。另外，强化学习在学习分类器中的应用也逐渐成为研究的热点。学习分类器一方面由遗传算法产生分类规则新的种群；另一方面由强化学习强化有用的分类规则，从而可以在递增的训练例中在线、增量学习分类规则。

2. 强化学习的应用

强化学习作为一种学习最优行为的方法，已经被广泛应用于实际应用场景中，包括自然语言处理、自动驾驶和工业控制等。

在自然语言处理领域，强化学习被广泛应用于对话系统和机器翻译。通过强化学习，机器可以学习与人类进行对话的策略，并根据对话的奖励和惩罚来调整自身的行为。例如，在机器翻译中，强化学习可以被用来训练机器翻译系统，使其能够根据翻译结果的准确性和流畅性来调整自身的翻译策略，提高翻译的质量和效率。

在自动驾驶领域，强化学习被广泛应用于自动驾驶系统的决策和控制。通过强化学习，自动驾驶系统可以学习在各种路况和环境下的驾驶策略，并根据驾驶的结果和安全性来调整自身的行为。例如，在自动驾驶的决策制定中，强化学习可以被用来训练系统根据路况和交通情况来选择最优的行驶路线和速度。

在工业控制领域，强化学习被广泛应用于自动化控制和优化。通过强化学习，控制系统可以学习如何调整设备和工艺参数以实现最优的性能和效率。例如，在化工过程的控制中，强化学习可以被用来训练控制系统，根据实时监测的数据来调整各种工艺参数，以提高产品的质量和产量。

11.2.5 联邦学习

联邦学习特别适合于移动设备、物联网设备等场景，在这些场景中，数据产生于各个设备并且对隐私敏感，同时设备的计算资源和网络资源有限。联邦学习避免了传统的集中式训练方法中需要将所有数据集中到一起进行处理，从而大大降低了数据泄露的风险和对计算资源的消耗。

1. 联邦学习的简介

在机器学习技术的发展过程中，出现了两大挑战：一是数据安全难以得到保障，隐私数据泄露问题亟待解决；二是网络安全隔离和行业隐私，不同行业、部门之间存在数据壁垒，导致数据形成“孤岛”无法安全共享。而仅凭各部门独立数据训练的机器学习模型性能无法达到全局最优化。

联邦学习通过将机器学习的数据存储和模型训练阶段转移至本地用户，仅与中心服务器交互模型更新的方式有效保障了用户的隐私安全。传统的数据挖掘将这些数据收集在一起，得到汇总数据集，训练得到模型。联邦学习则是由参与的用户共同训练一个模型，同时用户数据保留在本地，不对外传输。一个典型的基于客户端–服务器架构的联邦学习流程如图 11-7 所示。

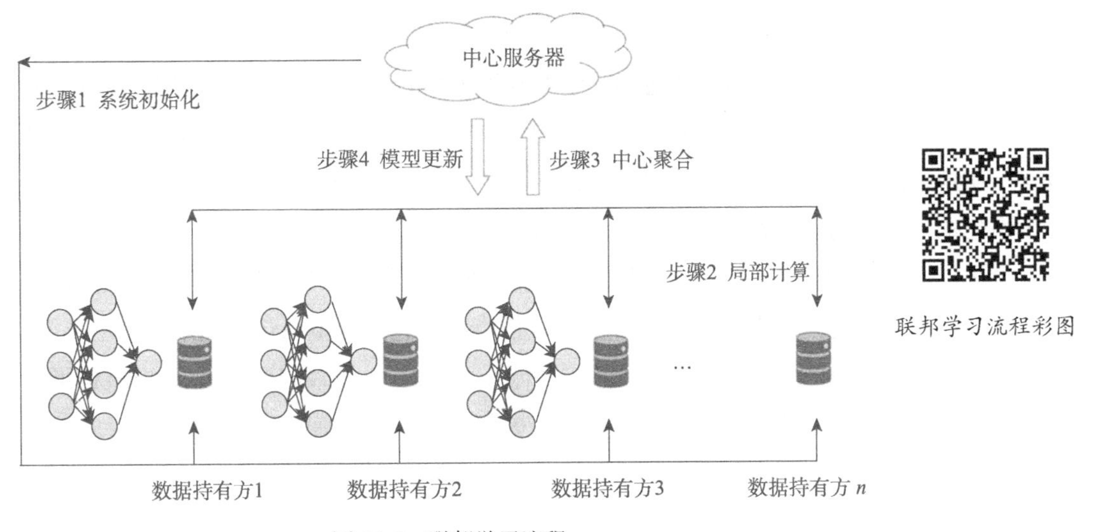

图 11-7　联邦学习流程

联邦学习流程各步骤的解释如下。

（1）系统初始化

由中心服务器发送建模任务，寻求参与客户端。客户端的数据持有方根据自身需求，提出联合建模设想。在与其他合作数据持有方达成协议后，联合建模设想被确立，各数据持有方进入联合建模过程。由中心服务器向各数据持有方发布初始参数。

（2）局部计算

联合建模任务开启并初始化系统参数后，各数据持有方将被要求在本地根据己方数据进行局部计算，计算完成后，将本地局部计算所得梯度脱敏后进行上传，用于全局模型的一次更新。

（3）中心聚合

在收到来自多个数据持有方的计算结果后，中心服务器对计算值进行聚合操作，在聚合的过程中需要同时考虑效率、安全、隐私等多方面的问题。例如，因为系统的异构性，中心服务器可能不会等待所有数据持有方的上传，而是选择一个合适的数据持有方子集作为收集目标。

（4）模型更新

中心服务器根据聚合后的结果对全局模型进行一次更新，并将更新后的模型返回给参与建模的数据持有方。数据持有方更新本地模型，并开启下一次局部计算，同时评估更新后的模型性能，当性能足够好时，训练终止，联合建模结束。建立好的全局模型将会被保留在中心服务器端，以进行后续的预测或分类工作。

2. 联邦学习的应用

联邦学习作为一种保护隐私和提升模型性能的强大工具，已经被广泛应用于实际应用场景中，包括移动设备个性化推荐、金融风控和信贷评估等。

在移动设备上，应用程序可以通过联邦学习收集用户的行为数据，然后使用这些数据来训练一个推荐模型。这个推荐模型只包含用户的行为特征，而不会涉及具体的用户信息，从而保护了用户的隐私。同时，通过联邦学习，应用程序可以在不收集所有用户数据的情况下进行个性化推荐，提高了推荐的效果和用户的满意度。

在金融领域，联邦学习被用于风控和信贷评估。金融机构可以通过联邦学习收集用户的信用数据，然后使用这些数据来训练一个信用评估模型。这个模型只包含用户的信用特征，而不会涉及具体的用户信息，从而保护了用户的隐私。同时，通过联邦学习，金融机构可以在不收集所有用户数据的情况下进行信用评估，提高了评估的准确性和效率。

小结

本章主要介绍了大数据分析与挖掘发展前沿的相关内容，首先介绍了复杂的数据和挖掘方式。然后介绍了大数据挖掘与人工智能之间的联系，同时介绍了与人工智能相关的深度学习、知识图谱、迁移学习、强化学习、联邦学习。

习题

1. 选择题

（1）流数据的特点不包括（　　）。

A. 以高速度实时产生　　B. 持续不断地产生

C. 没有明确的开始和结束　　D. 可以反复读取

第 11 章选择题答案

（2）以下属于半结构化数据的是（　　）。

A. 音频　　B. 视频　　C. JSON 文件　　D. 文档

（3）以下不属于 Web 挖掘的是（　　）。

A. 内容挖掘　　B. 结构挖掘　　C. 时间挖掘　　D. 使用挖掘

（4）在知识图谱构建中，不属于知识抽取的是（　　）。

A. 实体抽取　　B. 关系抽取　　C. 属性抽取　　D. 本体构建

（5）迁移学习的目的是（　　）。

A. 从源领域中学习到的知识转移到目标领域

B. 从源领域中学习到的知识无法应用到目标领域

C. 从源领域中学习到的知识只能应用于源领域

D. 从源领域中学习到的知识可以在目标领域创造更好的表现

（6）强化学习中的智能体包括（　　）。

A. 状态感知器　　B. 学习器　　C. 生成器　　D. 动作选择器

（7）联邦学习适用于以下哪种情况（　　）。

A. 数据分布在一个设备上，且设备上的数据量足够大

B. 数据分布在多个设备上，但每个设备上的数据量都足够小

C. 数据分布在多个设备上，每个设备上的数据量都足够大，但数据隐私要求较高

D. 数据分布在多个设备上，每个设备上的数据量都足够小，但数据隐私要求较高

参 考 文 献

[1] 张良均. Python 数据分析与挖掘实战（第 2 版）[M]. 北京：机械工业出版社, 2019.

[2] Pang-Ning Tan, Michael Steinbach, Vipin Kumar. 数据挖掘导论（完整版）[M]. 北京：人民邮电出版社, 2011.

[3] 韩家炜. 数据挖掘：概念与技术（原书第 3 版）[M]. 北京：机械工业出版社, 2012.

[4] 吕晓玲, 宋捷. 大数据挖掘与统计机器学习[M]. 北京：中国人民大学出版社, 2016.

[5] 王贝伦. 机器学习[M]. 南京：东南大学出版社, 2021.

[6] 王金桃, 周利锋, 高尔生. 第六讲 卡方检验[J]. 上海实验动物科学, 2000(4): 251-254.

[7] 刘志成, 文全刚. “K-中心点”聚类算法分析及其实现[J]. 电脑知识与技术, 2005(6): 20-24.

[8] 王健宗, 孔令炜, 黄章成等. 联邦学习算法综述[J]. 大数据, 2020, 6(6): 64-82.

[9] 高阳, 陈世福, 陆鑫. 强化学习研究综述[J]. 自动化学报, 2004(1): 86-100.

[10] 徐增林, 盛泳潘, 贺丽荣等. 知识图谱技术综述[J]. 电子科技大学学报, 2016, 45(4): 589-606.